MARIUS VACHON

LES INDUSTRIES D'ART

LES ÉCOLES ET LES MUSÉES D'ART INDUSTRIEL EN FRANCE

(DÉPARTEMENTS)

NANCY
IMPRIMERIE BERGER-LEVRAULT ET Cie
18, RUE DES GLACIS, 18

1897

LES

INDUSTRIES D'ART

LES ÉCOLES ET LES MUSÉES D'ART INDUSTRIEL EN FRANCE

(DÉPARTEMENTS)

RAPPORTS DE MISSIONS

SUR LES INSTITUTIONS D'ENSEIGNEMENT ARTISTIQUE ET TECHNIQUE POUR LES INDUSTRIES D'ART EN EUROPE

Publiés par le Ministère de l'Instruction publique et des Beaux-Arts

1er volume : Allemagne, Italie, Autriche-Hongrie, Russie.

2e volume : Suisse et Prusse rhénane.

3e volume : Belgique et Hollande.

4e volume : Danemark, Suède et Norwège.

5e volume : Angleterre. Résumé général.

MARIUS VACHON

LES
INDUSTRIES D'ART

LES ÉCOLES ET LES MUSÉES
D'ART INDUSTRIEL EN FRANCE

(DÉPARTEMENTS)

NANCY
IMPRIMERIE BERGER-LEVRAULT ET Cie
18, RUE DES GLACIS, 18

1897

PRÉFACE

De 1881 à 1889, j'ai été chargé de plusieurs missions officielles pour étudier dans toute l'Europe l'organisation des institutions publiques — écoles, musées, associations, etc. — créées en vue du développement des industries d'art. Ces missions ont donné lieu à cinq volumes de Rapports publiés par le Gouvernement.

J'ai pensé qu'il pouvait être intéressant et utile de faire en France ce que j'avais fait à l'Étranger, et de joindre à une sorte de tableau général de notre enseignement public pour les industries d'art un résumé parallèle de tout ce qui, après une étude comparative, paraîtrait bon à y être introduit des innovations, des réformes et des progrès, accomplis dans les autres pays.

M. le Ministre de l'Instruction publique et des Beaux-Arts a bien voulu, par un arrêté en date du 8 février 1896, approuver ce projet, et m'accorder les moyens administratifs de le mettre à exécution.

De mars 1896 à février 1897, j'ai visité tous les grands centres d'industries d'art des départements, me renseignant de mon mieux sur la situation actuelle de ces industries, sur le fonctionnement et sur les services des institutions diverses d'enseignement artistique et technique, auprès des municipalités, des Chambres de commerce, des Chambres syndicales, patronales et ouvrières, et de tous ceux qui par leur situation personnelle,

PRÉFACE

De 1881 à 1889, j'ai été chargé de plusieurs missions officielles pour étudier dans toute l'Europe l'organisation des institutions publiques — écoles, musées, associations, etc. — créées en vue du développement des industries d'art. Ces missions ont donné lieu à cinq volumes de Rapports publiés par le Gouvernement.

J'ai pensé qu'il pouvait être intéressant et utile de faire en France ce que j'avais fait à l'Étranger, et de joindre à une sorte de tableau général de notre enseignement public pour les industries d'art un résumé parallèle de tout ce qui, après une étude comparative, paraîtrait bon à y être introduit des innovations, des réformes et des progrès, accomplis dans les autres pays.

M. le Ministre de l'Instruction publique et des Beaux-Arts a bien voulu, par un arrêté en date du 8 février 1896, approuver ce projet, et m'accorder les moyens administratifs de le mettre à exécution.

De mars 1896 à février 1897, j'ai visité tous les grands centres d'industries d'art des départements, me renseignant de mon mieux sur la situation actuelle de ces industries, sur le fonctionnement et sur les services des institutions diverses d'enseignement artistique et technique, auprès des municipalités, des Chambres de commerce, des Chambres syndicales, patronales et ouvrières, et de tous ceux qui par leur situation personnelle, administrateurs publics, maîtres d'usines, chefs d'ateliers, artistes, etc., étaient en mesure de me fournir de sérieuses informations.

Je publie ce travail, avec l'espérance qu'il sera de quelque utilité.

Mais je dois déclarer que toutes les appréciations, toutes les critiques, toutes les propositions de réformes, de créations, etc., qu'il contient me sont personnelles, et ne sauraient engager d'autres responsabilités que la mienne. La publication n'est pas officielle.

Ce volume fait suite à mes Rapports de missions, dont il est pour ainsi dire la conclusion, que complètera prochainement un dernier volume consacré aux Industries d'art, aux Écoles et aux Musées de Paris.

Comme ces Rapports, il n'est pas mis en librairie, ni vendu.

Avril 1897.

MARIUS VACHON.

LES

INDUSTRIES D'ART

LES ÉCOLES ET LES MUSÉES

D'ART INDUSTRIEL EN FRANCE.

LYON.

Après Paris, Lyon est le plus grand centre artistique et industriel de France; et, historiquement, dans le passé, pourrait-il même lui contester le premier rang. Pendant la Renaissance, les orfèvres, les bijoutiers, les imprimeurs, les libraires, les tailleurs d'images et les huchiers étaient plus nombreux sur les bords du Rhône et de la Saône que sur les rives de la Seine, et jouissaient dans l'Europe entière d'une très grande renommée; la fabrique lyonnaise de draps de soie, d'or et d'argent, éclipsait les manufactures de Paris, de Tours, de Nîmes, des Flandres, d'Italie, d'Espagne et d'Orient. Lyon peut s'enorgueillir de traditions d'art deux fois millénaires, et montrer fièrement, comme témoignages de sa haute et lointaine civilisation, plusieurs villes dans sa vaste cité : sur le plateau de Fourvières, la ville antique, disparue, dont les reliques précieuses emplissent ses musées; la ville du Moyen âge, à qui la montagne et la Saône servaient de ceinture pittoresque; dans la presqu'île, formée par la rivière et le fleuve, au pied de la Croix-Rousse, la ville de la Renaissance; puis, suivant le cours des eaux, comme celui des ans, la ville du XVIIe et du XVIIIe siècle; et, au delà du Rhône, la ville moderne, avec son parc de la Tête-d'Or, sa préfecture et son Université. Aucune municipalité, celle de la capitale exceptée, ne consacre annuellement aux Beaux-Arts, aux Lettres et aux Sciences, un budget aussi élevé : plus de deux millions. C'est donc par Lyon que devait commencer cette étude sur les industries artistiques nationales.

La soierie.

Lyon est la grande métropole, non seulement française, mais universelle, de la soierie, à la fois par l'importance de sa production et par les œuvres artistiques, incomparables, dont elle enrichit le monde. La fabrique fait battre, dans la ville et dans les départements limitrophes, environ 50,000 métiers, dont 20,000 sont mus mécaniquement; elle consomme le tiers de la soie récoltée en Europe ou importée des divers pays du Levant et de l'Extrême-Orient, soit 4,200,000 kilos de soie ouvrée ou grège pour tissus spéciaux et étoffes teintes en pièces, de fils de déchets de soie, auxquels il faut ajouter plus de 4,000,000 de kilos de fils de coton et de laine pour les tissus mélangés. Ces métiers, dont la valeur dépasse 100 millions de francs, donnent du travail à plus de 200,000 personnes; et, leur production atteint 400 millions de francs. Près du cinquième se compose d'étoffes brochées et façonnées. C'est là le caractère superbe de la fabrique lyonnaise. Avec une incomparable souplesse d'imagination et de main, elle se plie à toutes les exigences, à tous les besoins; elle adapte son outillage aux innovations les plus audacieuses, comme elle reprend avec facilité les traditions du passé, lorsque la mode change radicalement du jour au lendemain ses caprices et ses goûts. Quelle merveilleuse ingéniosité dans les combinaisons innombrables de fils et de couleurs, destinées à créer de nouveaux tissus! Hier, elle offrait à sa clientèle ravie et étonnée, vingt, trente, cent fantaisies aussi gracieuses qu'imprévues : les moires antiques, les moires françaises, les moires cabochons, donnant des dessins par des effets inédits, au moyen de rouleaux incrustés, de peignes spéciaux, etc.; les velours miroirs, les velours gaufrés, les damas fond gros de Tours, les damas avec réserves de moires, les surahs glacés, avec dessins au rongeant obtenus au moyen d'acides appliqués par des planches d'impression et des enlevages sur fonds de tissus chinois et japonais. Aujourd'hui, ce sont déjà d'autres recherches aussi actives que patientes, pour faire oublier toutes les trouvailles heureuses de la veille par des créations qui auront une grâce et une originalité nouvelles. Et Lyon lutte, avec une énergie superbe, pour défendre victorieusement contre la concurrence étrangère son ancienne réputation, pour résister, sans contre-coups mortels, aux évolutions industrielles et économiques, qui font de cette fin de siècle une période inconnue jusqu'à ce jour de terribles combats contre toutes les nations du monde. Que lit-on, en effet, dans les comptes rendus officiels de la situation présente? « Le marché anglais conquis par la Suisse; la Suisse, l'Espagne et l'Italie presque perdues; l'Autriche, l'Allemagne et la Russie tendant de plus en plus à produire ce qu'elles peuvent consommer, à l'abri de droits protecteurs, presque prohibitifs; l'Amérique du Nord ne donnant plus guère que des espérances toujours déçues; l'Amérique du Sud entre les mains des commissionnaires de Bâle, de Zurich et de Crefeld; le marché des Indes indécis dans ses préférences entre notre production et celle de l'Allemagne et de l'Angleterre [1]. » En outre, la situation économique et sociale intérieure vient compliquer les difficultés de la lutte internationale par des questions qui touchent au fonctionnement même de l'organisme si délicat de l'industrie: C'est la Croix-Rousse, berceau de la soierie, qui se dépeuple; ce sont les apprentis, les ouvriers d'élite, les dessinateurs de talent qui commencent à manquer; c'est la transformation de l'atelier familial en usine; ce sont les institutions créées pour le développement des connaissances artistiques et techniques qui inspirent des inquiétudes sur les dangers de la voie dans laquelle elles sont entrées pour la science et le goût de la population industrielle. Mon but est d'étudier celles de ces questions qui sont du domaine de l'art. Elles ne sont pas les moins graves et les moins urgentes à résoudre par des réformes entreprises énergiquement, avec résolution.

La fabrique lyonnaise crée-t-elle spontanément ou n'est-elle que la tra- *La fabrique et la mode.*

(1) Compte rendu des travaux de la Chambre de commerce, année 1895, page 21.

ductrice technique d'idées artistiques écloses et exprimées en dessins originaux à Paris? C'est là la question primordiale dans une étude de ce genre. Il n'a pas été facile de démêler une certitude de tant de déclarations contradictoires, de tant de réticences énigmatiques, inspirées par l'intérêt et par l'amour-propre. Ce n'est qu'après un mois de conversations avec des fabricants, des dessinateurs, des commissionnaires et des personnes au courant des habitudes et des mœurs de la fabrique, que j'ai pu arriver à une conclusion. Une quinzaine de maisons lyonnaises créeraient la nouveauté en procédant ainsi : La veille de la saison, le patron, accompagné de son chef de cabinet de dessins, s'il n'est pas lui-même dessinateur — ce qui constitue la généralité dans la corporation — se rend à Paris, fréquente les théâtres, les concerts, les courses, les expositions, les grands restaurants, les boulevards, partout où va le monde élégant qui dépense et s'amuse; visite les grands magasins, les maisons de modes, de couture; regarde, étudie, prend des croquis rapides, des notations de formes et de couleurs, fait causer ses clients, leurs fournisseurs; et, d'après les informations, confidences, indiscrétions et pronostics qu'il a pu recueillir sur les idées qui sont en l'air en faveur de tel ou tel genre de robe, de manteau et de coiffure, de telle couleur, ou de telle nuance d'étoffes, il s'en va dans les musées du Louvre et de Cluny étudier les modes du temps qu'on semble devoir ressusciter. Ses carnets pleins de notes et de croquis, il retourne à Lyon. Alors, le chef du cabinet de dessins se met à l'œuvre, esquisse une série de projets se rapportant aux prévisions qui ont été tirées de tous ces documents et renseignements; on étudie, on compare, et il est fait un choix de quelques dessins heureux qui sont livrés au metteur en cartes; puis, les dessins sont tissés sur des métiers à échantillons. Muni d'une série des meilleurs types, le patron repart pour Paris. Il va trouver ses clients habituels: commissionnaires, marchands de nouveautés, chefs de rayons de grands magasins, couturiers, modistes, et leur soumet ses créations. Celui-ci, séduit par l'originalité d'un dessin, commande immédiatement un certain nombre de pièces; celui-là réclame des modifications de formes ou de couleurs; d'autres ajournent toute commission, indécis sur le sort réservé à la marchandise nouvelle, ou refusent purement et simplement, estimant que cela ne peut faire la saison. Les créations adoptées donnent le branle au marché et à la fabrication. Alors, les commissionnaires français et étrangers, les représentants des fabricants lyonnais, à l'affût de ce qui a été lancé par telle ou telle maison de commission — quatre ou cinq tout au plus — de vente ou de couture, dont le goût sinon le caprice fait la loi sur la place, transmettent à Lyon leurs informations et parfois des échantillons livrés par des agents secrets, ou commandent en toute hâte à des dessinateurs parisiens des dessins nouveaux, inspirés des premiers et même souvent n'ayant subi que quelques changements à peine suffisants pour les faire échapper au cas d'une contrefaçon. On estime que 90 p. 100 des dessins servant à cette production sont exécutés à Lyon; le plus grand nombre présentant encore le mérite des combinaisons ingénieuses, et même originales, des thèmes premiers. Ensuite, intervient la tourbe des copistes, sans vergogne ni conscience, qui n'ont d'autres préoccupations que de faire exécuter, à bas prix, par l'emploi de matières inférieures, des mélanges odieux, des tripatouillages impudents, les imitations des modèles qui ont eu du succès. Il arrive que des fabricants de la première catégorie, indécis sur la mode future ou désireux d'utiliser le talent de quelques artistes en renom, ou quelquefois très pressés, le commissionnaire sinon le client exigeant sur échantillons des modifications immédiates, commandent ou achètent des esquisses à Paris. Ces compositions ne sont guère que des idées, des pochades, que le dessinateur lyonnais doit transformer en dessin définitif pour la mise en carte. Il faut ajouter que plusieurs industriels, d'une grande autorité, artistes créateurs eux-mêmes, se déclarent certains de la fréquence de ces cas, et reconnaissent que trois fabricants seuls se sont rendus absolument indépendants des dessinateurs parisiens. Dans la préface de l'ouvrage : *Lyon à l'Exposition universelle de 1889*, M. Aynard, président de la Chambre de commerce, président du conseil d'administration de l'École des beaux-arts, écrivait ceci : « Nos fabricants copient fort habilement et servilement d'anciens modèles, ou bien s'adressent aux cabinets de dessins de Paris pour les articles dits de haute nouveauté. On invoque à cet égard les caprices de la mode et le despotisme du marché parisien; mais l'industrie lyonnaise n'est-elle pas de force à dominer l'un et l'autre, et n'est-il pas anormal, inquiétant qu'une grande industrie d'art n'ait pas ses moyens artistiques chez elle et sous sa main, qu'elle sacrifie sa liberté d'invention et de recherches ? »

La fabrique en a perdu son caractère : la spécialité qui assurait, par les commissions régulières et à longue échéance, le temps et les moyens nécessaires pour mener à bonne fin l'exécution de pièces devenant ainsi irréprochables de tous points. On me dit encore, unanimement, que la collaboration précieuse de conseils, de renseignements et même d'études simultanées, que les fabricants trouvaient auprès des commissionnaires pour la création des nouveaux modèles, est devenue illusoire par suite de l'abaissement des connaissances artistiques et techniques dans cette corporation. En outre, un esprit nouveau semble s'être infiltré insensiblement dans la fabrique, qui substitue un objectif exclusif de faire rapidement fortune à l'orgueil d'un nom ou d'une raison sociale, à l'ambition de créer de belles œuvres. Les chefs de maisons font aux dessinateurs le procès de n'être pas aussi habiles que leurs aînés, d'avoir une imagination moins vive, une instruction artistique moins sérieuse, de négliger la mise en carte, dans laquelle Lyon avait conquis une supériorité universelle, incontestée de toutes les autres fabriques du monde. Les dessinateurs répliquent en démontrant la responsabilité des fabricants dans cet état de choses, par les nouvelles mœurs patronales, qui ne leur font plus dans l'organisme industriel la situation d'autrefois, intime, honorable et lucrative, qui ont amené entre les membres de la corporation une concurrence incessante, douloureuse, par l'abaissement des prix. Ils objectent en outre que la corporation ne peut plus aujourd'hui comme jadis se recruter dans une école, dont l'enseignement serait contraire à toutes les traditions de l'art lyonnais, à toutes les conditions économiques de l'industrie moderne.

Le goût de la femme a diminué, en même temps que celui de ses fournisseurs; ces deux décadences s'entraînent mutuellement. La Chambre de commerce, dans son rapport de 1894, le constatait tristement : « Peu importe désormais la valeur du tissu, l'excellence de sa contexture, ses garanties de durée ; ce qu'il faut à la femme aujourd'hui, c'est un tissu bon marché qui par le fait même de ce bon marché lui permette de le changer souvent pour suivre les évolutions de plus en plus rapides de la mode. »

Dans l'ameublement, par suite du développement du bric-à-brac si fort favorisé par l'engouement des femmes du monde et même de la petite bourgeoisie pour le vieux-neuf, en raison de l'absence chez le producteur comme chez le client de connaissances artistiques et de bon goût, on ne peut que constater une recherche à peu près générale de motifs décoratifs anciens, d'imitations serviles de vieilles étoffes, pour l'exécution desquels le producteur trouve économie et moyens de rapidité à utiliser les anciens documents.

La question de la propriété des dessins tient également une des premières places parmi les causes des embarras et des difficultés de la situation. Les fabricants qui créent des modèles nouveaux à grands frais se plaignent amèrement des imitations qui en sont faites par des confrères peu délicats, et de la piraterie des concurrents étrangers; de là, leurs hésitations à entreprendre des créations. Que fait-on? Une autre déclaration de la Chambre de commerce va le dire : « Esquisses et gravures nouvelles coûtent fort cher; plutôt que de reporter ces frais de premier établissement sur un métrage quelquefois court, on préfère fouiller dans les collections de maisons anciennes et y choisir des dessins dont esquisses et gravures ont été payées depuis longtemps. »

La Croix-Rousse.

La Croix-Rousse n'est pas une moindre préoccupation des fabricants lyonnais. Par suite de la suppression de l'apprentissage, de la disparition des vieux ouvriers, de l'émigration des Canuts à la campagne où s'organisent des petits ateliers d'entrepreneurs à façon, ils redoutent de ne pouvoir bientôt trouver des tisseurs pour les dessins de grands brochés. Cette situation présente en effet des dangers qui ont échappé généralement à l'observation des économistes. Sans aller jusqu'à partager sur ses « avantages immenses » l'opinion de ceux qui en sont partisans, on ne peut contester que l'évolution mécanique des métiers constitue un progrès économique; mais le travail à la machine ne saurait remplacer définitivement le travail à la main, à cause de l'impossibilité, en matière de tissus d'art, de produire en assez grande quantité pour éteindre les frais de dessin, de mise en carte et de montage. Un fabricant me définissait ainsi fort spirituellement le travail à la machine pour tisser un grand broché : « C'est vouloir faire jouer du Mozart par un orgue de Barbarie. » La mort de la Croix-Rousse serait un malheur, une catastrophe irréparable pour la soierie lyonnaise. Avignon, Tours et Nîmes offrent les exemples indiscutables, frappants, de ce que deviendrait Lyon, perdant le monopole de sa belle fabrication : « L'industrie encouragée par les papes, a écrit M. Natalis Rondot, dans son *Histoire de la soie*, prit à Avignon une prompte extension et aussi vite que le tissage l'ouvraison de la soie se développa. On y fit tous les genres d'étoffes, notamment les étoffes façonnées, celles à fond d'or, les étoffes pour ameublement, des tissus dont la chaîne était de soie et la trame de la laine. Les damas d'Avignon étaient plus estimés que ceux de Gênes, et Paulet qui écrivit, en 1773, le traité de l'*Art du fabricant d'étoffes de soie*, rapporte qu' « Avi- « gnon était l'endroit de l'Europe où la fabrique est la plus parfaite, du « moins quant à la bonté des étoffes ». Cette manufacture se transforma : après les belles étoffes, elle ne fit plus que les légères, les taffetas, les florence, les étoffes pour doublures. Elle a fait battre jusqu'à 12,000 métiers. Elle n'en avait plus que 1,000 en 1860 qui produisaient pour trois à quatre millions. Cette fabrique est aujourd'hui tout à fait affaiblie. Charles VIII, désireux de consolider à Tours l'œuvre de son père, « l'art et science de « faire, ouvrer et besoigner et labourer desdits draps d'or et de soye, octroye « franchises, libertez et exemption ». Richelieu vante les produits de Tours en ses *Maximes*. Et puis, d'Herbigny, au XVIIe siècle, déclare que « le « travail des petites estoffes façonnées » est proprement le caractère de la fabrique de Tours. La révocation de l'Édit de Nantes n'acheva qu'une fabrique déjà à demi morte.

« La fabrication des belles étoffes à Nîmes fit, à une époque lointaine déjà, battre plus de 25,000 métiers ; aujourd'hui on n'y produit que des tissus inférieurs qui donnent un travail intermittent et peu lucratif à moins de 6,000 métiers. »

Toutes ces questions si graves de l'apprentissage, de la Croix-Rousse, des dessinateurs, de la nécessité de conserver à Lyon la gloire d'être la première fabrique artistique du monde et d'assurer ainsi la prééminence de son industrie tout entière, ont déjà été bien souvent examinées. C'est de l'agitation d'opinion publique à laquelle elles ont donné lieu que sont sorties les institutions diverses dont la cité a été dotée pendant ce siècle : l'École municipale de tissage de la Croix-Rousse, les cours de tissage de l'École supérieure de commerce et d'industrie, l'École nationale des beaux-arts et le Musée historique des tissus. Je dois m'enquérir si ces institutions répondent avec précision au but pour lequel elles ont été créées, si leur organisation actuelle, à l'avis des fabricants et des artistes, réclame des réformes, pour qu'elles soient en harmonie avec la situation actuelle de l'industrie et qu'elles donnent satisfaction à ses désirs et à ses besoins.

École municipale de tissage de la Croix-Rousse.

Le 15 janvier 1886, le conseil municipal inaugurait, place Belfort, dans un établissement cédé par la Société de crédit aux petits ateliers, une École municipale de tissage pour former des apprentis, dont la nécessité se faisait sentir vivement dans la fabrique lyonnaise au point de vue des façonnés, en raison de la disparition de plus en plus rapide de l'apprentissage dans les ateliers, et aussi pour compléter l'instruction professionnelle des ouvriers. L'école ouvrait avec 77 inscriptions, réduites bientôt à 52, et une dizaine de métiers. Ce n'était là qu'une période d'essais au moyen de simples cours du soir. Sur la constatation des résultats, fut rédigé un programme d'enseignement théorique et pratique, comprenant deux cours par semaine, de 8 heures à 9 heures et demie du soir, et divisés en deux années d'études. Il se produisit, de ce fait, une augmentation de 50 élèves. En 1888, on créait un cours d'apprentissage du jour avec 7 élèves; et il était ajouté à la classe d'adultes un cours dominical de troisième année pour l'étude de la décomposition des tissus et de la production des grands façonnés. En 1890, une nouvelle organisation fut entreprise, le nombre des élèves du jour atteignant le chiffre de 16, et les cours du soir prenant de plus en plus de l'extension. Alors, on aborde la pratique des différents genres de tissus soit sur métiers à bras ou sur métiers mécaniques; on complète les éléments d'enseignements du tissage par la démonstration des opérations de la filature et du moulinage; et un cours de dessin de mise en carte est établi. Toutes ces réformes successives aboutissent à un véritable apprentissage, les élèves pouvant travailler désormais aux métiers et à leurs accessoires, 6 heures par jour pendant dix mois. Actuellement, le programme comprend : 3 cours de théorie du soir (1re, 2e et 3e années) pour les adultes, 1 cours de dessin de mise en cartes pour les adultes, 1 cours d'apprentissage de tissage, 1 cours d'apprentissage de broderie mécanique, 1 cours de théorie annexé aux travaux pratiques du jour. L'ensemble de ces cours, professés par 5 maîtres, 3 contremaîtres et 3 répétiteurs, réunit plus de 300 élèves.

Quels résultats pratiques l'école a-t-elle donnés, au point de vue du but poursuivi, quels services la fabrique lyonnaise en a-t-elle retirés ? Sur le premier point, l'opinion des fabricants et celle de la direction elle-même sont unanimes : « L'école a complètement dévié de son but. Elle ne forme point d'apprentis pour la Croix-Rousse ; elle ne produit que des employés de maisons de soieries et des commis de fabrication. » Et, pourtant, les circonstances et les besoins qui en ont provoqué la création n'ont pas cessé d'être aussi pressants. De l'avis de la Chambre de commerce, des diverses chambres syndicales, patronales et ouvrières, la situation est même plus grave encore qu'il y a dix ans. J'ai entendu à la Croix-Rousse les conseils d'administration des deux plus importantes associations de tisseurs : la Chambre syndicale des tisseurs et la Corporation des tisseurs lyonnais, qui comptent l'une et l'autre environ 800 membres, chefs d'atelier, pour avoir leur opinion au sujet de l'apprentissage. Leurs réponses ont été unanimes autant qu'énergiques dans leur précision, et peuvent se résumer ainsi : « Depuis dix ans, on ne fait plus d'apprentis. Les ouvriers ont tous aujourd'hui plus de quarante-cinq ans. Si on ne fait rien pour restaurer l'apprentissage, il n'y aura plus de Canuts. Même déjà aujourd'hui, si la mode revenait aux grands façonnés, on aurait de la peine à les faire exécuter, vu le nombre restreint des ouvriers d'art. On n'en compte pas plus de 400 de premier ordre, de 1,000 très habiles. Les chefs d'ateliers, en raison de la fréquence des chômages, ne peuvent plus prendre d'apprentis et les former ; cet apprentissage les ruinerait ; et, quand les commandes arrivent, elles doivent être presque toujours si rapidement exécutées qu'ils n'auraient pas le temps de profiter de l'occasion pour donner aux apprentis une instruction professionnelle. Par suite de l'état précaire de la fabrique de luxe en ce qui concerne la production d'art, les parents ne veulent plus mettre leurs enfants dans le métier ; ils préfèrent en faire des maçons et des paveurs ; les chefs d'ateliers eux-mêmes ne gardent plus leurs fils qu'ils lancent plus volontiers dans le commerce ou dans d'autres industries. »

Tout récemment, dans un document officiel, le président de la Chambre de commerce écrivait : « On ne saurait oublier qu'il ne se forme plus d'apprentis à la Croix-Rousse. On s'en aperçoit au moment même où il y a pour Lyon le plus heureux retour vers la fabrication d'art et aux nouveautés dont il a le monopole ; la pénurie des bras en arrête le grand essor. Au train rapide des choses, il ne serait point surprenant qu'avant vingt ans la fabrication d'un beau lampas, d'un velours ciselé ou d'un drap d'or devienne une curiosité historique entretenue coûteusement par l'État, comme celle des Gobelins. Et, alors, Lyon ne serait plus que le centre banal d'une industrie découronnée. »

Ces déclarations douloureuses autant qu'éloquentes seront-elles impuissantes à secouer l'indifférence publique ?

Pour quelles raisons la Croix-Rousse tient-elle ainsi à l'index l'École municipale de tissage ? Les représentants des deux associations précitées n'ont pas hésité à me déclarer que c'est parce que l'enseignement qu'on y donne est médiocre ; que cette école est moins bien organisée industriellement que leurs ateliers ; qu'elle ne contient, au point de vue de l'outillage et des méthodes, rien qui puisse les attirer eux et leurs compagnons. Les très nombreux fabricants que j'ai interrogés sur ce sujet n'ont pas été moins nets dans leurs critiques sur l'enseignement et l'installation de l'institution.

A l'unanimité et instamment, les chambres syndicales, les associations patronales et ouvrières, les fabricants et les négociants demandent la création à Lyon d'une école de tissage, sur le type de celles de Roubaix et de Crefeld, d'un véritable Institut de la soie, où l'on enseignerait tout ce qui se rattache à cette grande industrie : l'art, la mécanique et la chimie. Tous les éléments constitutifs de cet Institut existent à Lyon, mais épars, ici et là, sans relations aucunes, dans les établissements spéciaux fondés par la Ville, par la Chambre de commerce, par l'Université. La question a été agitée publiquement maintes fois. En 1887, une correspondance administrative fut même échangée à ce propos entre le ministère des beaux-arts et la préfecture du Rhône. Le conseil général vota un vœu en ce sens ; et le conseil municipal adopta la résolution de mettre à l'étude un projet d'adjonction à l'École des beaux-arts d'une École des arts industriels. Depuis ce temps, vœux et projets dorment dans les cartons. « Le sommeil est une opinion » a dit, un jour, un homme d'esprit.

L'École supérieure de commerce et d'industrie.

L'École supérieure de commerce et d'industrie a été créée, en 1872, par une société d'industriels et de négociants, qui souscrivirent, avec la coopération de la Chambre de commerce, un capital de 1,120,000 fr.

Cette école est pour ainsi dire la continuation de la célèbre École de Mulhouse, son fondateur et la plupart de ses professeurs ayant été appelés à Lyon pour la constituer. Elle a pour but de donner aux jeunes gens qui se destinent à la banque, au commerce ou à l'industrie de la soierie une instruction spéciale. Pour les élèves de ces deux dernières catégories, il a été créé une section de tissage, dont l'enseignement, qui dure deux ans, est à la fois théorique et pratique. Au point de vue théorique, on apprend aux élèves à analyser un tissu de façon à pouvoir le reproduire sur le métier. Par le travail pratique, pour lequel fonctionne un vaste atelier spécial, on leur apprend à monter un métier et à le faire fonctionner dans les meilleures conditions techniques. Mais, l'enseignement de l'art, qui paraissait pourtant devoir constituer l'élément essentiel de cette section, fait défaut. Je crois avoir démontré plus haut, par les déclarations nombreuses d'artistes et d'industriels, combien cet enseignement serait utile dans une institution destinée à former de futurs patrons pour la soierie.

L'École nationale des beaux-arts.

Devant la Commission d'enquête sur les ouvriers et les industries d'art, en 1883-1884, cinq délégués lyonnais vinrent déposer : MM. Aynard, président du Conseil d'administration des musées, de l'École nationale des beaux-arts et de l'École supérieure de commerce ; Sévène, président de la Chambre de commerce ; Henry, fabricant de soieries ; Flachat, fabricant de meubles, et Armand-Caillat, orfèvre. Le premier faisait les déclarations suivantes sur l'École nationale des beaux-arts relativement à son influence sur les industries d'art lyonnaises et particulièrement la soierie : « L'École nationale des beaux-arts a été pendant longtemps notre seule école artistique ; elle fut fondée en 1805 par Napoléon Ier. Cette école se rattachait pour ainsi dire aux traditions du XVIIIe siècle ; car, d'après les termes du décret qui l'institue, on doit non seulement former des peintres, des sculpteurs et des architectes, mais encore des artistes industriels, spécialement destinés à l'industrie lyonnaise ; au reste, une partie de ses premiers maîtres étaient ceux-là mêmes qui avaient établi la supériorité de l'art industriel lyonnais à la fin du XVIIIe siècle. Mais ces leçons se sont vite perdues, et je puis dire que, depuis la fondation de l'École nationale des beaux-arts de Lyon jusqu'à l'heure actuelle, on ne s'est pour ainsi dire plus occupé d'y maintenir les traditions d'art décoratif qui avaient élevé notre industrie à un si haut point, au XVIIIe siècle, avec Philippe de La Salle. On n'a plus cherché qu'à former des peintres et des sculpteurs.... J'ai le regret de dire que notre école nationale, dirigée par des hommes fort distingués, par des professeurs d'une véritable valeur, en tant qu'artistes peintres, sculpteurs, graveurs, semble ignorer l'existence d'un art décoratif, et notre public se trouvant dans le même état ne le lui reproche pas trop fort... J'ai l'honneur de dire ici devant les représentants de M. le Ministre de l'instruction publique que l'école gagnerait beaucoup à être transformée en École nationale des arts décoratifs, ou tout au moins de voir largement développer la section de l'enseignement des arts décoratifs. » Le président de la Chambre de commerce réclamait la même réforme, qui trouvait dans les autres délégués des défenseurs aussi éloquents par l'expression de leurs craintes pour l'avenir des industries, si elle n'était point réalisée. En conséquence de ces déclarations, le Ministre de l'instruction publique et des beaux-arts prenait l'initiative de la réorganisation de l'École des beaux-arts de Lyon. Dans son rapport de l'année 1886, le président du Conseil d'administration de l'école constatait ainsi la situation nouvelle : « Il y a dix ans que le décret du 2 décembre 1876 nous confiait la tâche de réorganiser l'enseignement des arts à Lyon. On nous donnait à recueillir l'École nationale des beaux-arts en pleine décadence et presque dans l'anarchie. Il y restait 50 élèves et l'enseignement n'avait plus d'ordre ni d'unité. Maintenant on compte 195 élèves. Les nouveaux programmes ont généralisé, coordonné et fortifié l'enseignement ; sans nuire aux trois grands arts classiques de la peinture, de la sculpture et de l'architecture, nous avons pu reconstituer tout un ordre d'études de l'art décoratif, qui donne les plus brillants résultats et sera, nous l'espérons, un des éléments de régénération de notre grande industrie lyonnaise. »

La réorganisation de l'école a-t-elle produit les résultats qu'on en attendait pour le développement de la soierie ? Les informations recueillies auprès des chambres syndicales, des associations corporatives et des industriels, paraissent conclure plutôt à l'espérance de réformes immédiates qu'à la constatation d'un succès même relatif; et, cette appréciation est généralement motivée par l'absence d'un enseignement du dessin très sévère, basé sur l'étude patiente et longue des principes scientifiques, de la géométrie, de la perspective, de l'anatomie, et par la fausse direction donnée à l'enseignement de la fleur, l'élément essentiel, unique même, de la décoration des tissus. La situation que signalait l'enquête de 1883 ne s'est guère modifiée : « Jadis, disait un membre de la commission au délégué de l'École des beaux-arts, jadis c'était votre école de fleuristes qui donnait le ton à l'industrie parisienne, des artistes pour les modèles du papier peint et de la tapisserie; maintenant nos peintres de fleurs dédaignent de dessiner; il n'y a plus que les peintres d'origine lyonnaise qui dessinent encore. Si vous n'en faites plus, je ne sais pas ce que deviendra le dessin de la fleur appliqué à l'ornement. » A l'École des beaux-arts, on apprend aujourd'hui plus à peindre la fleur qu'à la dessiner. De l'objectif d'une interprétation de la nature, soumise à des lois mécaniques, pour une adaptation à des besoins très particuliers, ainsi que d'une tradition bientôt biséculaire de précision élégante, de goût délicat et d'exquise simplicité, qui a fait la gloire et la fortune de la fabrique, l'enseignement de la fleur a dérivé vers la technique pure d'un métier d'aquarelliste et de peintre, n'ayant qu'à suivre les libres impulsions de la fantaisie la plus indépendante et la plus audacieuse, exclusivement préoccupé de viser à des effets prestigieux de lumière et de coloris. Et, la conséquence de cet enseignement est telle que les modèles des maîtres lyonnais, des Bony, La Salle, Berjon, etc., dont l'école possède une précieuse collection, sont tenus dans le plus profond dédain par les élèves qui ne veulent point les étudier ni même les voir.

Il n'est point contestable qu'en dépit de la réforme accomplie, de toutes les idées nouvelles, dont quelques administrateurs de l'école qui ont pourtant de l'éloquence et de l'autorité se sont faits les apôtres ardents, l'institution, à quelques concessions insignifiantes près, est restée ce qu'elle était autrefois comme esprit et comme idéal : une École des beaux-arts, séminaire de peintres et de sculpteurs, de prix de Rome et d'académiciens. Les jeunes gens qui entrent au palais Saint-Pierre ont tous en vue la conquête des bourses qui les conduiront à Paris, la première étape de leurs ambitions, puis à l'Académie de France, la terre promise. Ceux qui — fait très rare — témoignent du désir de suivre une carrière plus modeste et plus pratique, ne tardent pas à subir la contagion de ces ambitions. La classe des arts décoratifs, qui ne compte d'ailleurs que 15 élèves sur 170, serait une pure illusion; en réalité, elle n'en aurait que 4 qui la suivent assidûment; les autres obéissent simplement à une préoccupation de concours, de bourses et de prix. Un certain nombre de critiques portent sur ce point que l'enseignement n'y est pas assez spécialisé industriellement; que beaucoup de jeunes gens et de parents n'en apercevant pas l'utilité immédiate pour certaines carrières, pour celle de dessinateur de fabrique par exemple, s'en détournent ou se contentent des simples cours du soir à l'école et des classes de dessin de la Société d'enseignement professionnel. Les cours d'applications industrielles n'existent actuellement à l'école que pendant la période des concours; et leur organisation est aussi incomplète qu'indéterminée. Ces critiques ont pris, en 1895, une telle énergie que le Conseil d'administration de l'école a estimé urgent d'en faire l'objet d'une étude, et d'un rapport d'une commission, qui contient cette déclaration : « Il est impossible de ne pas s'apercevoir de la faiblesse de plus en plus évidente que montrent la plupart des élèves de l'École nationale des beaux-arts de Lyon, faiblesse signalée comme un danger très grave, à diverses reprises dans ces dernières années, par le directeur aussi bien que par le Conseil d'administration » ; et qui conclut à adopter les propositions suivantes :

« Les élèves de la classe de fleurs qui se destinent au dessin de fabrique ne pourraient être admis à faire les concours dans cette classe que lorsqu'ils auraient prouvé par un examen qu'ils possèdent les connaissances enseignées au cours de l'École municipale de tissage.

« On pourrait aussi examiner la création d'une troisième année d'études pour les élèves de la classe de fleurs se destinant au dessin de fabrique; cette troisième année serait occupée par un cours d'applications industrielles spécialement affecté à la composition des tissus. Lorsque cette classe existerait effectivement et serait spécialement consacrée à l'étude des applications à l'industrie des tissus et qu'elle serait suivie par des élèves connaissant assez la fabrication des étoffes pour faire des travaux d'une exécution pratique, on pourrait, afin de stimuler l'émulation et comme récompense aux efforts, demander que les meilleurs dessins provenant des concours soient mis en exécution dans les ateliers de l'école de tissage. Il y aurait fort probablement un bon résultat à obtenir des efforts combinés de l'École des beaux-arts et de l'École de tissage au point de vue du développement artistique de notre grande industrie lyonnaise de la soierie. »

Après avoir fait l'objet de longues et vives discussions dans le Conseil d'administration de l'École des beaux-arts, ces propositions ont été repoussées, sur les objections d'un grand fabricant de soieries, qui a fait valoir pour leur rejet l'argument que l'École des beaux-arts doit exclusivement donner un enseignement artistique général, de la même façon que les lycées donnent un enseignement littéraire et scientifique général. On y devrait, à son opinion, simplement apprendre aux jeunes gens à bien dessiner et à bien peindre ; ensuite, l'industrie les formerait au point de vue de l'application de leurs connaissances. « Réclamer de l'École des beaux-arts ce qu'on propose d'adopter, c'est absolument, ajoutait-il avec humour, comme si la Société des gens de lettres, la Société des auteurs dramatiques, demandaient qu'on créât dans les lycées des enseignements spéciaux pour faire des romans et des pièces de théâtre. » L'orateur aurait pu étayer son argumentation d'exemples tirés de l'histoire de la fabrique lyonnaise. Ch. Dutillieu, avant de devenir, vers 1750, un grand fabricant d'étoffes d'or, d'argent et de soie, travaillait comme peintre de portraits pour le roi et la cour ; il n'abandonna son premier métier qu'à la suite de la crise déterminée par les événements politiques. Jean Revel était un élève de Charles Le Brun, et peintre d'histoire et de portraits. Philippe de La Salle avait étudié sous l'académicien Sarrabas, puis chez François Boucher. Bony fut professeur à l'École de dessin avant de travailler pour la fabrique, et Bournes fit d'abord des paysages, ainsi que Berjon qui commença sa brillante carrière artistique par être professeur de fleurs. Cette théorie est celle qui a prédominé en Angleterre, dans l'organisation de toutes les écoles d'art décoratif ou d'art industriel, résumée dans le 5ᵉ volume de mes Rapports de missions, page 213 :

« En Angleterre on ne paraît vouloir imposer à l'école d'art d'autre mission que celle de former de bons dessinateurs, à l'intelligence éveillée, à la main habile, qui se développeront ensuite artistiquement et professionnellement, au contact de la vie industrielle et dans la pratique de leur métier. Aussi, toutes les écoles, à deux exceptions près, portent-elles le simple titre d'école de dessin ou d'école d'art. Cependant on a dans la plupart de ces écoles la préoccupation très vive de donner à l'enseignement de l'art un but pratique, afin de ne point laisser égarer l'imagination et l'ambition des jeunes gens; on y impose l'obligation du choix d'un métier, dès la deuxième année de cours. »

A Lyon, l'industriel qui s'en est fait le défenseur ne commettait-il pas une pétition de principes ? L'École nationale des beaux-arts, — comme toutes les écoles des Beaux-Arts de France d'ailleurs, y compris celle de Paris, — n'est qu'une pure et simple école professionnelle d'architectes, de peintres et de sculpteurs, avec l'adjonction d'un enseignement spécial en vue des dessinateurs pour l'industrie, et non une école générale d'art. De tous temps, elle a eu ce caractère et pas un autre. Aux termes du décret de 1805, qui l'organise, l'école doit former non seulement des peintres, des sculpteurs, et des architectes, mais encore des artistes industriels spécialement destinés à l'industrie lyonnaise ; et les maîtres qu'on y appelait pour professer étaient — comme on l'a dit si bien — les artistes mêmes qui avaient établi la supériorité industrielle de Lyon à la fin du XVIIIᵉ siècle. Il ne paraît pas logique de refuser à ceux-ci l'instruction professionnelle qu'on donne si libéralement à ceux-là.

Le Musée historique des tissus.

Dans sa séance du 24 janvier 1856, la Chambre de commerce émettait le vœu de la création d'un Musée d'art et d'industrie, dans le Palais du commerce, à la construction duquel elle avait contribué pour une somme de deux millions ; et elle décidait de mettre à la disposition de la municipalité une somme de 100,000 fr. pour la réalisation de ce vœu. Cette délibération était prise sur les conclusions d'un rapport remarquable de M. Natalis Rondot, membre de la chambre, dont les citations suivantes feront apprécier la hauteur de vues et l'esprit pratique : « Si le musée que la Chambre de commerce veut fonder ne devait servir qu'à rendre plus faciles les emprunts au passé, il n'y aurait pas lieu à coup sûr de s'y intéresser vivement, mais j'ai l'espoir que, en présence de ces styles divers, de ces créations et de ces œuvres célèbres, on verra mieux l'impuissance des procédés actuels et que l'on abandonnera la voie battue de l'imitation mesquine, de cette imitation stérile qui n'exige aucun effort et qui est sans honneur et bien souvent sans succès... L'action du musée doit s'exercer sur un plus vaste champ. Sans doute, il éveillera et développera le sentiment du beau, il forcera le goût; mais il sera en même temps pour la fabrique d'étoffes de soie un fonds commun, où l'on sera assuré de trouver tout ce qui peut servir l'inspiration, élargir et élever les idées, résoudre les difficultés et conduire à de nouveaux progrès. On y viendra étudier les ressources décoratives imaginées et développées dans les grands siècles, chercher le secret de la simplicité, de la grâce, de la distinction chez les Grecs, de l'harmonie et de la délicatesse du coloris des Orientaux, et cet autre et précieux secret d'approprier, avec une heureuse mesure et un sentiment d'artiste, le style aux matériaux et aux destinations. » Trois divisions générales : l'art, l'industrie et l'histoire, constituaient le projet de musée. Dans la première division, on présentait par ordre chronologique, et classé en pièces isolées les unes des autres, mais s'ouvrant sur une galerie commune, tout ce qui, dans « la science, les arts et le style, caractérise le mieux l'ornement d'un siècle et le génie d'un peuple, en offrant le rapport de la forme vraie et de la forme idéale ». Une bibliothèque spéciale et un salon pour l'exposition des tableaux de fleurs de toutes les écoles y étaient adjoints. La division de l'industrie devait se composer de trois sections : la première consacrée aux matières premières; la deuxième aux tissus de soie pure et aux étoffes de soie mélangées de laine, coton, fils d'or et d'argent; la troisième au matériel de la fabrication. La division de l'histoire était affectée aux annales de la fabrication des soieries, aux dépôts des spécimens originaux. Ce département comprenait des échantillons des produits de toutes les industries lyonnaises qui, en dehors de l'industrie de la soierie, ont fondé et maintenu la gloire et la fortune de la cité. Ces industries florissantes autrefois étaient la fonte, la ciselure, le monnayage, l'orfèvrerie d'église, le travail en repoussé, l'imprimerie, et bien d'autres encore dont Lyon est fier à juste titre. Le programme du musée avait été soumis à l'approbation de l'Académie des beaux-arts, et adopté sur le rapport de M. Duban, qui concluait ainsi : « Peut-être s'étonnera-t-on que dans un musée, siège d'une industrie spéciale, M. Rondot ait cru devoir introduire des industries aussi diverses par leur nature. Votre commission s'associe sur ce point aux vues de l'honorable rapporteur. Le respect seul des sentiments patriotiques de M. Rondot pour tout ce qui honore à divers titres la cité qu'il aime ne nous dicte pas cette approbation. Votre commission pense avec vous, d'après l'autorité des grandes époques, que tous les arts se prêtent un mutuel secours et que le lustre de l'un se reflète nécessairement sur les autres. Elle voit de plus l'avantage, dans cette généralité d'applications, que le musée préparé pour Lyon pourrait, à quelques nuances près, servir de modèle et de type pour tous les musées que les villes industrielles de France, animées d'une généreuse émulation, pourraient fonder dans leur sein. »

Le 6 mars 1864, les galeries du second étage du Palais du commerce, occupant les côtés est et sud, étaient ouvertes au public. Dans l'organisation des collections, on avait intelligemment appliqué le système des prêts ; l'inventaire ne comprend pas moins de 22 noms de collectionneurs qui s'étaient, pour un assez long temps, dessaisis de pièces de grande valeur.

Encouragée par cette première expérience, l'administration, dans son rapport annuel, émettait le vœu suivant : « Si ce moyen facile et peu coûteux de rajeunir au moyen de prêts les collections du musée, de tenir toujours en éveil l'attention, était adopté par l'opinion publique, tous les objets d'art qui existent non seulement à Lyon mais dans les départements ressortissant de la région lyonnaise, devraient passer par le musée de la chambre, on aurait de ce chef une exposition constamment intéressante et neuve. » Pendant treize ans, les comptes rendus du musée enregistrent de nombreux prêts d'une importance variable. En 1877, le système est abandonné, sous le prétexte que les collections du musée absorbent tous les emplacements disponibles. Dès 1873, les acquisitions de tissus anciens paraissent préoccuper particulièrement l'administration; et l'on fait prévoir, avec une satisfaction non dissimulée, que l'organisation d'une salle spéciale pour la soierie lyonnaise devra être entreprise. «Elle précisera le caractère local de l'institution fondée par la Chambre de commerce, en même temps qu'elle constituera une véritable innovation, l'idée d'une exhibition de ce genre n'ayant encore été appliquée nulle part.» L'année suivante, on inscrit, dans ce but, au budget du musée, l'affectation spéciale d'une somme de 8,824 fr. sur le crédit d'acquisitions de 40,000 fr. En 1875, l'administration achète pour le prix de 16,000 fr. la collection du chanoine Bock, d'Aix-la-Chapelle, composée de 736 pièces d'étoffes datant des premiers siècles de l'ère moderne. Alors, la galerie orientale, restée inoccupée, est attribuée exclusivement à la soierie; et une somme de 70,482 fr. est votée pour son aménagement. Le 6 juillet 1879 en eut lieu l'inauguration. En même temps, pour répondre aux besoins qui avaient inspiré la fondation du musée, on développait les autres sections; et, en 1883, on pouvait ouvrir la galerie occidentale, dite des arts industriels, remplie de collections d'originaux et de moulages. Mais, l'administration du musée, sous l'influence d'idées nouvelles, ne tarde pas à le faire dériver définitivement vers les tissus; les acquisitions d'orfèvrerie, de céramique, de ferronnerie, de meubles, etc., deviennent de plus en plus rares; et, enfin, dans ses séances des 23 janvier, 20 mars et 14 août 1890, la Chambre de commerce décida d'abandonner le programme primitif de l'institution et de réserver le musée aux collections d'étoffes, en lui donnant le nom de «Musée historique des tissus». Elle votait dans ce but une somme de 50,000 fr., et obtenait du conseil municipal une subvention de 30,000 fr. auxquels est venu s'ajouter un crédit supplémentaire de 48,000 fr., nécessaire pour couvrir tous les frais d'aménagement, d'installation et de décoration.

Le 28 mai 1891, le nouveau musée était inauguré solennellement, à l'occasion de la réception officielle faite par la Chambre de commerce à M. de Lanessan, gouverneur général de l'Indo-Chine.

A la suite de ces agrandissements successifs, le Musée historique des tissus se développe aujourd'hui sur tout le pourtour du second étage du

Palais du commerce, et comprend six vastes salles ou galeries ainsi distribuées :

Salle 1. — Tissus du Ier siècle à la fin du XVIIIe siècle.

Salle 2. — Broderies et tissus divers, fin du XVIIIe siècle.

Salle 3. — Dentelles anciennes et collections de mises en carte du XVIIIe siècle.

Salle 4. — Broderies et suite de la collection des mises en carte du XVIIIe siècle.

Salle 5. — Salle carrée des chefs-d'œuvre de l'industrie textile : tapis persans, broderies des XIVe, XVe et XVIe siècles.

Salle 6. — Galerie des métiers et de la technique.

Salle 7. — Galerie des tissus lyonnais du XIXe siècle.

Salle 8. — Étoffes d'Occident sous l'inspiration orientale ; Orient et Extrême-Orient.

Salles 9 et 10. — Dentelles et tissus brodés des époques anciennes jusqu'à nos jours.

Dans ces dernières années, de nombreuses collections d'une grande importance, collections Chatel et Tassinari, Aynard, Potemkin, ainsi que des acquisitions faites dans des ventes publiques, notamment à la vente Spitzer, sont venues s'ajouter aux richesses du musée. Actuellement, la Chambre de commerce a dépensé pour cette institution une somme de plus de un million 500,000 fr. ; et le budget annuel ne s'élève pas à moins de 65,000 fr.

Le Musée historique des tissus est une belle œuvre, bien conçue, entreprise avec résolution, poursuivie méthodiquement, et terminée sans défaillance. Son organisation fait grand honneur à celui à qui elle est due tout entière, depuis le commencement jusqu'à la fin : M. Antonin Terme, conservateur du musée. L'on ne peut qu'admirer la simplicité de la classification scientifique qui rend l'étude des pièces aussi facile que suggestive ; le goût des arrangements, la haute allure de l'installation générale, la physionomie imposante des salles et des galeries. Il n'y a pas au monde d'institution du même genre qui puisse lui être comparée à ces points de vue. Aussi, à l'étranger, le Musée historique des tissus de Lyon a-t-il conquis une universelle renommée ; les artistes et les industriels le considèrent comme l'arsenal de la fabrique lyonnaise, en raison des trésors artistiques et des précieux documents techniques qu'il contient. Pourquoi faut-il qu'il n'en soit pas ainsi à Lyon même ?

Ce musée merveilleux, incomparable, n'aurait pas la clientèle nombreuse et régulière, à laquelle on s'attend, en considération des services pratiques qu'il est en mesure de rendre et du plaisir délicat qu'on est sûr d'y trouver. On le visiterait fort peu. Ce n'est point que le public des touristes, des amateurs, y fasse absolument défaut ; mais ceux qu'on a voulu y attirer surtout, les industriels, les dessinateurs, les chefs d'ateliers, les ouvriers, de la fabrique, eux-mêmes, pratiqueraient généralement une abstention qui est bien faite pour étonner et pour provoquer autant d'inquiétudes que de regrets. Lors des réunions des comités des associations de chefs d'ateliers de la Croix-Rousse, j'ai tenu à être renseigné sur la fréquentation du musée par les Canuts. Il m'a été franchement répondu que les Canuts paraissent à peine en connaître l'existence. Quelles sont les causes de cette situation ? Après avoir fait la part — très grande — des habitudes d'indifférence, ne pourrait-on en trouver de très plausibles dans l'organisation administrative de l'institution ?

Sur le Palais même où est installé le musée, il n'y a pas extérieurement un panneau, une plaque, une affiche, qui en fasse connaître au public les conditions d'entrée. Les heures de visite sont celles que les mœurs consacrent aux affaires ; le musée n'est point ouvert au public tous les jours, et jamais le soir. On ne peut offrir aux visiteurs ni catalogues, ni notices, ni documents d'aucune sorte, contenant des renseignements sur les richesses que possède le musée et sur les services qu'il doit rendre. Le prêt à domicile des échantillons, pièces détachées, dessins, livres, n'existe pas. Cette institution créée en vue du développement de la fabrique n'a aucune agence de renseignements artistiques, industriels et commerciaux, aucune publication, pas la moindre feuille qui puisse tenir au courant de ses acquisitions. Aucune relation n'existe entre les écoles spéciales d'industries artistiques, les écoles de tissage, de broderie et le musée, hors les concours annuels de dessin et de composition organisés par la Chambre de commerce. Ce n'est point ainsi que, dans les autres pays, on comprend et on pratique la mise en œuvre et l'administration des institutions publiques de ce genre. Dans tous les musées anglais, il y a des catalogues, des guides, des livrets, de tous formats et de tous prix, — depuis deux sous jusqu'à cinq francs; — on offre, à l'entrée, à tous les visiteurs, gratuitement, des notices sur les collections. Dans toutes les rues avoisinantes, des prospectus sont distribués aux passants. Depuis dix ans, tous les musées sont ouverts le soir, éclairés à la lumière électrique, et chauffés pendant l'hiver. Aussi, est-ce par centaines de mille qu'on compte les entrées dans les musées de villes qui sont bien moins importantes et moins célèbres. Le directeur du musée me déclare qu'il a tenté plusieurs fois d'attirer au Palais du commerce les élèves des écoles industrielles et artistiques, en organisant des promenades, des conférences, et qu'il n'y a point réussi. La solution du problème n'est point difficile pourtant. Il suffirait que demain les conseils d'administration de ces écoles, dans lesquels la Chambre de commerce occupe toujours une place prépondérante par le nombre et l'influence de ses membres, fassent inscrire dans les programmes des études l'obligation de visites du Musée des tissus, d'une étude sérieuse des collections, cotées, aux examens périodiques, comme éléments de classement; les enfants entraîneraient les parents; et ainsi, l'institution recruterait rapidement une nombreuse clientèle. Qui veut la fin veut les moyens, dit un proverbe.

La dentelle, le tulle, la broderie à la main et la broderie mécanique constituent des industries lyonnaises très importantes, dont la production, en 1895, a dépassé vingt et un millions de francs. La dentelle, le tulle et la broderie.

La broderie est archi-séculaire. Sans remonter à la Renaissance où elle brilla d'un vif éclat, son histoire moderne présente des périodes nombreuses de gloire et de prospérité. A la fin du XVIIIe siècle, elle tenait sa place à côté de la soierie; et les artistes célèbres qui avaient porté à un si haut degré les tissus brochés, Philippe de La Salle, Chazeau, Bony, Berjon, etc., lui donnaient la collaboration constante de leur talent original. La Restauration et le règne de Louis-Philippe furent pour l'industrie une époque de décadence, tant au point de vue de l'art qu'à celui de l'importance de la production. Pendant la dernière moitié du second Empire, la broderie se releva par la venue de quelques artistes qui, ayant appris à connaître la technique des vieux maîtres, en transformèrent les procédés et les tendances. Aujourd'hui, la broderie lyonnaise a presque reconquis sa situation d'autrefois; elle compte environ deux cents artistes aptes à exécuter les travaux de tous genres, les plus difficiles et les plus délicats. Les branches de l'industrie sont nombreuses; on peut les classer dans les six catégories suivantes : le meuble, l'art religieux, la mode, le canevas, les ouvrages de dames, la restauration et la broderie mécanique pour lingerie et rideaux. La première est celle qui a pris le plus d'extension. Les récentes Expositions universelles ont montré des travaux considérables qui font grand honneur aux brodeuses lyonnaises; et, Paris lui-même s'est vu supplanter dans les commandes de pièces considérables, telles que la décoration en tentures du foyer de l'Opéra, et dans l'alimentation de grands marchés, celui du Midi par exemple. L'art religieux occupe beaucoup d'ouvrières; s'il est aisé de constater qu'on ne produit plus autant de belles œuvres que dans le passé, ce n'est point au défaut d'un personnel d'artistes suffisants qu'il faut l'attribuer, mais à l'absence de commandes provoquée par la diminution de la fortune des congrégations religieuses et à la dépression sensible des ambitions et du goût du clergé. Le canevas et la préparation des ouvrages de dames donnent du travail à de nombreux ateliers, dont la production n'est malheureusement point de premier ordre, en raison du peu de connaissances artistiques de celles qui s'y livrent. Lyon fabrique de très fines broderies, pour costumes, confections et uniformes; le linge de table, que les Allemands ont jusqu'ici cultivé avec succès, commence à donner lieu à des affaires relativement sérieuses; enfin, la réparation constitue une spécialité lucrative. La broderie mécanique a fait son entrée dans l'industrie par le couso-brodeur Bonnaz; puis sont venus les grands métiers suisses, les machines Heilmann, Saubrer et Martini. D'après une statistique dressée par la Chambre de commerce, on peut évaluer à 100 environ le nombre des machines à broder de différents systèmes employées à faire des travaux très variés : lingerie, bas de jupons, broderies sur soieries légères, surah, pongées, toilettes bordées de crêpe pour deuil, écharpes orientales, imitations de dentelles en soie et coton, mélangées d'or et d'argent, mousselines brodées pour robes de bal, etc. Cette branche d'industrie est presque entièrement aux mains d'ouvriers étrangers. L'année 1895 a été pour la broderie mécanique une période de crise douloureuse, provoquée, d'après les déclarations de la Chambre de commerce, par l'abandon de la mode dans les genres de Saint-Gall et de Plauen, et par l'arrangement franco-suisse qui a donné de nouvelles facilités d'accès en France aux produits des fabriques étrangères.

La dentelle embrasse les catégories suivantes de productions :

1° Les dentelles ou guipures faites à la main, aux fuseaux, à l'aiguille ou au crochet, en fils de lin, de coton, de soie, de laine, d'or ou d'argent ;

2° Les broderies faites à la main, à l'aiguille ou au crochet, sur des fonds de tulle ;

3° Les dentelles faites au métier mécanique, du type anglais, dit métier à tulle. Cette série comprend les tulles unis et brochés, l'imitation des dentelles et des guipures à la main, quel que soit d'ailleurs le fil employé ;

4° Les broderies faites au métier mécanique, du type suisse, ou par tout autre système du même genre, soit sur un fond de tulle conservé, en tout ou partie, soit sur un tissu découpé ou brûlé en tout ou partie.

On voit que l'industrie de la broderie et celle des tulles et des dentelles se mêlent, se pénètrent, et arrivent bien souvent à se confondre aux yeux du public, par l'apparence de similitude de leurs produits.

La fabrique de dentelles mécaniques possède environ 350 métiers, tant du type circulaire que du type leaver's, et une cinquantaine de métiers pantographes ; elle emploie plus de 300 hommes et près de 3,000 femmes, dont 2,000 travaillent à la campagne. Les métiers à tulles unis, répartis dans les différentes usines de la région, sont au nombre de 900 ; ils occupent 800 hommes et 5,000 femmes, dont 4,000 écheuilleuses, travaillant également à la campagne pour la plupart. Cette dernière catégorie constitue une spécialité lyonnaise, dont la supériorité est reconnue aujourd'hui de tous les centres industriels ; on importe de Nottingham des tulles Alençon, des fonds Bruxelles, Malines, Chantilly, etc., pour être chenillés à Lyon et réexpédiés ensuite dans tous les pays d'Europe et surtout aux États-Unis. L'art et le goût tiennent une place prépondérante dans cette industrie comme éléments de succès. Aussi, la question de l'enseignement artistique a-t-elle toujours préoccupé ceux qui, par situation professionnelle ou par responsabilité administrative, doivent s'y intéresser; sans que ces préoccupations aient cependant abouti à autre chose qu'une tentative avortée de création d'une école spéciale à la Croix-Rousse, et qu'une école rustique privée installée à Condrieu. Paris fournirait exclusivement les dessins pour les dentelles et les broderies. « L'école du Palais Saint-Pierre, me déclare nettement un industriel dont l'amour-propre local et le dévouement à l'industrie ne sauraient être contestés, n'est pas actuellement en mesure de former des artistes spéciaux qui puissent rivaliser avec les parisiens. » En outre, les fluctuations rapides et imprévues de la mode imposent à la fabrique une hâte qui ne permet point de donner, comme par le passé, aux produits d'art les soins de composition et d'exécution qu'hier les mœurs plus sévères et le goût plus élevé de la commission facilitaient, si même elles n'en faisaient une impérieuse obligation. Et, l'ignorance de la clientèle est devenue telle qu'elle ne sait plus faire de différence entre la dentelle à la main et la dentelle mécanique. Ces conditions nouvelles ne sont donc pas très favorables à l'émulation entre industriels et artistes pour chercher et exécuter des modèles nouveaux, dont l'originalité coûte très cher. La main-d'œuvre baisse de qualité aussitôt que la production aborde un genre inférieur, et se relève très difficilement quand se manifeste un retour aux pièces d'art. C'est ce qui est arrivé il y a quelques années et qui a provoqué la création de l'école rurale à laquelle je faisais allusion plus haut.

Depuis longtemps, la commune de Condrieu, située sur la rive droite du Rhône, en aval de Lyon, est un centre de dentellières et de brodeuses. Une maison lyonnaise y installa, en 1850, un comptoir de fabrication pour utiliser l'habileté des ouvrières. Tant que les travaux restèrent communs, leur instruction familiale fut suffisante; mais la mode étant venue à des produits supérieurs, elles ne surent pas comment s'y prendre; on songea alors à créer pour elles une école de dessin. Un dessinateur de fabrique fut envoyé à Condrieu et forma des professeurs choisis parmi les religieuses qui donnaient l'instruction primaire. Les élèves accoururent; au bout de quelques années de fonctionnement de cet enseignement organisé avec un programme élémentaire aussi pratique qu'ingénieux, on constata que le niveau de l'habileté professionnelle s'était fort élevé; des ouvrières qui gagnaient péniblement dix sous par jour arrivèrent à des salaires de deux francs. Survint une période de mode de blondes et tulles simples; l'école fut abandonnée. Quand ressuscita le goût des belles dentelles, on ne trouva plus d'ouvrières pour les faire; les anciennes étaient mortes ou avaient quitté le pays, la batellerie du Rhône qui occupait les maris étant disparue; les jeunes ne connaissaient pas le métier d'art. On dut rouvrir l'école et former de nouvelles apprenties.

Les écoles étrangères de dentelle.

Lyon s'est laissé distancer par Vienne comme organisation de l'enseignement artistique et professionnel de la dentelle. En 1877, le Musée impérial et royal d'art et d'industrie a créé une grande école, à la tête de laquelle est le directeur de l'École d'art décoratif annexée au musée. Cette école constitue le centre d'action et d'étude de tout ce qui de près ou de loin se rattache à l'industrie de la dentelle. A son administration incombe la mission de s'enquérir de tous les progrès réalisés et de les faire appliquer, après expériences, dans toutes les petites écoles de dentelles, disséminées sur tous les points de l'Empire. Les missionnaires sont les jeunes filles qui sont venues étudier à Vienne au moyen de bourses provinciales ou communales, et sous la condition expresse, leur instruction terminée, de rentrer dans leur pays. En même temps que l'enseignement professionnel, cette école possède un enseignement artistique donné par les meilleurs professeurs de l'École d'art décoratif. Les travaux exposés par l'école à l'Exposition des arts de la femme, en 1892, y firent l'admiration générale.

Non moins, sinon plus, originale, encore, est l'institution créée à Stockholm pour les industries féminines de la dentelle et de la broderie, par une association, la Société des amis du travail manuel, qui compte près de 1,000 membres. Cette institution comprend : une école de dentelle, de broderie et de tissage, dont les cours théoriques et pratiques sont suivis surtout par des paysannes accourues des points les plus reculés de la Suède et même de la Finlande; un comptoir d'exposition de produits et de modèles, à Stockholm, et des ateliers dans toutes les provinces du royaume. Le but de la Société est de restaurer les anciennes industries manuelles disparues, d'en créer de nouvelles dans les régions qui en sont dépourvues, de recueillir et de remettre en circulation les modèles artistiques anciens, d'envoyer à l'étranger des missionnaires pour faire des enquêtes sur ces industries et importer les procédés nouveaux, les types intéressants. En 1888, au moment où j'en étudiais le fonctionnement sur place, la Société avait créé des ateliers de dentelle, de broderie, de tapisserie dans six villes; installé près de Stockholm des métiers de jute pour tapis et toiles peintes, dans le Sodermaland et en Westgothie des métiers à canevas de coton, de laine et de fil de chanvre. Par ses soins, les dentelles de la Scanie et de la Dalécarlie, que les habitants seuls portaient, font l'objet d'un fructueux commerce d'exportation. Les matières enseignées dans l'École de broderie sont : l'ourlet de Vinaker, le point croisé de Vienne, la broderie à jour, le point croisé italien, la broderie plate, la broderie d'application, les franges, la broderie arabe, la broderie espagnole, la broderie nuancée, la broderie à dentelles et la broderie d'art. Des ateliers sont annexés à l'école et ne contiennent pas moins de 25 métiers pour apprendre en outre aux élèves tous les procédés de tissage. (Rapports de missions, 4e vol., pages 61-63.)

Les écoles lyonnaises de broderie.

Lyon possède deux écoles de broderie, l'une municipale et l'autre dépendant de la Martinière des filles. La première n'est officiellement qu'une sorte d'annexe de l'École municipale de dessin pour jeunes filles; elle compte annuellement de 25 à 30 élèves, dont la majorité sont de simples ouvrières sans aucune instruction artistique. Les industriels ne paraissent porter que très peu d'intérêt à cette institution, dont la municipalité elle-même ne prend pas un bien grand souci, en considération de l'installation plus que modeste qu'elle lui donne et de la modicité du crédit qui lui est affecté : 4,950 francs dont plus d'un tiers est réservé à l'unique professeur qui dirige l'école. L'enseignement professionnel n'y est point cependant sans mérite, le professeur ayant un grand talent de brodeuse; on y exécute de bons travaux, et les élèves qu'elle forme peuvent être utilement employées dans les ateliers. Mais telle qu'elle fonctionne, cette école ne peut avoir une sérieuse influence sur la production lyonnaise.

Il m'a été communiqué un programme de réformes, dont la réalisation doterait l'industrie d'une institution qui réunirait immédiatement au moins 200 élèves, car les locaux et l'horaire actuels ne permettent pas d'en recevoir autant qu'il s'en présente pour apprendre à fond le métier. L'école, à installer dans un vaste bâtiment, aéré, à proximité de la Croix-Rousse, le centre du recrutement scolaire, et en communication facile avec les autres quartiers ouvriers, devrait comprendre quatre années de cours : 1° principes et études des points différents ; 2° application des principes et copie des modèles anciens ; 3° interprétations des études précédentes et compositions faites par les élèves sur leurs dessins ; 4° broderie des figures et des personnages. On enseignerait parallèlement à la broderie le dessin et la peinture de fleurs. L'école serait administrée par un conseil d'industriels et d'artistes, ayant les attributions et l'autonomie qui ont été concédées au conseil de l'École nationale des beaux-arts.

La seconde école de broderie, organisée par la Martinière des filles, ne présente guère une installation et une organisation supérieures ; et les résultats n'en sont pas plus importants. Cette école compte, elle aussi, 25 élèves. Les cours réglementaires embrassent bien une période de trois années ; mais, si l'on défalque le temps consacré aux études d'enseignement général et au dessin, cette période se résume en moins de douze mois de travail professionnel sérieux. Or, à l'opinion unanime des chefs d'atelier de broderie, cela est tout à fait insuffisant pour former des ouvrières habiles. Les jeunes filles qui se destinent à l'industrie doivent recommencer un véritable apprentissage pour se faire la main, conquérir la souplesse, l'agilité nécessaires à une production industrielle ; et, dans cet apprentissage, sous la direction de maîtresses ignorantes, sans instruction artistique, qui les jalousent et les condamnent aux travaux inférieurs, elles perdent rapidement ce qu'elles avaient appris à l'école, et deviennent même de plus mauvaises ouvrières que celles qui ont été éduquées empiriquement, mais sans ambition. Il y aurait utilité à la création d'un cours supérieur de deux ans, avec travail pratique mi à l'école, mi à l'atelier, ainsi qu'à la permanence de la direction professionnelle qui ne peut s'exercer aujourd'hui qu'une partie de la journée. L'enseignement sévère du dessin est parallèle à celui de la broderie ; là, également, le temps est trop mesuré par les règlements ; il faudrait une période de quatre années d'études pour obtenir des résultats complets ; aussi quelques-unes des élèves suivent-elles, le soir, leur professeur dans les cours de dessin qu'il donne à la Société d'enseignement professionnel. Il s'exécute dans cette école des travaux de mérite; les élèves ont décoré le salon d'honneur et la salle du conseil de la Martinière des garçons de fort belles tentures en broderie d'application, d'après des compositions de Flaxmann, d'Ehrmann et d'après des tapisseries anciennes. L'institution a rendu des services appréciés; mais elle est la démonstration la plus éclatante de l'urgence de créer à Lyon un enseignement spécial de la broderie, dans les conditions matérielles et sociales qu'exigent l'importance et l'avenir de l'industrie. Tous les efforts du conseil d'administration de la Martinière des filles tendent bien à donner à cette institution « un caractère nettement professionnel, c'est-à-dire à procurer aux élèves les avantages d'un apprentissage complet dans ses sections respectives, tout en les dotant d'une instruction primaire supérieure, et en les écartant de toute préparation de diplômes et de brevets »; dans la réalité, l'école a dévié de son but officiel, en raison de l'affluence des jeunes filles de petite bourgeoisie et de familles ouvrières aisées, qu'y attire la valeur de l'enseignement. Ainsi, dans les cours de broderie, un cinquième à peine des élèves se destinent à l'industrie; le reste considère la broderie comme un art d'agrément et le pratiquera plus tard exclusivement dans le foyer familial. La multiplicité des cours d'enseignement général force, comme on vient de le voir, le conseil lui-même, en dépit de ses intentions, à ne donner dans les programmes qu'une place restreinte, absolument insuffisante, à l'enseignement professionnel pratique. Il en résulte — dans le cas spécial qui seul doit m'occuper — une organisation hybride, illogique, par conséquent nuisible. Les jeunes filles qui ne feront de la broderie que pour leur plaisir en apprennent trop; celles qui veulent en faire leur métier n'en apprennent pas assez; et, pendant ce temps, l'industrie réclame vainement aux écoles publiques les apprenties et les artistes qui lui font défaut.

Les écoles étrangères de broderie.

Cette école nouvelle devrait être une grande école d'art avec ateliers où l'on enseignerait aux élèves la pratique sinon, tout au moins, on les initierait à la connaissance technique de tous les métiers qui touchent à la broderie, où l'enseignement de cette dernière serait poussé assez loin pour que l'industrie puisse trouver là à la fois des ouvrières habiles, des dessinateurs spéciaux et des chefs d'ateliers. Cette école-là a été créée à Vienne, en 1877, et constitue un type excellent d'institution, puisqu'elle est devenue une sorte d'École normale qui a formé des professeurs pour la plupart des écoles de broderie non seulement de l'Autriche-Hongrie, mais de l'Allemagne et de la Russie. L'Exposition des arts de la femme, en 1892, a montré les merveilles d'art qu'on y exécute couramment. L'opinion unanime des industriels de la broderie est qu'une école de ce genre réussirait immédiatement à Lyon, serait assurée d'un recrutement de plusieurs centaines d'élèves, et donnerait à l'industrie un grand développement, car à Lyon plus qu'à Vienne et partout ailleurs, il y a en broderie une tradition vivace d'art et de goût, et d'exceptionnelles conditions économiques et sociales de progrès et de prospérité.

En Allemagne, Dusseldorff, Carlsruhe, Hambourg possèdent des écoles de broderie d'art. La plus importante est la première fondée par une association à la tête de laquelle est la princesse de Wied. Dès ses débuts, l'école était dotée d'un capital de plus de 20,000 francs, et comptait 100 élèves, suivant deux années de cours, sans interruption. A l'école de Carlsruhe est annexé un petit musée de broderies, fondé par le grand-duc et la grande-duchesse de Bade. Il y a aussi à Londres une belle école de broderie fondée sur l'initiative et le patronage de la princesse de Galles. En Danemark et en Suède, les écoles de ce type sont très nombreuses; leur organisation présente un grand intérêt.

L'École de broderie et dentelles mécaniques de la Croix-Rousse.

Quant à la broderie mécanique, l'initiative d'une école spéciale fut prise, en 1891, par la Chambre de commerce. La chambre voyait avec douleur les ouvriers tisseurs subir de longs et fréquents chômages, pendant que la plus grande partie des machines à broder de Lyon et des environs étaient conduites par des ouvriers étrangers, très nomades, d'un recrutement difficile et peu habiles; elle pensa justement que les tisseurs étaient admirablement préparés par des aptitudes et des traditions séculaires à s'assimiler la pratique d'une industrie qui est née d'une invention française. En conséquence, elle offrit à la ville sa coopération pour l'organisation d'une école de broderie mécanique qui serait placée dans les services de l'École municipale de tissage. La proposition fut acceptée; l'école était inaugurée en 1893, dans une annexe de l'école. L'entreprise a complètement échoué. Dès les débuts, les ouvriers étrangers se coalisèrent pour boycotter les élèves; pas un seul, en effet, ne réussit à se placer. Parmi les premiers sortis de l'école, il s'en trouva un qui, ayant quelque fortune, monta lui-même un atelier. Le directeur de l'établissement devait espérer qu'il se produirait là un débouché; déception absolue: le nouveau brodeur n'embaucha que des ouvriers étrangers. Aujourd'hui, l'école ne compte plus qu'un élève. Cependant, l'administration municipale la maintient encore dans l'espérance d'une prochaine situation meilleure, et fait servir l'outillage à l'instruction générale des élèves de l'École de tissage.

L'ébénisterie et la menuiserie.

Dès le XVIe siècle, Lyon a été le centre d'une importante fabrication de meubles de bois ouvré et sculpté; l'école lyonnaise est célèbre; au XVIIe siècle, on s'y adonne avec succès au travail de l'ébène. Cette industrie serait aujourd'hui, dans ses branches artistiques, très atteinte, par suite de l'indifférence de plus en plus accentuée de la clientèle pour les belles œuvres et de l'engouement des snobs de l'aristocratie d'industrie et de commerce pour la production parisienne et même depuis quelque temps pour le genre anglais. On a laissé mourir de déceptions et de découragement un artiste de haute intelligence, dont les créations originales, de grand goût et d'exécution irréprochable, sont restées invendues, à deux ou trois pièces près. Les bazars et les magasins emplis de meubles de confection, importés du faubourg Saint-Antoine, de Bordeaux, etc., font une cruelle concurrence aux ateliers de production sur commande. Les bons ouvriers se perdent par la fabrication de la camelote, du produit de faux luxe; émigrent ou changent de profession. On ne fait plus d'apprentis. Par suite de la suppression des ateliers, la plupart des sculpteurs pour meubles travaillent aujourd'hui en chambre et se livrent à la trôle; un grand nombre ont quitté la ville ou le métier.

Dans la menuiserie de bâtiment la situation ne serait guère meilleure. Les patrons n'hésitent pas à se servir pour l'apprécier du terme de décadence. L'un d'eux me déclare qu'il n'emploie pas aujourd'hui le dixième du personnel industriel d'autrefois; les hivers précédents, quand il ne comptait dans son atelier qu'une soixantaine d'ouvriers, tout le monde trouvait que les affaires marchaient mal; pendant la période actuelle, à peine une dizaine travaillent avec des chômages fréquents. Ses confrères, les mieux favorisés, ajoute-t-il, sont logés à la même enseigne. On n'exécute presque plus de travaux d'art. Il y a une grande misère matérielle et morale dans la population ouvrière de cette industrie. A l'opinion de deux des principaux chefs d'ateliers, les causes de cette décadence sont très nombreuses, et de tous ordres : économique, industriel et social.

L'apprentissage n'existe plus dans les grands ateliers, les patrons et les ouvriers ne veulent pas d'enfants à instruire, n'ayant ni le goût ni le temps de s'en occuper. Il ne s'en accepte que dans les petits ateliers; on leur fait faire les courses et le ménage. La plupart des ouvriers se recrutent aujourd'hui dans les campagnes, où l'on forme encore des apprentis. La suppression du tarif ou travail aux pièces a eu des conséquences néfastes, en diminuant l'émulation, la perfection de la main-d'œuvre, le goût de l'instruction. On a remarqué, à partir de cette suppression, une baisse très considérable du chiffre des ouvriers fréquentant le cours professionnel du soir fondé par la corporation, rue Lafayette, où, pendant la période des grands travaux qui a précédé le krach du bâtiment, il n'y avait pas assez de place pour les candidats.

Dans la tapisserie, même situation précaire ; mêmes chômages fréquents s'opposant à la constitution d'ateliers permanents sérieux, et forçant les bons ouvriers à accepter les travaux les plus inférieurs qui leur gâtent la main et les découragent. On n'y fait plus d'apprentis, et il n'existe pas d'écoles pour en former. Il a été créé une chambre syndicale ; de l'aveu de ceux qui l'administrent, elle ne fonctionne que fictivement.

Il y a unanimité dans toutes les branches des industries artistiques du bois à Lyon pour réclamer une École générale d'apprentissage, la réforme de l'École nationale des beaux-arts en vue d'un enseignement artistique plus spécial pour les industries, et la réorganisation de l'ancien Musée des arts décoratifs de la Chambre de commerce, dont la suppression est tenue pour une grande erreur qu'on ne s'explique pas de la part d'une institution dont le dévouement aux intérêts industriels et artistiques de la ville n'est point contestable. Les ébénistes et les menuisiers d'art regrettent vivement qu'il ne soit plus organisé à Lyon d'expositions d'art décoratif analogues à celle de 1880 qui donna des résultats si sérieux et fit beaucoup progresser les industries en créant un mouvement d'émulation pour les belles œuvres et pour les créations originales.

L'orfèvrerie.

Les industries d'art du métal, bijouterie, joaillerie, orfèvrerie, tréfilerie, bronzes, etc., d'après les évaluations de la Chambre de commerce, représentent un chiffre d'affaires annuelles d'environ 35 millions de francs. L'orfèvrerie religieuse — or, argent, cuivre et bronze — a conquis, dans ce dernier quart de siècle, un haut renom, et s'est développée dans toutes ses branches à devenir une grande industrie d'art qui n'occupe pas moins de 800 ouvriers, répartis en une dizaine de maisons, d'importance diverse. La production aborde tous les genres, depuis l'œuvre d'art monumentale, dessinée par des architectes et des décorateurs de premier ordre, jusqu'à l'article d'exportation en simili-bronze doré, exécuté à la grosse. Mais, sa situation actuelle n'est point bonne. Les crises politiques et financières de l'Espagne et de l'Amérique du Sud ont détruit de grands marchés d'exportation. Les difficultés de se procurer des informations commerciales paralysent les efforts pour ouvrir de nouveaux débouchés, tentés depuis quelques années par des maisons qui ne sont pas assez puissantes pour faire voyager de nombreux représentants dans des pays dont elles ignorent les mœurs, les goûts, les habitudes et les traditions; et, à toutes ces difficultés spéciales viennent encore s'en ajouter d'autres qui proviennent de l'absence de documentation industrielle et artistique dans les écoles et dans les musées, pouvant instruire techniquement et artistiquement la clientèle, les dessinateurs, les patrons et les ouvriers. Les nouvelles mœurs ouvrières ont créé, au point de vue de l'apprentissage, une situation très dangereuse pour l'industrie et qui pourrait en arrêter les progrès. L'industrie manque non seulement d'ouvriers de haute valeur, dans toutes les branches, — l'orfèvrerie de luxe, peut-être, exceptée —; d'un grand nombre de spécialistes, tels que ciseleurs, repousseurs, estampeurs, guillocheurs et émailleurs, mais d'ouvriers ordinaires, fondeurs, mouleurs, doreurs et polisseurs. Les chambres syndicales font une opposition acharnée au développement de l'apprentissage au delà d'une proportionnalité — 1/10ᵉ — qui est insuffisante pour alimenter les ateliers; certains spécialistes ne consentent même pas à en former, et abandonnent ceux qu'on leur impose en vertu des conventions syndicales. Un certain nombre de patrons en ont dû supprimer tout contrat d'apprentissage. Les enfants reçoivent dès leur entrée dans l'atelier un salaire naturellement fort minime, et sont traités comme des ouvriers au point de vue de leur utilisation industrielle ; on juge de ce que doit être l'enseignement professionnel dans de telles conditions de travail. Les ouvriers eux-mêmes le constatent avec regrets aujourd'hui : « L'apprentissage se fait dans les ateliers le plus souvent sans méthode, lit-on dans l'organe de la Fédération nationale des syndicats du cuivre et similaires. Pendant trois ans l'apprenti, livré à lui-même, n'a parfois à faire que les ouvrages les plus élémentaires, à moins qu'il ne se soit spécialisé à une même production ou qu'employé à faire courses et commissions, il ne soit en réalité qu'un manœuvre pour le patron et un domestique pour les ouvriers. Et on arrive ainsi à ce résultat monstrueux que les parents qui se sont parfois imposé de lourds sacrifices pour faire de l'enfant un homme armé pour la lutte pour l'existence n'ont, par un concours de mauvaise volonté où patrons, ouvriers et parents ont leur part de responsabilité, jeté dans la mêlée qu'un malheureux qui, par une cruelle dérision, doit commencer à apprendre à travailler quand l'apprentissage est terminé. »

L'industrie de l'orfèvrerie religieuse, surtout dans la production supérieure et même dans une partie de la production courante, ne peut prospérer que par le renouvellement incessant de modèles nouveaux et originaux, que seuls de véritables artistes peuvent créer. C'est ainsi que la première doit tout son renom et sa valeur à ce que, dès les débuts de sa restauration, elle trouva, pour la diriger et l'alimenter, un architecte de grand talent, Bossand. Aujourd'hui, à deux près peut-être, les ateliers n'ont plus de dessinateurs capables de leur donner une personnalité, de les arracher aux imitations et adaptations de types vieillis et ressassés, qu'accepte, il est vrai, et souvent même préfère, l'ignorance d'un clergé, dont ni l'enseignement du séminaire ni les études ultérieures n'ont guère formé le goût et excité la curiosité pour l'œuvre d'art. Loin de s'entendre, de se conseiller, de se soutenir mutuellement, de s'unir pour la défense de leurs intérêts, pour la recherche des moyens de développer l'industrie, les chefs de ces ateliers vivent à l'écart les uns des autres, — leur doyen sur sa haute colline, à la façon d'un saint Simon le Stylite, — se jalousant et se faisant une concurrence acharnée par la dépression constante des prix et par l'abaissement de la valeur des produits. Et, cependant, toutes les conditions industrielles, économiques, ethnographiques et traditionnelles, sont réunies pour assurer à l'industrie une prospérité exceptionnelle, une grande extension. Lyon est une métropole religieuse, célèbre par ses traditions d'art et de science, dont l'influence rayonne sur une immense région. Les ouvriers sont intelligents, actifs, ingénieux, et, dans quelques spécialités, d'une habileté exceptionnelle; ainsi, il n'y a pas au monde, paraît-il, de fondeurs en fonte légère qui puissent être comparés aux lyonnais. Lyon a dans cette spécialité un monopole traditionnel indiscuté; on envoie de Paris fondre à Lyon. Saint-Sulpice apprécie la production des ateliers lyonnais et s'y alimente presque exclusivement. On a tenté avec succès le bronze de statuaire, et importé de Belgique une branche importante d'industrie: la fausse joaillerie pour reliquaires, coffrets, etc. Les patrons ont la double ambition de se créer un nom, de faire fortune et sont très sensibles aux honneurs. Ce qu'il faudrait à l'orfèvrerie religieuse, me dit-on partout : c'est la fondation d'une grande association d'art et d'industrie, qui, par un musée pratique, fournirait aux industriels et aux dessinateurs les documents et renseignements artistiques, techniques, industriels et commerciaux, absolument nécessaires pour renouveler l'industrie dans sa production courante, pour lui permettre de tenter de s'ouvrir de nouveaux débouchés à l'étranger; et qui combattrait les mœurs et les habitudes d'incurie, d'insouciance et de jalousie ; c'est l'organisation d'une école d'apprentissage qui mettrait fin au conflit social actuel entre les patrons et la Chambre syndicale ; c'est la réforme de l'enseignement de l'École nationale des beaux-arts en vue de compléter l'instruction artistique des ouvriers et de fournir des dessinateurs habiles.

Comme tant d'autres villes de France, et plus encore même en raison de la richesse de ses industriels et de ses négociants, de ses comptoirs de banque et de commerce à l'étranger, Lyon a été autrefois un centre d'orfèvrerie civile. M. Natalis Rondot a compté du XIVe au XVIIIe siècle (1760) 958 orfèvres; en 1791, il y en avait encore 340. La décadence définitive a commencé sous le premier Empire. Aujourd'hui, seules deux maisons font de cette orfèvrerie, et encore par très petite quantité. En œuvres de quelque importance exécutées dans ces dernières années, on ne peut guère mentionner que deux grands surtouts de table qui figuraient à l'Exposition lyonnaise de 1894, et la corbeille d'argent offerte par la ville de Lyon aux marins russes, simple adaptation d'une pièce déjà ancienne. Il n'y a pas une clientèle suffisante pour faire travailler d'une façon permanente un atelier produisant industriellement de l'orfèvrerie. Quelques fabricants parisiens, qui avaient tenté d'organiser des succursales, ont échoué; ils se contentent de commis-voyageurs. Voilà quelle est la situation actuelle, d'après les déclarations des industriels. Les informations recueillies auprès des amateurs ne les infirment point.

La bijouterie et la joaillerie.

La fabrique lyonnaise de la bijouterie et de la joaillerie occupe environ 500 ouvriers, dont moitié de nationalité suisse, répartis en une trentaine de maisons. Depuis 1871, l'industrie a pris une extension considérable; on en évalue la production à plus de 12 millions de francs, alors qu'en 1867 elle n'était pas supérieure à 3 millions. Cette production est de deux ordres: le bijou courant pour la commission et l'exportation, et le bijou de luxe, qui n'en représente guère que le 20e. Pour le bijou de luxe, il y a à Lyon une clientèle sérieuse, fidèle et riche, qui n'est point encore atteinte de la maladie du snobisme, achète ce qui lui plaît, avec la curiosité de l'original et du beau quelle qu'en soit la provenance, et commande avec la préoccupation d'une exécution irréprochable, n'hésitant point à imposer son goût souvent fort délicat et des idées personnelles très arrêtées sur les formes et l'ornementation. On exécute dans plusieurs ateliers des œuvres d'art véritables: bagues massives, bracelets repoussés, ciselés, repercés, qui feraient bonne figure à côté des créations des maîtres parisiens, avec lesquels, d'ailleurs, très fréquemment et avec succès, luttent les Lyonnais. La vente du bijou courant s'étend sur toute la France et même sur le marché de Paris où elle fait aux ateliers une concurrence dont ils se plaignent fort, et qui a amené une rupture complète de relations entre les industriels de l'une et l'autre ville. Lyon produit à plus de 20 p. 100 meilleur marché, et la qualité de la marchandise n'est point inférieure. La seule supériorité qui reste à Paris est celle de la création des types que Lyon se contente d'imiter; mais, ici on manifeste l'ambition d'arriver prochainement à s'émanciper de cette tutelle artistique. Les fabricants ne contestent point que l'industrie manque d'originalité; ils avouent qu'à deux ou trois exceptions les patrons n'ont point une instruction technique et artistique suffisante, qu'ils ignorent trop ce qui se fait à l'étranger; que les artistes capables d'exécuter de belles pièces ne sont pas dans la proportion désirable — à peine un 20e; — que les ouvriers sont routiniers, réfractaires à tous les conseils, à tous les encouragements pour développer leur instruction. Ils sont également unanimes sur les difficultés de l'apprentissage, sur l'abaissement constant du niveau de l'enseignement qui s'y donne, sur la dépression des prix de la main-d'œuvre, par suite de la diminution de sa valeur, alors qu'ils préféreraient de beaucoup payer cher un bon ouvrier faisant du beau travail que payer peu un ouvrier faisant de la mauvaise besogne. Et, toutes ces déclarations, qui m'ont été faites avec la plus grande franchise, sans réticences ni hésitations, étaient accompagnées de témoignages sincères et expressifs du désir ardent de remédier à tout cela, de preuves qu'il a déjà été tenté beaucoup dans ce but, notamment par l'institution ingénieuse des primes de fin d'apprentissage, de jetons de présence aux cours de l'École nationale des beaux-arts et de la Société d'enseignement professionnel, par l'organisation de cabinets de dessins — la nécessité de l'intervention constante de l'art dans l'industrie étant partout reconnue —; avec des regrets éloquents parfois de l'absence de solidarité, d'union, entre les fabricants. Il n'est point douteux que, dans un avenir très rapproché, il se fasse — mais sur des initiatives plus audacieuses, avec le concours des administrations publiques — des réformes et des créations qui assureront à l'industrie encore plus de prospérité. La plus urgente de ces créations est une chambre syndicale qui groupe tous les fabricants et tous les marchands pour la défense de leurs intérêts corporatifs, qui fasse tomber les jalousies, les malentendus et les préventions dont souffrent cruellement les uns et les autres, qui permette à la collectivité d'être informée plus qu'elle ne l'est aujourd'hui sur la concurrence étrangère, et lui donne les moyens de faire abroger dans les règlements publics ce qui est une source de difficultés et de complications pour le poinçonnage, pour la douane, pour les transports, etc.

L'organisation d'un enseignement professionnel, pour fournir à l'industrie la génération nouvelle d'artistes et d'ouvriers qui va lui manquer demain, une école de la bijouterie, compléterait l'école de l'orfèvrerie et du bronze, constituant l'une et l'autre, sous le titre général d'École des arts industriels du métal, une institution qui, d'après les déclarations des patrons, dans les diverses branches de ces industries, serait assurée d'un recrutement immédiat de près de 200 élèves, non compris les ouvriers qui viendraient y suivre les cours du soir, et dont on peut évaluer le chiffre au moins à 100.

Les écoles étrangères de bijouterie et d'orfèvrerie.

Dans tous les centres de bronze d'art, d'orfèvrerie et de bijouterie de l'étranger, en Autriche, en Allemagne, en Angleterre, il existe des écoles de ce genre. Vienne en possède trois : l'École d'art décoratif annexée au Musée impérial et royal des arts industriels; l'École des bijoutiers, orfèvres et ouvriers en argenterie; l'École des fondeurs en cuivre, ouvriers en bronze et ciseleurs. Dans la première, on enseigne pour les apprentis et les ouvriers du métal le dessin technique, les styles, la géométrie, le modelage, la gravure, la ciselure, l'émail, la chimie et la métallurgie. Le même programme a été adopté par la deuxième école. Quant à la troisième, elle comprend quatre divisions : le dessin à main levée et le dessin linéaire; un cours de modelage; un cours de ciselure et des cours de chimie et de galvanoplastie. Son objectif, d'après ses statuts, n'est pas de faire des élèves qui suivent ces cours des artistes proprement dits, mais de développer chez eux, avec l'habileté de main nécessaire pour devenir de bons ouvriers, les connaissances techniques de leur métier, et de les entraîner vers l'art en mettant constamment sous leurs yeux des modèles de formes, anciens et modernes, aussi parfaits que possible. Hanau, en Prusse, a été doté, depuis plus de deux cents ans, d'une école de dessin par une association de bijoutiers, graveurs et orfèvres. Cette école s'est transformée successivement, suivant les besoins de l'industrie; aujourd'hui, elle jouit dans les pays allemands d'une telle réputation qu'on y vient de partout. L'enseignement se divise en cours de dessin, d'anatomie, de composition, de modelage, de ciselure, de sculpture, avec ateliers d'applications, fonderie, forge, bibliothèque, collections technologiques et artistiques. La loi exige que tous les patrons accordent au moins six heures par semaine à leurs apprentis pour la fréquentation de l'école. A Pforzheim, le grand centre de la bijouterie allemande, il y a une École industrielle municipale, qui ne compte pas moins de 800 élèves bijoutiers, — tous les apprentis de la ville étant tenus de suivre ses cours, — et une École d'arts et métiers, consacrée spécialement aussi à la bijouterie. Le programme de l'École industrielle pour les sections de bijouterie et d'orfèvrerie impose trois années d'études scientifiques, artistiques et commerciales, embrassant les matières suivantes : arithmétique, géométrie et algèbre, comptabilité, économie industrielle, dessin, compositions d'ornements et modelage. Dans l'École des arts et métiers, l'enseignement pratique est ajouté à l'enseignement théorique par l'organisation d'ateliers de ciselure et de gravure. A Birmingham, l'Association des orfèvres et bijoutiers a fait organiser, en 1889, dans la succursale de l'École municipale d'art, qui se trouve dans le quartier des ateliers de ces industries, des cours spéciaux d'enseignement professionnel et artistique. Dès les premiers jours, ces cours ont compté plus de 100 élèves, alors qu'on en espérait tout au plus une cinquantaine. Ce chiffre doit être doublé à l'heure présente.

Dans la corporation, la création d'une association d'art et d'industrie serait accueillie avec joie. Quelles doléances j'ai entendues sur l'isolement dans lequel on laisse une industrie qui, pour prospérer, a besoin de tant de vie artistique extérieure, de tant d'agitation d'idées nouvelles !!

La concurrence étrangère.

Il y a urgence à ces créations et à ces réformes. La concurrence étrangère, allemande et suisse, devient de jour en jour plus sérieuse. L'opinion d'un certain nombre de fabricants est même que la première constitue pour le bijou à bon marché un grand péril, par une production intensive, séduisante, originale, élégante même, dont les prix déconcertent. Pforzheim a déjà des représentants sur place comme à Paris ; les petits marchands, les bazars vendent presque exclusivement ses articles. Genève, pour la chaîne et le bracelet souple, a conquis le marché lyonnais ; on ne trouve plus de chaînistes à Lyon. Et, une nouvelle concurrence, imprévue, commence à se manifester, celle de la fabrique d'Amsterdam, qui paraît en mesure de vendre à aussi bon marché que les Allemands des produits excellents.

La municipalité, à son défaut l'État, n'a-t-elle pas le devoir de se préoccuper d'une situation aussi grave qui touche aux intérêts de nombreux ouvriers, et menace dans son avenir une industrie nouvelle, qui pourrait, au contraire, devenir, par ses conditions économiques et artistiques exceptionnelles, la rivale des plus grandes de l'étranger, si on se préoccupait de lui fournir les moyens de se développer par la création d'institutions analogues à celles que possèdent ses concurrents?

La serrurerie d'art.

La serrurerie d'art a une certaine importance; elle n'occupe pas moins de 150 ouvriers répartis entre quatre maisons. L'habileté de ces ouvriers serait très grande, par suite d'une excellente organisation professionnelle dans des ateliers dirigés par des chefs qui aiment leur métier, en sont fiers, et dont l'instruction technique laisserait peu à désirer. L'industrie en outre a eu la bonne fortune de trouver en quelques architectes, — dont deux, hélas! sont morts dans toute la vigueur de leur talent, André et Echernier, — des protecteurs qui ont beaucoup fait pour elle et lui ont procuré une clientèle riche, se passionnant, sous leur influence, pour les œuvres d'art en fer forgé. Un certain nombre de travaux remarquables ont été exécutés, dans ces dernières années, à l'hôtel de ville, à la préfecture, aux facultés, l'administration ayant eu l'idée heureuse de supprimer à leur propos le système néfaste de l'adjudication. Les serruriers d'art réclament la création d'un musée où ils pourraient trouver des éléments d'études, des modèles de goût et de bonne exécution en ferronnerie ancienne et moderne; et, ils espèrent la fondation d'une association d'art et d'industrie qui leur permettrait, par ses expositions périodiques, par les relations établies entre les industriels et les amateurs, de se faire connaître et apprécier. Comme les ébénistes et les menuisiers, ils regrettent vivement l'abandon des expositions lyonnaises d'art décoratif. C'est qu'ils ont à lutter aujourd'hui, en l'absence de tous moyens de publicité et d'instruction pratique de la clientèle, contre la concurrence de la Belgique et celle du Nord, important à Lyon du fer estampé et moulé, qui, par l'illusion qu'il donne du fer forgé, trompe la clientèle sur la valeur d'art et sur les prix normaux de l'œuvre vraie du ferronnier d'art.

L'imprimerie.

La production des imprimeries typographiques et lithographiques à Lyon est évaluée par la Chambre de commerce à environ 5 millions de francs.

Seuls les journaux et les travaux de ville font vivre l'industrie. Les ateliers des premiers ont désorganisé les imprimeries d'art, en leur enlevant les meilleurs ouvriers par les salaires très élevés qu'ils leur assurent. L'édition représente un minime chiffre d'affaires. On doit fixer à environ 150 le nombre des ouvrages imprimés depuis vingt-cinq ans par les quatre maisons qui sont outillées pour cette branche de la typographie; la plus grande partie aux frais des auteurs ou de sociétés historiques, archéologiques et scientifiques, car le Livre lyonnais n'a pas de clientèle suffisante — 100 amateurs au plus — pour assurer à un éditeur les frais d'un ouvrage d'art. Il n'y a point d'émulation entre imprimeurs au point de vue artistique. Or, si la typographie lyonnaise a brillé d'un très vif éclat pendant la Renaissance c'est qu'elle ne comptait pas moins de 93 maîtres; et, s'il s'est produit, il y a quelques années, un mouvement nouveau de retour aux belles impressions, c'est que Perrin avait réussi à exciter l'amour-propre de ses collègues et à leur inspirer l'ambition, sur son exemple, de produire des ouvrages irréprochables de goût.

En lithographie, les travaux ordinaires de commerce, prospectus, en-têtes de lettres, factures, étiquettes, etc., constituent toute la production; pas d'affiches illustrées, pas de chromos, ni d'almanachs; à peine quelques menus d'une exécution généralement peu originale; les industries locales ne font pas usage de prospectus ni de réclames artistiques.

La Chambre syndicale des maîtres imprimeurs de Lyon et des industries se rattachant à l'imprimerie, fondée en 1891, et qui compte 120 membres, s'est préoccupée à plusieurs reprises de l'organisation d'un enseignement professionnel et artistique destiné à former des apprentis, dont le besoin se fait fortement sentir dans tous les ateliers, et à donner aux ouvriers une instruction complète qui leur fait défaut, en même temps qu'à fournir à la lithographie des dessinateurs ingénieux. Jusqu'ici elle a échoué. La Chambre syndicale ouvrière a fait une opposition acharnée, couronnée de succès, à la création d'un cours avec atelier, en coopération avec la Société d'enseignement professionnel du Rhône, sous le prétexte de la concurrence d'ouvriers plus habiles qu'il créerait par là aux syndiqués.

Les projets d'une école d'apprentissage n'ont pas abouti pour la même raison, à laquelle est venue s'ajouter celle d'une dépression future des salaires par l'augmentation du nombre des ouvriers. En 1892, il a été fait aussi, à la Martinière des filles, une tentative d'organisation d'un cours professionnel de gravure lithographique par la Chambre des maîtres imprimeurs. Le cours a été suivi pendant deux ans par 3 élèves; aujourd'hui, il n'y en a plus qu'une seule. Une troisième tentative a eu pour objectif l'École municipale de dessin pour jeunes filles; la Chambre avait fourni tout le matériel; le cours n'a pas donné de résultats. Plus heureux a été le Syndicat ouvrier dans la création, à l'école de la rue Jean-de-Tournes, d'un cours de perfectionnement, actuellement fréquenté par un certain nombre d'apprentis.

La reliure d'art

Il y a eu autrefois à Lyon une grande industrie de la reliure, spéciale aux ouvrages religieux, missels, bréviaires, paroissiens, Imitation de Jésus-Christ, etc., qui occupait plusieurs centaines d'ouvriers. Tours, Limoges et Malines, par leur organisation d'ateliers mécaniques à la production d'un bon marché invraisemblable, ont tué l'industrie. Un libraire me montre des livres de prières, de format in-32, contenant une centaine de pages, d'une impression passable, reliés en toile gaufrée, qui se vendent 20 centimes au détail; Malines en inonde actuellement la région. On n'évalue pas à plus de 30 le chiffre des ouvriers relieurs actuels; deux tout au plus font de l'art, et vivent exclusivement des commandes de deux amateurs lyonnais; l'un a conquis par des œuvres d'une exécution irréprochable et d'un goût délicat une réputation qui a franchi les limites de Lyon; on le tient pour un des maîtres de l'école française contemporaine.

Les vitraux d'art.

L'industrie des vitraux ne compte plus à Lyon qu'un très petit nombre d'artistes et d'ouvriers, répartis en cinq ateliers, dont un seul a une certaine importance et produit de véritables travaux d'art. Les commandes pour les églises et les chapelles l'alimentent presque exclusivement; le vitrail d'appartement n'est guère en faveur; les architectes des édifices publics se soucient peu de ce moyen de décoration qu'ils trouvent trop coûteux. D'ailleurs, Lyon présente au point de vue du bâtiment une particularité peu favorable au développement de la décoration immobilière. L'aristocratie et la bourgeoisie ne font pas construire d'hôtels; dans toute la ville, on n'en trouverait pas dix, tant anciens que modernes : question de mœurs locales.

L'ostentation n'est point le faible du Lyonnais, quelle que soit sa situation sociale. Il préfère se loger dans un immeuble de rapport, où il n'a point à faire extérieurement état de maison en rapport avec sa fortune et son rang. La seule satisfaction d'amour-propre public qu'il se permet à ce point de vue est d'habiter place Bellecour; il réserve les dépenses somptuaires pour sa maison de campagne et son château, se sentant là à l'abri des indiscrets et des médisants; et, même, depuis quelques années, il se produit dans les habitudes mondaines une évolution qui menace de la disparition prochaine de cette dernière ressource des décorateurs. Les négociants et les industriels, comme villégiature ou comme retraite, paraissent préférer aujourd'hui la côte d'Azur et le Midi aux environs de Lyon; et, la mode des voyages de plus en plus prononcée aidant, on bâtit déjà beaucoup moins qu'autrefois sur les bords du Rhône et de la Saône, dans les vallées de l'Azergues et du Mont-d'Or. Quatre-vingt-quinze pour cent des maisons sont construites par des entrepreneurs et non par des architectes, en vue d'une spéculation de vente; on n'a donc point le souci d'y faire des frais, qui diminueraient le rapport des locations. Ce n'est guère que depuis le percement du quartier Grolée que des architectes parisiens ont importé dans les constructions neuves de l'avenue du Président-Carnot, de la place des Jacobins, des types nouveaux d'architecture qui se font remarquer par une ornementation sculpturale et par des aménagements intérieurs un peu luxueux. L'industrie des vitraux n'a ainsi à proprement parler aucun débouché pour les travaux civils de quelque importance. Dans l'art religieux, les nouvelles lois visant les fabriques et les communautés ont beaucoup fait baisser de chiffre et de valeur la production, que tend aussi de plus en plus à avilir de prix, partant d'exécution, la concurrence que se font entre eux les industriels, qui, malgré leur très petit nombre et la communauté de leurs intérêts à se syndiquer, se jalousent et se combattent avec acharnement. La décision du conseil de l'œuvre de N.-D. de Fourvières de faire exécuter dans ses chantiers les nombreuses verrières qui doivent décorer la nouvelle basilique a porté également un coup à l'industrie, en la privant d'un travail colossal et de longue durée.

Ah! c'est là parmi les quelques artistes que compte la corporation qu'il y a une désespérance douloureuse de l'abandon dans lequel ils sont tenus, de l'indifférence générale qui accueille leurs œuvres, de l'absence de tous moyens de les faire connaître et apprécier dans les écoles, dans les musées, dans les expositions!

Lyon a été autrefois un centre de céramique. Les historiens d'art industriel, et notamment M. Natalis Rondot, ont publié des documents desquels il résulte qu'aux XIVe et XVe siècles on y fabriquait de la poterie de terre; au commencement du XVIe siècle, des potiers italiens vinrent s'établir dans la ville; de 1512 à 1555, il est fait mention de quatre grandes fabriques. La faïence blanche devient même une spécialité lyonnaise. Lorsque, en 1584, Henri III vint à Lyon, la collation que lui offrit le consulat à l'hôtel de ville fut servie dans de la vaisselle blanche de Seyton. Plus tard, on produit des faïences émaillées, peintes et décorées à la japonaise. En 1733, un industriel du nom de Combe, élevé dans l'atelier des Clerissy, à Marseille, fonda, en commandite avec un faïencier, une manufacture au faubourg de la Guillotière. A la fin du siècle, on compte trois manufactures lyonnaises. L'industrie a complètement disparu; et, à aucune époque, il n'a été fait de tentatives quelconques pour sa résurrection.

Les institutions d'enseignement public, créées en vue des industries d'art qui viennent d'être analysées, sont: L'École nationale des beaux-arts, les écoles municipales de dessin, la Société d'enseignement professionnel du Rhône et les cours professionnels municipaux.

L'École nationale des beaux-arts.

Quand, en 1886, le Ministère de l'instruction publique et des beaux-arts réorganisa l'École nationale des beaux-arts, la réforme ne visait pas moins les industries de l'ameublement, de la sculpture sur pierre et sur bois, de la peinture décorative, de l'orfèvrerie et de la bijouterie, etc., que la grande industrie de la soierie. Il était aussi nécessaire, aussi urgent, de donner aux ouvriers et aux artistes de ces diverses catégories une instruction artistique, basée sur l'enseignement le plus sévère. En conséquence, on décida d'y imposer le règlement suivant, relatif à l'application stricte d'un programme d'études communes à toutes les professions, qui avaient été jusque-là à la discrétion absolue du caprice des élèves:

L'enseignement de la division de bosse embrasse: la géométrie appliquée, les éléments de perspective et de géométrie descriptive, l'étude de la figure humaine, des animaux et de l'ornement.

Dans cette division, les élèves se préparent aux différentes classes d'application. Ils sont astreints à venir à l'école toute la journée. Ils dessinent la figure le matin et font l'après-midi des études spéciales de géométral et d'ornement, selon la spécialité à laquelle ils se destinent.

Ils peuvent suivre tous les cours oraux qui ont lieu le soir.

La classe de modèle vivant, par laquelle doivent passer tous les élèves avant d'être reçus dans les classes d'application, a pour but de développer l'enseignement du dessin. Les élèves qui y sont admis sont tenus, comme ceux de la division de bosse, de venir toute la journée à l'école, devant continuer l'après-midi les études spéciales de géométral, de l'ornement ou de l'art décoratif, selon la classe à laquelle ils se destinent.

Ils doivent tous suivre les cours oraux du soir, savoir :

L'archéologie, la perspective, l'anatomie pour ceux qui se préparent à la peinture, gravure ou sculpture ; la géométrie descriptive ou stéréotomie, l'archéologie et la perspective pour ceux qui se préparent à l'architecture, l'art décoratif et la fleur.

Par exception, les élèves qui se préparent à la classe de sculpture ne sont pas tenus de passer par la classe de modèle vivant, à la condition qu'ils aient satisfait à tous les examens de la division de bosse. Ils doivent, en tous cas, venir toute la journée à l'école, modelant le matin à la classe de sculpture et faisant, l'après-midi, des études spéciales de géométral et d'ornement, comme les élèves de la bosse et du modèle vivant. Ils doivent suivre tous les cours oraux, sauf la perspective.

Les élèves de la classe de fleur doivent suivre en même temps, l'après-midi, la classe d'art décoratif pendant deux ans au moins ; ils étudient les applications industrielles sous la direction des professeurs d'art décoratif et de fleur réunis.

La réforme n'aurait point donné les résultats espérés. La classe spéciale de l'art décoratif, sur le développement de laquelle on comptait pour en bien affirmer le caractère et l'importance, ne réunit aujourd'hui qu'un nombre proportionnel d'élèves très infime — 15 d'après la statistique officielle, et dans ce chiffre sont compris tous les dessinateurs de la fabrique de soierie ; — alors que les cours spéciaux pour les peintres, les sculpteurs, les architectes et les graveurs, candidats aux prix de Paris et de Rome, ne comptent pas moins de 41 jeunes gens. L'école continue donc à être, comme dans le passé, surtout une institution préparatoire à l'École nationale des beaux-arts de Paris. Cette préférence accordée à la peinture, à la sculpture et à l'architecture est aussi naturelle que logique. Ainsi qu'il a été indiqué plus haut, l'organisation de l'École des beaux-arts de Lyon, comme celle de l'École des beaux-arts de Paris, fait de l'une et de l'autre, dans ces trois catégories, de véritables écoles professionnelles, d'apprentissage même. Les jeunes gens viennent y apprendre un métier, non dans sa théorie seule, mais dans sa pratique, en vue d'une profession très déterminée, dont ils ne sortiront jamais, qui doit les conduire à l'aisance, à la fortune, à la gloire; alors que, dans les autres catégories, qui visent plus encore de vrais métiers, tels que ceux de dessinateurs de fabrique, de sculpteurs sur pierre et sur bois, de bijoutiers, etc., on semble, comme programmes et comme installation de cours, avoir eu la préoccupation d'exclure de l'enseignement tout ce qui pourrait lui donner un caractère d'utilité immédiate, évidente, indiscutable, au point de vue de la profession future destinée à assurer le pain quotidien. Cette question, — il me semble, par la sensation très nette que j'en ai eue pendant mon enquête, — ne serait-elle pas très difficile à résoudre simplement parce qu'elle a été embrouillée de façon presque inextricable par les théories littéraires, qui interviennent toujours dans les études de ce genre? A prendre prosaïquement, mais avec netteté, les choses pour ce qu'elles sont, les écoles pour ce que les mœurs sociales nouvelles et les besoins modernes de la vie les ont faites, on arriverait très rapidement à en obtenir ce qu'elles doivent donner. C'est ainsi qu'on a procédé en Belgique pour la réforme des vieilles Académies de Bruxelles et d'Anvers; et, l'on a parfaitement réussi. Je résume les dispositions essentielles de cette réforme à l'Académie de Bruxelles, exposée dans le troisième volume de mes Rapports de missions, page 23 :

Pendant la première année des cours, les élèves reçoivent un enseignement du dessin et de la géométrie, commun à toutes les sections. Ce cours est, en quelque sorte, un cours général préparatoire, organisé pour donner à tous les élèves une instruction artistique primaire, uniforme, qui les rende aptes à suivre fructueusement les cours suivants. Après cela, les jeunes gens se trouvent en présence des trois grandes divisions générales de l'art : peinture, sculpture et architecture. Ils doivent alors faire, entre elles, un choix conforme au métier qu'ils veulent exercer; à leur intention, il a été dressé un tableau synoptique, qui donne ingénieusement l'indication de toutes les branches industrielles dérivant de chacune de ces divisions générales. Les organisateurs de ces écoles ont pensé avec raison qu'une spécialisation précise était nécessaire, dès la deuxième année, afin que l'élève, pendant l'étude de l'application de l'art à son industrie, fût encouragé constamment à persévérer, l'utilité pratique de l'enseignement lui étant démontrée à chaque instant. L'expérience a prouvé, en effet, que si les deux tiers des élèves abandonnaient autrefois les académies, avant d'avoir appris quelque chose d'utile, la raison en était à ce fait qu'ils avaient eu le sentiment très net de l'inutilité, pour leur métier, du travail long et difficile, auquel les règlements les condamnaient. L'ancien système de la généralisation des études présentait, en outre, le grave inconvénient d'égarer beaucoup de jeunes gens, dans un enseignement d'art pur, sans application à l'industrie, et d'en faire ainsi de fort mauvais peintres, sculpteurs et architectes, alors qu'ils auraient pu devenir, avec un autre enseignement, d'excellents menuisiers, charpentiers et décorateurs. Les élèves qui témoignent de dispositions exceptionnelles pour la peinture, la sculpture et l'architecture passent ensuite, après des examens très sévères, dans une école spéciale qui, à Anvers, porte le titre d'Institut supérieur des beaux-arts, et à Bruxelles, celui d'Académie des beaux-arts.

Les résultats de cette réforme sont qu'à l'heure présente, sur les 1,000 élèves de l'institution, 354 sont inscrits à l'École des arts décoratifs et en suivent les 9 cours, qui sont ainsi dénommés : dessin d'objets industriels, dessin d'ornement avec notes historiques de dessin d'ornement, composition d'ornement dans ses diverses applications industrielles, composition d'ensembles décoratifs appliqués à l'architecture, peinture décorative (deux classes), sculpture décorative (deux classes). En outre, dans le dernier exercice, le conseil académique et le conseil communal, sur la proposition du conseil de perfectionnement de l'école, ont décidé de donner encore plus de développement à l'étude de l'art décoratif, en créant entre la classe d'ornement historique et celle de composition d'ornement une classe intermédiaire, celle de l'analyse de la fleur. A l'occasion de la célébration du dixième anniversaire de la fondation de l'École des arts décoratifs, le bourgmestre de Bruxelles a tenu à se rendre un compte exact des résultats de l'institution, et a provoqué à cet effet une enquête auprès des chambres syndicales et des anciens élèves de l'école pour connaître le chemin parcouru depuis dix ans, et savoir ce qui reste à faire pour mieux servir encore les intérêts des industriels.

Les cours municipaux de dessin.

L'enseignement artistique de l'École des beaux-arts est complété par six écoles municipales de dessin pour lesquelles le conseil municipal vote annuellement plus de 50,000 francs de crédits, et qui comptent environ 700 inscriptions d'élèves. Dans un compte rendu de 1882, le président du conseil d'administration de ces écoles résumait ainsi éloquemment le programme de leur enseignement :

Pour les écoles municipales, le programme est plus simple et plus court, comme sont les moyens et le temps qu'on leur accorde. Elles doivent constituer, avant tout, un enseignement populaire, c'est-à-dire former des artisans supérieurs, et donner au plus grand nombre d'hommes possible la pratique du dessin et le goût des arts. Au lieu de s'y traîner dans l'imitation servile d'un modèle, nous voulons tout simplement que, là aussi, on agisse sur la raison et non sur la main ; qu'on apprenne rapidement à l'élève à comprendre ce qu'il fait, à sentir ce qu'il étudie, puis, à s'en servir dans un métier. Dans ces écoles populaires, il faut que le maître se change en missionnaire, qu'il n'épargne point les explications orales, qu'il fasse souvent appel à la mémoire de l'élève ; son grand talent sera de faire que les aptitudes et les inclinations soient développées dans leurs voies naturelles.

La Chambre de commerce organise chaque année, par les soins du musée, un concours de compositions décoratives et de dessins applicables à l'industrie, et offre aux concurrents un assez grand nombre de prix en numéraire : 11 pour la sculpture d'ornement ; 11 pour la composition décorative applicable aux tissus ; 32 pour la composition décorative applicable aux matières diverses ; 11 pour la dentelle ; 8 pour la fleur et la stylisation ; 21 pour le dessin d'après le plâtre. En 1895, une somme de 4,125 francs a été répartie entre les lauréats.

La Société d'enseignement professionnel du Rhône.

L'institution d'enseignement pour les adultes des industries d'art est la Société d'enseignement professionnel du Rhône, qui a organisé dans tous les quartiers, même suburbains de Lyon, des cours et des conférences, pour lesquels elle dépense annuellement un budget de 83,000 francs, constitué par les cotisations de ses 900 membres, les droits d'inscription des élèves, les revenus de ses immeubles et valeurs, et par des subventions de l'État, du conseil général, de la ville et de la Chambre de commerce. Cette Société a été fondée, en 1864, par un groupe d'hommes de haute valeur, désireux de doter Lyon d'une institution analogue aux Associations polytechnique et philotechnique de Paris. Chaque année, jusqu'en ces derniers temps, elle a vu s'augmenter le nombre de ses adhérents et de ses élèves, son organisation répondant avec une précision admirable aux besoins intellectuels et matériels de la population laborieuse de Lyon. Au début, ses cours avaient un but presque exclusif d'instruction primaire ; peu à peu, surtout depuis dix ans, son enseignement s'est modifié ; les cours professionnels ont pris une plus grande place dans les programmes, et ont été fréquentés par des élèves plus nombreux et plus instruits. C'est à ce titre que la Société devait figurer spécialement dans cette étude. Aujourd'hui, sur les 140 cours, il n'y en a pas moins de 50 de cette catégorie, qui sont suivis par 1,256 élèves (hommes et femmes), soit le quart du chiffre total des inscriptions (5,195). Les cours théoriques de dessin s'adressent aux industries suivantes : tissage, électricité, mécanique, coupe et confection pour dames, couture, coupe de la chaussure, modes, nouveautés, coiffure et coupe de pierres. Tous les cours professionnels pour les menuisiers, les serruriers, les ferblantiers, les tapissiers, les bijoutiers, les carrossiers, les mécaniciens, les tailleurs, les cordonniers, etc., ont été installés, avec des aménagements spéciaux pour chaque profession, dans l'immeuble que la Société a fait construire à cet effet rue Charpenay, à la Guillotière.

Dans une notice publiée à l'occasion de l'Exposition universelle de 1889, le conseil d'administration définissait ainsi cet enseignement industriel :

A propos de ces cours professionnels, et en présence surtout des divergences qui se sont produites dans notre pays sur la direction à donner à cet enseignement, il est utile d'expliquer comment la Société entend ces mots « enseignement professionnel ». Pour beaucoup de personnes, qui dit « enseignement professionnel », dit « travaux manuels », apprentissage plus ou moins complet de la profession. La Société ne l'entend pas ainsi. Il n'y a chez elle, ni apprentissage, ni travaux manuels, ou du moins il n'y a de travaux manuels que ceux qui sont une application directe de l'enseignement théorique donné dans les cours. C'est ainsi que les menuisiers font du modelage en bois comme application de leurs cours de dessin, les serruriers de l'ornement repoussé au marteau comme complément du cours de dessin de serrurerie, les tailleurs de pierre et les architectes des voûtes en plâtre en exécution des épures faites au cours. Mais l'apprentissage proprement dit n'existe nulle part dans les cours de la Société. Elle appelle « enseignement professionnel » non l'apprentissage d'une profession, mais, pour chaque profession, l'enseignement des connaissances théoriques nécessaires à l'exercice intelligent de cette profession. Quant à l'apprentissage lui-même, elle estime qu'il doit être fait à l'atelier et non dans les cours.

Un exemple particulier précisera nettement cette distinction entre l'enseignement professionnel et l'apprentissage. La Société a des cours de théorie de tissage où les tisseurs travaillant pour la fabrique lyonnaise viennent apprendre la constitution et le mode théorique de fabrication des étoffes. On ne tisse point dans ces cours, qui s'adressent à des jeunes gens sachant tisser ou apprenant à le faire à l'atelier, mais ne connaissant de l'étoffe que sa confection matérielle. Au contraire, il y a un cours de tissage pratique où l'on apprend à tisser réellement à des employés de fabrique qui connaissent déjà la théorie, dont le métier n'est pas de tisser personnellement, mais qui ont besoin de connaître du tissage ce qu'il en faut pour être en état de suivre et de contrôler le travail des ouvriers, de connaître la cause et les conséquences des accidents de tissage, de savoir comment doit s'organiser le métier dans chaque cas, de juger de l'effet pratique que produira une conception théorique quelconque, de faire un prix de revient, etc. Voilà le véritable enseignement professionnel, au sens où la Société l'entend.

Malheureusement, dans la réalisation de ce programme, la Société a éprouvé de grandes difficultés qui ne lui ont pas permis jusqu'ici de satisfaire tous les besoins exprimés; car une originalité fort louable dans le fonctionnement de cette œuvre superbe est cette règle libérale qu'il suffit que vingt personnes réclament un cours quelconque pour que la Société doive l'organiser immédiatement. Les ressources pour se procurer les locaux et l'outillage ont souvent fait défaut. En outre, elle a eu à lutter contre une hostilité, absolument imprévue, de la classe ouvrière: symptôme d'une évolution d'idées sociales extrêmement grave. Ainsi, la Chambre des maîtres imprimeurs et la Société avaient décidé d'ouvrir un cours pratique de typographie et de lithographie; les chefs d'ateliers avaient offert l'argent, les modèles et l'outillage. La Chambre syndicale ouvrière a fait opposition à la création de ce cours et menacé de le mettre à l'index; le projet a dû être abandonné. Il est incontestable pourtant que cet enseignement industriel ne peut être fécond et faire progresser les industries qu'à la condition qu'il soit possible d'y faire pratiquement la démonstration de la théorie, qu'il y ait, en conséquence, des ateliers et des laboratoires.

Institutions étrangères analogues à la Société d'enseignement professionnel.

C'est ainsi que partout, à l'étranger, où il fonctionne, l'organisation de cet enseignement a été comprise et réalisée. Je citerai, entre autres institutions de ce genre, le « Birmingham and Midland Institute », qui compte près de 10,000 élèves, dont les ateliers et les laboratoires de métallurgie, d'électricité et de mécanique sont de pures merveilles d'installation; le « People's Palace » de Withechapel, où les 500 élèves des cours du soir, dans les sections de construction, de mécanique et d'électricité, ont des laboratoires d'expérimentation; l'École industrielle de Charleroi, dont les 1,180 élèves trouvent, les soirs et le dimanche, dans les sections industrielles et scientifiques, à leur disposition, les cabinets de physique et de chimie, les collections technologiques et la bibliothèque de l'Athénée royal, dans les bâtiments duquel ont lieu les cours. Quelles que puissent être les dépenses qu'une organisation de ce genre entraînerait, la Société d'enseignement professionnel a, il me semble, le devoir impérieux de l'entreprendre. Dans une grande ville industrielle et artistique comme Lyon, il n'existe, à l'exception de l'Ecole de tissage de la Croix-Rousse, aucune institution où des ouvriers puissent trouver les moyens de compléter leur instruction technique : c'est une lacune presque invraisemblable. Cette organisation, en outre, ne serait-elle pas pour la Société le moyen le plus sûr de retenir et même d'accroître une clientèle qui diminue, d'assurer l'écolage qu'on doit considérer comme très peu satisfaisant, puisque la statistique des cours accuse une diminution de 50 p. 100 des assidus sur les inscrits? Dans le compte rendu administratif pour l'exercice 1894-1895, il est fait l'aveu loyal de cette situation: « Le nombre total des élèves inscrits a été de 5,195 au lieu de 5,510, soit 315 élèves de moins. Quelque légère que vous semble cette diminution, il est utile que nous vous en indiquions les causes. Ces causes, à notre avis, sont une certaine indifférence chez beaucoup de jeunes gens qui aiment mieux les exercices physiques ou la fréquentation des syndicats que la fréquentation des cours, et aussi la concurrence faite par des cours municipaux, comme ceux qui ont été créés récemment à Vaise. » Dans son discours à la distribution des prix de la Société, le président faisait également allusion à cette dernière création : « Il faut savoir gré au conseil municipal de sa constante préoccupation pour l'instruction des adultes. Grâce à sa générosité, il n'y a peut-être pas de ville en France mieux dotée que la nôtre. Nous nous permettons toutefois d'appeler son attention sur la concurrence qui nous est faite, et nous nous demandons si cette concurrence a donné les résultats que l'on pouvait en attendre. Cette année, par exemple, les jeunes gens de Vaise sont allés nombreux aux nouveaux cours municipaux et nos écoles étaient par cela même moins fréquentées que d'ordinaire. L'instruction donnée par la ville n'est certes pas inférieure à celle que nous donnons nous-mêmes; il ne faudrait donc pas se préoccuper d'un tel état de choses, si les élèves municipaux étaient aussi assidus que les nôtres. Il n'en est malheureusement pas ainsi. Avec notre organisation qui depuis 31 ans fait ses preuves, nous arrivons à retenir les élèves plus qu'aucune institution du même genre. Le conseil municipal l'a compris quand, en maintes circonstances, il a décidé la suppression de ses cours primaires d'adultes. Nous lui demandons de persister dans cette voie et de vouloir bien examiner s'il est réellement utile d'ouvrir des cours professionnels tant que nous serons à la hauteur de la tâche que nous avons entreprise. » C'est là de la concurrence. En d'autres pays à l'initiative privée plus audacieuse, une association aussi puissante que l'est la Société d'enseignement professionnel par le nombre de ses membres, loin de réclamer timidement la suppression de cette concurrence, aurait, après avoir hautement félicité la municipalité de la susciter, entrepris tout de suite la création de nouveaux cours, supérieurs à ces cours municipaux par leur programme, leur corps professoral et leur installation. La Société n'égaillerait-elle point son action par la multiplicité des cours industriels? 18 locaux différents leur sont affectés. Que les succursales de Vaise, d'Oullins et de Pierre-Bénite soient justifiées par l'éloignement, on ne saurait le contredire; mais de la rue de la Charité, de la Martinière, de la place des Jacobins, de la rue Vendôme, etc., à la rue de Charpenay, où un immeuble lui appartenant contient déjà 14 cours, la distance à pied, ou en tramway, n'est point infranchissable pour des élèves résolus à s'instruire. N'en résulterait-il point déjà une économie importante sur le personnel des professeurs, sur les dépenses d'installation et d'entretien des locaux, etc., dont les sommes réunies constitueraient un fonds pour la création d'ateliers et de laboratoires?

La direction de la Société m'a paru en outre fort réfractaire à la propagande active, incessante, par toutes les formes de publicité que la presse, l'imprimerie, la poste et tant d'administrations spéciales ont multipliées à l'infini. Ces préjugés sont fâcheux autant qu'inexplicables. « Qui veut la fin, veut les moyens. » Les Anglais, dont la respectabilité n'est pas moindre que la nôtre, mais dont l'activité est plus ingénieuse, n'hésitent point à mettre au service de leurs institutions d'enseignement public les plus sérieuses la publicité par brochures, tracts, prospectus, affiches, annonces, etc. Au Polytechnic Institute de Londres, au People's Palace de Whitechapel, on distribue annuellement par centaines de mille des notices sur le but de ces institutions. Dans ce dernier établissement, tout individu reçoit en même temps que son ticket d'entrée de deux sous pour les concerts, spectacles, expositions, etc., un petit lot de programmes des écoles ouvrières et d'apprentissage qui y sont annexées. Les résultats que nos voisins en obtiennent les poussent à développer ce mode de propagande. La Société n'a pourtant point un organisme routinier; il semble y dominer au contraire un esprit très libéral et progressif. Un article des statuts, celui concernant l'organisation des cours, en est un témoignage éloquent : Point de commissions consultatives pour étudier pendant un temps indéfini la moindre réforme, la proposition la plus simple. Il suffit qu'un cours soit réclamé, et que vingt personnes s'engagent à le suivre, attestant ainsi son utilité, pour que satisfaction immédiate soit donnée; et c'est ce qui explique le nombre, la variété des cours et le caractère original d'un grand nombre d'entre eux. Le conseil comprend des ingénieurs, des architectes, des négociants et des industriels, des employés et des ouvriers.

Un certain nombre de professeurs et d'élèves ont eu, il y a quelques années, le projet de créer entre ceux qui fréquentent ou ont fréquenté les cours de la Société une œuvre destinée à en continuer l'action bienfaisante, au delà de la période scolaire, par des bibliothèques et des réunions permanentes. Un essai a été tenté; il a avorté. On s'y est mal pris, sans aucun doute; l'essai était trop timide; par son caractère l'œuvre présentait trop, sous une forme indéterminée et par conséquent peu attractive, la continuation de l'école du soir. N'aurait-on pas réussi en se proposant hardiment comme modèle le type des cercles d'employés et d'ouvriers, créés dans toutes les villes des États-Unis; ou, même mieux, — car ce type entraîne immédiatement à d'assez grands frais, exige une mise de fonds importante — une institution dans le genre de l'association annexée aux cours du Birmingham and Midland Institute, qui possède, dans l'hôtel où ont lieu ces cours, un théâtre pour conférences et concerts, des salles de conversations et de jeux, association qui ne compte pas moins de 4,770 abonnés?

Douloureuses sont les doléances de la direction de la Société sur la concurrence que font aux cours les bars, les brasseries, les cafés-concerts, les caboulots; elle ne dissimule pas que c'est là pour l'institution le péril de demain. Il y a donc opportunité et urgence à créer quelque chose de semblable, qui arracherait au vice, sous toutes ses formes, des milliers de jeunes gens, comme on l'a fait avec tant de succès en Amérique par les clubs d'employés, en Angleterre par les People's Palace et les Institutes.

La Ville, comme on l'a vu plus haut, a organisé un certain nombre de cours professionnels, pour lesquels est inscrit au budget annuel une somme de 5,000 fr. Elle accorde, en outre, une subvention de 6,000 fr. aux écoles professionnelles fondées par les chambres syndicales suivantes : cordonniers, 800 fr., plus 300 fr. pour un local ; chauffeurs mécaniciens, 500 fr. ; sculpteurs, 500 fr. ; menuisiers de Vaise, 250 fr. ; coupeurs-tailleurs, 500 fr. ; comptables, 600 fr. ; coiffeurs, 300 fr. ; menuisiers de Lyon, 250 fr. ; papetiers, 1,200 fr. ; selliers, 500 fr.

Les Musées archéologiques.

Le Palais Saint-Pierre contient les Musées archéologiques de l'Antiquité, du Moyen âge et de la Renaissance. Les collections en sont précieuses ; il y a même là des pièces qu'envient les plus grands musées. L'installation est du meilleur goût, souvent luxueuse ; les conservateurs, par une classification très claire, par des étiquettes et des notices, s'efforcent de rendre la visite intéressante et l'étude facile ; on peut se procurer un catalogue qui n'est point trop ancien. Cependant, ces musées ne constituent pas un vrai musée d'art industriel dans les conditions d'organisation et de fonctionnement que doit présenter aujourd'hui, d'après les principes scientifiques admis partout, et suivant de nombreux exemples, une institution qui a spécialement en vue, non de donner pure satisfaction à la curiosité du public, mais d'aider au développement technique et artistique des industries. Or, ce musée, tous les industriels, tous les artistes en réclament instamment la création. Ils l'estiment nécessaire, indispensable, urgent ; ils déclarent unanimement que la suppression de l'ancien musée de la Chambre de commerce a été une grande erreur et a causé un préjudice considérable aux industries d'art de Lyon. On l'avait fort bien compris et bien organisé en vue de son but ; pendant le peu de temps qu'il a fonctionné, le développement rationnel et progressif de ses collections avait été habilement amorcé ; sans aucun doute, aujourd'hui, après quarante ans de fonctionnement, Lyon serait en possession d'une très belle institution spécialement adaptée à ses besoins industriels et artistiques.

Un Musée d'art et d'industrie. Vœux des industriels d'art.

Les bijoutiers voudraient pouvoir se tenir au courant des évolutions incessantes de la production étrangère, avoir les moyens d'étudier, sur les originaux ou sur des reproductions, ce qui s'est fait autrefois et se fait aujourd'hui de mieux, en bijouterie, pour y trouver des inspirations et des modèles, et lutter au moins, à armes égales, avec leurs concurrents étrangers merveilleusement outillés à ce point de vue. Quand on a fondé, en 1887, le nouveau musée de Birmingham, son conservateur a été envoyé en Italie et en Allemagne, muni d'un chèque de plusieurs milliers de livres, avec la mission de faire l'acquisition de collections pour les industriels et les ouvriers bijoutiers de la ville; et ces collections sont constamment mises, à domicile et dans les écoles d'art, à la disposition des intéressés. L'école de Hanau possède un musée de plus de 10,000 pièces d'orfèvrerie et de bijouterie, en originaux, en copies ou en reproductions par la photographie et par la gravure. Un musée non moins important a été créé à Pforzheim pour ses deux écoles spéciales, l'École industrielle et l'École des arts et métiers. En outre, la Société des arts décoratifs de cette ville organise fréquemment des expositions de bijoux modernes et anciens. Les orfèvres me déclarent que pour satisfaire leur clientèle religieuse qui désire toujours des pièces de « style », ils n'ont pour se documenter que des gravures, des photographies et les prospectus des maisons parisiennes et étrangères; ils ajoutent que l'ignorance même de cette clientèle, sur ce que les maîtres du passé et du présent ont produit, constitue un obstacle sérieux au développement de leur industrie; ainsi, elle se traîne et s'enlise dans la répétition incessante de types surannés, alors que l'étranger paraît constamment évoluer suivant les transformations du goût. « J'ai le projet, me confie l'un d'eux, d'entreprendre la fabrication à Lyon de l'orfèvrerie russe, convaincu qu'il y a fort à faire; mais je suis arrêté par l'absence de documents et de renseignements techniques et artistiques à étudier avec mes chefs d'atelier. » En Allemagne, en Autriche et en Angleterre, les musées ou associations d'art et d'industrie auraient déjà fait transporter dans les ateliers mêmes de cet industriel, six, vingt, trente spécimens d'orfèvrerie religieuse russe, ancienne et moderne, l'*Ornement russe* de Boutowski, tous les ouvrages publiés sur les musées de Pétersbourg, de Moscou, de Kiew, de Nijni-Novogorod, etc., et lui auraient donné conseils, encouragements et recommandations auprès de nos consuls en Russie. Lyon, depuis bientôt un demi-siècle, s'honore d'un orfèvre religieux, dont le rapporteur du jury de la section d'orfèvrerie à l'Exposition universelle de 1889 a pu écrire : « Ses œuvres sont absolument belles ; elles sont dignes du trésor le plus exigeant ; elles sont parfois trop parfaites. » Aucun musée lyonnais ne peut, à cette heure, montrer un seul spécimen de la production de cet artiste célèbre dans le monde entier. « Ce n'est pas de l'archéologie. » Un ébéniste me dit : « On nous parle souvent dans notre clientèle du style Empire devenu si fort à la mode, des créations de Gallé que la fantaisie et l'originalité des dessins ont mis en vogue auprès des amateurs qui se piquent de dilettantisme artistique et littéraire ; et, l'on nous demande de faire quelque chose dans ces genres-là. Où pourrions-nous conduire nos dessinateurs et nos ouvriers pour les initier aux procédés d'ornementation et de fabrication qui caractérisent ces mobiliers ? Nous avons la prétention de faire aussi bien que les ébénistes d'autrefois, et nous l'avons prouvé. La Chambre de commerce, comme encouragement, a fait l'acquisition de meubles lyonnais ayant figuré avec succès à des expositions ; or, c'est dans un musée public, comme pièces à conviction, que nous voudrions voir ces témoignages de la valeur de l'école lyonnaise contemporaine. » Les serruriers ne sont pas moins nets dans l'expression de leurs vœux pour qu'un musée puisse, par des modèles nombreux de ferronnerie d'art, faire l'éducation du public d'une ignorance fort préjudiciable au développement de leur industrie.

Aujourd'hui, la galvanoplastie met à la disposition des musées un moyen relativement peu coûteux de former des collections de bijouterie, d'orfèvrerie et de bronzes d'ornement ; les moulages en plâtre, en stéarine, en celluloïd, etc., assurent une reproduction parfaite et à bon marché de la ferronnerie, de la sculpture sur pierre et sur bois et des pièces de mobilier. La section d'enseignement du Musée des arts décoratifs de Munich, qui, en 1885, occupait deux immenses galeries, est presque exclusivement constituée de cette façon. La pratique constante du système des prêts de particuliers qui, jusqu'en 1883, avait été pratiqué à l'ancien musée de la Chambre de commerce et donnait de très beaux résultats, assurerait aisément dans toutes les branches d'industries le recrutement des œuvres originales. Les musées anglais ne fonctionnent pas autrement. Il n'y aurait donc pas d'objections bien sérieuses à faire à la reconstitution du Musée lyonnais d'art et d'industrie. Reste la question du local. Au moment où je fais mon travail, les journaux de Lyon publient le résumé d'un rapport de l'administration municipale sur les projets d'utilisation des salles du palais Saint-Pierre, laissées libres par le transfert de la Faculté des lettres au quai Claude-Bernard. Il y est proposé le déplacement du Musée d'histoire naturelle qui pourrait être installé dans un bâtiment spécial au parc de la Tête-d'Or, son remplacement par la bibliothèque, par les bureaux des sociétés savantes, et l'affectation totale des bâtiments sur la cour centrale aux musées et à l'École des beaux-arts. Ne serait-ce point l'occasion de placer là, à la suite des sections archéologiques, ce nouveau service qui, d'ailleurs, a été, à une certaine époque, dans les projets de la commission d'administration des musées, puisqu'on peut lire dans un de ses anciens rapports la mention suivante : « Musée technique : le musée destiné à l'enseignement des beaux-arts appliqués à l'industrie est en voie de création. »

Association d'art et d'industrie.

Pour compléter l'organisme de l'enseignement des industries d'art — écoles et musées, existants ou à former — pour leur faire rendre le maximum de services publics, une institution nouvelle doit être créée : une association analogue à celles qui existent aujourd'hui en Allemagne, dans toutes les villes industrielles, petites et grandes. Les efforts, les dévouements, les intelligences et les ressources sont éparpillées, à cette heure, dans les chambres syndicales, qui entretiennent, par leur organisation exclusivement patronale ou ouvrière, l'antagonisme entre ces deux éléments sociaux ; dans les associations de chefs d'ateliers de la Croix-Rousse, dont l'action est restreinte à des œuvres de bienfaisance et de mutualité économique ; dans la Société des dessinateurs de fabrique qui, après avoir dépensé toutes ses forces dans la solution — non trouvée — des problèmes de tarifs pour les fabricants, se meurt de consomption faute de s'alimenter d'idées, plus pratiques et plus élevées à la fois, de progrès artistiques et industriels, d'enseignement professionnel, etc. Les écoles et les musées ne donnent pas les résultats espérés, ont dévié de leur but, parce qu'il n'y a pas là, à leur côté, une grande et puissante association, qui mette constamment en œuvre leurs richesses et leurs ressources, qui exerce sur leur fonctionnement un contrôle incessant; enfin, qui soit en mesure, dans toutes les circonstances — discussion de budgets, propositions de réformes, modifications de programmes, etc. — où les intérêts de la collectivité des industriels et des artistes, ou d'une corporation particulière, sont en jeu, d'exercer une irrésistible pression d'opinion par l'autorité du nombre et par l'influence des services incontestés.

Dans cette étude, j'ai résumé avec la plus grande précision possible les déclarations qui m'ont été faites, avec une franchise complète, sur la situation actuelle des industries d'art et sur celle des institutions publiques créées pour leur développement. Parfois, elles ont pu paraître un peu pessimistes. J'ai cru de mon devoir de n'en point atténuer l'expression de tristesse du présent, de regret du passé, et d'anxiété pour l'avenir : Il est plus utile de montrer nettement le péril que de le cacher, sans se préoccuper plus qu'il ne convient de l'objection puérile du danger de divulguer à l'étranger les faiblesses et les lacunes de notre organisme industriel et économique ; c'est mieux servir son pays de dire la vérité tout entière, fût-elle cruelle, que de flatter par des inexactitudes et des omissions les amours-propres et les vanités. Quand des administrateurs, des industriels, des artistes et des ouvriers reconnaissent loyalement, avec autant d'unanimité, que tout n'est pas pour le mieux dans les usines et dans les ateliers; qu'un grand nombre d'institutions publiques ne répondent pas aux espérances fondées sur elles pour assurer les progrès de l'art et des industries; qu'il y a un peu partout mieux à faire que ce qui a été fait; et, quand les uns et les autres avouent franchement leur grande part de responsabilité dans la situation actuelle par l'indifférence et l'incurie qu'ils ont apportées à utiliser les moyens d'action et de perfectionnement mis à leur disposition par les pouvoirs publics, à appliquer, comme l'imposent si impérieusement les conditions présentes de la concurrence extérieure, les principes féconds de l'association : c'est là preuve la plus indiscutable que rien n'est perdu; c'est le symptôme infaillible d'une renaissance prochaine, car tout cela implique une virile résolution de réaliser immédiatement les réformes administratives, sociales et matérielles, devenues urgentes.

Lyon en a vu bien d'autres. Toujours, au moment où on le croyait le plus abattu, sous le coup d'une décadence irrémédiable, il s'est repris subitement corps et âme, il a rebondi avec vigueur; et sa gloire et sa prospérité nouvelles ont étonné le monde. Il y a deux ressorts d'une puissance prodigieuse dans la race lyonnaise : la foi et l'énergie; la foi dans les hautes destinées artistiques de la cité, l'énergie à les atteindre par un travail persévérant, par la recherche incessante d'idées originales, ingénieuses et hardies : vertus magnifiques synthétisées dans la fière devise :

Avant, avant lion li melhor!

TARARE.

Mon voyage à Tarare a été court. Je n'y ai point trouvé, auprès du président de l'unique institution à laquelle je pouvais m'adresser pour obtenir des renseignements précis, la Chambre de commerce, l'accueil que paraissaient devoir assurer le caractère et le but de cette étude.

Dans une ville qui est le centre d'une industrie d'art importante, la broderie sur tissus de coton, de laine et de soie, il n'existe qu'une très modeste institution d'enseignement artistique : une École municipale de dessin. Cette école, déjà ancienne — elle remonte à 1857 — a été réorganisée en 1887, au point de vue de l'art décoratif, sur l'initiative de l'administration des beaux-arts, qui, depuis cette époque, ajoute, chaque année, à titre d'encouragement, une somme de 1,500 fr. au budget de 3,500 fr. voté par la municipalité. 72 élèves suivent les cours au nombre de 3 : cours de dessin linéaire, 27 élèves; cours de dessin ornemental, 40 élèves; cours d'art décoratif, 5 élèves. Les résultats de l'enseignement qui y est donné sont excellents. Malheureusement, l'institution se trouve dans la situation la plus critique, la plus défavorable à son développement; et, j'ai pu me rendre compte qu'il n'a rien moins fallu de la part de ceux qui l'administrent et la dirigent qu'un dévouement profond et une foi inaltérable pour la maintenir et lui faire produire quelque chose. Elle a à lutter douloureusement contre l'hostilité du plus grand nombre des chefs d'ateliers. Et, pourtant, me dit-on, l'industrie souffre, dans sa production artistique, d'une pénurie de « piqueurs » et de dessinateurs; pour cette raison, la concurrence étrangère ne rencontre point toujours, sur le marché intérieur, l'obstruction que lui présenterait constamment une fabrique mieux outillée sur ce point. Il semble qu'ici la passion sociale soit arrivée à un état si aigu qu'elle l'emporte sur les intérêts.

En 1887, aussi, en même temps qu'on réformait l'École de dessin, et sous la même inspiration, un industriel, de haute valeur intellectuelle, d'idées autrement larges et généreuses, passionné pour l'art, alors président de la Chambre de commerce, entreprit de fonder un musée pour la broderie; il forma des collections par des dons et par des acquisitions. Stimulés par son exemple et par son entrain, quelques fabricants s'intéressèrent un moment à cette création; ils envoyaient des échantillons, et venaient y étudier. Mais, depuis trois ans, ce musée, dont aujourd'hui on conteste même en principe l'utilité, paraît laissé à l'abandon; et, il sera définitivement — sans regrets, m'assure-t-on, — fermé le jour où le Gouvernement supprimera la subvention qu'il lui accorde, et qui représente tout ce qu'on dépense pour son entretien. N'est-il pas triste et inquiétant d'avoir, dans une ville d'industrie d'art comme Tarare, à entendre de pareilles déclarations, à constater de tels faits?

SAINT-ÉTIENNE.

Est-il besoin d'aller chercher dans le nouveau monde des exemples, quand on veut montrer comment, en une période de temps relativement courte, une petite et modeste ville peut se transformer radicalement en une grande et brillante cité, par le génie et la puissance de travail de ses habitants? Au commencement du siècle, vers 1820, la population de Saint-Étienne, divisé en deux cantons — intra et extra-muros — n'atteignait pas 30,000 personnes, et celle de tout l'arrondissement 108,000; le budget communal se chiffrait par 56,000 fr. Ce n'était guère qu'un grand village, aux rues étroites et sombres, aux maisons basses et enfumées, entouré de murs branlants et lépreux. Aujourd'hui, Saint-Étienne compte 140,000 habitants et l'arrondissement près de 300,000; les dépenses de la ville atteignent 5 millions. La vieille ville des forgerons a fait éclater, comme un vêtement trop étroit, son ancienne enceinte; et, embrassant du nord au sud un développement de dix kilomètres, touche fièrement, d'un côté, à l'un des derniers contreforts des Cévennes, et, de l'autre, à un rameau des monts du Lyonnais.

Il est une physionomie originale, présentée par Saint-Étienne, et dont aucune ville au monde, dans le nouveau comme dans l'ancien, ne peut offrir de comparaison. Au milieu des charbonnages, des hauts fourneaux, des forges et des ateliers métallurgiques, sous un ciel enfumé, sur un sol poudreux, éclosent les plus belles fleurs de l'art industriel. Pendant que les forgerons de la montagne descendaient dans la ville noire, montait vers elle, par la vallée du Gier, une colonie d'artistes italiens, qui lui apportait une industrie nouvelle, toute de grâce et d'élégance féminines, renouvelant ainsi le gracieux mythe antique de la visite de Vénus à Vulcain, dans les forges de l'Etna. Et, cette industrie s'acclimatait si bien que trois cents ans après, alors que tant d'importations du même genre ont disparu presque complètement des villes, Nîmes, Avignon, Tours, etc., où tout, dans le climat, dans les conditions sociales, dans les traditions artistiques, etc., semblait devoir hâter leur développement et leur assurer une existence éternelle, et cependant que les pays mêmes d'où elle était sortie, Lucques et Bologne, n'en ont plus conservé de traces, elle est florissante et donne à la ville qui l'a accueillie la prospérité et la gloire. La science nous apporte aujourd'hui de ce problème ethnographique une solution à laquelle les Gayotti, les P. Benay étaient bien éloignés de penser. Ces couleurs si tendres et si brillantes, d'une variété infinie, qui permettent de donner aux rubans et aux velours tous les tons et toutes les nuances que la nature a mises aux pétales des fleurs, aux feuilles des arbres et aux brindilles des herbes, c'est le charbon qui les fournit. Dans cette pierre, noire et inerte, la terre semble avoir enfermé, pendant les transformations géologiques de notre planète, la flore qui en couvrait le sol aux temps antédiluviens; et, elle nous en rend maintenant, après des milliers d'années, tout ce qui en était la splendeur et la beauté, les couleurs d'un éclat que nous n'avions pas encore connu. N'est-ce point là un mythe gracieux, original ? Et quelle antithèse aux théories artistiques qui semblent vouloir subordonner le génie humain à l'ethnographie, et ainsi faire moins grande la puissance de l'énergie et de la volonté ! La divine semence de l'art ne pouvait, en apparence, tomber sur un sol plus réfractaire à son éclosion. Le climat, froid, venteux, plein de caprices violents et subits, meurtrier aux plantes et aux fleurs, fait plus de jours sombres qu'ensoleillés. Les montagnes et les collines, enchevêtrées, dénudées, déchirées, éventrées, forment des horizons cruels aux yeux amoureux de lignes harmonieuses et de perspectives enveloppées de tendres clartés. La langue locale a l'âpreté du sol et ne compte ni orateurs ni poètes. Les migrations ou la race indigène n'ont laissé dans la population féminine aucun type de beauté. A voir ses squares, ses places et ses promenades sans statues, il semble que Saint-Étienne n'ait pas d'aïeux. Elle n'en a pas en effet : chacun, ici, est le fils de ses œuvres; et, sa fortune, faite « avec les dents », suivant l'expression si vigoureuse de Bernard Palissy, rentre dans les rangs d'une bourgeoisie modeste, simple, sans ambitions sociales ni politiques, qui ne rêve rien moins que de laisser à l'avenir des traces de munificence publique, d'orgueil de classe, et dont le seul luxe est une inépuisable charité. Les Lucquois et les Bolonais, qui venaient, il y a trois cents ans, implanter leur industrie, quittaient des cités ensoleillées, élégantes et riches, pleines de poètes et d'artistes. Des princes magnifiques, des bourgeois opulents, plus fiers encore que les grands seigneurs, jouaient à l'envi le rôle de Mécènes, dépensaient sans compter et donnaient constamment des fêtes; les corporations des ouvriers en soieries, l'« Arte della Seta », commandaient des tableaux aux grands maîtres, organisaient, aux entrées de souverains, dans les solennités publiques, des cavalcades et des cortèges dans lesquels ils apparaissaient vêtus de drap d'or et d'argent. Et, pourtant, cette industrie de la rubanerie prit immédiatement racine dans ce nouveau centre et prospéra. L'art, comme la science, a vaincu la nature hostile; et, d'une région en apparence déshéritée esthétiquement, a fait une région enviée, qui donne abondamment le pain et la fortune à 100,000 industriels, artistes et ouvriers.

La fabrique de rubans.

Depuis quelques années, la fabrique de rubans a été fort éprouvée par une longue crise, qui, il est vrai, a sévi partout, en Allemagne, en Suisse, en Angleterre, et en Amérique. De 102 millions de francs en 1889, la production est tombée, en cinq ans, à 94 millions. Aujourd'hui, la situation, d'après le dernier rapport de la Chambre syndicale des tissus et matières textiles, est celle-ci :

La situation générale de la fabrique, pendant l'exercice 1895-1896, a subi des changements considérables, tant au point de vue de la production que des fluctuations des prix de vente et surtout des prix de façon. Après une reprise d'affaires soudaine en août et en septembre, la situation est restée stationnaire de novembre à fin décembre ; mais, à partir de janvier 1896, le ralentissement a commencé à se faire sentir et la baisse des soies a entraîné celle de nos rubans. Cependant les prix de façon restaient encore élevés, à cause des énormes quantités de rubans commises antérieurement, qui attendaient leur tour de fabrication. A partir de février et mars, la mode, se montrant de plus en plus contraire à notre industrie, les cours ont continué à s'effondrer et nous voilà revenus aux plus bas prix connus jusqu'à ce jour, aussi bien pour les façons que pour les rubans fabriqués. De récents sinistres ont encore augmenté l'affolement général. Nous espérons cependant que, comme toutes les crises très violentes, celle-ci trouvera une réaction dans sa violence même. La mode, qui a abandonné notre article brusquement, le reprendra aussi brusquement, et alors on verra combien les stocks sont de peu d'importance en marchandises fabriquées aussi bien qu'en soies ouvrées, d'autant plus que les récoltes de soies ont diminué en quantités. Aussi, nous croyons en des jours meilleurs. Notre fabrique a déjà traversé bien des épreuves. Elle sortira victorieuse de celle-ci comme des autres.

Comme résultat général, nous pouvons constater que notre chiffre d'affaires a repris, en 1895, le rang qu'il occupait en 1892. Il s'élève à 94 millions de francs, et dépasse de 23 millions le chiffre de 1894, et de 13 millions celui de 1893. Notre exportation ne s'est pas accrue dans les mêmes proportions. De 43 millions en 1893, elle est tombée à 26 et 27 millions en 1893 et 1894, et s'est relevée à 35 millions en 1895. Ce résultat provient de ce que les marchés se ferment de plus en plus chaque jour devant nos produits.

La concurrence étrangère.

Sur la question de la situation actuelle de la concurrence faite à la fabrique stéphanoise par l'étranger, la Chambre syndicale des tissus et matières textiles me fait la réponse suivante :

« Nous avons à redouter la concurrence étrangère, plus spécialement à cause des tarifs de douane prohibitifs dont nos produits sont frappés à l'étranger. Autrefois nous n'avions comme concurrentes que les fabriques de Coventry et de Bâle. Coventry a perdu beaucoup de son importance ; mais, au contraire, la production bâloise a pris un développement considérable et cela par suite de la position de Bâle sur le Rhin et sur la frontière allemande. Cette position a permis aux fabricants bâlois de créer des succursales sur la rive allemande du Rhin et d'accaparer complètement le marché allemand par suite des droits de 7,50 le kilogramme dont sont frappés les rubans français à l'entrée en Allemagne. Ces droits peuvent être considérés comme triplés à cause de la taxation de nos marchandises au demi-brut, ce qui correspond à une protection de 25 à 30 p. 100 environ. Cependant, depuis 1870, la fabrique stéphanoise a accru sa production dans les mêmes proportions que la fabrique de Bâle. Mais la consommation du ruban dans le monde entier a considérablement augmenté en quantité. Par contre, tous les tissus ont diminué de prix. Avec la concurrence de Bâle nous avons à redouter la concurrence allemande (Crefeld, Elberfeld). Le chiffre de sa production est peu connu. Elle a augmenté pour les rubans noirs, mais on s'est borné à les écouler en Allemagne et en Angleterre. Pour le ruban velours qui, avant 1870, se fabriquait exclusivement en Allemagne, Saint-Étienne a réussi à avoir la supériorité même sur la fabrication allemande. La concurrence américaine est désastreuse. Elle ne nous a pas cependant atteints directement, parce que nous avons cherché d'autres débouchés, mais notre exportation en Amérique est tombée de 25 millions à 2 ou 3 millions de francs. Elle se réduira de plus en plus, attendu que la production américaine est supérieure à la production stéphanoise et qu'elle suffit à la consommation de l'Amérique. »

Organisation sociale et industrielle de la fabrique de rubans.

Au point de vue industriel et social, la fabrique stéphanoise présente une originalité dont on ne trouverait pas d'exemples dans d'autres pays. De toutes les grandes industries nationales, elle est, avec la soierie lyonnaise, une des rares, peut-être même la seule qui ait conservé son régime primitif. L'usine, imposée à peu près partout aujourd'hui par les conditions économiques nouvelles, y constitue l'exception ; et, l'atelier familial, la forme corporative générale. Sur les 21,000 métiers de rubans et de velours qui battent, à cette heure, dans la ville et dans la région, 17,000, représentant un capital de plus de 25 millions, appartiennent aux passementiers, et sont — au nombre de deux ou trois — mis en œuvre par eux et par des compagnons qui reçoivent comme salaire la moitié du prix de façon. L'application récente des moteurs électriques dans la rubanerie vient de donner une nouvelle puissance industrielle à l'atelier familial. Actuellement, l'électricité, d'une force de 1,200 chevaux, produite par une usine installée sur les bords de la Loire, à Saint-Victor, transmise par câbles aériens à Saint-Étienne et dans diverses communes de la région, distantes parfois de 50 kilomètres, actionne 930 métiers.

L'ouvrier a ainsi constamment autour de lui sa famille, qui s'occupe des travaux accessoires du tissage. L'homme et le fils « barrent » ; la femme et la fille bobinent, ourdissent, dévident, échantillonnent, font le ménage et tiennent la maison. Le propriétaire de métiers à rubans débat directement avec le fabricant le prix de la façon qui lui sera payée pour le genre d'article que celui-ci lui offre à tisser. Le fabricant fournit la matière première — soie ou coton —, et le carton à dessin pour le tissu s'il doit être broché. Toutes les autres opérations sont à la charge exclusive du passementier, qui est ainsi bien plutôt un associé, un collaborateur, qu'un ouvrier salarié. Non seulement il se prête avec empressement à toutes les modifications techniques, réclamées par le tissage d'un article inédit et compliqué, mais il s'ingénie constamment à trouver des procédés nouveaux, à perfectionner son métier, pour lequel il a un attachement si profond qu'il semble en faire un être familial ; aux temps antiques, il l'eût sacré dieu lare.

Le passementier transmet généralement son atelier en héritage ; et forme ses fils ou ses neveux au métier. La situation à Saint-Étienne, au point de vue de l'apprentissage, est différente de celle constatée à Lyon. On y fait aujourd'hui des apprentis et aussi sérieusement qu'autrefois, dans les mêmes idées industrielles et sociales. Toutes les déclarations recueillies à cet égard, au cours de mon étude, sont unanimes sur les avantages qu'il présente pour le maintien de la fabrique stéphanoise. « Pour nous, m'a-t-il été dit à la Chambre syndicale des tissus et matières textiles, l'antique méthode d'apprentissage dans l'atelier et les traditions de famille transmises de père en fils sont encore la meilleure école. Il s'agirait de les conserver le plus possible et d'y ajouter quelques données plus scientifiques et des connaissances plus générales, sans oublier que nous devons développer surtout les connaissances techniques de nos ouvriers. Nous avons besoin de bons tisseurs. » C'est cet enseignement que l'École pratique d'industrie a pris à tâche de fournir à la population ouvrière de la rubanerie stéphanoise.

L'École pratique d'industrie.

L'École pratique d'industrie a été fondée il y a 14 ans. Le 17 juillet 1882, le Conseil municipal en votait la création, et affectait une somme de 130,000 fr. pour l'installer dans un local appartenant à la ville. 49,500 francs, en outre, devaient être employés à l'aménagement du local, à l'achat du matériel et de l'outillage d'enseignement. Quand la délibération fut approuvée par le ministre de l'instruction publique, le conseil vota une nouvelle somme de 16,500 fr. pour le traitement du personnel. L'école était inaugurée, le 17 novembre de cette même année, avec 54 élèves. Les ateliers de travaux manuels commençaient à fonctionner vers le milieu de l'année suivante. Mais, dès 1883, la municipalité, prévoyant qu'elle ne pourrait lui donner toute l'extension désirable dans l'immeuble où elle était installée, étudia et vota un projet de construction spéciale, dont les dépenses se sont élevées à 578,000 fr. Les cours enseignés à l'École pratique d'industrie sont de deux ordres : les cours classiques, communs à tous les élèves d'une même division, qui ont pour but l'instruction générale des écoles primaires supérieures ; et les cours techniques. L'originalité spéciale de l'institution est dans ces cours techniques, destinés à fournir aux élèves les moyens de faire l'apprentissage scientifique et manuel d'un métier. En première année, les élèves passent dans tous les ateliers et s'initient au maniement des outils de travail du bois et du fer, de l'ébauchoir du modeleur et du ciseau du sculpteur. Après cette période d'essais, ils sont spécialisés, suivant les goûts et les aptitudes qu'ils ont pu manifester ; l'administration les répartit en conséquence dans les ateliers respectifs. Ils travaillent trois heures par jour manuellement, en deuxième année ; quatre en troisième, cinq en quatrième ; et, même, pendant le deuxième semestre de cette dernière période, on les garde dans les ateliers jusqu'à sept heures par jour, afin de les entraîner graduellement à la journée ouvrière normale, qu'ils seront appelés à fournir le lendemain de leur sortie de l'institution. Comme les travaux manuels à l'école n'ont pas pour but de produire, mais uniquement d'instruire par la pratique, les difficultés sont présentées aux élèves d'une façon méthodique ; et le travail aux ateliers est facilité par un cours technologique. En même temps, le dessin est sévèrement enseigné en raison de son utilité pour les métiers. En première année, tous les élèves font du dessin à main levée pour s'habituer à manier le crayon et à juger des proportions. Ils dessinent d'abord, d'après des modèles muraux, des motifs à deux dimensions, puis les principaux solides géométriques représentés par leurs arêtes ou contours en fil de fer ; et apprennent pratiquement les principales règles de la perspective. A partir du commencement de la deuxième année, l'étude du dessin est spéciale à chaque section ou groupe de section.

Actuellement, les élèves de l'école sont en nombre moyen de 300, répartis en quatre années dans la proportion suivante : 103 dans la première année ; 73 dans la deuxième ; 59 dans la troisième et 56 dans la quatrième. Ce dernier chiffre accuse un progrès sensible sur les chiffres antérieurs, car le nombre de ceux qui achevaient le cycle complet des études n'était que de 20 p. 100. A peu près tous les élèves qui quittent l'école en troisième et en quatrième année, entrent directement dans les ateliers, usines ou fabriques comme petits ouvriers, au salaire moyen de 2 et 3 fr. par jour ; et quelques-uns comme dessinateurs ou employés techniques de fabrication. De l'enquête faite dans les ateliers de Saint-Étienne et de la région, il résulte que le salaire moyen des anciens élèves à l'âge de vingt ans est de 5 fr., supérieur de 1 fr. 50 c. à celui des jeunes gens de leur âge qui sont entrés dans l'industrie à leur sortie de l'école primaire. Le but industriel et social, poursuivi par l'école, est donc atteint.

La rubanerie à l'École pratique d'industrie.

Dans une ville où la soierie tient une si grande place, les cours de tissage devaient constituer une des branches importantes du programme. Ils ont fonctionné dès le premier jour, malheureusement pas avec le succès qu'on en attendait, en raison de l'insuffisance de l'enseignement théorique et pratique. On s'est très activement préoccupé, depuis deux ans, de les améliorer et de les compléter. Tous les élèves des cours reçoivent une instruction spéciale, bien en rapport avec les besoins de la fabrique. En chimie, ils s'occupent de la teinture et du blanchiment; ils cultivent des vers à soie et traitent le fil avec lequel ils tisseront. Le cours de mécanique comprend la description et la théorie des métiers. Le cours de dessin ornemental amène les élèves à interpréter industriellement une composition; quelques dessins même sont mis en carte, et traduits sur le métier. Dans leur troisième année, le professeur fait exécuter de nombreux montages — une quarantaine — qui initient les élèves aux difficultés techniques du tissage du ruban et du velours. Pendant un an et demi, ils font de la mise en carte. La création d'un cours supérieur de tissage a été décidée; mais la réalisation du projet présente des difficultés d'ordres économique et social, contre lesquelles on n'a pu encore lutter victorieusement. Deux élèves seuls se sont présentés cette année pour le suivre; et, à l'examen préliminaire, ils ont prouvé une telle ignorance des éléments mêmes du tissage qu'on a dû simplement leur faire suivre les cours de deuxième année. Cet enseignement dès le début avait provoqué de la part des fabricants une certaine hostilité, en raison de la théorie qui a encore cours aujourd'hui : que l'atelier seul peut former de bons apprentis. Or, l'enseignement de l'École pratique d'industrie a démontré depuis deux ans, aux ouvriers et aux patrons, combien l'apprentissage familial est empirique ; on peut y enseigner mathématiquement, grâce aux travaux du directeur de l'institution, M. Lebois, l'organisme et le fonctionnement des métiers ; et une méthode nouvelle, scientifique, est en voie de provoquer une véritable révolution d'idées parmi les mécaniciens et les passementiers.

L'école possède un atelier de tissage déjà fort important. Il contient tous les types de métiers de la fabrique stéphanoise, trois métiers à rubans, systèmes américain Knowles, suisse et Joubert, un métier d'étoffe de soie pour robe, un métier d'étoffe coton, un métier velours étoffe, les mécaniques Jacquard, Verdol et Vincenzi. Non seulement ces métiers servent aux études des élèves, théoriques et pratiques, mais la direction de l'école a organisé, à l'intention des ouvriers et des patrons, des visites dominicales fréquentes, qui obtiennent un grand succès. En outre, elle met généreusement à la disposition des inventeurs ses ateliers de mécanique pour la construction des appareils nouveaux, dont une commission spéciale, très libérale, même audacieuse, dans ses décisions, a reconnu les mérites. Il y a là un encouragement public précieux donné à toute une catégorie d'ouvriers fort méritants et dignes d'être soutenus. L'instinct de la mécanique est inné dans le passementier stéphanois. C'est l'un d'eux, Antoine Bégon, qui trouva le système pratique d'adaptation à la rubanerie de l'invention de Jacquard. En 1818, Barlet réussit le premier à mettre industriellement en œuvre le métier à façonné combiné avec la mécanique autrichienne; la Chambre de commerce et la Société nationale d'agriculture, sciences et arts de la Loire ont eu fréquemment à récompenser, par les prix spéciaux institués dans ce but, de simples ouvriers, pour des inventions aussi ingénieuses qu'imprévues.

Cet atelier est un acheminement rapide vers la création du Conservatoire de métiers projeté, en 1889, au Musée municipal d'art et d'industrie. J'ai demandé à la Chambre syndicale des tissus son opinion sur l'utilité de ce conservatoire, dont Crefeld a déjà réalisé l'idée dans des conditions exceptionnelles d'ampleur et de publicité. Il m'a été répondu : « La création d'un Conservatoire des métiers rendrait de grands services. Nous avons fortement encouragé les essais dans ce sens. Notre chambre syndicale a décidé de demander une subvention à la Chambre de commerce pour l'acquisition de nouveaux types à ajouter à ceux qui sont exposés à l'École professionnelle. Il serait très utile d'avoir de suite les différents métiers nécessaires pour instruire nos ouvriers. Il faudrait pouvoir acheter immédiatement les métiers pour rubans et velours et les métiers des industries qui s'y rattachent : métier à broder de Saint-Gall, métier à dentelles de Calais, métier à lacets, etc. Cette création ne répondra réellement à son but que si l'on peut faire marcher les métiers sous les yeux des ouvriers et si l'on se tient chaque année au courant des modifications apportées à l'outillage. »

La rubanerie à l'École professionnelle libre.

L'École professionnelle libre poursuit le même but que l'École pratique d'industrie, avec les différences de système d'enseignement que lui imposent les idées très particulières et les circonstances spéciales dans lesquelles s'est faite sa création. Dans le préambule du règlement de cette institution, fondée en 1882 par le Comité des écoles libres congréganistes de la Loire, il est dit : « Quand le comité eut fait appel aux principaux industriels de Saint-Étienne pour avoir leur avis sur l'opportunité de l'école chrétienne professionnelle, il se posa tout d'abord cette question : Pour réussir est-il indispensable de créer à l'école des ateliers qui exigeront évidemment de grands frais ? En portant ses regards sur les ateliers si nombreux et si divers de notre laborieuse cité, il eut bientôt trouvé la solution. Saint-Étienne a cela de remarquable qu'il s'y trouve des industries très variées et paraissant même opposées entre elles..... Il possède les genres de travaux les plus divers et les mieux outillés, et peut être considéré comme ne formant en quelque sorte, qu'un vaste atelier. D'autre part, les ateliers établis dans une école professionnelle ne peuvent être généralement qu'incomplets, insuffisants pour former réellement des ouvriers. Ne vaut-il pas mieux utiliser ceux de notre ville, si multiples, si bien organisés et dont les patrons nous ouvrent gracieusement toutes les portes ? N'est-il pas bon que l'apprenti se forme en celui où il devra travailler étant ouvrier, et sous la direction du patron ou du contremaître auquel il continuera d'être subordonné ? Le système des ateliers extérieurs à l'établissement, dirigés par de véritables chefs d'industrie et dans lesquels les élèves restent sous la surveillance directe de l'école, parut donc au comité être la vraie solution de la question de l'apprentissage. Ce fut aussi l'avis des principaux industriels de la région. » En conséquence de ces principes, les élèves qui ont suivi avec succès les cours de la troisième année et sont admis à ceux de la quatrième, appelée année d'apprentissage, sont placés en ville, chacun dans un atelier de sa profession, et y travaillent comme apprentis sous la haute surveillance du frère directeur et du conseil de perfectionnement. Chaque soir, ils reviennent à l'école assister à des cours spécialement faits pour eux. Ils y reviennent également le dimanche et les jours de fêtes chômées. Le frère directeur s'informe de leur conduite et de leur travail technique; il leur remet chaque mois un carnet indiquant les notes qu'ils ont obtenues en classe et à l'atelier; ce carnet est signé chaque fois par les parents et par les patrons. Cette institution est basée sur une apparence de système, alors que de toute évidence elle ne fonctionne ainsi qu'en conséquence d'une nécessité. Ses mérites et son originalité paraissent être surtout dans l'organisation et le fonctionnement de l'école, d'ordre, l'un et l'autre, bien plutôt moral que scientifique. En dépit de l'indifférence de l'Institut qui ne donne aucune subvention, de l'inertie des patrons auxquels on n'arrache que très péniblement les maigres subsides qui la font vivre, — 6,000 francs par an pour 300 élèves, — de l'hostilité du clergé qui voit dériver de ce côté les sommes qu'il désirerait pour un autre genre de propagande, le directeur et les professeurs de l'école s'y dévouent corps et âme. Le premier s'occupe avec une activité et un zèle infatigables d'assurer aux jeunes gens une situation industrielle, de les patronner efficacement en dehors de l'école et de les y retenir. Les résultats sont considérables. Ici, on a résolu le grave problème de l'assiduité par des primes de fin d'études, et aussi celui de détourner des professions libérales ces élèves qui ne veulent plus être ni employés, ni commis, ni clercs d'huissiers, et se montrent fiers de rester des ouvriers. A ce point de vue seul, cette institution mériterait d'être citée en exemple. « Prévenir la misère au lieu de la secourir; exercer la charité par la protection du travail et non par celle de l'inactivité » : ainsi le fondateur de l'École professionnelle libre de Saint-Étienne me résumait le but social qu'il poursuit avec autant de foi que de persévérance et d'énergie.

L'organisation artistique de la fabrique de rubans.

La mode crée à la fabrique stéphanoise des difficultés plus graves encore que celles dont souffre la fabrique lyonnaise. Autrefois, à Saint-Étienne, en rubanerie, on faisait deux saisons simplement. Les acheteurs venaient sur place, deux fois par an, pour voir les nouveaux modèles et donner leurs commissions; le fabricant ne se rendait à Paris que fort rarement. Aussi chaque maison, dont l'organisation sociale comptait deux personnalités bien distinctes, le fabricant et le dessinateur, possédait son atelier spécial pour la création des dessins; en outre, de nombreux cabinets de dessinateurs alimentaient la place. De plus, les fabricants s'étaient fait chacun une spécialité reconnue et recevaient en conséquence, régulièrement, et longtemps à l'avance, les commandes des maisons qui avaient besoin de produits particuliers. On avait donc le temps de préparer une saison. Aujourd'hui, tout cela est changé. Il y a une saison par semaine. De là des commandes hâtives, imprévues, impérieuses. En présence des fluctuations incessantes de la mode et de ses soubresauts invraisemblables, plus encore en matière de rubans et de velours que de robes — du jour au lendemain, sans hésitation, on passe du velours au ruban, de l'uni au façonné; ou l'on abandonne les uns et les autres —, les commissionnaires attendent la dernière heure pour commettre et réclamer une livraison presque immédiate; de là naissent des contestations fréquentes. Fabricants et commissionnaires, peu ou mal renseignés, tâtonnent, hésitent, simplifient pour diminuer les aléas et les pertes. Aussi les premiers doivent-ils faire constamment des voyages à Paris pour se tenir au courant de ces fluctuations ou tout au moins les pressentir. Mais le goût du lendemain réserve des surprises souvent désastreuses. La situation du producteur est difficile; il faut qu'il soit apte à saisir l'idée de l'intermédiaire et du client, à la traduire ou à la faire traduire, car hélas! bien souvent il ignore le dessin. Alors, il doit s'adresser aux cabinets de dessinateurs de Paris. Or, les inconvénients de ce système d'emprunt de dessins sont aussi néfastes, sinon plus, pour la rubanerie que pour la soierie. N'y a-t-il pas là un vice de fonctionnement dans l'organisme de la fabrique au point de vue artistique?

C'est l'École régionale des arts industriels qui est chargée officiellement de fournir à la rubanerie ses artistes et ses ouvriers d'art.

La rubanerie à l'École régionale des arts industriels.

En 1886, la vieille École municipale de dessin, fondée en 1805 et réorganisée en 1840, recevait une nouvelle constitution. Une convention était intervenue entre le Ministère de l'instruction publique et la municipalité pour la transformation de l'établissement en École régionale des arts industriels.

D'après cette convention, l'école est placée sous la haute direction du ministre de l'instruction publique et des beaux-arts, sans l'approbation duquel aucune modification ne peut être apportée à son budget, ainsi qu'au règlement et au programme des études ; elle est soumise à l'inspection de délégués du ministère. Le personnel est nommé par le préfet, sur la proposition du maire, après avis de la direction des beaux-arts. L'administration de l'école est confiée à un fonctionnaire, au titre de directeur, qui relève d'un conseil supérieur de perfectionnement composé de 14 membres : deux conseillers généraux, deux conseillers municipaux, le président du tribunal de commerce, deux membres de la Chambre de commerce, l'inspecteur d'académie, l'architecte départemental, le directeur des musées et quelques artistes, industriels et autres. Le budget de l'école est fixé à 40,000 francs.

L'école possède deux catégories de cours : les cours du soir où l'on enseigne le dessin en général, dessin d'imitation et dessin géométrique, l'anatomie, la géométrie, la perspective et l'histoire de l'art, et où l'on donne un enseignement théorique et pratique de tissage et de mise en carte ; les cours du jour pour les jeunes gens qui se destinent aux professions de décorateurs, dessinateurs et metteurs en cartes pour l'industrie du ruban, de sculpteurs ornemanistes pour le bâtiment et le meuble, de graveurs, ciseleurs et incrusteurs sur armes. La direction de l'école réclame en ce moment une classe d'architecture, qui existait autrefois et qui fut supprimée faute de professeur de valeur. Les élèves, au nombre de 445, appartiennent aux professions suivantes : armuriers, 9 ; graveurs, 34 ; passementiers, 11 ; dessinateurs, 54 ; sculpteurs, 38 ; lithographes, 9 ; plâtriers-peintres, 11 ; élèves-architectes, 6 ; ébénistes-menuisiers, 16 ; écoliers, 46 ; employés, 17 ; verriers, 2 ; mécaniciens, 2 ; horlogers, 2 ; tonnelier, 1 ; chaudronnier, 1 ; tapissier, 1 ; photographes, 4 ; doreurs-miroitiers, 3 ; instituteur, 1. Ces élèves se répartissent ainsi scolairement : cours élémentaire de dessin, 129 ; cours moyen de dessin, 54 ; cours supérieur de dessin, 22 ; modelage, 35 ; cours de fleurs et de composition, 24 ; gravure sur métaux, 27 ; cours de mécanique, 12 ; cours de tissage et de mise en cartes, 136.

Pendant un long temps, à ses débuts, l'école a souffert d'une direction qui lui a été cruelle par une incapacité exceptionnelle, par une absence complète de généreuse passion pour le développement de l'institution, par l'indiscipline que l'incurie et l'indifférence y laissaient régner; elle a même été deux années de suite sans titulaire de cette fonction. Aussi, le conseil général, la Chambre de commerce protestèrent-ils énergiquement contre une situation aussi périlleuse qu'attristante. En 1891, cette dernière, dans son rapport d'ensemble sur les industries de sa circonscription, adressé au Ministère du commerce et de l'industrie, émettait l'opinion suivante : « L'École régionale des arts industriels, bien dirigée, bien organisée, pourrait rendre de grands services aux industriels de la région, qui ne soutiennent leur vieille réputation que par leurs éléments artistiques. » En 1893, la municipalité se décidait, enfin, sur les instances pressantes de l'administration des beaux-arts, à pourvoir l'école d'un directeur, qui dès son entrée en fonctions se préoccupa d'y apporter énergiquement des réformes de tous ordres, surtout d'y rétablir l'autorité de la direction et la discipline, de pousser l'enseignement dans la voie des études sévères en vue des services à rendre aux industries. Malheureusement, son action n'est pas aussi secondée qu'elle devrait l'être par tous ceux qui ont socialement la mission de s'intéresser effectivement à l'école. Jamais un industriel, un fabricant, un artiste ne se présente à la direction de l'école pour examiner les travaux des élèves, pour s'enquérir des bons sujets qu'il pourrait utiliser. Contrairement à ce qui se passe dans tant d'autres villes, les chefs d'ateliers n'encouragent point les apprentis et les ouvriers à fréquenter les cours; un grand nombre même vont jusqu'à opérer des retenues sur leurs salaires et appointements pour les quelques heures distraites de la besogne industrielle. Relativement à la rubanerie, l'enseignement de ces cours, à l'opinion des fabricants, ne donne pas les résultats que l'on est en droit d'en attendre. Leurs critiques sont les mêmes que celles qui ont été formulées à Lyon par les industriels et par les dessinateurs de la soierie : « L'enseignement n'est pas assez spécialisé au point de vue du dessin et de la peinture; on n'apprend point suffisamment la fleur, élément presque exclusif de décoration des rubans, en vue de l'adaptation industrielle; le dessin n'est pas assez sévèrement et longuement enseigné. » En principe, ces critiques sont fondées; mais elles forment une contradiction complète avec la situation qui est faite aux artistes par ces mêmes fabricants. J'ai sous les yeux une statistique officielle des lauréats de l'école. Sur huit dessinateurs, deux seulement ont pu rester à Saint-Étienne et y exercer leur profession dans la fabrique ; les autres ont dû bifurquer vers l'enseignement, aller à Paris ou à Lyon. Voici, comme exemple, le « curriculum vitæ » d'un de ces derniers : « T..., compositeur pour rubans et étoffes. A suivi les cours de fleur, de composition, et de dessin supérieur. Pendant ce temps, était employé dans la maison D..., où il exerçait la double fonction de compositeur-dessinateur et comptable. A cherché longtemps, mais en vain, dans les maisons de la ville à gagner 1,200 francs. Est parti pour Paris et a trouvé une place de compositeur pour la broderie mécanique dans une maison de la rue du Sentier. A suivi en même temps les cours de l'École des arts décoratifs. Ensuite s'est installé à Lyon, où il occupe actuellement, dans une fabrique de soieries pour robes et ameublements, la fonction de chef de cabinet de dessin, aux appointements de 5,000 francs. »

Cet exemple n'est point unique, croyez-le bien. A la Chambre syndicale des tissus, j'ai posé très nettement ces questions : « L'enseignement de l'École régionale est-il, au point de vue de la fabrique, ce que vous le désirez ? L'école produit-elle définitivement des dessinateurs habiles dans le dessin et la mise en carte, qui dès leur entrée dans l'industrie rendent des services ? » On m'a répondu : « L'école a rendu des services, mais son enseignement n'est pas complet au point de vue technique. Un élève sortant de cette école, bien que dessinateur habile, trouve difficilement une place à Saint-Étienne. S'il n'a que la connaissance du dessin, il ne peut faire un chef de maison. Il lui faut des connaissances techniques, notamment sur la mise en carte et sur la contexture du tissu. »

Cette réponse constitue tout un programme : c'est celui de l'école de Crefeld, dont j'ai donné l'analyse au deuxième volume des Rapports de missions, pages 78, 87, et au sujet de laquelle la Chambre syndicale des tissus a formulé l'opinion que voici : « Il est certain qu'une école comme celle de Crefeld rendrait plus de services à la fabrique stéphanoise que l'école de dessin, mais il faudrait y organiser deux enseignements parallèles : l'un destiné à former des contremaîtres, employés supérieurs et patrons; l'autre, destiné à perfectionner les connaissances de nos ouvriers et à compléter l'apprentissage qui se fait dans l'atelier de famille. »

Qui pourra réaliser un tel projet? Seule, sans aucun doute, une coopération officielle de la Chambre de commerce, de la Chambre syndicale de la fabrique stéphanoise et de la municipalité, aboutissant à la constitution d'un budget commun, auquel viendrait s'ajouter une subvention proportionnelle de l'État, et à la nomination d'un conseil d'administration, autonome, analogue à celui qui a été créé à Lyon pour les musées et les écoles d'art de la ville, dont l'œuvre depuis quinze ans a été immense, et grâce auquel les institutions artistiques lyonnaises ont pu échapper aux conséquences désastreuses des changements de municipalités, qui se sont fait si fâcheusement sentir ici dans l'organisation et le fonctionnement du Musée municipal d'art et d'industrie et de l'École régionale des arts industriels.

La rubanerie au Musée municipal d'art et d'industrie.

Une autre institution d'enseignement artistique pour la rubanerie est le Musée municipal d'art et d'industrie. Quand, en 1890, à la suite et comme une des conclusions de mes missions à l'étranger, j'organisais ce musée, deux buts, dans mon projet, devaient être poursuivis spécialement par la section de la rubanerie: 1° constituer des collections de modèles d'art pour les dessinateurs, des collections technologiques pour les ouvriers et les mécaniciens; 2° fonder une agence de renseignements artistiques industriels et commerciaux, pour les patrons et les négociants. Jusqu'à ce moment, dans l'embryon du musée de fabrique, qu'on avait esquissé puis relégué dans les combles du Palais des arts, il n'avait été admis comme éléments d'études que les registres du conseil des prud'hommes, les carnets de fabrique et de commission, contenant les échantillons de rubans et de passementeries, tout cela, en vertu de la loi et des habitudes, datant d'au moins un quart de siècle. Il y avait à réagir énergiquement contre l'idée générale que c'était là l'unique musée à créer pour la rubanerie. Je fis appel au concours du Ministère de l'instruction publique et des beaux-arts pour en constituer un tout à fait différent, comme principes et comme collections. Si le Garde-meuble pouvait mettre à la disposition du musée une série de tapisseries anciennes, choisies dans les tentures où les maîtres décorateurs du XVIIe et du XVIIIe siècle, Lebrun, les Sève, Baptiste Monnoyer, Blin de

Fontenay, Audran, Jacques Coypel, Desportes, Gillot, Oudry, etc., ont peint des arabesques, des rinceaux, des bordures d'un si grand style, ces œuvres donneraient aux dessinateurs stéphanois le goût des hautes études ; onze tapisseries anciennes furent concédées temporairement. Aux Gobelins et à Beauvais, on devait trouver des modèles modernes de nature à inspirer des idées nouvelles sur l'ornementation des tissus, sur la manière de traiter la plante et la fleur, en vue de leur interprétation par le tissage. Sèvres pouvait apporter une contribution précieuse d'enseignement par l'envoi de vases décorés par les plus habiles peintres de la manufacture. Le ministère accorda libéralement tout cela. A l'Exposition universelle, je fis, avec la même préoccupation de les faire servir aux dessinateurs, l'acquisition de plusieurs plats à décorations de fleurs et de laques japonais de la fantaisie la plus pittoresque, de soieries brochées de la Chine et du Japon, de la plus rare délicatesse. Une vaste galerie de 50 mètres de long sur 15 de large devait être affectée aux plus belles œuvres produites par les ateliers stéphanois et par les ateliers lyonnais. Ce plan fut entièrement réalisé. Pendant un an, la section de rubanerie du Musée municipal d'art et d'industrie put offrir aux artistes de la fabrique un fonds considérable de documents, merveilleux exemples de fantaisie, d'originalité, d'esprit et de goût. Dans mes conférences avec les membres du Syndicat de la rubanerie, du Cercle des tisseurs, de la Chambre syndicale des ouvriers passementiers réunis, la création d'une collection complète de métiers avait été approuvée comme le complément indispensable de la section ; le conseil municipal en adopta le principe avec empressement. L'organisation d'un service de renseignements commerciaux et industriels devait être entreprise dans le musée, sur le type d'une expérience faite dans une exposition précédente de la soierie, avec les améliorations étudiées postérieurement au Musée oriental de Vienne, au Musée commercial de Bruxelles, au Musée colonial et d'exportation de Harlem et dans plusieurs musées de l'Angleterre, au cours de mes diverses missions. J'avais, en outre, inscrit en tête du règlement, les dispositions suivantes : « Tous les documents industriels et artistiques, excepté ceux dont le transport serait préjudiciable à leur conservation, étoffes, rubans, soieries, etc., sont mis à la disposition, *à domi-*

cile, des artistes, ouvriers et industriels, directeurs, professeurs et élèves d'écoles justifiant de l'utilité que ces documents peuvent présenter pour leur instruction professionnelle. Il suffit d'adresser une demande au directeur du musée. » Ce système de prêts extérieurs devait être, dans le projet d'organisation, appliqué à toutes les écoles manuelles et professionnelles du département. J'avais résolu également de créer dans les autres villes industrielles de la région des succursales du musée, où seraient faites des expositions temporaires et périodiques de tableaux, de dessins, de gravures, etc. Plusieurs municipalités, Saint-Chamond, Rive-de-Gier, Firminy, en avaient accueilli avec empressement la proposition, déclarant que rien ne pourrait être plus utile et plus agréable à leur population, très désireuse de s'instruire. Les statistiques officielles n'accusent pas moins de 1,146 prêts à domicile jusqu'à ce jour; de 2,000 communications sur place, et l'acquisition d'échantillons nouveaux pour la somme de 8,000 francs. Ce n'est point à cela que se bornaient les ambitions de l'organisateur du musée; les doléances des industriels sur le peu de services rendus sont unanimes. La mise à la retraite d'un conservateur incapable a été ordonnée par la dernière municipalité; mais les conséquences heureuses de cette réforme ont été annulées, et la situation rendue plus critique encore, par la décision aussi inexplicable qu'imprévue de le remplacer par un « conservateur honoraire », aux appointements annuels de 400 francs. Tous les arguments les plus éloquents ne valent point un fait de ce genre pour justifier avec éclat l'urgence de créer, dans une institution de ce genre aussi bien que dans l'École des arts industriels, une administration autonome, composée d'industriels, de négociants et d'artistes, de qui on n'aurait jamais certainement à redouter de telles décisions, de nature à ruiner pour longtemps cette partie si importante du musée.

L'armurerie stéphanoise.

L'armurerie stéphanoise n'est pas sans analogie de conditions économiques et industrielles avec la rubanerie. Pour des causes dont la responsabilité ne lui incombe pas tout entière, elle est très loin d'en avoir eu la brillante fortune, un développement constant de perfectionnements techniques et de progrès artistiques, une prospérité commerciale toujours ascendante. On a fait à la fabrique le reproche de rester indolemment en dehors du mouvement moderne d'inventions et de progrès techniques; de marcher trop volontiers à la remorque de l'étranger pour la mode; de manquer d'initiative et d'énergie pour le développement de ses relations, aussi bien en France qu'à l'étranger. Si ce reproche était autrefois justifié, il l'est moins aujourd'hui. Une renaissance semble se produire. Des hommes jeunes et hardis ont infusé à l'industrie un sang généreux qui rajeunit visiblement jusqu'aux plus vieilles maisons. L'exposition organisée, en 1891, à Saint-Étienne, et qui contenait une vingtaine de fabricants sur cent, offrait dans l'arme de chasse et de tir seize types nouveaux ou présentant des perfectionnements et des modifications de systèmes connus, étrangers et français, d'une si grande importance que les fusils qui en sont pourvus peuvent être considérés comme de véritables créations. Au point de vue artistique, elle témoignait de progrès sensibles, d'un retour vers la belle décoration d'autrefois, qui avait conquis à Saint-Étienne une réputation universelle. Au XVIIIe siècle, l'industrie comptait des artistes incomparables dans la ciselure, la gravure, la damasquine et la sculpture sur bois. Dès le commencement de la Restauration, une décadence s'était déjà produite; l'Empire par son effroyable consommation d'hommes avait ruiné les ateliers privés. En 1817, le conseil général du département s'en émouvait et votait une somme importante pour être distribuée en primes d'encouragement aux artistes de l'armurerie. La municipalité, de son côté, organisa des concours annuels; un certain nombre d'œuvres primées font partie des collections du Musée d'art et d'industrie. L'importation de la gravure anglaise, en 1869, a été le coup de grâce pour l'art. Pendant longtemps, les vrais artistes refusèrent d'adopter ce procédé vulgaire qui est à la gravure artistique ce que le découpage mécanique est à la sculpture sur bois; mais la plupart durent faire taire leur conscience et leur amour-propre devant la misère noire. La décoration n'ayant plus de débouchés, il ne se forma désormais ni graveurs, ni ciseleurs, ni incrusteurs. Vivement préoccupée de cette déplorable situation, la municipalité ouvrit une classe de gravure sur métaux dans son école de dessin; quelques jeunes gens s'y firent inscrire et y travaillèrent; aucun d'eux, m'assure-t-on, n'entra dans l'industrie. En 1840, un membre de la municipalité, graveur lui-même, du nom de Riocreux, signalait officiellement avec énergie dans un rapport la décadence de cet art : « L'abandon où étaient tombées les études de dessin parmi nous avait nécessairement amené la disette des artistes. La ciselure, la gravure et la sculpture de nos fusils semblaient n'être plus qu'un travail de routine et avaient cessé d'être des arts véritables. » Cette situation critique dura encore près d'un demi-siècle. Ses désastreuses conséquences devaient appeler une réforme radicale. En 1888, la classe de gravure fut réorganisée avec un nouveau professeur et de nouvelles méthodes d'enseignement. L'organisation économique de la corporation des décorateurs d'armes de luxe n'était guère, il est vrai, favorable au développement de l'art. Par le bas prix du travail, les graveurs étaient condamnés à répéter constamment le même thème, très souvent d'un goût médiocre. Pendant quatre ou cinq mois de l'année, ils chômaient, laissant rouiller leurs doigts et leurs outils ; et, quand la saison arrivait, les fabricants les harassaient de besogne hâtive, vulgaire ; ils devaient buriner quatorze et seize heures par jour, afin d'équilibrer leur maigre budget par un salaire exceptionnel qui pouvait mettre la journée moyenne de l'année à cinq francs. La gravure était aussi un art empirique. La grande majorité des graveurs, ciseleurs et incrusteurs, il y a quelques années, connaissaient tout au plus assez de dessin rudimentaire, appris généralement à l'atelier même, pour être en état de modifier un peu, au moyen de bribes recueillies çà et là dans des recueils de gravures et de photographies, un motif dont le fabricant se montrait las à force de l'avoir vu.

Il y a quelques années, il se fonda une société industrielle spéciale, le Conservatoire de l'arme fine, pour développer la décoration artistique des fusils. Elle exécuta comme spécimens un certain nombre de pièces de grande valeur, et fit présent au comte de Paris d'une arme qui était un résumé superbe de l'art stéphanois de l'armurerie, aux canonniers, basculeurs, platineurs, pistonneurs et finisseurs les plus habiles ayant été adjoints comme collaborateurs les meilleurs graveurs et ciseleurs. Cette société, malheureusement, ne tarda pas à succomber devant l'indifférence de ceux qu'elle avait espéré trouver comme protecteurs, et dont le snobisme pour la fabrication anglaise l'emporta sur le patriotisme.

L'Exposition universelle de 1889 et celle de Saint-Étienne en 1891 ont montré que la fabrique stéphanoise manifestait un retour décisif vers la décoration des armes, soit comme gravure, soit comme damasquine et comme fabrication des canons damassés, où les canonniers stéphanois ne sont pas moins habiles que les Japonais dans leur précieux mokoumés à alliages d'or, d'argent et de cuivre, brasés, forgés et laminés de façon à imiter les veines du bois, du marbre, et les irrisations de la nacre. L'organisation corporative de l'armurerie de Saint-Étienne lui a donné le caractère industriel spécial que je signalais dans la rubanerie. La concurrence entre les fabricants a toujours été très vive ; ils sont nombreux — plus de cent —, le fonctionnement d'une maison ne nécessitant point une grosse mise de fonds ni un budget considérable. Aussi, tous doivent-ils s'évertuer à créer un modèle exclusif, à apporter des perfectionnements aux systèmes tombés dans le domaine public, à se distinguer par une fabrication soignée et par des œuvres de goût. De son côté, l'ouvrier armurier, comme le passementier, a des dispositions innées pour la mécanique ; il cherche constamment des innovations et réussit souvent à en trouver. Il aime avec passion son métier, fréquemment exercé par de nombreuses générations ; il en est fier. Tout ce que les Anglais et les Américains prétendent imperturbablement avoir découvert en armurerie a été trouvé à Saint-Étienne depuis longtemps. Aujourd'hui, une organisation nouvelle tend à se substituer à l'organisation séculaire. Il se crée de vastes usines où la mécanique joue le rôle exclusif sinon prépondérant, où le fusil est fabriqué tout entier, depuis le ruban de canon jusqu'au ponçage des crosses et à la ciselure des platines et des pontets. Quelles seront les conséquences sociales et économiques de cette révolution industrielle ? S'il y a lieu de formuler des regrets, ils sont tardifs et, sans doute aucun, bien inutiles, car la concurrence étrangère, de plus en plus puissante par l'usine colossale, impose à Saint-Étienne l'obligation impérieuse de la suivre rapidement dans cette voie, tout au moins pour le fusil ordinaire et à bon marché ; car, pour le beau fusil, le travail à la main restera toujours une nécessité.

Dans l'armurerie il y a une alliance intime de l'art et de la science. Le mécanisme du fusil ou du pistolet est l'œuvre de celle-ci, œuvre souvent précieuse et originale, dans la simplicité et la puissance de son action. A ce mécanisme, à la matière qui l'enveloppe et le protège, l'art vient donner une forme agréable, une décoration pittoresque. Et la pièce en reçoit une plus-value souvent considérable. L'industrie a donc besoin de deux éléments d'instruction professionnelle. Il n'en fonctionne qu'un actuellement : celui de l'art, à l'École régionale des arts industriels. Le programme de cette école comprend un cours de gravure, ciselure et incrustation, ainsi défini : « Dans ce cours, le professeur s'applique surtout à inculquer aux jeunes gens les saines traditions des artistes qui ont illustré l'industrie stéphanoise de l'arme de luxe et à leur enseigner les procédés et l'usage des différents outils en faisant pratiquer aux élèves la gravure au marteau, la gravure à l'échoppe, la gravure à l'eau-forte, la ciselure, l'incrustation rasée et en reliefs, ciselée et gravée. Les sujets d'études sont : l'ornement, la lettre, le chiffre monogramme, les attributs, les figures héraldiques et les décorations du blason les plus généralement employées et la figure humaine. Les études se font d'abord en gravure sur plaques d'acier parfaitement planes, puis sur des pièces d'armes contournées, telles que chiens, pontets, barillets, bascules et canons. » Ce cours a subi des évolutions nombreuses. Il y a quelques années, il était organisé de la plus étrange façon ; en conséquence, il n'exerçait sur l'industrie aucune influence. Les enfants et jeunes gens, qui se destinaient au métier de graveur, ciseleur ou incrusteur, étaient admis sans aucun examen ; on les mettait immédiatement à l'établi et ils apprenaient à manier le burin, sans avoir aucune notion du dessin. Tout le travail qui leur était conseillé pour l'apprendre consistait dans la copie à la plume de gravures quelconques empruntées à la calcographie commerciale ou aux journaux illustrés. Lors d'une visite à l'école, en 1886, on m'en montrait avec orgueil de nombreux spécimens comme témoignages du goût et de l'habileté de ces futurs décorateurs ! Lorsque la municipalité réorganisa ce cours en 1888, la connaissance du dessin fut exigée impérieusement comme condition d'entrée ; les effets heureux de cette mesure ne tardèrent pas à se manifester. L'enseignement y est assez pratique pour que les jeunes gens, à la fin de leurs quatre années d'études, restent à Saint-Étienne et entrent dans l'industrie. Parmi les six principaux lauréats de ce cours,

L'armurerie à l'École régionale des arts industriels.

quatre sont occupés dans des manufactures d'armes; deux seulement ont ambitionné d'entrer à l'École des beaux-arts de Paris, où l'un a obtenu le premier grand prix et l'autre le deuxième second au concours pour l'Académie de France à Rome. Actuellement, ce cours est suivi par 27 élèves. Ce chiffre est bien supérieur aux besoins réels de l'armurerie; il est à craindre qu'il ne prépare, par son trop grand développement, de futures déceptions et de futurs déclassements. Tout en conseillant la spécialisation professionnelle de l'armurerie comme mesure de prévoyance contre les unes et les autres, il est opportun de former le vœu que cet enseignement puisse, à la fin des études, viser les métiers de joaillerie et d'orfèvrerie, où d'anciens ciseleurs pour armes, comme feu Tissot, l'auteur de tant de chefs-d'œuvre, se sont fait une situation prospère et un nom.

L'armurerie à l'École pratique d'industrie.

Quant à l'élément d'instruction technique pour l'armurerie, depuis un an, l'École pratique d'industrie en organise la distribution par un cours spécial basé sur la méthode de démonstration scientifique créée par M. Lebois dans le cours de tissage. La Chambre de commerce a voté pour l'installation de cet enseignement une somme de 14,000 fr. et la corporation des armuriers a donné 5,000 fr. Cette création était urgente. Les ateliers privés ne forment plus d'apprentis par suite de l'hostilité des ouvriers qui craignent de leur multiplication un abaissement des prix de la main-d'œuvre. Le chef d'un grand atelier m'a déclaré être prêt, en raison de ses besoins, et sur la constatation des résultats excellents déjà donnés par l'École pratique d'industrie, à prendre annuellement de 10 à 15 jeunes gens formés par cette école d'apprentissage. A ce cours sont annexés un cours dominical de dressage de canons, que suivent de nombreux ouvriers et employés de magasins d'armurerie, des conférences de balistique et des expériences de tir.

L'armurerie au Musée municipal d'art et d'industrie.

Le Musée municipal d'art et d'industrie apporte à ce double enseignement technique et artistique de l'École des arts industriels et de l'École pratique d'industrie le complément indispensable de l'enseignement par les modèles de goût et d'exécution. La section de l'armurerie comprend trois grandes divisions : 1° la canonnerie; 2° l'arme moderne, décoration et outillage; 3° le musée rétrospectif, armes et armures anciennes. La canonnerie est dans l'armurerie la branche industrielle capitale. L'armurier a un intérêt de premier ordre à connaître, par des échantillons authentiques, toutes les variétés de fer et d'acier, qui peuvent être employées comme matière première, tous les types de canons, lisses, tordus, à rubans, à damas français, anglais, frisés, mouchetés, etc., dans leurs divers états successifs, en blocs, bruts, forgés, orés et éprouvés, et de toutes les provenances, afin d'en étudier les procédés de fabrication, les épreuves de résistance, etc. En conséquence, dès l'organisation du musée, je réunissais là trois ou quatre cents pièces, toutes typiques, dont un grand nombre ont été achetées à l'Exposition universelle de 1889, dans les sections étrangères. La division de l'arme moderne commence par une exposition des pièces détachées qui entrent dans la composition du mécanisme du fusil, chaque genre classé chronologiquement depuis la platine à rouet de l'arquebuse du XVIe siècle, jusqu'aux platines sans chien actuelles. Les râteliers, qui mesurent plus de cinquante mètres de développement, contiennent les principaux types de fusils de guerre, de tir et de chasse, classés ethnographiquement ; une vaste vitrine est consacrée spécialement à l'histoire du pistolet et du revolver. L'Exposition universelle de 1889 a permis d'infuser immédiatement des éléments nouveaux d'études aux collections qui peuvent ainsi posséder, en exemplaires exceptionnels de qualité, de matière et d'exécution, puisqu'ils ont été faits spécialement en vue de l'examen des jurys, les fusils les plus récemment inventés, tant à l'étranger qu'en France, des Greener, des Stanley, des Scott, des Purdey, des Tramont, etc. Il a été organisé une collection de modèles pour la décoration des armes, avec l'objectif de prouver aux fabricants et aux artistes quelle variété inépuisable on peut, contrairement aux préjugés, apporter à cette décoration, non point seulement comme formes et combinaisons, mais comme procédés techniques. La vitrine qui lui est spécialement consacrée contient de Zuolaga, le célèbre damasquineur espagnol, une série d'œuvres originales, dont le travail délicat et le dessin original peuvent être étudiés avec fruit ; de Christofle une collection de ses mokumés à alliages d'or, d'argent et de cuivre, brasés, repliés, forgés et laminés ensemble, de façon à imiter, suivant la technique japonaise, les veines du bois ; de ses nouveaux nielles et cloisonnés, de ses incrustations galvanoplastiques et polychromes, de ses impressions de plantes et de fleurs, rehaussées de gravures aux acides ; de Gaillard, des spécimens de photogravure appliquée à la décoration des métaux ; de Gorham des pièces d'orfèvrerie revêtues d'un dessin laqué, fort curieux, de nature à mettre les industriels sur la voie de nouveaux systèmes de brunissage de l'acier. Pour amener la résurrection des belles sous-gardes et des beaux pontets de jadis, les médailles et plaquettes de Roty et Chaplain, qui font revivre avec tant d'éclat les maîtres de la Renaissance, me parurent des modèles à offrir aux décorateurs stéphanois. Enfin, sur ma requête, le ministère de la guerre a offert au musée la vitrine des poudres et salpêtres organisée pour l'Exposition universelle, qui complète, avec une collection de cartouches, la section de l'armurerie moderne.

Quant à la division rétrospective, elle est formée de la collection Oudinot, à laquelle on a joint, principalement sous le second Empire, par voie d'acquisitions, un certain nombre de pièces historiques ou intéressantes pour l'histoire de l'armurerie. Il y a là de très belles pièces du XVIe et du XVIIe siècle : arquebuses à rouet, mousquets à mèche, poitrinaux à incrustations d'ivoire, d'or et d'argent ; des épées anciennes de prix et des armures curieuses, entre autres deux que l'inventaire du maréchal donne comme ayant appartenu à Montecuculli et à François Ier.

Dans la section de l'armurerie, le musée a été plus heureux que dans la section de la rubanerie. Le concours que je fis instituer, après la période d'organisation, lui a donné un conservateur, jeune, intelligent, actif, doté d'une instruction technique sérieuse, et qui se consacre tout entier à sa fonction. De 1890 à ce jour, il n'a pas été acquis moins de 98 pièces, pour une somme de 20,000 fr. Le nombre des prêts à domicile s'est élevé à 3,352. La commission spéciale, composée d'armuriers et d'ingénieurs, qui administre cette section, s'en occupe avec un zèle peu commun, et donne les plus grands soins au recrutement des collections, pour lesquelles le conseil municipal réserve des crédits spéciaux importants, sur le budget annuel du musée qui atteint la somme de 21,200 fr., dont 10,000 fr. d'acquisitions. Je crois devoir, à ce propos, signaler un fait qui contient un précieux enseignement social. L'organisation de la section d'armurerie, quand elle fut entreprise, provoqua parmi les plus grands industriels une vive émotion. Jusqu'à ce moment, ils pouvaient seuls se procurer les types nouveaux de fusils, français et étrangers, qui coûtent fort cher tant qu'ils ne sont pas tombés dans le domaine public; or, leur acquisition aux frais de la ville et leur communication à domicile pour tout le monde, ouvriers et petits patrons, leur enlevaient un véritable privilège. Aussi, la plupart firent-ils une vive opposition au musée. Mais l'expérience des six années écoulées a démontré l'utilité de l'innovation pour les progrès de l'industrie, les avantages que toute la corporation en a retirés; et, aujourd'hui, les adversaires de l'œuvre en sont devenus les partisans dévoués. Tous ceux que j'ai vus m'ont chargé de transmettre publiquement leurs vœux que le Conseil municipal donne à la section d'armurerie plus d'extension encore, augmente les crédits qui ne sont pas suffisants pour tenir la fabrique entière au courant du mouvement industriel étranger; que la fonction de conservateur soit refaite ce qu'elle était aux débuts, d'après le premier règlement : la direction exclusive de ce service, avec l'obligation d'entretenir avec les industriels des relations constantes, de faire des voyages et des enquêtes pour connaître exactement la situation de la concurrence extérieure, mission que rendent très difficile, et même impossible, à remplir aujourd'hui les attributions nouvelles de cette fonction, transformée, par mesure illusoire d'économie, en direction générale provisoire du musée. Quelle compétence et quelle autorité, en effet, peut avoir, en matière de peinture et de rubanerie, un conservateur qui, toute sa vie, n'a jamais fait que de l'armurerie et à qui les beaux-arts sont aussi étrangers que le coton et la soie? La mesure prise l'année dernière par la municipalité, à ce propos, a produit dans le monde de l'armurerie de vifs regrets.

Le fer forgé. La quincaillerie.

Saint-Étienne a été jadis la ville classique des forgerons; l'on trouverait encore dans ses ateliers de canonnerie des maîtres en l'art de marteler le fer. Mais la ferronnerie d'art n'y existe plus. La quincaillerie fut aussi une de ses industries les plus florissantes, renommée pour le goût et l'élégance de ses travaux. Aujourd'hui, les ateliers s'adonnent exclusivement à la production courante, la plus ordinaire, celle où la matière prime la façon, où le commerce se fait pour ainsi dire au poids. L'ambition du fondateur du Musée d'art et d'industrie avait été de tenter la résurrection de la ferronnerie d'art et de la quincaillerie de luxe, en organisant des expositions permanentes de chefs-d'œuvre anciens et modernes; il y a montré toutes les serrures et les espagnolettes de Versailles et des Tuileries, un landier de Chantilly, des marteaux de porte, des lustres qui avaient figuré à l'Exposition universelle de 1889, des fragments de grilles, des pièces de maîtrise des xve et xvie siècles, du trésor antique d'Hildesheim en galvanoplastie, etc. Son idée n'a point été comprise de ceux qui étaient appelés à la continuer; on a disséminé toutes ces collections précieuses, destinées à former, par leur développement progressif, une synthèse suggestive, de la technique des arts du métal.

L'imprimerie lithographique.

A côté des grandes industries artistiques de la rubannerie et de l'armurerie, il en est une autre, d'une certaine importance et dont le chiffre d'ouvriers grandit d'année en année: l'imprimerie typographique et lithographique. Le nombre des établissements, à Saint-Étienne et dans la région, est de 70, qui occupent 120 graveurs et dessinateurs, 110 reporteurs, 125 imprimeurs lithographes, 100 imprimeurs typographes et 400 compositeurs (hommes et femmes). Leur production peut être évaluée à 6 millions de francs. L'apprentissage se fait actuellement dans les ateliers; de l'avis unanime des maîtres imprimeurs, il est insuffisant comme qualité et quantité de futurs ouvriers. Les connaissances techniques et artistiques dans la corporation ne sont point au niveau des besoins actuels de l'industrie, qui travaille non seulement pour Saint-Étienne, mais pour toutes les grandes villes du Centre et du Midi et même pour Paris. La Chambre syndicale des maîtres imprimeurs de Saint-Étienne m'informe qu'elle a fait de nombreuses et pressantes démarches auprès de la municipalité pour la création, à l'École pratique d'industrie, d'un cours de lithographie, qui pourrait compter une cinquantaine d'élèves annuellement; démarches qui n'ont abouti qu'à des promesses dont la direction de cette école poursuit avec zèle la réalisation prochaine. Quant à l'École régionale des arts industriels, suivant la déclaration de la chambre, elle ne fournit presque pas d'artistes à l'industrie. D'ailleurs, il n'existe aucune relation entre cette institution et la corporation. Sur ma question de l'utilité de la création au Musée municipal d'art et d'industrie d'une section des arts graphiques, la Chambre syndicale me répond qu'elle rendrait les plus grands services tant aux ouvriers qu'aux patrons, et qu'il y a nécessité d'en poursuivre la création rapide dans les conditions de fonctionnement telles qu'elles avaient été formulées par le règlement de l'institution à sa fondation, c'est-à-dire la communication à domicile de tous les documents artistiques et industriels.

La Société d'art et d'industrie de la Loire.

Le Musée municipal d'art et d'industrie de Saint-Étienne est sorti tout entier de la création, immédiatement précédente, d'une grande Association d'art et d'industrie. A la suite des missions officielles que le Gouvernement m'a confiées pour étudier en Europe l'organisation des institutions qui ont pour but le développement des industries artistiques et après la campagne de conférences publiques que je fis dans les principales Chambres de commerce de France pour divulguer les résultats de ces missions, j'avais conçu le projet de fonder à Saint-Étienne, un des principaux centres d'industries artistiques de notre pays, qui en était dépourvu, une association analogue à celles dont j'avais pu apprécier à l'étranger et notamment en Allemagne les services immenses. L'idée fut chaleureusement accueillie. Les ministères de l'instruction publique et des beaux-arts, du commerce et de l'industrie l'approuvèrent officiellement. Le conseil général de la Loire, les conseils municipaux de Saint-Étienne, Rive-de-Gier, Firminy et Saint-Chamond votaient à l'unanimité des vœux pour sa prompte réalisation ; les Chambres de commerce de Saint-Étienne et de Roanne émettaient les mêmes vœux, auxquels s'associaient les Chambres de commerce de Lyon, de Rouen, de Saint-Quentin, de Valenciennes, de Besançon, etc. Le programme de l'association, qui devait porter le titre de Société d'art et d'industrie de la Loire, était celui-ci :

La Société d'art et d'industrie a pour but de développer le commerce et l'industrie du département de la Loire et de fournir aux ouvriers les moyens de développer leur instruction professionnelle.

Elle fondera à Saint-Étienne, avec le concours de la municipalité et de la Chambre de commerce, un Musée-Bibliothèque, composé d'œuvres d'art industriel, de modèles en originaux ou reproductions, de dessins, estampes, photographies et livres, se rapportant exclusivement aux industries de la région.

Au Musée-Bibliothèque seront annexés un bureau d'informations commerciales, qui centralisera, à l'usage des industriels et des négociants, tous les documents français et étrangers intéressant l'industrie, le commerce d'exportation, toutes les informations adressées aux ministères des affaires étrangères et du commerce par les agents consulaires, par les chambres françaises de commerce à l'étranger, etc. ; et un bureau de consultations industrielles où les sociétaires trouveront la correction gratuite de plans, modèles, dessins et projets et des conseils pour le perfectionnement des métiers.

La société aura son siège central à Saint-Étienne, où sera installé le Musée-Bibliothèque et d'où rayonnera son action sur toute la région. Elle se subdivisera en succursales, installées dans tous les centres de population. Ces succursales, constituées par les sociétaires inscrits dans leur ressort, ont pour but de défendre les intérêts locaux, de favoriser la propagande en faveur de l'institution dans des milieux familiaux et de centraliser les demandes de livres et de modèles du Musée-Bibliothèque.

La société groupera, comme éléments constitutifs, les municipalités, les syndicats ouvriers, les associations artistiques, les écoles primaires et secondaires, les écoles professionnelles et les écoles d'art de la région, les patrons, les chefs d'industrie, les ouvriers et les apprentis en nombre illimité.

Le 30 octobre 1888, l'association se constituait à la Chambre de commerce, sous la présidence de M. de Montgolfier, président de la chambre. Cent adhésions étaient immédiatement recueillies, produisant une somme de 5,000 fr., à laquelle venait s'ajouter une subvention de même chiffre votée par le conseil municipal. Pour témoigner de la vitalité de l'institution et provoquer un mouvement public en sa faveur, une Exposition spéciale de la soierie fut organisée, en février et mars de l'année suivante, dans le Palais des arts mis tout entier à la disposition de la société par la municipalité. Cette exposition avait pour but de donner en réduction, mais d'une manière complète et exacte, la représentation du futur musée. Les ministères de l'instruction publique, du commerce et des colonies, les musées des arts décoratifs de Paris, de Lyon, de Rome, de Saint-Pétersbourg, de Moscou et de Budapest, participèrent, par des collections considérables d'œuvres d'art, à l'œuvre entreprise sous le patronage du Gouvernement. Le succès de l'exposition fut tel que, le lendemain de sa clôture, le conseil municipal, sur les pétitions de la Chambre de commerce, des Chambres syndicales patronales et ouvrières de toutes les industries, votait à l'unanimité l'organisation immédiate, aux frais de la ville, d'un Musée municipal d'art et d'industrie, dont l'organisation m'était confiée exclusivement, d'après mes plans et programmes d'installation et de fonctionnement, et qui était inauguré solennellement le 3 mai 1890. L'objectif principal de l'Association d'art et d'industrie de la Loire étant atteint, la plupart de ses membres fondateurs ayant été appelés par la municipalité à faire partie du conseil d'administration du musée composé de délégués du Conseil municipal, de la Chambre de commerce, du Tribunal de commerce, du Conseil des prud'hommes, des Chambres syndicales patronales et ouvrières de toutes les industries d'art, on crut devoir dissoudre l'association. Ce fut une faute. Elle seule pouvait, par son action incessante de propagande extérieure, par la représentation collective de tous les intérêts des corporations industrielles, assurer le développement incessant du musée, lui faire rendre tout ce qu'on en devait espérer, et réaliser en outre les créations diverses d'enseignement populaire qui auraient gravité autour du Palais des arts, complément logique et nécessaire de l'institution, mettant en œuvre ses éléments de progrès. C'est ainsi, par l'adjonction d'associations puissantes de chefs d'ateliers, d'ouvriers, d'artistes, d'industriels et de négociants, que les musées de Vienne, de Berlin, de Munich, de Dusseldorff, de Harlem, de Nuremberg, etc., ont conquis une si grande influence, et rendent tant de services aux industries de ces villes et des régions dont elles sont les métropoles. Sans aucun doute, par exemple, cette association aurait reconstitué l'enseignement professionnel du soir, qui fonctionnait admirablement à Saint-Étienne avant la guerre, et qui, depuis vingt-cinq ans, à l'opinion générale, fait vivement défaut. La Bourse du travail épuise son maigre budget à organiser des cours dont l'enseignement, malgré le dévouement de ceux qui le donnent et la bonne volonté de ceux qui le reçoivent, reste à peu près stérile, parce qu'il manque d'une base scientifique sérieuse. J'avais rêvé de fonder là une grande école du soir et du dimanche, semblable à celle qui fonctionne si bien à Charleroi, et qui comptait, en 1888, 860 élèves de tous âges et de tous métiers, et parmi lesquels il n'y avait pas moins de 100 mineurs. Les professeurs y sont des artistes et des savants. Au moment de mon enquête, le cours dominical d'exploitation de la houille était fait par un ingénieur en chef des mines de la province du Hainaut. L'école possède des collections techniques, des bibliothèques d'art et de science, des cabinets de physique et de chimie, des laboratoires ; et ce n'est point l'État et la

Les cours de la Bourse du travail.

municipalité seuls qui la subventionnent; elle reçoit des allocations de toutes sortes de syndicats, verriers, métallurgiques, etc.; l'Association charbonnière des bassins du Hainaut et de la vallée de la Sambre lui accorde annuellement 1,000 fr., destinés à des prix et à des bourses de voyage pour les mineurs. (Rapports de missions, 3e volume, page 65.)

Il y a à Saint-Étienne tout ce qu'il faut : élèves, professeurs, ressources matérielles, financières et morales, pour doter rapidement et sans difficultés la ville et la région d'une institution aussi utile et aussi florissante. Si elle avait vécu, la Société d'art et d'industrie aurait fondé cette œuvre utile dans le musée municipal même, ouvert le soir, et dont les collections artistiques industrielles, les métiers en action, l'outillage technologique auraient complété ainsi magnifiquement l'enseignement théorique, les conférences et les cours. Qui reprendra l'idée et la réalisera ?

En résumé, Saint-Étienne, malgré les fatales éclipses d'une prospérité prodigieuse, est la démonstration superbe de la supériorité économique et sociale des industries dans lesquelles l'art et la science sont les facteurs essentiels du succès. Les écoles et les musées seuls peuvent développer l'un et l'autre et les maintenir au point d'une prépondérance incontestée. La ville possède cet organisme. Pour qu'il fonctionne dans toute la puissance de son action, il suffit que les conditions d'une vie normale, régulière et indépendante, lui soient assurées par la sollicitude passionnée des administrateurs publics, par le dévouement inaltérable de son personnel d'enseignement et de propagande, par la coopération constante de conseils, d'encouragements et de libéralités des représentants des corporations, réunis dans une communion absolue de vues patriotiques, de hautes ambitions, et de ces sentiments d'orgueil et de respect pour la pensée et pour le travail, qui font les grands artistes, les grands industriels et les grands ouvriers.

LE PUY.

Dans le rapport de l'Exposition universelle de 1851, on lit ceci, relativement à l'industrie dentellière du Puy : « La fabrication des dentelles en Auvergne remonte à une époque très reculée. On la regarde comme la plus ancienne et la plus considérable de la France. Elle est répandue dans quatre départements : Haute-Loire, Cantal, Puy-de-Dôme et Loire, où elle occupe de 125,000 à 130,000 femmes et jeunes filles. C'est la principale et presque la seule industrie du département de la Haute-Loire où il y a 70,000 dentellières. La fabrique du Puy produit tous les genres de dentelles blanches ou de couleurs, en soie, en fil, en laine, etc., depuis les blondes or et argent jusqu'aux plus petites passementeries à 5 centimes le mètre. Il y a trente ans, on ne fabriquait au Puy que des dentelles fort grossières, qui, toutes, avaient un nom distinctif (ces noms empruntaient presque tous un caractère religieux, ave, pater, chapelet, etc.); aujourd'hui, à l'imitation de la manufacture de Saint-Étienne qui tous les ans change les motifs de ses rubans, la fabrique du Puy est arrivée à offrir à la consommation une variété infinie de genres qu'elle renouvelle de manière à provoquer un écoulement facile et avantageux à ses produits. » D'après le dernier rapport de la Commission permanente des valeurs de douane — session de 1895 — il n'y aurait plus en Auvergne que 92,000 dentellières ; et la Chambre syndicale de la dentelle me fait les déclarations suivantes : « Depuis la déposition de M. Achard, en 1883, devant la Commission d'enquête sur les ouvriers et les industries d'art, la situation de la fabrique ne s'est pas améliorée et les modifications ne sont pas sensibles. Il y a de temps à autre un article fantaisie qui obtient quelques succès, puis la fabrique retombe sur les genres destinés à la lingerie et qui sont très peu rémunérateurs pour l'ouvrière. En 1888 et 1889, nous avons fait au carreau quelques genres passementerie noire qui se sont assez bien vendus. Cette année, la dentelle en crins a eu une grande vogue de décembre à mars, mais on ignore s'il s'en refera pour la saison prochaine. Le gros de la production roule toujours sur la dentelle en fil blanc, qui s'importe en grande partie dans l'Amérique du Nord, laquelle a réduit considérablement ses achats depuis un an ou deux; aussi les prix sont-ils très bas, ce qui fait que la concurrence étrangère ne peut guère nous atteindre sur le marché français.»

La déposition du délégué de la Chambre syndicale devant la Commission d'enquête avait principalement porté sur les difficultés créées à la fabrique par le pillage des modèles, à l'étranger et sur place. La situation, signalée à ce moment comme très grave déjà, n'aurait fait qu'empirer; et, cela tient, me dit-on, essentiellement à ce que le niveau artistique du patronat aurait baissé de plus en plus. Il n'y aurait pas au Puy dix fabricants connaissant à fond leur métier; et, le nombre des personnes qui dirigent l'industrie de la dentelle, soit dans la ville, soit dans les campagnes de la Haute-Loire, se chiffre par centaines. A Craponne et à Ambert, la proportionnalité serait moindre, quoiqu'on y observe déjà les mêmes tendances. C'est là évidemment une des causes principales, sinon la première, de la crise qui frappe l'industrie de la dentelle en Auvergne. Cette industrie vit surtout de fantaisie, d'originalité et de nouveauté; c'est par des créations constantes qu'elle s'impose à la mode, qui elle-même n'est que le résumé des idées nouvelles en matière de parure de la femme. L'histoire de la dentelle nous offre de nombreux témoignages que la venue d'industriels joignant à une science technique profonde un grand sentiment de l'art a suffi pour mettre fin subitement à de longues et douloureuses périodes de décadence. Je citerai, entre autres, deux faits bien expressifs, tirés de ce même rapport sur l'Exposition de 1851. La fabrique d'Alençon, en 1840, était complètement tombée, lorsque deux fabricants parisiens de dentelles qui avaient une commande à exécuter firent un voyage d'étude dans cette ville. Malgré le dépérissement de la fabrique, ils furent étonnés des ressources qu'elle présentait encore; ils pensèrent que pour faire rechercher cette dentelle des riches consommateurs, il fallait sortir des anciens dessins qui s'y faisaient et en monter de nouveaux appropriés au goût de l'époque et à la mode du jour; ils réussirent. A partir de 1841, le point d'Alençon reprit faveur; « et aujourd'hui, conclut le rapporteur, cette dentelle est la plus fine et la plus somptueuse, non seulement de la France mais du monde entier. » Le second fait marque l'époque des progrès et de la prospérité de la fabrique du Puy (1833 à 1848). « Lorsque M. Falcon prit la suite des affaires de M. Robert Faure, dont il était l'élève, raconte M. Félix Aubry, il appliqua à ses connaissances approfondies de la fabrication son talent de dessinateur; il modifia les genres et les dessins et arriva à des résultats inconnus avant lui. Sous son intelligente impulsion, les ouvriers se perfectionnèrent, et pour les stimuler il fonda, avec la Société agricole et commerciale du Puy, des prix d'émulation et d'encouragement pour les plus habiles. Il fut récompensé par les grands succès qu'il obtint. » Or, aujourd'hui, on s'improvise du jour au lendemain, sans aucune instruction professionnelle, chef de fabrique, commissionnaire ou représentant de maisons étrangères. Ne connaissant rien du métier et moins encore des questions d'art, le nouvel industriel n'a d'autres moyens de travailler que de s'emparer des modèles créés par ses collègues mieux outillés; et, pour pouvoir en tirer parti concurremment, il en abaisse la fabrication et les prix. Il n'y a pas moyen de se défendre juridiquement, me dit-on; les tribunaux ne condamnent les contrefacteurs qu'à des amendes insignifiantes, après un long temps pendant lequel la marchandise en litige s'est abondamment vendue, au détriment du premier fabricant, qui, de son côté, pour lutter, a dû rogner tout ce qu'il pouvait sur le prix de revient et sur la main-d'œuvre, de telle sorte que le dessin original n'a profité ni à l'ouvrière ni à son créateur. En 1895, la Chambre de commerce a nommé une commission de quatre membres chargés d'étudier les voies et moyens pour assurer la protection des dessins et modèles; elle n'a pas encore abouti. D'autre part, la Chambre syndicale de la dentelle s'en est occupée sans plus de résultats.

A tous les points de vue, la question artistique joue donc un rôle prépondérant dans la crise de la dentelle en Auvergne. C'est elle seule qui fournira la solution du problème industriel et social à la fois, que les uns considèrent avec trop de pessimisme comme insoluble, et que les autres, dans leur désespérance, ne croient pouvoir résoudre que par l'intervention de la loi ou des pouvoirs publics. La genèse de l'unique institution que la fabrique ait fondée jusqu'ici pour la défense de ses intérêts m'en fournira la démonstration.

En 1871, un homme, d'une grande intelligence et très dévoué à l'industrie, prenait l'initiative d'un groupement des fabricants de dentelles en vue de la constitution d'une association de la fabrique; il échoua : les affaires étaient prospères; tout le monde gagnait beaucoup d'argent; le salaire des ouvrières s'était élevé jusqu'à 5 fr. par jour. Ce n'est qu'en 1876, qu'ayant repris son idée, il réussit à la faire adopter par quelques collègues : la situation de l'industrie commençait à inspirer des inquiétudes. 68 fabricants se réunirent et déléguèrent 12 d'entre eux pour former une Chambre syndicale, qui entra en fonctions en 1878. Dès ses débuts, la chambre créa un bureau de renseignements commerciaux, obtint des dégrèvements de patentes pour la corporation, organisa une participation collective à l'Exposition universelle de 1878, grâce à 12,000 fr. de subventions de la ville et du conseil général de la Haute-Loire. Il est certain que sans cette intervention, m'assure-t-on, les dentelles du Puy n'auraient pas été représentées au Champ de Mars; les fabricants étaient complètement découragés et refusaient de supporter les plus modiques frais. Les années suivantes, l'action de la Chambre syndicale se manifesta par des travaux divers, tels que des déclassements de l'industrie dentellière dans la répartition des patentes, des campagnes contre l'adoption d'une dentellière mécanique, pour l'obtention de services postaux supplémentaires, des pétitions au Président des États-Unis et à l'ambassadeur de cette puissance à Paris pour obtenir un abaissement de droits d'entrée sur les dentelles, pour l'atténuation des conséquences économiques du bill Mac Kinley; l'organisation d'une collectivité de l'Auvergne à l'Exposition de 1889, etc., etc. Mais, aujourd'hui, on me fait loyalement l'aveu qu'en présence des médiocres résultats obtenus, résultats ne correspondant point aux efforts, la plupart des membres de l'Association de la fabrique du Puy se sont lassés; que cette institution est en grand péril de disparition prochaine. La vérité ne m'a pas été dite tout entière. On est sur le point de jeter le manche après la cognée, parce que les membres actifs de l'association se sont fait la réflexion que ce sont toujours, suivant le proverbe, les mêmes qui se font tuer à la guerre; que, sans se donner aucune peine, sans dépenser un sou, sans négliger les affaires, les dissidents, en grande majorité, profitent plus qu'eux de leur générosité et de leur dévouement pour la chose publique, tout en remplaçant la reconnaissance même apparente par la malveillance et l'ironie. Cela est très humain sinon philosophique.

La réflexion qu'appelle cette situation doit, à mon opinion, se borner à ce seul point : l'association n'a pas été organisée de façon assez pratique et offre trop peu d'avantages personnels exclusifs pour que chaque fabricant ait un intérêt majeur à en faire partie, et que son abstention présente pour lui des conséquences de toutes natures, et les plus graves. Supposons un instant une organisation de la Chambre syndicale différente, basée sur une mutualité de services importants, et sur la coopération de tous les pouvoirs publics qui ont intérêt à sa prospérité.

Les fabricants qui ont pris l'initiative de l'institution l'ont considérée, en principe, comme absolument utile, indispensable même à la collectivité des industriels — sinon il vaut beaucoup mieux à tous les points de vue ne rien entreprendre — ; en conséquence, comme dans une affaire d'assurance quelconque, ils doivent être résolus à faire les sacrifices pécuniaires nécessaires pour garantir l'avenir. La première mise de fonds individuelle est fixée à un minimum de 500 fr. ; une proportionnalité de cotisation annuelle est établie sur le chiffre des ouvrières employées, 1 fr. par tête, par exemple ; la ville du Puy et la région dentellière d'Auvergne comptent 89 fabricants et 92,000 ouvrières. On peut donc évaluer à 100,000 fr. le capital initial de l'association, défalcation faite des indécis et des récalcitrants de la première heure. La Ville du Puy, le Conseil général de la Haute-Loire, celui du Puy-de-Dôme — où se trouve le centre d'Ambert — n'ont pas un moindre intérêt à ce que l'industrie, au lieu d'être menacée de la ruine, soit très prospère. Pour des expositions, on en a obtenu des sommes de 10,000 fr. En faveur d'une institution destinée à assurer cette prospérité, l'espérance d'une allocation immédiate du triple ou du quadruple ne saurait être exagérée. L'association possède ainsi environ 150,000 fr. comme entrée de jeu. En 1876, la Chambre syndicale actuelle créa un bureau de renseignements commerciaux. Avec une cotisation annuelle de 12 fr. versée par 68 membres, soit 816 fr., on imagine ce que pouvait être un bureau de ce genre, attendant ses documents et ses informations de la bonne volonté des administrations publiques et de quelques chambres de commerce de l'étranger; quels services il rendait à la fabrique de dentelles. Et, la Chambre syndicale n'a jamais eu autre chose à offrir à ses membres comme bénéfice collectif. C'est vraiment phénoménal qu'elle ait réussi à vivre ainsi pendant dix ans.

Le Musée Crozatier contient une salle consacrée à la dentelle du Puy, salle organisée, grâce à une fondation de 10,000 fr. due à la générosité de l'industriel nommé plus haut, Théodore Falcon. Il y a là trois vitrines formées d'une partie des pièces qui ont figuré aux Expositions universelles de 1878 et de 1889, et à l'Exposition dentellière du Concours régional du Puy, en 1884; une vitrine de milieu où se voient quelques spécimens de dentelles anciennes, de provenances diverses: points de France, de Venise, d'Ischia, de Brabant, de Valenciennes, passements en or, guipures au fuseau, et le corsage de la robe de mariage de l'impératrice Marie-Louise. Une autre vitrine murale montre pêle-mêle, dans un désordre peu séant pour un musée, des objets divers: carreaux, tambours, livres de fabrique, cartes d'échantillons et dessins. Tout cela sent l'abandon, la misère, la mort; n'est vraiment point digne d'une grande industrie artistique, triséculaire, et de la ville du Puy, qui présente à côté trois beaux musées, organisés avec goût et science, le Musée de peinture, le Musée d'archéologie et le Musée technologique Alexandre Clair. L'association nouvelle consacre immédiatement une partie de son capital à la constitution: 1° d'une agence de renseignements industriels et commerciaux, sérieuse, avec correspondants nombreux; 2° d'un musée d'échantillons de la production de tous les pays et de tous les centres dentelliers concurrents, tenu au courant au jour le jour par des agents extérieurs habiles et dévoués. Elle fait appel à la coopération des musées provinciaux et parisiens et des amateurs, qui possèdent des collections de dentelles anciennes et modernes d'un haut caractère artistique, pour organiser des expositions, temporaires et successives, de modèles d'exécution et de dessins. Mais, comme il est indispensable que l'association possède le plus grand nombre possible de membres, afin d'avoir de grandes ressources et beaucoup d'influence, la communication de ces renseignements et de ces documents d'études est exclusivement réservée aux associés, qui, en outre, ont le droit, pour s'éviter des déplacements onéreux, de se les faire envoyer à domicile.

Depuis longtemps, il est question de la création, au Puy, d'une école professionnelle spéciale de la dentelle. Aujourd'hui, après vingt ans de pétitions et réclamations, la municipalité a organisé, dans une école de dessin, un cours, qui aboutit surtout à faire exempter du service militaire de trois ans, au titre d'ouvriers d'art, quelques fils de fabricants et de négociants, étrangers même le plus souvent à l'industrie de la dentelle. Ce cours modeste coûte annuellement, à la municipalité, 1,500 fr., plus l'amortissement d'une installation des plus sommaires dans les greniers du tribunal de commerce. L'association, au moyen de son capital de fondation, crée immédiatement une véritable école de la dentelle, sur les bases d'un enseignement technique et artistique complet, avec succursales à Craponne et à Ambert. En outre — comme il a été fait dans les Pays scandinaves, — on fait venir dans cette école les jeunes dentellières, qui paraissent les mieux douées, pour apprendre les procédés nouveaux, pour étudier les modèles intéressants; élèves qui s'en iront ensuite enseigner elles-mêmes dans les villages ce qu'elles auront appris. Là encore, l'association doit faire preuve, pour les mêmes raisons que ci-dessus, d'un esprit essentiellement pratique. Aucun fabricant ne peut faire admettre dans l'école un fils ou un parent s'il ne fait partie de l'association; et les parents des élèves, en dehors de la profession, doivent prendre l'engagement, en échange de la gratuité de l'enseignement, de ne les faire entrer, à la sortie de l'école, que chez les associés.

En présence des avantages exclusifs de l'association, — agence de renseignements, musée d'échantillons et de modèles, école professionnelle et artistique, — tout fabricant aura un intérêt personnel immédiat à demander son affiliation. Alors, intervient la question de la protection des dessins et modèles, qui préoccupe si fort, à juste raison, la fabrique, et dont les industriels n'osent même pas espérer dans un avenir lointain l'éventualité de solution satisfaisante. Aux termes des statuts, il est interdit aux membres de l'association de s'adresser pour tous les litiges et conflits professionnels à une autre juridiction que celle du comité de contentieux et d'arbitrage de l'association; or, la contrefaçon, le pillage des modèles figurent en première ligne parmi ces litiges et conflits, et ont été déclarés passibles d'amendes considérables. Quant aux contrefacteurs étrangers à la corporation locale et régionale, l'association exerce en son nom et à ses frais toutes les poursuites devant les tribunaux compétents.

Ce n'est point tout encore. Dans le but de maintenir exclusivement la concurrence entre les fabricants sur le terrain de la bonne exécution et du mérite du dessin, l'association s'est préoccupée de faire disparaître l'arbitraire dans le contrat de travail entre ouvrière et fabricant en fixant un prix minimum général de la main-d'œuvre des dentellières.

Une institution de ce genre, dira-t-on, est superbe en principe, mais pratiquement elle est une utopie. Je répondrai que l'association a été créée, il y a plus de quinze ans à Saint-Gall, qu'elle y fonctionne régulièrement sous le titre de « Fédération de l'industrie de la broderie de la Suisse orientale et du Vorarlberg », qu'elle compte 147 sections, correspondant à autant de communes, et environ 5,000 adhérents. Et, j'ajouterai, comme dernier renseignement, que c'est à cette association, à ses services d'informations commerciales, d'enseignement professionnel et artistique, à la moralisation des mœurs industrielles qu'elle a amenée par son système d'arbitrage et de protection des dessins et de la main-d'œuvre, qu'on attribue la prospérité prodigieuse de ce grand centre d'industrie d'art.

Celui qui réussira à doter le Puy d'une institution semblable à celle-là méritera, au xxe siècle, le titre de protecteur des dentellières d'Auvergne, que la reconnaissance publique a décerné à saint François Régis, au xviie siècle, pour avoir obtenu du Parlement de Toulouse le retrait de l'ordonnance de 1640 interdisant l'emploi de la dentelle dans les vêtements.

MARSEILLE.

A ses débuts, mon étude à Marseille provoque de l'étonnement. Venir chercher, ici, des industries d'art semble une fantaisie bizarre. « Désirez-vous visiter des raffineries, des huileries, des minoteries, me dit le président de la Chambre de commerce, où dès la première heure je me présente pour y être renseigné abondamment *de omni re scibili*, nous nous empresserons de vous en fournir tous les moyens ; nous mettrons à votre disposition de nombreux rapports officiels, des statistiques, des monographies, etc., pour vous faire, sur le compte des progrès considérables réalisés depuis quelques années, une opinion bien documentée ; mais, vous guider dans des recherches d'industries d'art marseillaises, nous avons le vif regret de ne pouvoir le faire, pour la bonne raison qu'il n'en existe pas. » Et, comme une déclaration aussi nette ne paraissait pas m'avoir convaincu, le président prit dans une bibliothèque un ouvrage portant le titre : « Réponses au questionnaire du Conseil supérieur du commerce et de l'industrie, préparé en vue du renouvellement des traités de commerce » ; et, me le présentant, ajouta : « Voyez plutôt dans ce document, le plus récent, publié par la Chambre de commerce sur l'ensemble des industries de Marseille ; vous n'y trouverez rien de ce que vous cherchez. » En effet, sur les 130 pages que contient le volume in-4°, il n'est question que de produits chimiques, de soufre, de constructions mécaniques, de fers et fontes, de pétroles, de sucres, de semoules et de savons. Il ne me restait qu'à remercier le président de la chambre du fort aimable accueil qui m'avait été fait, et à me retirer.

A défaut de toute autre association générale d'industries marseillaises, je consultai l'Annuaire du département. Mon étude à Marseille a duré deux semaines !

L'ébénisterie et la menuiserie d'art.

En 1883, le délégué des industriels de Marseille, devant la Commission d'enquête sur les ouvriers et les industries d'art, déposait ainsi sur l'ameublement : « L'industrie est absolument déshéritée à Marseille, car elle ne possède absolument rien, ni documents, ni musées, ni écoles. Le peu d'efforts qui ont été faits et les modestes résultats obtenus sont dus à l'initiative privée. Il y a bien peu d'industriels à Marseille qui aient eu le courage d'entreprendre cette profession ; il y avait bien des spécialistes, mais pour faire le meuble d'art, le meuble sérieux, il fallait des menuisiers du bâtiment et les initier à la fabrication du meuble. Il n'y a pas d'écoles pour notre personnel. A l'École des beaux-arts, on apprend, il est vrai, à dessiner ; mais pour peu qu'un jeune homme ait quelque savoir, il se lance dans le grand art et il ne reste rien pour l'industrie. Pour les apprentis, il n'y a pas d'écoles ; à l'atelier, ils apprennent à travailler, mais il faut aussi les instruire ; si nous n'avons pas de professeurs, nous en serons réduits au petit noyau qui a été formé ; mais il ne s'en fera pas d'autres. » Ce même délégué a fait, au Congrès des arts décoratifs de 1894, des déclarations identiques. Aujourd'hui, il me dit que la situation, déjà si fort mauvaise, il y a douze ans, a encore empiré, rien n'ayant même été tenté pour l'améliorer. « Il ne se fait plus d'apprentis ; le nombre des ouvriers d'art diminue chaque jour. L'industrie qui travaillait encore un peu pour l'exportation en Égypte, en Grèce, à Constantinople et dans les pays Balkaniques, a dû reculer devant la concurrence de l'Allemagne et celle de l'Autriche, dont les industriels et les négociants exportateurs sont énergiquement défendus par les représentants officiels de leur pays. La valeur artistique de la production pour la consommation locale diminue de jour en jour ; la clientèle ne réclame plus que le meuble à bon marché et de faux luxe que lui offrent les magasins et les bazars. Le snobisme de l'aristocratie et de la riche bourgeoisie leur fait préférer les meubles anglais et les meubles parisiens, fabriqués généralement à Nantes, à Toulouse et à Bordeaux. » Chez un grand industriel, j'ai retrouvé tous les meubles d'art qu'il avait exécutés pour les Expositions universelles de 1878 et de 1889. L'industrie n'est encouragée ni par les amateurs riches, ni par la municipalité, ni par les institutions publiques, qui, par leur caractère et par leur but, devraient, semble-t-il, s'en occuper. On me cite ce fait : La Chambre de commerce, ayant eu à renouveler le mobilier de ses salons de réception, avait décidé de s'adresser à un fabricant de Paris ; elle ne revint sur cette détermination qu'à la suite des énergiques protestations d'un de ses membres, déclarant qu'il y avait à Marseille tout au moins un industriel fort capable d'exécuter un travail de ce genre, et que ce serait discréditer à plaisir l'industrie locale.

Dans la menuiserie de bâtiment, qui compte 500 ouvriers répartis en une dizaine d'ateliers, la production artistique est moins encore développée. Les ouvriers d'art y font presque complètement défaut. Le chef d'un grand atelier me déclare nettement que sur les 60 menuisiers qu'il occupe, il n'y en a pas 10 capables d'exécuter un travail d'art. Il a dû, très péniblement, avec une patience soumise fréquemment à de rudes épreuves, les former comme il s'est formé lui-même, à force d'énergie et d'ambition, la ville ne possédant aucune institution qui donne un enseignement professionnel et artistique pour son industrie. Il estime que sur les 500 membres de la corporation, on ne trouverait pas 25 ouvriers supérieurs. A l'opinion des architectes, les patrons n'ont reçu aucune instruction artistique, n'ont point de dessinateurs dans leurs ateliers. D'ailleurs, les travaux du bâtiment exigeant une main-d'œuvre de première qualité, et les interventions d'artistes, sont fort rares. La commande faite récemment par un richissime amateur, pour un château en Camargue, d'une fourniture de 80 croisées en bois de teck du prix de 1,000 fr. pièce, a révolutionné l'industrie comme un invraisemblable phénomène ; et l'heureux concessionnaire me faisait l'aveu que si le client ne lui avait point accordé un délai assez long pour la livraison, il n'eût pas été en mesure d'accepter la commande. Dans cette branche d'industrie également, il n'y a plus d'apprentissage, en raison des exigences des parents qui réclament un salaire immédiat ; d'ailleurs, les ouvriers ne veulent plus en former par crainte d'une concurrence future, trop facile, à leur ignorance et à leur mauvaise volonté.

Dans la menuiserie de bâtiment, comme dans l'ébénisterie, les vœux sont unanimes autant qu'énergiques pour la création immédiate d'une École d'apprentissage et pour l'organisation, à l'École des beaux-arts, de cours spéciaux de dessin, d'architecture et de sculpture pour les industries du bois. Actuellement, une seule institution, de caractère philanthropique et religieux, l'œuvre de dom Bosco, prépare à l'apprentissage une vingtaine d'enfants, dans des conditions d'installation et de fonctionnement qui ne permettent pas de leur assurer l'instruction artistique qui leur serait nécessaire sinon utile.

A différentes reprises, des tentatives, plus ou moins sérieuses et fécondes, ont été faites pour introduire à Marseille la fabrication de la céramique décorative. Il y a une trentaine d'années, un architecte provençal revenant de Paris eut l'idée d'importer, dans un château près d'Aix dont la construction lui était confiée, l'emploi de la céramique pour les faîtages, crêtes et chenaux, à l'imitation de son maître, Vaudremer, dans la construction de l'église de Montrouge. Il alla trouver les fabricants de tuiles et de briques de l'Estaque et de Saint-Henri, dont l'argile de qualité supérieure peut se prêter aux travaux les plus délicats et recevoir toutes les applications décoratives, les couvertes et les émaux, et leur demanda de lui exécuter des pièces de céramique dont il fournirait tous les modèles; ses propositions furent partout refusées. Près de la maison de son père, à Gardane, travaillaient deux modestes tuiliers, le père et le fils; il leur offrit de se charger de l'entreprise; stupéfaction du premier et enchantement du second. Après une journée de réflexions et d'hésitations, les tuiliers acceptèrent et se mirent à l'œuvre sous la direction de l'architecte. Les essais furent couronnés de pleins succès; et le château put recevoir sa décoration complète de céramique. L'incident fit du bruit dans le pays, fut connu des industriels de l'Estaque et de Saint-Henri. Aussitôt l'un d'eux, rassuré par cette expérience, résolut d'exploiter la céramique nouvelle; ayant trouvé des actionnaires, il se lança dans la fabrication, et produisit, en toute hâte, et dans des conditions techniques et artistiques déplorables, une multitude de vieux modèles empruntés aux albums des maisons de Paris et du Nord. Les architectes n'en voulurent pas, prétextant la mauvaise qualité des produits. L'affaire ne tarda donc pas à péricliter. Quelques temps après, l'idée fut reprise par un autre fabricant de tuiles, qui, plus prudent et plus habile, s'organisa industriellement et s'entoura de collaborateurs expérimentés. Il réussit à obtenir une céramique décorative excellente, dans les genres de Sarreguemines et de

La céramique.

Lœbnitz. L'entreprise prospéra ; jusqu'à 50 ouvriers y étaient employés. Mais, survint une catastrophe financière ; la fabrique fut fermée et tous les éléments qu'elle avait réunis se dispersèrent. Une manufacture analogue s'est créée à Marseille. Après avoir passé par des alternatives de succès et de difficultés, et s'être transformée plusieurs fois, elle poursuit encore à cette heure, avec énergie, mais péniblement, la conquête d'une clientèle régionale, ayant à lutter contre l'indifférence des architectes et des entrepreneurs.

Les potiers d'Aubagne. Aubagne, près de Marseille, est le centre d'une fabrication de tuiles et de briques qui n'occupe pas moins de 1,500 ouvriers. Autrefois, — au XVIIIe siècle, — on y fit de la poterie artistique qui eut son heure de célébrité. Quelques industriels se sont avisés d'utiliser l'argile de qualité supérieure pour produire de la faïence blanche, en carreaux, pots à confiture, vases de pharmacie, etc. Ils ont réussi à donner une certaine importance, comme chiffre d'affaires, à une branche d'industrie, relativement grossière, et qui se meut dans un cercle très restreint de modèles anciens. Un autre briquetier a même entrepris de faire du Vallauris, mais en se bornant à la reproduction pure et simple de ses types ; il a échoué commercialement. Enfin, dans deux ateliers, on copie pour des amateurs d'une grande naïveté le vieux Marseille, le Moustiers et le Saint-Jean-du-Désert. La possibilité de ressusciter à Aubagne la céramique artistique a un instant préoccupé une des précédentes municipalités ; elle organisa dans ce but un cours de dessin, professé par un artiste de Marseille qui faisait deux fois par semaine le voyage entre les deux villes. Au début, on recruta un certain nombre d'ouvriers ; bientôt, ils se réduisirent à une dizaine, puis à trois ; la municipalité supprima le cours, au fond point trop fâchée, m'a-t-on assuré, de faire l'économie des 400 ou 500 francs qu'elle dépensait là. A cet essai se serait borné tout l'effort des administrateurs publics qui n'avaient d'ailleurs, disaient-ils pour justifier leur décision, trouvé auprès des industriels aucun concours. Ces industriels produisent de la brique, la vendent fort bien, se sont intelligemment syndiqués pour maintenir les prix et font tous fortune ; les ouvriers sont en majorité des Piémontais, ignorants, incultes, exclusivement aptes au métier de manœuvres. Les conditions sociales actuelles pour amener à

Aubagne une renaissance de la céramique d'art ne sont donc point très favorables. Et cependant, il y aurait à renouveler la tentative, je crois, tant les conditions matérielles et ethnographiques, par contre, semblent devoir en assurer le succès : un nom de fabrique célèbre qui n'est point encore oublié, une argile de première qualité, le voisinage d'une grande ville pour la consommation intérieure, l'accession facile et peu coûteuse d'un port marchand de premier ordre, pour l'exportation. En Allemagne, à Raeren, près d'Aix-la-Chapelle, et à Benrath, près de Dusseldorff, on a fait, il y a quinze ans, un essai du même genre ; il a parfaitement réussi ; mais, c'était une grande association, la Société centrale des pays rhénans, qui en avait pris l'initiative ; et elle y avait appliqué la méthode sûre, infaillible même, d'une mission permanente de professeurs et d'artistes, dont le dévouement et la patience inaltérables, autant que la compétence absolue, devaient venir à bout de toutes les mauvaises volontés et de toutes les incuries. J'ai la conviction profonde qu'à Aubagne la même méthode donnerait rapidement les mêmes résultats. La première expérience a-t-elle été faite bien sérieusement? L'enseignement donné dans le cours municipal de dessin était-il pratique, à la portée des élèves auxquels il s'adressait ? A-t-on tenté tout ce qui était nécessaire pour convaincre les patrons et les ouvriers de l'utilité pour eux d'un enseignement professionnel et artistique ? Voilà ce qu'il faudrait savoir pour apprécier bien exactement la situation ; et, je n'ai pas pu l'apprendre, tant j'ai trouvé auprès de la municipalité peu d'empressement à me renseigner.

La bijouterie.

Il y a vingt ans, l'industrie de la bijouterie occupait 500 artistes répartis entre une centaine d'ateliers. La production très soignée, présentant une physionomie bien spéciale, le bijou léger, était fort appréciée sur tous les marchés, tant étrangers que français. Elle avait conquis toute la clientèle du Midi, du Languedoc, de Nice et même pénétrait dans le Lyonnais et jusqu'à Paris, où elle faisait aisément concurrence aux fabriques locales. Pour la consommation marseillaise, à côté du bijou léger, il se fabriquait du bijou massif, d'un réel mérite artistique. On faisait une exportation importante en Espagne, dans l'Amérique du Sud et en Orient. Les produits allemands et suisses étaient à peu près inconnus dans les magasins de détail. Le revenu des droits d'essai, en 1875, pour les matières premières d'or s'élevait à 4,095 fr. 57; et le poids des ouvrages présentés à la garantie atteignait 4,292 hectogrammes. Aujourd'hui, les ateliers, au nombre de 60, fonctionnant pour la plupart avec des chômages fréquents, comptent à peine 150 ouvriers; la statistique du bureau de la garantie accuse, en 1895, le chiffre de 2,555 hectogrammes pour le poids des ouvrages d'or, et la somme de 2,634 fr. pour les droits d'essai, soit une diminution de moitié sur les chiffres de 1875. L'exportation est tombée presque à rien; il ne se vend plus de bijoux marseillais dans les magasins et boutiques de Marseille. Pforzheim et Genève envoient des commis voyageurs, et ont sur place des représentants qui obtiennent des affaires considérables dans la ville et dans la région; des commissionnaires marseillais font deux voyages par an en Allemagne et en rapportent plus de 100,000 francs de marchandises.

Jadis, il y avait à Marseille une branche de bijouterie importante, la fabrication du bijou de corail, qui, il y a un siècle, était arrivée à une telle prospérité qu'un voyageur anglais, Mme Cradock, écrivait, dans son journal de route, qu'elle y avait visité une manufacture de corail occupant 490 ouvriers, hommes, femmes et enfants, payés par jour depuis 2 livres 10 sols jusqu'à 6 livres. Aujourd'hui, on ne trouverait pas un bijoutier en corail à Marseille. L'industrie tout entière a émigré en Italie.

D'après les déclarations de la Chambre syndicale de la bijouterie, les causes de cette décadence rapide sont nombreuses et d'ordres divers. La fabrication a perdu de sa valeur tant au point de vue technique qu'artistique. Les bons ouvriers sont devenus très rares; et l'on ne fait plus d'apprentis. Beaucoup de branches de l'industrie ont disparu. Il n'y a plus de graveurs sur acier pour les matrices, plus de graveurs en lettres, plus d'émailleurs, et à peine quelques sertisseurs. La fabrique en est tellement désemparée professionnellement que les patrons me déclarent qu'ils seraient fort en peine aujourd'hui de faire de la production d'art, si on leur en demandait. D'autre part, une hostilité, d'abord latente, aujourd'hui publique, existe entre les fabricants et les magasiniers, par suite de la concurrence que ceux-ci prétendent leur être faite par ceux-là; les magasiniers font toutes leurs commandes à Paris, en Allemagne et en Suisse, dont l'activité commerciale est d'ailleurs incontestablement supérieure à celle de la fabrique marseillaise. Les chefs d'ateliers me paraissent en outre ignorer complètement l'organisation de la concurrence étrangère ; ils ne connaissent que de nom Pforzheim et Genève ; je les ai fort étonnés quand je leur en ai révélé la puissance d'institutions artistiques, techniques et commerciales. L'égoïsme, la jalousie, et l'exclusive préoccupation de se faire concurrence les uns aux autres par tous les moyens possibles, constituent les mœurs de la majorité de la corporation. On ne s'en cache pas d'ailleurs ; et même en fait-on facilement l'aveu loyal, mais sans grande contrition. Fort péniblement, quelques hommes dévoués ont réussi à constituer une Chambre syndicale, qui est loin de grouper tous les industriels, et aux réunions, cependant peu fréquentes, de laquelle les syndiqués ne viennent qu'en très petit nombre, à peine suffisant pour prendre des délibérations valables. Jamais ni la municipalité, ni la Chambre de commerce, ni l'État ne se sont préoccupés d'apporter des remèdes à une situation aussi affligeante, à prendre les mesures qui pourraient défendre les intérêts de l'industrie. La Chambre syndicale me déclare nettement que, si on ne fait rien, dans moins de dix ans l'industrie de la bijouterie marseillaise aura vécu. Elle réclame la création d'une école d'apprentissage, pour laquelle elle assure un minimum de cinquante élèves ; et la réorganisation de l'enseignement des cours du soir de l'École des beaux-arts, qui ne rendent actuellement aucun service à l'industrie. Des délégués de la Chambre syndicale de l'horlogerie, présents à la réunion, m'ont déclaré s'associer sans réserve aux vœux de la Chambre syndicale de la bijouterie, la situation de leur corporation, au point de vue de l'apprentissage et de la concurrence étrangère, n'étant pas moins critique ni moins menaçante.

La ferronnerie.

L'influence d'Espérandieu et de ses élèves sur le développement de l'art décoratif dans quelques industries telles que le fer forgé, la marbrerie et la sculpture sur pierre, par les grands travaux de la cathédrale de la Major, de Notre-Dame de la Garde, de l'École des beaux-arts, et du Palais de Longchamps, a été aussi féconde que durable. L'éminent architecte créa pour le fer forgé, un artiste véritable, du nom de Bérard, qui réussit à traduire superbement, avec une conscience sévère, et une habileté rare, ses belles compositions ; et dont les travaux personnels furent appréciés au point de lui attirer des commandes de l'étranger et même de l'Égypte. Malheureusement, ce mouvement, en dépit de l'autorité de son initiateur, ne fut pas suivi par les autres architectes marseillais, pour la plupart atteints d'insouciance ou impuissants à convaincre leurs clients de la nécessité d'une dépense aussi intéressante et honorable que celle d'enrichir leurs hôtels d'œuvres de ferronnerie, dignes des maîtres du passé. L'atelier de Bérard a été dispersé ; les ouvriers habiles qu'il forma ont quitté la ville ou le métier. A l'heure présente, il n'y aurait pas à Marseille plus de 20 ouvriers capables d'exécuter une pièce d'art. Ils travaillent misérablement à leur compte ou sont employés dans un grand établissement de constructions métalliques, dont le chef, passionnément épris de la ferronnerie et soucieux de mettre le plus d'art possible dans une industrie où la science semble vouloir tenir un rôle exclusif, continue les traditions d'Espérandieu ; et — exemple à citer — a réussi ainsi à faire aisément concurrence aux constructeurs parisiens les plus réputés, à doter, dans le Midi et en Algérie, des villes modestes de halles et marchés qui sont leur ornement.

Le bronze d'art.

Un étrange préjugé, trop répandu, qui entrave fort le progrès de nos industries d'art, est celui de l'impossibilité de faire fonctionner quelques-unes d'elles en province, en raison de la multiplicité des collaborateurs artistiques qu'elles exigent. Le succès d'une de ces industries, le bronze d'art et d'ameublement, infirme ce préjugé, et fait l'indiscutable démonstration que l'énergie, la volonté et l'amour de l'art viennent à bout de tout ce que les esprits timides et les tempéraments débiles considèrent comme des difficultés insurmontables.

Cette maison, fondée il y a quinze ans de toutes pièces, au moyen d'un noyau d'artistes et d'ouvriers qu'on fit venir de Paris et de Lyon, en contient aujourd'hui 200, tous marseillais. Sans aucune exception, toutes les œuvres sont exécutées d'après les compositions d'un jeune dessinateur, qui a fait ses études à l'École des beaux-arts de Marseille, puis à l'École des arts décoratifs de Nice. En concurrence avec les premiers ateliers de Paris, la maison a exécuté des travaux d'art importants : des autels, des ciboriums, des tables de communion, des portes de bronze, des grilles, des lustres, des lampadaires, etc., pour des églises, des théâtres, des hôtels, des casinos, etc., à Marseille, à Nice, à Montpellier, à Monaco, à Dunkerque, à Dijon, etc. ; elle exporte des bronzes religieux, d'ameublement et d'éclairage en Espagne, en Italie et en Orient.

L'imprimerie.

L'imprimerie à Marseille donne du travail à plus d'un millier de personnes dont le tiers s'occupe de lithographie ; on compte 23 maisons, dont 3 sont très importantes. L'industrie est en voie de progrès industriel et artistique, et étend chaque jour, tant à l'extérieur qu'en ville, ses affaires qui augmenteraient encore si le personnel déjà ne faisait défaut, par suite des difficultés de recrutement et d'instruction des apprentis. Cependant, elle a eu à subir une phase cruelle, qui pouvait la ruiner, sans l'activité et l'énergie de quelques-uns de ses chefs : celle de la suppression des manufactures d'allumettes de Marseille, lors de la conversion de cette grande fabrication en monopole d'État. Les industriels ont émigré en Italie et provoqué pour l'illustration des boîtes, la création de maisons de lithographie, devenues très rapidement puissantes, entre autres une maison de Gênes, qui, aujourd'hui, sur tout le littoral de la Méditerranée et même en Italie, fait une grande concurrence aux maisons marseillaises par des produits dont le mérite, d'ailleurs, est incontesté. En outre, le marché de l'Amérique du Sud est complètement fermé, ainsi que celui de la Suisse, depuis la récente convention douanière. Les ateliers marseillais ont abordé avec succès tous les genres de production en lithographie : l'affiche illustrée en couleurs, le calendrier à chromos, le tableau d'annonces, l'étiquette industrielle et commerciale, la vignette, les entêtes de lettres et de factures, etc. L'un d'eux a la clientèle des grandes compagnies françaises de navigation, pour les affiches illustrées et les menus de restaurants. Rarement, j'ai trouvé autant d'énergie, d'ambition et d'audace dans la poursuite des progrès techniques et artistiques, du développement de la prospérité de l'industrie ; on se montre hardiment résolu à faire de Marseille un grand centre de production, qui émancipera de l'étranger et de Paris la ville et la région, non seulement pour les travaux dits de commerce, mais pour les travaux d'art les plus difficiles et les plus délicats, tels que l'affiche polychrome et l'estampe en couleurs. Il m'en a été montré des spécimens qui font bien augurer de la réalisation imminente de ces beaux projets. L'occasion est donc exceptionnellement opportune pour apporter à des ambitions aussi élevées le concours d'une organisation nouvelle d'enseignement qui lui fait défaut, de l'avis unanime de tous les chefs d'ateliers, en créant à l'École des beaux-arts une classe spéciale des arts graphiques avec applications industrielles pratiques, et en fondant une école d'apprentissage.

Les vitraux d'art.

Il y a à Marseille trois ateliers de peintres verriers aidés par une quinzaine d'ouvriers, et dont le chiffre d'affaires annuelles atteint à peine 40,000 francs. Production très médiocre, sans originalité, et qui ne peut évidemment point lutter contre les œuvres des maisons extérieures, de Paris et de province, soit pour le vitrail d'église ou le vitrail d'appartement. À l'opinion des architectes et des artistes décorateurs, les chefs d'ateliers ont des connaissances professionnelles très rudimentaires. L'industrie peut être tenue pour irrémédiablement condamnée à une décadence rapide et complète, si elle ne reçoit pas des éléments nouveaux de direction et d'exécution, que réclament d'ailleurs ces mêmes chefs d'ateliers comme indispensables et urgents, au moyen d'un enseignement spécial à l'École des beaux-arts.

Les institutions d'enseignement technique et artistique.

L'étude des institutions marseillaises d'enseignement technique et artistique ne sera point longue ni compliquée. Il n'existe aucune de ces écoles publiques nouvelles, École professionnelle ou École pratique d'industrie, qui rendent tant de services aux industries en formant de bons apprentis, en préparant d'habiles ouvriers. Deux œuvres sociales seules, la Bourse du travail et l'Oratoire Saint-Léon, distribuent gratuitement une instruction industrielle, là théorique, ici pratique, dans une école et des cours, où le dévouement et la foi ne compensent point malheureusement l'absence de ressources et d'organisation puissante, encore que l'une et l'autre aient réussi à donner des résultats superbes, en considération des difficultés de toutes natures qui en paralysent le développement.

Les cours de la Bourse du travail.

En 1894, au mois de septembre, dans l'assemblée générale de l'Union des chambres syndicales ouvrières des Bouches-du-Rhône, quelques délégués proposèrent de créer, avec les ressources de l'Union et la subvention récemment accordée par le conseil général, des cours professionnels. Séance tenante, la proposition fut adoptée à l'unanimité, un crédit de 4,000 francs voté; et une commission était nommée pour étudier l'organisation immédiate de ces cours, au nombre de 5 : 1er cours : *arithmétique, géométrie,* dessin et art du trait ; 2e cours : stéréotomie et constructions civiles ; 3e cours : charpente ; 4e cours : forge ; 5e cours : ajustage, électricité industrielle. Le 15 octobre, les cours pouvaient être inaugurés, avec cinq professeurs et 115 inscriptions d'élèves ainsi classés, professionnellement : 18 carrossiers, 3 ébénistes, 2 peintres, 1 encadreur, 2 scieurs à la mécanique, 1 bijoutier, 3 menuisiers, 9 tailleurs de pierre, 3 maçons, 11 forgerons, 7 ajusteurs-mécaniciens, 3 serruriers, 6 chaudronniers, 2 tourneurs sur métaux, 2 ferblantiers, 19 mouleurs, 15 charpentiers. Deux heures par *semaine*, de 8 à 10 heures du soir, étaient consacrées aux études. Ce que furent les résultats obtenus pendant la première session scolaire, avec un personnel de professeurs inexpérimentés, s'adressant à des ouvriers auxquels faisait défaut l'instruction scientifique la plus élémentaire, dans des conditions d'installation des plus médiocres, sans matériel d'enseignement, il est inutile de le dire, on le comprend ; mais les organisateurs, loin de se décourager, estimant avec raison que la démonstration de la possibilité du fonctionnement normal d'une institution de ce genre était déjà un succès et imposait le devoir de persévérer, se préoccupèrent avec activité des réformes nécessaires pour remédier aux vices et aux lacunes de leur entreprise ; ils le firent avec une décision et une franchise de déclarations qu'il n'est pas inopportun de signaler en exemples par leur opposition piquante avec tant de discours et de rapports sur les institutions d'enseignement public, où l'on s'efforce de dissimuler, sous des généralités pompeuses et des théories brillantes, et sous les félicitations collectives, la réalité d'insuccès et de déceptions : « Parmi les jeunes gens qui ont fréquenté les cours, nous avons remarqué que bien peu d'entre eux possédaient l'instruction élémentaire suffisante, pour tirer parti immédiatement d'un cours proprement dit professionnel. Il a donc fallu à des professeurs, à bien des reprises, suspendre la marche du programme arrêté pour fournir des explications rétrospectives appartenant à l'enseignement scolaire. En dehors des retours en arrière pour remémorer à nos jeunes ouvriers les principes, nous devons constater en première ligne que le dessin au crayon, à l'équerre et au tire-ligne était tout à fait inconnu et qu'il a fallu aux professeurs déployer de grands efforts et se livrer à des redites nombreuses pour inculquer les éléments du trait, basés sur les applications pures de la géométrie industrielle et professionnelle. Nos élèves n'avaient non plus aucune notion de la mécanique la plus vulgaire... Il serait nécessaire, croyons-nous, que chaque professeur ne comptât dans son cours que des élèves aptes à le comprendre, c'est-à-dire connaissant déjà les parties élémentaires. Il serait donc utile, à notre avis, qu'un professeur fût chargé de cette préparation délicate. Le difficile à atteindre pour le professeur est, tout en enseignant un programme primaire spécialement préparé pour des ouvriers, de ne blesser aucune susceptibilité, de ne froisser aucun amour-propre en enseignant peut-être à des hommes de 30 ans ce que peuvent connaître des enfants de 10 à 15 ans; le tact seul du professeur accomplit ce miracle. De cette manière, les cours purement professionnels ne subiraient aucun arrêt et seraient aptes à donner de rapides et appréciables résultats. Telles sont les observations générales que nous avons cru devoir vous faire connaître, assurés d'avance que, dans le cas où elles renfermeraient du bon, vous nous aiderez à les mettre en pratique dans l'intérêt de la classe ouvrière. » Pendant l'année 1895-1896, le chiffre des élèves est resté le même. Le budget a été porté de 4,000 à 6,000 fr.; et la municipalité a voté un crédit exceptionnel de 3,800 fr. pour l'installation d'ateliers d'application dans une vaste maison à plusieurs étages mise à la disposition de la Bourse du travail pour cette destination. Mais, hélas! l'outillage, les matériaux d'études, les collections de dessins, une bibliothèque, font complètement défaut; le budget suffit à peine à payer les frais de chauffage et d'éclairage et les traitements des professeurs, fixés pourtant bien modestement à 100 fr. par mois. L'organisation de l'enseignement de la Bourse du travail de Marseille inspire les mêmes réflexions qui ont été résumées dans l'analyse de l'enseignement donné par la Bourse du travail de Saint-Étienne. En n'adressant pas, par esprit particulariste, un appel aux dévouements extérieurs qui ne feraient point défaut parmi les professeurs de l'Université, du lycée, des collèges, de l'École des beaux-arts, les administrateurs de la Bourse se condamnent à ne donner aux élèves de leurs cours qu'un enseignement très inférieur, sans caractère scientifique, et incapable d'ouvrir des horizons plus élevés que ceux de la routine et de l'inexpérience. A l'étranger, je le répète, les fondateurs d'institutions analogues, telles que les écoles de Charleroi, de Hambourg, de Berlin, de Birmingham, de Manchester, etc., n'ont point commis cette faute grave, qui partout en France menace de tuer des œuvres sociales très intéressantes et très utiles, dont le développement serait certain par l'emploi d'autres méthodes d'enseignement.

L'Oratoire Saint-Léon.

L'Oratoire Saint-Léon, œuvre de dom Bosco, élève et instruit environ 300 enfants abandonnés, orphelins ou appartenant à des familles indigentes. A l'école primaire sont annexés plusieurs ateliers où l'on apprend théoriquement et pratiquement les métiers suivants : imprimerie, lithographie, reliure, papeterie, sculpture et peinture, tailleurs d'habits, cordonnerie, menuiserie, serrurerie et fonderie de caractères. L'œuvre ne vit que de cotisations de coopérateurs, de dons charitables et de la vente des produits des ateliers. L'enseignement y est très élémentaire et prépare bien plutôt à l'apprentissage qu'il ne le constitue réellement; les enfants formés dans cette institution sont fort appréciés par les chefs d'atelier pour les qualités d'exactitude, de bonne tenue et d'amour du travail qu'une discipline sévère mais paternelle leur a données.

L'École municipale des beaux-arts.

L'enseignement artistique pour les apprentis et les ouvriers des industries d'art est attribué à l'École des beaux-arts. Cette école est une des plus vieilles de France ; elle remonte à l'année 1752. Là, comme presque partout ailleurs, on trouve à l'origine, et comme inspiration de la fondation, l'urgence de venir en aide aux industries locales, en leur fournissant les artistes et les ouvriers habiles qui leur manquent. Voici ce qu'on lit en tête d'une notice historique sur cette institution : « A cette époque, Marseille possédait déjà de nombreuses manufactures dont les produits justement réputés étaient recherchés au loin. Ses faïences avaient une grande renommée et les imitations qu'en faisaient les fabriques étrangères étaient désignées sous le titre de faïence façon Marseille. Ses manufactures d'armes, ses fabriques de papiers peints et de riches étoffes fournissaient d'incessantes applications de l'art à l'industrie, ainsi que les nombreuses constructions de vaisseaux et galères dont la plupart étaient ornés de riches sculptures. Malheureusement, faute d'une culture artistique suffisante, les ouvriers indigènes étaient bien souvent inhabiles et l'on était forcé de recourir à des étrangers, ce qui amenait toujours de grands frais. Cette lacune regrettable d'une institution ayant pour but de former et de développer le goût des ouvriers marseillais quant à ce qui se rattache à l'art industriel devait bientôt cesser, grâce au dévouement de quelques artistes de non moins de cœur que de mérite. » Un sculpteur de talent, du nom de Verdiguier, et le peintre André Bardon fondèrent une École publique de dessin, qui, en 1756, était convertie en Académie royale. Insensiblement l'enseignement de l'école, d'industriel et artistique au début, dériva du côté purement académique et ne forma plus que des peintres et des sculpteurs. Ce fut là, pendant plus d'un siècle, son exclusive spécialité ; c'est seulement en 1876 qu'on y créa un cours de dessin décoratif, et, en 1889, un cours du soir, s'adressant aux ouvriers charpentiers, menuisiers et tailleurs de pierre. Aujourd'hui, deux classes, dans l'organisme de l'école, donnent un enseignement qui vise spécialement les industries d'art : la classe d'architecture et la classe des arts décoratifs.

La classe d'architecture, pendant l'année scolaire 1895-1896, n'a pas compté moins de 58 élèves, répartis dans les professions suivantes : 32 dessinateurs, 8 menuisiers, 3 ébénistes, 6 serruriers, 1 tourneur, 4 maçons, 7 étudiants, et 9 élèves sans métiers déterminés. L'influence de cette classe sur le mouvement artistique dans la construction et les industries serait à peu près nulle, à l'opinion des artistes et des chefs d'ateliers. La plupart des élèves sont des fils d'entrepreneurs qui viennent y chercher quelques notions de dessin, de composition, et se retirent avant d'avoir fait des études sérieuses, pour être employés comme dessinateurs dans les bureaux d'architecture et surtout d'entreprise, afin de pouvoir interpréter tant mal que bien les désirs et les projets de la clientèle ; plus tard, ces dessinateurs deviendront eux-mêmes des patrons, dont l'instruction professionnelle et artistique ne sera ainsi guère supérieure à celle de la généralité des entrepreneurs et architectes actuels. Les doléances à cet égard sont unanimes ; l'on considère cette lacune comme une des causes principales de la situation présente des industries d'art, pour lesquelles à très peu d'exceptions, architectes et entrepreneurs professent une hostilité, sinon une indifférence, absolue. Bon nombre d'architectes eux-mêmes n'hésitent pas à reconnaître que l'École des beaux-arts ne donne qu'une instruction générale légère, peu en rapport avec les connaissances professionnelles sérieuses qu'exige le métier. Aussi la corporation semble-t-elle, malgré les efforts de quelques individualités, retourner à la situation précaire qui lui était faite autrefois par des traditions locales, et dont avaient réussi à la tirer, pendant une période de temps, Espérandieu et les artistes que ce maître avait groupés autour de lui. Depuis le milieu du XVIIIe siècle jusqu'à 1850 environ, l'architecture marseillaise était aux mains des entrepreneurs qui exécutaient tous les grands travaux et avaient créé ce type d'hôtel privé, aussi peu décoratif qu'économique, qu'on trouve presque à chaque pas dans les quartiers de la Préfecture et du Palais de justice. De 1852 à 1860, Coste, le célèbre auteur avec Flandrin du *Voyage archéologique en Perse*, construit le palais de la Bourse, et Vaudoyer entreprend la cathédrale de la Major ; cependant leur influence sur l'architecture domestique n'est point sensible. « Enfin Malherbe vint ». Espérandieu bâtit Longchamps, Notre-Dame de la Garde et l'École des beaux-arts. Le succès qu'il obtient engage un certain nombre de riches particuliers à lui confier la restauration d'hôtels anciens et la construction d'hôtels nouveaux. Par lui, l'architecte se classait derechef dans sa véritable fonction occupée jusque-là par les entrepreneurs ; l'éminent artiste forme des élèves fort distingués, entre autres Leitz, qui continuent le mouvement. Mais les entrepreneurs, se voyant à la veille d'une déchéance complète, se remuent avec activité, intriguent habilement, et parviennent à reconquérir de haute lutte leur prédominance ; pour être en mesure de faire concurrence aux architectes, ils ont organisé des cabinets de dessin, dont ils recrutent, comme il vient d'être dit, le personnel parmi les élèves de l'École des beaux-arts, et même dans leurs familles, en ayant soin de faire suivre les cours de la classe d'architecture par leurs enfants. À très peu d'exceptions, les architectes d'aujourd'hui ne tentent rien pour enrayer cette réaction, à laquelle les mœurs nouvelles sont très favorables ; l'aristocratie commerciale et industrielle, en grande majorité cosmopolite, ne fait point bâtir, et se loge économiquement dans les maisons de rapport des quartiers, neufs ou dans les vieux hôtels, qui s'adaptent exactement à ses goûts peu luxueux et à ses habitudes d'économie. Ils n'aident ni encouragent les efforts des industriels d'art; ils semblent même affecter de se tenir en dehors du mouvement de renaissance qu'on cherche un peu partout à provoquer. A l'École des beaux-arts, cependant, on paraît avoir en ce moment la sensation très nette de l'urgence d'un enseignement nouveau, plus positif et plus sévère, pour former une génération nouvelle à l'idéal plus élevé et aux ambitions plus généreuses. Et, même, y formule-t-on déjà hautement des projets de réformes, dont la réalisation, sans doute aucun, ne pourrait que hâter ce mouvement. Il s'agirait notamment, entre autres idées excellentes, de substituer au prix de Paris, dont le mirage fait tant de malheureuses victimes, des bourses de voyages d'études pratiques en France et à l'étranger, qui, en procurant aux lauréats l'occasion et les moyens de travaux extérieurs intéressants, ne les détourneraient point, comme le séjour à l'École nationale des beaux-arts, du métier simple et modeste, tel qu'il ne peut qu'être exercé en province, où l'on n'a guère à bâtir des basiliques, des temples ni des palais. Le promoteur de cette innovation a la bonne fortune de pouvoir s'autoriser, pour la soutenir, de l'opinion d'un maître dont l'œuvre principale est la gloire de Marseille, Vaudoyer, l'architecte de la Major.

Quant à la classe des arts décoratifs que fréquentent avec plus ou moins d'assiduité 58 élèves, les résultats n'en seraient guère plus satisfaisants. Dans une réunion de la Chambre syndicale des arts et des industries du bâtiment, il m'est déclaré nettement par des chefs d'ateliers de marbrerie, de sculpture et de peinture que l'enseignement y est tel qu'au bout de leurs études les élèves en sortent sans savoir avec précision ce qu'est un style, et incapables de faire une composition d'art décoratif originale. On a lu plus haut les doléances d'autres chefs d'industrie, ébénisterie, menuiserie du bâtiment, serrurerie et bijouterie, réclamant unanimement la réforme de l'École des beaux-arts dans le sens d'un enseignement professionnel plus pratique et plus sérieux ou la création d'une école spéciale pour les industries d'art. Je dois ajouter que le mouvement d'opinion publique à cet égard a pénétré jusque dans l'école elle-même. Il semble qu'il suffirait d'une impulsion administrative un peu énergique et décisive pour qu'une réforme radicale puisse être faite immédiatement ; les causes qui s'opposent à sa réalisation n'étant guère que d'ordre sentimental et le fétichisme d'une tradition de préjugés et de théories peu en harmonie avec les mœurs et les besoins actuels des industries. Ici, comme à Toulouse et à Bordeaux, il semble que l'École des beaux-arts doive avant tout être tenue pour une pépinière de futurs prix de Rome et d'artistes parisiens. Dans tous les discours, dans tous les documents qui m'ont été communiqués, comme sources officielles d'informations sur le fonctionnement et les progrès de l'école, il est fait mention en première ligne des peintres et des sculpteurs qui ont été pensionnaires de l'Académie de France, qui ont obtenu des succès aux Salons, qui ont conquis une situation d'honneur et de fortune à Paris. Cet exode en est devenu un objectif même pour les élèves possédant un métier et ne pouvant aspirer à des destinés aussi glorieuses ; il dépeuple, dans cette catégorie, l'école et les industries des sujets, qui, avec une autre direction de leurs études et l'insufflation d'autres ambitions, pourraient leur rendre les plus grands services, et y conquérir une position aussi avantageuse qu'honorable. C'est ainsi que les chefs de deux des plus grands ateliers de lithographie me déclaraient que la plupart de leurs dessinateurs ayant obtenu quelques succès scolaires n'avaient qu'une hâte : aller à Paris, d'où ils étaient obligés de revenir, quelques années après, comme le pigeon de la fable, tirant l'aile et le pied, ayant oublié, dans la spécialisation industrielle où ils avaient été enfermés, le peu qu'ils avaient appris à l'école et n'ayant acquis d'autre expérience que celle d'une épreuve douloureuse, où leurs illusions et leurs enthousiasmes s'étaient brisés pour faire place à un désenchantement pesant constamment sur la vie.

Marseille ne possède point de Musée d'art industriel : l'organisme d'enseignement industriel et artistique qui doit compléter celui de l'école. Longchamps est un Musée de peinture et sculpture et un Musée d'histoire naturelle ; le Musée Borelly est un Musée d'archéologie. Or, tous les patrons, artistes et ouvriers des industries d'art réclament avec insistance ce Musée d'art industriel, le déclarant nécessaire, indispensable ; à tel point que le conseil d'administration du Syndicat général des industries du bâtiment m'informe qu'il se propose d'en créer un petit, au moyen de moulages, dans ses locaux de la Canebière. C'est, en effet, en plein de cœur Marseille, du Marseille animé, vivant, qu'une institution de ce genre doit être installée; car, dans une ville comme celle-ci, la ville Porte de l'Orient, où aboutissent et commencent toutes les grandes routes maritimes du monde, où passent des milliers et des milliers de voyageurs, cette institution doit être autant un musée d'informations commerciales qu'un musée d'enseignement artistique, et avoir le double objectif de faire connaître au public, marseillais et international, qui le visite, les ressources et les richesses industrielles de la ville et même du pays tout entier; ainsi que de renseigner les patrons et les ouvriers sur les conditions pour perfectionner les industries et leur ouvrir des débouchés nouveaux. Les Autrichiens ont compris et organisé de cette façon le Musée oriental et commercial de Vienne; et ce musée, sans avoir les avantages de la situation exceptionnelle de Marseille, au point de vue des relations avec l'Orient, a fourni à l'Autriche les moyens d'en conquérir tous les marchés commerciaux, en nous y supplantant. Tous les produits qui se fabriquent en Orient, de Constantinople à Yokohama, ont dans ce musée la représentation de leurs types principaux; et tout ce qui est importé en Orient des pays d'Occident a là un échantillon analysé à tous les points de vue.

Le Musée oriental de Vienne.

Le Musée oriental est aussi un musée ambulant. La direction a le devoir, imposé par les statuts, d'avoir toujours en circulation la moitié de ses collections. Il suffit à une chambre de commerce, à une municipalité, d'adresser une demande de prêt justifiée, pour qu'il y soit fait droit immédiatement avec la plus grande libéralité; et, réglementairement, les collections sont toujours prêtées pour trois mois. C'est en raison de cette organisation spéciale et sous cette condition que le Gouvernement lui accorde une subvention annuelle de 20,000 francs. Le musée organise périodiquement des expositions artistiques et technologiques dans les grands centres industriels. En 1881, presque toutes les collections de verreries orientales avaient été transportées à Prague pour être montrées aux ouvriers verriers de Bohême. De plus, il est annexé au musée une agence d'informations commerciales pour l'Orient, transmises par ses 300 membres correspondants, banquiers, négociants, industriels, par les 9 chambres de commerce affiliées, et par les fonctionnaires diplomatiques et consulaires de l'empire, avec qui l'institution a le droit de communiquer directement ; informations auxquelles donnent une publicité constante deux journaux mensuels, tirés à un très grand nombre d'exemplaires et vendus très bon marché. (Rapports de missions, 1er volume, p. 18-25.)

La municipalité, ou la chambre de commerce ou une association spéciale, aura-t-elle l'ambition de créer à Marseille une institution analogue au Musée oriental et commercial de Vienne ?

En attendant cette création dont le projet soulèverait immédiatement sans doute les objections de difficultés considérées comme insurmontables : la construction d'un édifice, l'acquisition des collections artistiques, industrielles et commerciales ; ne serait-il pas possible de donner d'ores et déjà aux industriels et aux ouvriers un musée provisoire où ils pourraient trouver, faute de mieux, la réalisation d'une partie de leurs désirs et la satisfaction de quelques-uns de leurs besoins ? Ce musée serait le Musée Borelly transformé.

Actuellement le Musée Borelly, installé à l'extrémité du Prado, au milieu du parc qu'on appelle le Bois de Boulogne marseillais, comprend trois sections : un musée lapidaire, un musée égyptien et un musée provençal. Mais qu'est-il bien exactement ? Quel but spécial d'enseignement ou d'attraction y poursuit-on ? A quels besoins sociaux, intellectuels, scientifiques ou artistiques répond-il ? J'ai posé toutes ces questions à ceux qui par fonctions administratives ou par goûts personnels doivent s'intéresser à lui ; et je n'ai pu obtenir de réponses précises sur aucune de ces questions. Est-ce un musée d'archéologie, comme il en porte le titre ? Le fonds égyptien est composé de la collection que le Dr Clot-Bey, chef des services médicaux des armées de Méhémet-Ali, avait formée pendant plus de trente années de séjour sur la terre des Pharaons. Depuis trente-six ans qu'elle a été achetée, il n'y est pas entré une pierre nouvelle. On n'a donc point voulu en faire un véritable Musée d'égyptologie. Est-ce un Musée d'antiquités provençales ? Depuis bien longtemps, il n'a pas été fait de fouilles ni d'acquisitions pour l'enrichir ; et l'on n'a point jugé nécessaire de compléter l'unique catalogue-livret publié en 1876. D'ailleurs, le crédit spécial d'acquisition avait été supprimé par la municipalité comme inutile, puisqu'on le laissait tomber constamment en annulations de fin d'exercice ; la municipalité l'a rétabli en 1895 sur les instances du nouveau directeur, professeur d'archéologie à la Faculté des lettres d'Aix. Qui le visite ? La semaine, quelques étrangers de passage à Marseille ; le dimanche, des promeneurs, des oisifs et des militaires, ouvriers et petits bourgeois qui y viennent voir... les momies. C'est bien le cas de dire que la municipalité n'en a pas pour son argent : annuellement elle ne dépense pas moins de 12,500 francs pour le Musée Borelly.

Les musées suburbains en Angleterre.

Trois villes, en Angleterre ont des musées analogues comme situation topographique au Musée Borelly : Manchester, Salford et Sheffield ; elles les ont même créés spécialement dans ces conditions d'éloignement des manufactures, au milieu de parcs ou de jardins, conditions qui ont été à Marseille bien plutôt une source de difficultés et un pis aller qu'une bonne fortune permettant la réalisation d'un projet aussi original qu'intéressant. Il a paru utile aux municipalités de ces villes, en fondant leurs musées suburbains, d'offrir aux ouvriers le contraste bienfaisant de la verdure et des fleurs avec la physionomie sombre des usines, et, par le spectacle de collections d'art merveilleusement installées dans des édifices pittoresques, un enchantement de l'esprit après celui des yeux. La préoccupation de les instruire en même temps a inspiré un choix de collections qui s'adressent à toutes les intelligences, préoccupation complétée par celle de faire servir par une technologie intelligente cette instruction au développement des industries locales ; et, comme une trop longue permanence des collections engendrerait fatalement l'abstention par crainte d'ennui, on veille à un renouvellement incessant par des prêts de collectionneurs et de musées, de telle façon qu'il ne puisse se trouver personne, venant respirer dans le parc du musée l'air et la lumière, qui ne soit engagé à y pénétrer par la certitude de voir quelque chose de nouveau et d'imprévu. Aussi les musées suburbains de Manchester, de Salford et de Sheffield sont-ils visités annuellement par 250,000 à 300,000 personnes. (Rapports de missions, 5e volume, pages 170-172.)

Nulle part l'association n'est plus en honneur qu'à Marseille ; l'Annuaire fait mention de plus de 100 sociétés philanthropiques et de bienfaisance, de

114 cercles et sociétés musicales, de sociétés de tir, de gymnastique, de colombophilie, d'agriculture, d'horticulture, de courses de tous genres, d'académies diverses, etc. Cependant, une seule institution fonctionne dans l'ordre d'idées dont il est ici question, avec succès, progressant toujours : le Syndicat des arts et des industries du bâtiment. Depuis trente ans qu'elle existe, les transformations de cette société ont été nombreuses ; et, particularité rare, elles ont toujours eu pour but et conséquence son développement dans le sens artistique. A son origine, elle portait le titre de Société industrielle et artistique de Provence ; et elle comptait 60 membres, dont un seul par corporation industrielle ; on la considérait comme une sorte d'académie, en raison des difficultés qui entouraient le recrutement de ses membres, et du caractère de ses discussions. Après la guerre, au moment où cette forme d'association n'était que tolérée administrativement, la société devenait le Syndicat du commerce, de l'industrie et des beaux-arts. Un progrès sensible se manifeste dans son fonctionnement ; elle ne compte pas moins de 100 membres. Il y a quelques années, le syndicat fusionnait avec une chambre syndicale du bâtiment, et conquérait de ce fait un groupement de plus de 300 adhérents, tous patrons, occupant environ 10,000 ouvriers d'art. Il s'est installé au premier étage d'une maison de la Cannebière, et a créé là une sorte de cercle, où tous ses membres peuvent, dans la journée et le soir, se réunir, causer et traiter de leurs affaires collectives. On y organise des conférences sur les questions relatives au bâtiment. L'ambition du conseil d'administration est d'y annexer prochainement une bibliothèque et un musée de modèles en moulages, pour l'instruction professionnelle et artistique des patrons et des ouvriers. Le budget annuel, qui s'élève à une somme relativement importante, est constitué par les cotisations des membres et par des dons volontaires. L'action de cette association, qui m'a paru dirigée avec une rare énergie et une hauteur de vues et d'ambitions peu commune, est déjà très considérable ; elle lui a créé des relations avec la municipalité, le conseil général, la préfecture et l'administration des chemins de fer, auprès desquels ses démarches et ses délibérations ont une grande influence. Les questions d'enseignement professionnel, d'écoles, de musées, etc., y sont à l'ordre du jour, et ont fait déjà l'objet de projets dont la réalisation immé-

Le Syndicat des arts et des industries du bâtiment.

diate paraît tenir fort au cœur de tous ses membres. Déjà toutes les donations de prix d'encouragement à l'École des beaux-arts, s'élevant à plus de 1,000 fr., proviennent d'industriels faisant partie du syndicat. Dans la réunion organisée pour me recevoir, à la suite d'une discussion où se sont manifestés avec netteté les sentiments les plus expressifs de dévouement, en même temps qu'une notion très précise de la situation actuelle, un vœu unanime a été émis, de la création immédiate, à Marseille, d'une École industrielle et artistique, avec ateliers d'applications, à laquelle le syndicat garantit, pour les industries qu'il représente, un minimum de 500 élèves. Un concours absolu, non seulement moral mais financier, est même offert aux pouvoirs publics, État ou municipalité, qui entreprendront cette création. Une association de ce genre, aussi bien organisée et d'ambitions aussi hautes, est évidemment destinée, en se développant, à jouer un grand rôle, à prendre, par le groupement successif des syndicats divers qui se traînent péniblement sans force ni autorité, la tête du mouvement pour la renaissance des industries artistiques marseillaises. Elle vient à son heure, au moment psychologique où se manifestent la nécessité absolue, l'urgence de sortir de l'apathie et de l'indifférence générales, pour pouvoir lutter contre la concurrence étrangère qui menace toutes ces industries, et pour rendre à Marseille son luxe, son élégance et sa gloire artistique d'autrefois.

NICE.

En 1886, il intervint, entre le Ministère de l'instruction publique et des beaux-arts et la municipalité de Nice, une convention par laquelle l'École municipale de dessin de cette ville était transformée en École nationale d'art décoratif; et, en 1893, un arrêté ministériel réglait les conditions nouvelles d'administration et de fonctionnement de l'institution modifiée dans quelques parties de son organisme. L'école, aux termes de ce document officiel, a pour but de répondre aux exigences des diverses industries d'art de la région, notamment la décoration murale, la céramique, l'ameublement, etc. En conséquence, le programme de son enseignement comprend : 1° une section de dessin et de peinture ; 2° une section de sculpture ; 3° une section d'architecture, et 4° un cours spécial de stéréotomie réservé aux ouvriers et aux apprentis des industries du bâtiment. La situation administrative actuelle de l'école est celle-ci : Le budget s'élève à la somme de 48,800 fr. ainsi constituée : 21,500 fr., contribution de la ville ; 21,500 fr., contribution de l'État ; 4,300 fr., allocation municipale pour le loyer de l'immeuble où est installée l'école ; et allocation de 1,500 fr. pour les bourses et les prix.

L'École nationale d'art décoratif.

Le nombre des élèves inscrits, pendant le premier trimestre de l'année 1896, est de 267 : 178 garçons et 89 jeunes filles. Les élèves garçons appartiennent aux professions suivantes : décorateurs-peintres, 17 ; sculpteurs sur bois, 15 ; serruriers-mécaniciens, 24 ; menuisiers et ébénistes, 13 ; employés, 10 ; viennent ensuite, par unité ou séries de deux ou trois, des ouvriers de toutes les catégories, tapissiers, photographes, zingueurs, lithographes, etc. ; 45 sont élèves du lycée ou d'écoles primaires et 32 n'ont pas de professions. Les cours ont lieu le jour et le soir ; ceux du jour sont suivis par 6 jeunes filles et 32 garçons.

Quels sont les résultats, pour le développement des industries artistiques de Nice et de la région, obtenus à ce jour de l'École nationale d'art décoratif?

Tous les visiteurs de la Côte d'Azur éprouvent la surprise que l'architecture, dans la campagne et dans les villes, soit généralement, d'une banalité, sinon d'une excentricité, navrante. Administrativement, nous en sommes aujourd'hui, à ce point de vue de la préoccupation d'adapter les maisons et les villas au décor naturel, si merveilleux, qui les entoure, au-dessous des idées d'il y a un demi-siècle. Autrefois, dans le comté de Nice, la loi sarde autorisait les municipalités à nommer des commissions chargées de veiller à l'ornementation des places et des rues. Les membres de ces commissions étaient choisis dans le municipe et parmi les artistes; elles avaient les pouvoirs les plus étendus. Aucune construction sur rue ne pouvait être faite sans l'approbation des plans et des projets de façade par ces commissions. La loi française a aboli cette coutume et restreint les pouvoirs édilitaires des municipalités aux questions de voirie et d'alignement. Aussi, se présente-t-il des cas où les municipalités se trouvent dans le plus grand embarras, lorsqu'elles veulent concilier à la fois la loi et le désir de ne point laisser se commettre de trop énormes monstruosités, de nature à déparer une ville ou un quartier. À Nice, tout récemment, le propriétaire d'un terrain à droite de l'église du port voulait faire bâtir une maison qui allait détruire l'harmonie architecturale de la place; la ville dut acquérir le terrain à grands frais et le revendre en imposant l'obligation de construire une maison faisant pendant à l'hôtel Astrando; cette opération coûta 40,000 francs aux finances municipales. Le jardin public élevé sur l'emplacement du lit du Paillon, du casino à la mer, fait sourire avec sa grotte en ciment, ses taillis rabougris et ses pelouses pelées. Aux fêtes du Carnaval, on ne sait ce qui doit être le plus admiré de l'impassibilité des comités qui organisent ou de l'ingénuité du public qui accepte des décorations et des cortèges, sans originalité et sans fantaisie.

Une loi sarde sur l'édilité.

Les causes de cette situation précaire des industries artistiques locales doivent être étudiées avec précision pour proposer des réformes qui puissent la faire disparaître.

Les industries d'art.

La décoration est la principale des industries niçoises. Les fêtes publiques, courses, batailles de fleurs, carnavals, etc., y puisent leurs éléments essentiels d'attraction. Dans les villas, elle est la réalité ou l'illusion du pittoresque, de l'élégance et de l'originalité. Les casinos, les cafés, les hôtels en font un emploi constant par les perspectives et les paysages des sites célèbres de la Côte d'Azur. Un architecte ingénieux a eu l'idée d'importer les graffitti et en a obtenu un grand succès; un autre donne au stuc et au carton-pâte la préférence, adoptée par une nombreuse clientèle; et, partout règne la toile peinte, aux couleurs claires, aux dessins naturalistes, qui se prête avec la meilleure grâce du monde à tous les caprices et à toutes les fantaisies. Actuellement, on bâtit en quantité, dans la région des villas et des hôtels d'un très grand luxe, où la décoration à 10 fr. le mètre carré n'a point de place, et qui réclament des œuvres d'art que des artistes seuls peuvent exécuter. L'Annuaire du département n'enregistre pas moins de 300 peintres, dont la moitié trouve à Nice un travail régulier. Or, les architectes et les clients commencent à être las et embarrassés des Italiens — la majorité dans la corporation, — qui sans doute travaillent rapidement et à bon marché, mais qui n'ont ni goût, ni imagination, et répètent partout les mêmes plafonds et panneaux, avec les mêmes rinceaux, figurines et bouquets de fleurs, tirés des fresques d'Herculanum et de Pompeï. On devait donc rêver de créer, à Nice, une grande école de décoration, en mesure de substituer définitivement et avec rapidité l'art français à l'art italien. C'est dans ce but qu'il y a une dizaine d'années, l'ancienne École municipale de dessin a été transformée en école nationale. Malheureusement, la modicité des ressources financières n'a pas permis de réaliser encore les projets d'organisation et d'installation. L'école est logée dans un bâtiment privé, en location, où n'ont pu être disposés les ateliers de peinture décorative nécessaires; il n'y a pas de cours pour l'étude de la plante et de la fleur vivantes. Et aux difficultés d'ordre matériel est venue s'en adjoindre une autre qui fait obstacle au développement de l'institution: l'indifférence sinon l'hostilité des architectes, des entrepreneurs pour une école dont ils devraient être les protecteurs dévoués.

Évidemment, les résultats actuels obtenus dans cette branche des industries locales, d'après les documents officiels qui me sont communiqués — deux anciens élèves devenus, l'un entrepreneur de peinture en bâtiments, l'autre ouvrier décorateur, — ne répondent point aux sacrifices faits par la municipalité et par l'État.

La céramique de Vallauris. Jean Raynaud et George Sand.

Dans la région de Nice, il y a un centre de céramique, Vallauris, qui ne compte pas moins de 46 fabriques, dont 3 faïenceries d'art, et, en poteries culinaires seules, produit annuellement pour plus de deux millions de francs. Une dynastie de potiers, qui en est à la troisième génération, a créé une faïence spéciale qui constitue un type très caractéristique et jouit d'une très grande vogue en Provence. Cette faïence est née d'une fantaisie de poètes et d'artistes : témoignage indiscutable que les conditions économiques d'une industrie sont toujours subordonnées aux circonstances d'impulsion et de protection d'esprits hardis et originaux. Jean Raynaud, le doux philosophe de « Terre et Ciel », étant venu s'installer à Vallauris, y fit construire une maison. Un jour, il montra à deux potiers, qui continuaient la tradition technique des Génois émigrés sur ce coin de France au xve siècle, quelques fragments de moulages du Louvre et des Tuileries, et lui demanda de les reproduire en terre cuite pour décorer son logis. L'innovation eut un grand succès dans le pays ; et c'est ainsi qu'on peut voir, sur un certain nombre de villas anciennes de Vallauris et du golfe Juan, des frises, des métopes et des corniches d'une rare beauté, qui surprennent et enchantent les promeneurs. Le potier prit goût à ces travaux d'un caractère plus artistique que sa vaisselle. Il s'essaya à fabriquer des balustres, des ornements, et puis des vases d'après des lithographies. Un peu plus tard, George Sand et son gendre, le sculpteur Clesinger, en villégiature chez Jean Raynaud, s'intéressèrent à ces essais ; Clesinger fit lui-même les maquettes de quelques pièces et donna au potier ses premières leçons de modelage et de dessin. Cet incident fut connu de la colonie anglaise de Cannes ; il devint à la mode d'aller en promenade visiter le protégé de George Sand. Des amateurs trouvèrent à leur goût les fantaisies rustiques de Vallauris, et apportèrent des modèles, des dessins à exécuter. Peu à peu, la fabrication nouvelle prit une certaine importance, à côté de celle des matériaux de décoration du bâtiment à laquelle le développement rapide de Cannes avait donné une rapide extension. La terre de Vallauris était impropre pour la faïence fine ; on en fit venir de Vidauban, de Savone et autres lieux. Le vieux potier mit son fils aîné au tour et forma parmi les paysans qui faisaient des pots et des briques un personnel qui ne tarda pas à acquérir une grande habileté ; et il s'instruisit lui-même par les livres de tout ce qui concernait son nouveau métier. Aujourd'hui, ses petits-fils font tous de la faïence de Vallauris ou du golfe Juan et ont constitué trois maisons. L'industrie artistique occupe un millier d'ouvriers : 300 tourneurs, 300 engobeurs, 3? modeleurs, 20? peintres, 12 émailleurs ; le reste sont des manœuvres[1]. La majeure partie est de nationalité italienne. L'organisation technique des ateliers est restée fort rudimentaire ; l'on y procède, dans les recherches et les travaux délicats et difficiles, bien plus empiriquement que par des méthodes précises. Deux des chefs de maisons m'avouent très loyalement n'avoir jamais appris du métier que le tournassage, — dans lequel l'un d'eux, passé maître, est admiré par tous les ouvriers de la région, — et ne rien savoir pratiquement de la peinture, de la sculpture, ni du dessin. Le troisième déclarait, devant la Commission d'enquête de 1883, s'être formé lui-même, avoir appris seul à dessiner, « grâce aux dispositions naturelles de notre race ». Leur personnel artistique — modeleurs et peintres — n'est pas dans des conditions différentes ; encore aujourd'hui, les apprentis ne reçoivent aucune notion de dessin. Dans la création des modèles, on procède généralement par une intuition, vraiment extraordinaire, de formes et de couleurs, qui a été développée par une longue pratique de ce procédé primitif, et par une compilation assez intelligente de types et de modèles, pris çà et là dans des albums et des recueils. Parfois, il passe dans le pays quelque artiste nomade, italien le plus souvent ; on l'emploie ; et, pendant le temps qu'il travaille dans la manufacture, il fait trois ou quatre modèles nouveaux. Les fabricants ont eu aussi la bonne fortune que des peintres et des sculpteurs parisiens, en villégiature dans la région, se sont intéressés à leurs travaux, leur ont donné des conseils et des idées ; l'un de ces peintres, pendant un assez long temps, s'est occupé spécialement de la faïence à reflets métalliques, et y a appliqué avec succès

[1] Au dernier moment, je reçois de la municipalité de Vallauris, sur ma demande, une statistique officielle qui ne concorde point avec ces chiffres, que les fabricants de faïences artistiques m'ont eux-mêmes fournis. D'après cette statistique, l'industrie de la céramique tout entière occupe 536 ouvriers et 240 ouvrières (dont 345 de nationalité étrangère). 193 ouvriers (98 ouvriers français, 95 étrangers) et 13 ouvrières seulement sont employés dans les faïenceries d'art.

des effets et des motifs nouveaux de décoration. Un sculpteur de grand talent a le projet d'utiliser, pour des hauts et bas-reliefs, un procédé nouveau, qui consiste à donner à cette faïence une précision absolue de teintes et de nuances. Mais il y a unanimité d'opinions sur la question de l'urgence de créer pour cette importante population ouvrière un enseignement d'art qui élèvera la production courante et la fera sortir des vieux types, des imitations d'œuvres d'autres manufactures, et de ces inventions naturalistes aussi peu décoratives qu'étranges, dans lesquelles elle se complaît par esprit de routine, au grand détriment de sa réputation.

On trouve encore dans la région, à Saint-André, à Montboron, à Monaco, à Menton, quelques fabriques de céramique qui essayent de vivre, en imitant le genre de Vallauris ou en faisant de la faïence italienne rustique.

D'autre part, on a mis à la mode pendant un certain temps l'emploi, dans les villas, comme éléments pittoresques de décoration, d'immenses vases en cru, peints très largement, à grands effets, à la détrempe, à l'aquarelle, à la cire; alors, les peintres italiens se sont emparés tout de suite de cette originale idée et ont produit de telles horreurs qu'elle est à la veille d'être abandonnée par les gens de goût.

La céramique à l'École d'art décoratif.

L'École nationale d'art décoratif a donc un grand rôle à jouer dans l'industrie de la céramique; le métier peut offrir aux jeunes gens que l'école formerait pour devenir des tourneurs, des modeleurs et des peintres, la perspective de salaires qu'on ne trouve pas ailleurs: 2 et 3 fr. par jour pendant l'apprentissage; des semaines de 100 et 120 fr., l'apprentissage terminé et un peu d'habileté conquise. Le programme, en effet, comprend des cours de dessin, de décoration et de modelage qui peuvent s'appliquer à cette industrie; on a même installé dans une salle un tour à potier; en outre, la section des jeunes filles est pourvue d'une classe spéciale de peinture sur céramique. Mais cet enseignement n'a pas donné ce que l'administration en attendait. L'école ne paraît avoir eu jusqu'ici aucune influence sur la production des ateliers de Nice et de Vallauris. Si l'on doit regretter que son administration se soit abstenue de faire une propagande très active auprès des industriels pour leur signaler les élèves et les travaux qui pourraient leur être utiles, il y a lieu d'être plus étonné encore de constater l'insouciance, vraiment stupéfiante, de ces industriels à venir s'enquérir eux-mêmes des services que l'institution serait en mesure de leur rendre. Il n'y a aucunes relations de renseignements, de conseils et d'encouragements mutuels, entre l'école et l'industrie : elles semblent s'ignorer.

Nice a une industrie spéciale de la mosaïque de bois de couleurs qui occupe un assez grand nombre d'ouvriers exclusivement italiens. La production en est du goût le plus déplorable et d'une monotonie désespérante de motifs et de physionomies ; tout cela est fabriqué par les procédés les plus empiriques et les plus routiniers de technique et de composition. L'école n'ambitionnera-t-elle point de transformer cette industrie, de la développer, et de créer par là un débouché relativement important pour ses élèves, par la création d'un atelier spécial d' « intarsiatori » ?

Une autre industrie régionale, que l'accroissement de la population hivernale et le développement du luxe de la colonie étrangère rendent de plus en plus importante, est l'industrie de la fleur. Or — la déclaration en est peut-être bien peu galante et soulèvera sans doute des protestations, — les fleuristes de Nice, de Cannes, de Monte-Carlo, etc., ne savent pas faire les bouquets. Quel contraste entre les éventaires de leurs boutiques et les devantures des magasins parisiens ! Autant il y a ici de grâce, d'originalité, de pittoresque et de poésie, autant là on déplore l'absence d'harmonie et de fantaisie. Si le goût inné, l'intuition de l'élégance et de la distinction donnent aux artistes parisiennes, à défaut d'une instruction spéciale, cette habileté de fée qui convertit tout ce qui sort de leurs doigts en une merveille, en un enchantement ; on peut fournir aux autres les moyens de suppléer, dans une grande mesure, à ces dons naturels par la connaissance raisonnée des lois essentielles de la composition et du coloris. Un cours de fabrication de bouquets serait plus utile pour les jeunes filles que celui de la peinture sur éventails ou sur porcelaines. Et, dans un ordre d'idées peu différentes, l'innovation d'un cours analogue pour les modistes ne rendrait assurément pas moins de services à la population féminine, après avoir sans doute provoqué pendant quelque temps, l'un comme l'autre, les sourires des gens graves qui n'ont de respect et d'admiration que pour les programmes classiques autant que surannés.

École idéale.

L'École nationale d'art décoratif de Nice occupe-t-elle dans la ville et dans la région la situation sociale et officielle, rêvée pour elle quand on l'a créée? A-t-elle eu jusqu'ici dans les industries la direction du goût, de l'originalité, de l'élégance, qu'impliquent son titre et son programme? On peut hésiter à répondre affirmativement. Or, cette institution, dans l'idéal de sa conception, logique et facilement réalisable, devrait être le centre d'action de tout ce qui, de loin ou de près, touche à l'art. Cet idéal se résumerait ainsi :

Au lieu d'être installée provisoirement dans un immeuble privé, sans caractère d'établissement public, l'école habite un édifice, vaste, superbe. De grands ateliers y permettent les applications pratiques de l'enseignement théorique aux industries d'art de la région : la peinture décorative, la sculpture ornementale, la céramique, la mosaïque de bois, etc. Il y est annexé des salles d'expositions permanentes qui montrent au public les spécimens des travaux scolaires, ainsi qu'un musée et une bibliothèque d'enseignement technique et artistique, où les élèves viennent étudier et se distraire. L'administration de l'institution est confiée à un homme de grand goût, de haute éducation artistique, dont la mission exclusive est d'entretenir des relations constantes avec les artistes, les architectes, les industriels et les habitants; de connaître toutes les entreprises d'architecture, de décoration, qui sont en projet ou en cours d'exécution, afin d'y faire participer l'école, sous forme de conseils, de renseignements et de collaboration des anciens élèves ou de matériaux d'études et d'observations sur place pour les écoliers dans chaque section, et pour les tenir au courant de la production actuelle. Il rend visite aux personnages de distinction, en villégiature ou de passage; et les intéresse à l'école pour qu'ils l'honorent d'une visite des ateliers et des salles d'exposition. La reine d'Angleterre, l'impératrice d'Autriche, l'impératrice douairière de Russie, le roi des Belges, le tzarewitch, etc., viennent-ils, comme cette année, se reposer sur la Côte d'Azur, l'école est la première institution officielle qui leur présente, sous forme de créations de ses élèves, un témoignage de bienvenue. Dans toutes les fêtes publiques, réceptions officielles, spectacles de gala, corsos, batailles de fleurs, etc., la coopération de l'école est de principe consacrée pour la préparation des dessins et des maquettes de tout ce qui est décoration artistique.

Le directeur et les professeurs des sections de peinture, d'architecture et de sculpture font de droit partie de toutes les commissions départementales et municipales qui s'occupent des questions d'art.

Cet idéal d'École d'art décoratif n'est point une utopie d'écrivain ; il a été réalisé dans presque tous les autres pays d'Europe, en Belgique, en Angleterre, en Allemagne, en Russie, etc., où les institutions de ce genre, honorées, protégées et encouragées par tout le monde, avec dévouement, tendresse et fierté, vivant d'une vie intense, expansive et féconde, tenues en haute considération, populaires même, pour leur influence indiscutée, et pour les services rendus aux ouvriers, sont le foyer permanent de toute l'activité industrielle et artistique de la ville et de la région.

NIMES.

La décadence d'une ville d'art industriel.

La ville de Nîmes est un des exemples les plus éloquents de la décadence rapide et irrémédiable qui se produit dans les industries d'art, lorsque celles-ci sont devenues, par la maladie de la volonté de ceux qui les dirigent, par l'incurie des administrations, impuissantes à s'adapter aux conditions nouvelles que leur créent les révolutions économiques et sociales des siècles, à suivre le mouvement des idées artistiques, à transformer l'outillage suivant les progrès de la science, à faire du commerce nouveau. « Des marchands lombards et toscans, a écrit M. Natalis Rondot dans son Histoire de l'industrie de la soie en France, s'étaient établis à Nîmes, dans les dernières années du XIIIe siècle; ils avaient quitté cette ville en 1441. Il paraît que le tissage y fut apporté d'Avignon. Ce qui est certain, c'est que Louis XII fonda à Nîmes une manufacture de draps de soie par lettres patentes de juillet 1498. La ville était alors appauvrie et déserte; ce travail contribua à son relèvement. L'ouvraison de la soie et la fabrication des soieries devinrent même bientôt des industries florissantes. Les étoffes brochées ou façonnées, mélangées d'or ou d'argent fin ou faux, pour les pays du Levant et des Indes, furent en renom. On faisait dans le Languedoc, à la fin du XVIIe siècle, des taffetas, du tabis, des ferrandines, des damas, des brocards, des burats de laine et de soie. » Le tissage de la soie a décru constamment. En 1820, on ne comptait plus que 10,000 métiers, ce qui était encore un beau chiffre.

La fabrique nîmoise.

En 1881, il n'y en avait qu'un millier travaillant par intermittence; et la fabrique ne produisait que pour un million et demi de francs en tissus de soie mélangée. Aujourd'hui, 150 métiers environ battent régulièrement.

L'industrie des tapis était autrefois très florissante et donnait lieu à un chiffre d'affaires considérable. Il y a quinze ans, la production dépassait 4 millions de francs; en 1883, elle n'était plus que de 1,200,000 fr. A cette date, un délégué de la Chambre de commerce de Nîmes, fabricant de tapis, déposait ainsi devant la Commission d'enquête sur les ouvriers et les industries d'art :

« Le marché français a été considérablement diminué à la suite des traités de commerce de 1861, la concurrence anglaise ayant absorbé une large part de la consommation intérieure. Maintenant, depuis six mois ou un an, c'est l'Allemagne qui arrive avec des tapis d'un prix extrêmement bas et qui ne paraissent pas trop mal faits. Avec cela, nous avons à soutenir la concurrence avec les autres places françaises, Amiens, Beauvais, Aubusson, etc., dont les produits, autrefois inférieurs aux nôtres, au point de vue des dessins et du coloris, arrivent aujourd'hui presque au même niveau.

« D'un autre côté, la mode, je dois le reconnaître, s'est détachée un peu des articles que l'on fabrique à Nîmes. Le tapis haute laine qui réunit une grande quantité de nuances est délaissé : on lui préfère des tapis d'une coloration plus sobre, tels que la moquette et les tapis d'Orient. Voilà pour le marché français.

« Quant au marché des États-Unis, sur lequel s'écoulait une grande partie des tapis de Nîmes, il est aujourd'hui perdu pour nous. Les Américains sont venus chez nous prendre des dessinateurs et des teinturiers et se sont mis à fabriquer : bien mieux, ils nous envoient des machines pour fabriquer nous-mêmes. Comme leurs droits d'entrée sur nos marchandises atteignent, avec le fret, 60 ou 70 p. 100 de la valeur, il s'ensuit que nous ne pouvons plus rien exporter dans ce pays.

« Je le répète donc, Messieurs, l'industrie du tapis à Nîmes se trouve dans une situation très mauvaise et dont il lui sera bien difficile de se relever. »

Cette situation n'a fait qu'empirer. Depuis treize ans, les ateliers se ferment les uns après les autres. Le tapis nîmois, m'assure-t-on, ne se produit plus que pour le commerce de solde et de colportage. Toutes les industries complémentaires ou préliminaires du tissage disparaissent. Les imprimeurs, qui étaient fort nombreux, ont émigré en Alsace ; les teinturiers et les apprêteurs sont partis pour Saint-Étienne et pour Lyon.

Au XVIIIe siècle, Nîmes possédait près de 10,000 métiers de bonneterie de soie, et importait en Espagne seule jusqu'à 25,000 douzaines de paires de bas. Quand les Anglais se mirent à faire de la bonneterie, Roland de la

Plâtrière, alors inspecteur général des manufactures, donna le conseil public de les imiter dans leur fabrication médiocre et à bon marché; Nîmes suivit ce conseil néfaste, abandonna pour la pacotille sa belle fabrication : c'était lâcher la proie pour l'ombre. Aujourd'hui, Troyes a tué Nîmes. On ne fait plus de bas de soie qu'à Ganges et dans deux ou trois petites localités de la région.

Jadis, Nîmes était réputé pour ses souliers de femmes, dont on vantait partout le cachet de goût et d'élégance; à l'heure présente, la qualification « soulier de Nîmes » est tombée en proverbe pour désigner le type de malfaçon et à bas prix; d'ailleurs, on n'y fait plus guère que le soulier d'enfant, « le fafiot »; dans le rapport officiel de l'Exposition universelle de 1889, Nîmes ne figure même pas au nombre des plus petits centres français de chaussure.

La fonte de Nîmes avait un grand renom; toutes les usines se sont fermées les unes après les autres, impuissantes à lutter contre les perfectionnements apportés à la métallurgie dans les autres pays de production.

Pour les autres industries, moins importantes, les industries que j'appellerai domestiques, visant exclusivement la consommation locale ou régionale, l'évolution n'a pas été différente. Autrefois, dans la première partie du siècle même, l'ébénisterie, la ferronnerie, la bijouterie et l'imprimerie ont été fort brillantes; on a construit à Nîmes de très belles maisons et des hôtels particuliers luxueux. Tout cela a disparu, par suite des transformations sociales. L'ancienne aristocratie a perdu sa grande fortune terrienne, et n'a pas su la refaire par l'industrie; elle a laissé tomber, non plus même en quenouille, toutes les traditions de luxe, d'élégance et de distinction; elle ne fait plus bâtir et restaure à peine ses hôtels et ses châteaux; elle vit effacée, terrée, sans action ni influence sur le mouvement contemporain. La grande bourgeoisie a été fort touchée par les crises viticoles et commerciales; elle économise, et n'a plus d'autre ambition que de pousser ses fils dans les carrières administratives par crainte de l'avenir. Seule, la génération nouvelle, ayant gagné de l'argent dans la reconstitution des vignobles, se remue et entreprend de vivre. Elle a créé de nouveaux quartiers; elle a le goût de la dépense; mais elle entend peu à l'art et témoigne d'un snobisme irréductible pour tout ce qui, en produits industriels et œuvres artistiques, vient de Paris et de l'étranger.

Et l'on n'a rien fait pour empêcher la chute de toutes ces industries; personne ne s'en est jamais préoccupé : ni la municipalité, ni la Chambre de commerce, ni le conseil général, ni l'État. Je n'ai trouvé trace de résistance contre la mauvaise fortune, de tentatives de résurrection, que parmi les industriels de l'ameublement, qui se voyant abandonnés ont, avec résolution et énergie, mis en pratique l'axiome : « Aide-toi, le ciel t'aidera. » Ces survivants des catastrophes — une demi-douzaine tout au plus — ont reconnu qu'ils n'avaient plus qu'à lutter contre leurs concurrents de Lyon, du Nord, d'Allemagne, d'Amérique et d'Angleterre, par une recherche incessante d'originalité, de fantaisie et de haut goût, par une production excellente comme matières premières et main-d'œuvre. Roubaix imite Lyon, en vendant meilleur marché; les commissionnaires de ces deux villes ne trouvent plus d'intérêt à faire des affaires avec Nîmes qui ne peut pas présenter, disent-ils, assez de modèles nouveaux. Elberfeld et Crefeld pillent tous les modèles français et vendent leurs contrefaçons, mauvaises il est vrai, à des prix invraisemblablement bas. Alors, les Nîmois, abandonnant les éternelles copies des œuvres des XVIIe et XVIIIe siècles, demandent des modèles à des artistes contemporains de haute valeur; le Salon du Champ de Mars de cette année contenait des spécimens fort intéressants de ces innovations. L'organisation industrielle et commerciale a été radicalement réformée; on en revient résolument au système fécond du passé : un chef de fabrication, actif, intelligent, chercheur d'idées nouvelles; un chef de commerce, entreprenant, hardi, voyageur infatigable, en relations directes et constantes avec la clientèle. Mais ces industriels me déclarent que les institutions actuelles de la ville ne leur assurent pas le recrutement des collaborateurs dont ils ont besoin. Déjà, en 1883, leur délégué devant la Commission d'enquête faisait cette déclaration très nette :

« ..... Cette belle industrie se trouve entravée dans son développement par le manque d'ouvriers habiles et de contremaîtres instruits. Nous nous trouvons, en effet, pour le recrutement de notre personnel, dans la situation de toutes les industries en France. L'instruction générale de la classe ouvrière est insuffisante, l'instruction technique professionnelle l'est encore davantage.

« Autrefois, l'industrie était organisée à Nîmes comme à Lyon : les ouvriers travaillaient chez eux. Ayant l'entière direction de leurs métiers, ils en connaissaient à fond le mécanisme et étaient prêts à faire tous les genres de tissus. Aujourd'hui, le travail, concentré dans les grands ateliers, se substitue de plus en plus au travail à domicile ; l'ouvrier tisse, mais c'est le contremaître qui règle le métier, qui en surveille le bon fonctionnement. L'ouvrier a donc personnellement une valeur professionnelle moindre qu'autrefois ; et comme, forcément, c'est parmi les ouvriers que nous recrutons nos contremaîtres, les bons contremaîtres nous font également défaut. »

L'École de fabrication de tissus d'art et de dessin industriel et décoratif.

Et le délégué réclamait surtout avec insistance la création d'une école de tissage. Cette école a été créée par la municipalité sous le titre d'École de fabrication de tissus d'art et de dessin industriel et décoratif. Comme son titre l'indique, elle comprend deux sections : le tissage et le dessin. Dans la première, on compte 8 élèves inscrits ; dans la seconde, 19. Le budget annuel est de 6,300 fr. ainsi répartis : traitement de deux professeurs, 5,600 fr. ; achat de matières premières, 450 fr. et prix, 250 fr. Autrefois, l'État accordait une subvention de 2,000 fr. ; elle a été supprimée depuis deux ans. Il semble, par son organisation et son fonctionnement, que cette école n'a été créée, qu'elle n'est maintenue que dans le but de donner une apparence de satisfaction aux industriels ; je n'ai trouvé personne qui ne la tienne pour absolument illusoire et inutile, en considération de l'enseignement qu'on y reçoit et des résultats qu'elle produit. Les élèves de la section de tissage sont : 1 ouvrier tisseur en chambre, 2 ouvriers tisseurs d'usine, 1 monteur de métier, 1 apprenti employé ; 2 commis de fabrique, 1 livreur, 1 dessinateur et 1 propriétaire amateur. Les cours ont lieu de midi à deux heures. L'outillage comprend 4 métiers à la main ; 2 sont abandonnés, l'école n'ayant pas assez d'argent pour acheter les matières premières nécessaires au montage ; les deux autres fonctionnent par intermittence pour faire des économies. Quant à la deuxième section, sur les 19 élèves inscrits, 10 suivent les cours, et parmi ceux-ci il n'y en a que deux qui se destinent à la fabrique. L'année dernière, un atelier de tapis fournissait quelques élèves ; il vient d'être fermé et son personnel a quitté Nîmes. Les autres se recrutent parmi les élèves de l'École des beaux-arts qui sont libres le jour et peuvent ainsi se donner l'agrément de faire de la peinture et de l'aquarelle, dans un atelier gratuit, l'École des beaux-arts n'ayant que des cours du soir. L'enseignement n'y est rien moins que pratique et moderne. Sous l'influence d'un nouveau professeur, étranger à l'industrie, peu à peu, du dessin de fabrique et de la mise en carte qui en constituaient les éléments exclusifs au début, il a dérivé vers la décoration générale, de pure fantaisie, sans applications industrielles spéciales; tout s'y fait d'après l'estampe et la chromolithographie; les peintres en bâtiment apprennent l'antique, mais non les imitations de marbre et de bois; les dessinateurs pour tissus étudient la fleur sur des morceaux de papiers peints. Cet enseignement a pour résultat immédiat de détourner les élèves des carrières industrielles, de leur donner l'ambition d'aller à Paris pour y faire du grand art. La situation actuelle, il est vrai, n'est guère favorable à l'extension de l'enseignement pour les tissus. Autrefois, les dessinateurs, les metteurs en carte les plus renommés dans les centres de tissage étaient tous, paraît-il, d'origine nîmoise; l'on achetait à Nîmes des dessins pour Lyon, pour Tourcoing, pour Roubaix, etc. Aujourd'hui, de nombreux dessinateurs ne trouveraient pas à gagner leur vie; dans tous les ateliers il n'y en a pas plus de 12. Le directeur de l'école n'ose ni se plaindre n'y réclamer. « Je fais prudemment le mort, me disait-il tristement; aussitôt que pour une raison quelconque il est question de notre pauvre école, on parle de la supprimer. » Ne ferait-on pas mieux? Les industriels en sont arrivés à se désintéresser complètement de cette institution; et pourtant ils sont unanimes à déclarer que, bien organisée, elle pourrait être fort utile, en formant des contremaîtres pour les ateliers, en développant le goût du métier et certaines notions du coloris chez les ouvriers. La transformation en usine de l'atelier familial a changé les conditions industrielles du travail. Du tisseur nîmois d'autrefois, qui ressemblait beaucoup au canut lyonnais, ingénieux, actif, passionné pour son métier, elle a fait un simple barreur, qui travaille mercenairement sous la direction d'un contremaître chargé de résoudre toutes les difficultés techniques, et pour qui la perte de l'indépendance, de l'initiative est suffisamment compensée par plus de loisirs pour se livrer à ses plaisirs. On ne fait plus d'apprentis. Les fabricants regrettent vivement que cette école ait perdu le caractère qu'elle a eu, un assez long temps, sous une précédente direction, celui d'une sorte de conservatoire du tissage, le directeur étant un homme fort versé dans la mécanique, à l'imagination féconde en inventions d'une réelle valeur industrielle.

L'École municipale des beaux-arts.

Nîmes possède une École municipale des beaux-arts. Jusqu'en 1895, l'enseignement y était exclusivement classique; à cette date, on a annexé aux deux cours supérieurs de dessin un cours d'art décoratif. Ce cours n'a aucun but professionnel; en raison du peu de temps qu'il fonctionne, il ne m'est pas possible d'en apprécier les résultats pour les industries locales. Les cours de dessin pour jeunes filles sont assez suivis en vue des concours pour les écoles normales et les lycées; on leur enseigne aussi quelques arts d'agrément : la peinture sur porcelaine, sur éventail, etc.; mais il n'a rien été tenté en vue d'utiliser, dans l'industrie, des aptitudes très développées pour l'art. Or, m'assurent quelques industriels, la femme pourrait trouver un débouché relativement lucratif dans la composition des dessins et dans la mise en cartes pour les tissus d'ameublements. On a voulu créer des cours du soir pour les adultes; l'entreprise a échoué : il ne s'est pas présenté d'élèves. On m'indique à cette abstention des causes sociales : à l'étude l'ouvrier préfère le cabaret, le cercle, la chambrée, le jeu et les femmes. Sans passion pour le travail, sans ambitions aussi, il se laisse vivre indolemment, sous le soleil, très heureux. Tout cela est assez vraisemblable. Cependant je crois que si l'on n'a pas réussi, c'est parce qu'on s'y est mal pris. S'est-on préoccupé d'une propagande active et incessante par voies d'affiches, de circulaires, de publicité dans les journaux? Directeur et professeurs se sont-ils faits eux-mêmes les apôtres persuasifs de cette création? Il me paraît qu'il n'a été rien tenté dans ce sens. « Voilà pourquoi votre fille est muette. »

L'École pratique d'industrie.

Une institution voisine, l'École pratique d'industrie, fournira la démonstration éloquente de la puissance de la volonté et de l'énergie dans la poursuite d'un but positif et précis. Le Ministère de l'instruction publique avait fondé une École primaire supérieure, qui passa, peu de temps après, dans les attributions du ministère du commerce et de l'industrie. Cette école ne donnait aucun résultat. Fort loyalement, loin de dissimuler la situation, son directeur n'hésita pas à la signaler, en exposant les causes de l'insuccès; il proposa de réformer l'institution sur les bases d'un enseignement de préparation à l'apprentissage. Nîmes possédait une association protestante pour la protection et l'instruction des apprentis; cette association ne prospérait point, malgré le dévouement de ses membres et les ressources dont elle disposait. Il parut au directeur de l'École primaire supérieure que cette mission sociale pouvait être opportunément reprise; le comité de l'association deviendrait le conseil de perfectionnement de l'école, et affecterait à des subventions libres, à des encouragements les sommes dont il disposait. Le conseil municipal approuva l'idée; et, en 1892, il intervenait entre la ville de Nîmes et le Ministère du commerce et de l'industrie une convention pour la transformation de l'École primaire supérieure en École pratique d'industrie. Un bâtiment spécial était construit et l'institution nouvelle était dotée d'un budget annuel de 65,000 fr., sur lesquels environ 25,000 fr. sont fournis par l'État. L'enseignement professionnel de l'école est essentiellement pratique, applique constamment l'instruction au métier choisi par l'élève, les maîtres s'efforçant d'en écarter tout ce qui pourrait lui être un motif de regret ou de changement. En outre, la direction a la préoccupation très nette de faire servir l'école au développement des industries locales, anciennes et nouvelles; c'est ainsi qu'au programme général des industries du fer et du bois, elle s'est empressée ou se propose d'adjoindre, au fur et à mesure de la manifestation des besoins, un cours de lithographie, un cours de stéréotomie, un cours de coupe pour tailleurs. Le tableau suivant, dressé spécialement en vue de mon enquête, fournit la preuve de la valeur de cet enseignement pratique:

ÉLÈVES AYANT QUITTÉ L'ÉCOLE À LA FIN DE 1893, 1894, 1895, APRÈS AVOIR ACHEVÉ LEURS TROIS ANNÉES D'ÉTUDES.

Industrie : 68.

Élèves entrés comme ouvriers dans l'industrie pour laquelle ils ont été préparés	47
Dans l'industrie du bâtiment	3
A reporter	50

Report	50
Au lycée ou dans des écoles non industrielles	3
Dans l'agriculture	4
Employés de bureau dans l'industrie ou le commerce	4
Dessinateur	1
Agents voyers	2
Entrés dans leurs familles sans destination spéciale	3
Décédé	1
Total	68

La Bourse du travail de Nîmes a décidé, à l'exemple de celles de Marseille, de Saint-Étienne, de Nantes et de Toulouse, de créer des cours professionnels du soir pour tous les ouvriers ; cette institution nouvelle présente une particularité fort originale, qui va être l'argument le plus précieux pour la réalisation de la réforme proposée dans l'organisation de l'enseignement par les Bourses du travail. Avec un grand libéralisme d'idées, son conseil a demandé à l'École pratique d'industrie de lui fournir la direction, le personnel professionnel et les programmes de ses cours; le Ministère du commerce et de l'industrie a autorisé l'école à accepter la proposition. Il sera intéressant de suivre cette expérience, qui, sans doute aucun, réussira, et d'où peut sortir une évolution sociale.

Nîmes ne possède aucun musée industriel ; le Musée de peinture ne contient pas la moindre trace des industries artistiques locales, anciennes ou modernes. Il y a, parmi les manufacturiers, unanimité de regrets, pour ne pas dire de remords, de cette lacune, fort préjudiciable à leurs intérêts; les nombreux touristes français et étrangers, qui viennent à Nîmes pour y voir les antiquités, visiteraient un musée de ce genre. Les chefs d'ateliers, les dessinateurs et les ouvriers trouveraient, en outre, un grand profit à la communication, dans ce musée, de beaux modèles des Gobelins, de Beauvais, de la Savonnerie et de l'Orient ; ainsi que de documents sur l'évolution industrielle et artistique des fabriques concurrentes, françaises et étrangères.

Il n'y aurait pas moins d'unanimité, non seulement parmi les industriels, mais dans la population, à approuver et à entreprendre la fondation d'une

Association d'art et d'industrie, qui organiserait des expositions périodiques d'œuvres d'art, qui encouragerait les artistes et les ouvriers, qui stimulerait les initiatives, les amours-propres et les ambitions; et, par la mise en commun d'idées nouvelles, battrait en brèche les mœurs et les habitudes actuelles, si contraires à la prospérité artistique et industrielle de la ville et de la région.

TOULOUSE.

C'est la ville des artistes et des poètes, la ville qui revendique fièrement la gloire du titre et de la fonction d'Athènes du Midi. Une lointaine et ininterrompue tradition de haute influence politique et sociale sur toute la région pittoresque qui s'étend entre les Pyrénées, les Cévennes et les monts d'Armagnac, justifie cette ambition, personnifiée majestueusement par la cité superbe qui a voulu, comme symbole de puissance, avoir elle aussi son Capitole, au bord de son Tibre, la Garonne, fleuve sacré et immortel, que les Muses ont chanté, que les arts ont allégorisé, et dans lequel la race semble avoir bu sa turbulence aimable et sa gaieté ensoleillée. Une étude sur les industries artistiques ne doit être ici que féconde; mais quels qu'en puissent être les résultats — car le soleil souvent crée moins d'artisans que de poètes, emplit la rue et vide l'atelier, — la beauté des monuments du passé, la joie du spectacle de la vie populaire seront une compensation charmante, qui ne se retrouvera pas sur d'autres points qui me réservent peut-être, sous des brumes épaisses, les mêmes déceptions.

Le meuble. L'industrie du meuble fut autrefois très-brillante à Toulouse; elle produisait des œuvres d'un grand caractère décoratif; on en peut voir au Musée Saint-Raymond, de la période de la Renaissance et du XVIIe siècle, quelques spécimens fort remarquables. Le XVIIIe siècle a laissé également des types de décoration d'intérieurs d'une très fière allure; mais, ici, le brocantage a exercé ses déprédations; la plupart des hôtels privés et même les édifices publics ont été dépouillés de leurs richesses artistiques. Aussi, dans le public comme chez les industriels, la tradition du meuble toulousain s'est-elle perdue. Amateurs et artistes me déclarent nettement qu'on n'en fait plus. Néanmoins, Toulouse est resté un centre de fabrication d'ébénisterie, renommé non seulement dans le Languedoc, mais dans tout le Midi, une partie du Centre et à Paris, où l'importation de ses produits a pris beaucoup d'extension, depuis que les grands magasins et plusieurs maisons du faubourg Saint-Antoine, attirés par les bas prix, sont venus y commander et acheter des meubles courants, des meubles d'apparence luxueuse. Ce commerce nouveau a amené une transformation de l'industrie. L'ancien ébéniste, qui dirigeait un petit atelier familial, composé de quelques ouvriers compagnons, était en relations directes avec sa clientèle. Les familles de la ville et de la région, dont le phylloxéra et la crise économique n'avaient point encore réduit les revenus considérables, avaient leurs fournisseurs habituels, qui tenaient à honneur autant qu'à intérêt de ne point démériter de leur confiance. On fabriquait donc du beau et du bon meuble. De grands ateliers se sont créés ; ils ont centralisé peu à peu la production, et attiré à eux, par l'attraction d'un bon marché relatif, le consommateur. Alors, les ébénistes, abandonnés par leur clientèle, impuissants à s'ouvrir de nouveaux débouchés, ont dû se résigner à faire la trolle ou à travailler pour les magasins. De là, une baisse incessante des prix de façon et une décadence rapide de la main-d'œuvre. Une autre cause de la crise a été les grèves ; de nombreux ateliers ont été fermés et transportés dans d'autres centres de la région, à Rabastens, notamment. Pour tout cela, l'industrie du meuble a subi, dans ce dernier quart de siècle, une diminution de plus de moitié de son nombre d'ouvriers et de son chiffre d'affaires. Cependant, d'après l'Annuaire, on compte encore comme chefs d'ateliers 76 menuisiers-ébénistes, 84 menuisiers en bâtiments, dont un tiers de la catégorie précédente, 19 menuisiers en fauteuil, 24 sculpteurs sur bois, 19 tourneurs sur bois, et 50 tapissiers classés également sous le titre de marchands de meubles. On estime à 500 le nombre des ouvriers ébénistes, et à 200 celui des sculpteurs.

On ne forme pas d'apprentis ; les chefs de maisons n'élèvent plus leurs enfants pour la profession, comme cela se faisait toujours autrefois. En raison de la baisse constante des prix de façon, les ébénistes et les sculpteurs de mérite s'en vont à Paris. Unanimement, patrons et ouvriers déclarent que, si l'on ne crée pas immédiatement des institutions d'apprentissage, si l'on ne se préoccupe pas de relever le niveau de la production, dans vingt ans l'industrie du meuble à Toulouse aura disparu. L'instruction professionnelle et artistique baisse constamment dans toutes les parties de l'industrie. Parmi les ébénistes, il n'y en aurait pas dix qui sachent fabriquer un meuble en entier; les sculpteurs sont habiles, fouillent bien le bois; mais le goût et l'originalité leur font défaut; ils ne pourraient se mesurer avec les sculpteurs parisiens. Quant aux patrons, la situation serait encore plus navrante. On n'en trouverait pas trois capables de faire le dessin d'un meuble; tout ce qu'ils produisent dans leurs ateliers est pris dans des albums et adapté par les combinaisons les plus hétéroclites de formes et de décors. Les maisons les plus importantes n'ont pas de dessinateur. Les architectes, par insouciance ou par ignorance, surtout en raison des mœurs de la clientèle qui se réserve dans la construction l'initiative de tout ce qui est ameublement pour ne pas payer d'honoraires, n'ont aucunes relations d'affaires avec les chefs d'ateliers. Une demi-douzaine à peine feraient exception, par de rares exemples d'intervention timide ou de créations personnelles dans quelques châteaux et hôtels privés. La clientèle, qui, dans le bon marché et le courant, se contente de la production locale, s'adresse à Paris pour tout ce qui est meuble d'art. Qu'il y ait là un peu de snobisme, c'est certain; mais, à l'aveu de quelques patrons, la situation présente de l'industrie justifie jusqu'à un certain point ces habitudes nouvelles. D'ailleurs, ce n'est pas ce snobisme qui causerait un grand préjudice. Une transformation s'est produite, depuis un certain temps, dans les goûts des acheteurs. Autrefois, le client qui commandait un mobilier, non seulement exigeait qu'il fût de fabrication irréprochable, du bois le mieux choisi; il se préoccupait de son originalité; il donnait des idées, il examinait minutieusement les projets, et collaborait ainsi, dans une certaine mesure, avec l'ébéniste qui y trouvait un encouragement constant à mieux faire, une matière à des études nouvelles, la garantie d'une généreuse rémunération. Aujourd'hui, ce client ne veut plus payer cher, ne réclame que l'apparence du luxe; et, le plus souvent indifférent à posséder une œuvre personnelle, se contente du meuble confectionné. De pareilles mœurs conduisent fatalement une industrie artistique à la ruine.

Le vieux neuf.

Une seule branche du mobilier a pris de l'extension : celle du vieux neuf, de la copie du meuble ancien. Plusieurs ateliers s'y livrent industriellement ; l'un occupe même jusqu'à 15 ébénistes, 4 ciseleurs, 1 monteur en bronze et 1 marqueteur. Il s'y fabrique, pour environ 100,000 fr. par an, des Boulle, des Rieseuer, des Jacob, etc., dont quatre ou cinq brocanteurs parisiens se sont réservé la vente. L'histoire du chef de cet atelier est piquante autant qu'instructive. Ouvrier ébéniste très habile, passionné pour son métier, réfractaire aux besognes infimes, il mourait de faim. Un amateur de Toulouse lui fit un jour exécuter quelques restaurations de vieux bahuts ; et, frappé de son intelligence, lui prêta un peu d'argent pour travailler à son compte, en lui conseillant de s'adonner à la reproduction des vieux meubles en marqueterie. L'ouvrier, à qui on confia un type pour s'initier aux procédés de fabrication, devint rapidement fort expert en ce genre de travail, l'apprit à sa femme ; et tous deux montèrent un atelier qui rapidement s'agrandit. Aujourd'hui, il a l'ambition de quitter un métier qui le navre ; il s'estime capable de faire autre chose que des copies, et rêve de marcher sur les traces des maîtres contemporains. Quel Mécène véritable sortira cet homme de bonne volonté, cet artiste, de la basse fosse du brocantage ?

Un autre type d'industriel du même genre est un architecte qui a créé un atelier intermittent d'ébénistes et de sculpteurs pour exécuter les travaux d'ameublement dont il a la commande dans des châteaux de la région, et pour produire certains meubles de sa façon, dans le goût de la Renaissance, qu'achètent des amateurs et des marchands qui n'hésitent pas à les faire passer, avec quelques préparations spéciales, pour des œuvres authentiques du passé. Il est difficile d'apprécier industriellement la production de cet atelier. Quant à la masse assez nombreuse des ouvriers qui travaillent dans le vieux neuf, ce sont de pauvres diables, ébénistes et sculpteurs en chambre, qui s'associent deux par deux, achètent le plus souvent à crédit la matière première, et font un meuble, Renaissance ou Moyen âge, de l'exécution la plus étrange, qu'ils vendent ensuite à des brocanteurs à de très bas prix. Cette trolle spéciale comprendrait une centaine d'ouvriers, et alimenterait la curiosité locale, qui, à Toulouse, est devenue une maladie endémique, aiguë, dont les victimes, dans la bourgeoisie, sont innombrables.

L'ébénisterie de brocantage se pratique aussi, sur une grande échelle, à Rabastens et à Saint-Girons.

Le fer forgé.

Le fer forgé a été jadis en grand honneur à Toulouse. Un récent ouvrage de M. Cartailhac sur l'art dans le Languedoc contient des reproductions nombreuses de rampes, balcons et grilles des XVIIe et XVIIIe siècles, de l'exécution la plus fière, du dessin le plus original. Au temps du compagnonnage, les forgerons, pendant leur tour de France, s'arrêtaient traditionnellement à Toulouse, pour étudier la grille du Parc, presque aussi célèbre dans la ferronnerie que l'était pour les tailleurs de pierre la vis de Saint-Gilles en Provence. L'industrie artistique est aujourd'hui à peu près complètement disparue. L'architecte du nouveau musée avait projeté d'en faire exécuter sur place les balcons et les grilles. Les entrepreneurs auxquels il s'adressa pour ce travail lui répondirent qu'ils devaient préalablement se renseigner dans d'autres villes sur les procédés d'exécution et sur les prix.

La cause principale de cette situation est la décadence de l'instruction professionnelle et artistique. En général, les 200 ouvriers serruriers et les quatre cinquièmes des patrons, au nombre d'environ 80, ne possèdent aucun élément de géométrie ni de dessin; ils procèdent par routine et par tâtonnements. Les garçons, vers 14 ans, font chez un petit patron un apprentissage de trois années, servant le plus souvent de manœuvres; ce n'est qu'au bout d'une dizaine d'années que les plus intelligents commencent à acquérir un tour de main et deviennent de bons ouvriers; mais, comme ils ne voyagent presque plus, ils en savent beaucoup moins que leurs aînés, les anciens compagnons. A l'opinion des chefs d'ateliers, l'absence de tout enseignement de la ferronnerie à l'École des beaux-arts aurait provoqué cette infériorité des ouvriers et des patrons. Il y a bien à l'École primaire supérieure un cours de travail manuel du fer; mais on y reçoit exclusivement les premiers éléments du métier; et les élèves, après avoir appris la géométrie et le dessin linéaire, se destinent aux écoles d'arts et métiers. Il faut encore signaler l'indifférence qui a succédé au goût pour le fer forgé. « Très peu de clients nous demandent du fer forgé, me déclare un grand serrurier; et, lorsque nous leur faisons connaître les prix, ils se rejettent sur la fonte. Quant aux architectes, sauf quelques exceptions, ils ne s'en sont jamais sérieusement occupés. »

La bijouterie et l'orfèvrerie.

Il y a cinquante ans, Toulouse possédait des ateliers de bijouterie et d'orfèvrerie très nombreux et très prospères. L'un d'eux occupait plus de 50 ouvriers. Depuis la création des lignes de chemins de fer, qui ont ouvert le Languedoc aux commis voyageurs des fabriques de Paris, de Lyon, de Marseille et de Bordeaux, une crise s'est manifestée dans l'industrie; le nombre des ateliers a diminué. En 1872, il n'en existait plus que trois ou quatre, dont le plus important donnait du travail à une vingtaine d'ouvriers. La disparition des costumes de la province a amené celle des bijoux languedociens, qui constituaient une branche florissante de la bijouterie toulousaine. Aujourd'hui, l'Annuaire mentionne encore quelques fabricants de bijouterie et orfèvrerie; ce ne sont guère que des chefs de petits ateliers de réparations de bijoux, de fabrication de médailles religieuses, de finissage de couverts de métal anglais et de pièces d'argenterie. Le Languedoc et Toulouse sont alimentés, pour la bijouterie légère, par Lyon et Marseille; et, pour l'orfèvrerie, par Paris. Ni l'Allemagne, ni l'Angleterre ne font d'importations; mais la Suisse, depuis deux ou trois ans, a conquis sur le marché une certaine importance pour la chaîne et le bracelet souple; les commissionnaires n'évaluent pas à moins de 200,000 fr. le chiffre des affaires que feraient annuellement ses représentants. La décadence de la bijouterie est due principalement à l'indifférence actuelle du public pour la production locale, qui, à voir les types conservés dans les collections privées, n'était rien moins que fort originale et d'une très belle exécution. Les artistes n'ont jamais trouvé des encouragements auprès des municipalités ou des associations sur lesquelles ils avaient le droit de compter. C'est ainsi que la commande des prix des Jeux floraux, qui avait toujours été faite à des fabriques toulousaines, a été attribuée, il y a quelques années, pour une période de quarante ans, à une maison de Paris. Les ventes du mont-de-piété ont également porté un coup terrible à l'industrie. Cette institution, ainsi que celle de Bordeaux et pour les mêmes raisons, est alimentée surabondamment par les commissionnaires de Luchon, de Pau, de Nice et de Monte-Carlo; on évalue à plus de 30,000 fr. la valeur des bijoux vendus mensuellement, et achetés par des courtiers marrons, des femmes surtout, qui les colportent ensuite, sous le manteau, dans les villes et dans les campagnes. La corporation des marchands et fabricants de bijouterie a fréquemment protesté contre ces ventes et réclamé le bris des bijoux; elle n'a point encore réussi à obtenir gain de cause.

Le bronze et la fonte d'art.

Vers le milieu du siècle, Toulouse a compté six grandes fonderies de bronze et de cuivre, dont les produits étaient renommés. Ces fonderies se sont laissé distancer, tant au point de vue du fini du travail qu'au point de vue des prix, par de nouvelles maisons, de création plus récente, qui emploient des procédés et un outillage plus perfectionnés. Jumet, Bordeaux, Le Mans et la Haute-Marne fournissent presque toutes les fontes ornées.

Une fabrique de bronze d'art et de galvanoplastie a exécuté quelques travaux de valeur : le buste de Mengaud au Grand-Rond, une statue de Henri IV pour un comité royaliste, des groupes et des statuettes d'artistes locaux; elle a dû très rapidement réduire sa production, en présence du peu d'entraînement du public pour les œuvres d'art d'un certain prix. Des marchands ont essayé aussi de vendre des bronzes parisiens; ils ne font pas de ce chef de brillantes affaires; la clientèle est toute au petit bronze, au simili-bronze, au zinc d'art, et aux fantaisies autrichiennes, qui envahissent de plus en plus les magasins et les bazars, et dont la vente représenterait annuellement une cinquantaine de mille francs. Quant à la statuaire de l'école de Toulouse, si florissante à cette heure, on en achète volontiers des reproductions... en plâtre.

Les vitraux.

L'industrie toulousaine des vitraux, il y a cinquante ans, avait conquis une universelle réputation. Une maison, entre les dix, occupait 100 artistes et ouvriers. Elle a disparu; et plusieurs autres l'ont suivie dans sa chute. Aujourd'hui, on ne compte pas plus de 80 personnes qui vivent — et misérablement — de cette industrie. Autrefois, chaque atelier avait d'avance pour deux ou trois ans de travaux d'art; les commandes actuelles se traînent péniblement au jour le jour, et sont disputées avec acharnement par les concurrents, avec des rabais invraisemblables qui les mettent presque toujours en perte. Les maisons parisiennes font voyager dans toute la région ou ont pour intermédiaires permanents les marchands d'objets d'art religieux ; elles enlèvent à tout prix les rares verrières auprès des fabriques des paroisses qui ne recherchent guère que le bon marché et le clinquant, par suite du mauvais goût et de l'ignorance du clergé, qui commande toujours, en dehors de l'intervention des architectes et des donateurs. Les verriers toulousains faisaient des affaires considérables avec l'Espagne, le Portugal, l'Amérique du Sud et l'Orient ; tous ces pays sont des marchés perdus. Le vitrail d'appartement n'a pas de vogue ; et les architectes se montrent réfractaires à son emploi dans la décoration immobilière. L'industrie peut être considérée comme à la veille de sa disparition, s'il n'est pas fait en sa faveur un mouvement de réaction contre l'indifférence de ceux qui peuvent seuls lui rendre son ancienne prospérité : les architectes et le clergé.

Depuis plus d'un demi-siècle, la céramique est représentée à Toulouse par une grande fabrique de briques et de faïences décoratives, qui a fait à l'industrie une haute réputation, et autour de laquelle ont essaimé un certain nombre de petits ateliers, fondés par des ouvriers qu'elle a formés. Cette fabrique, successivement dirigée par des membres de la même famille, architectes ou décorateurs, ayant fait leur éducation technique et artistique auprès de maîtres tels que Viollet-le-Duc et Liénard, a passé, pendant cette longue période, par des alternatives subites de grande production et de longs chômages, de succès artistiques et de déboires commerciaux. Elle a exécuté des travaux considérables, uniques en leurs genres, bien connus des architectes et des céramistes : la copie du sépulcre colossal du château de Biron en Dordogne, la décoration du sanctuaire de Condom dans le Gers, la copie grandeur nature et en peinture sur émail du célèbre bas-relief de Lucca della Robia, « le Couronnement de la Vierge », qui formait la décoration de la porte d'entrée de la galerie des beaux-arts à l'Exposition de 1878, les calvaires de Verdelais (Gironde) et de Penne (Lot), le bas-relief du martyre de saint Denis à la cathédrale de l'île de la Réunion, etc. Actuellement, après une fermeture de quelques mois, cette fabrique a été reconstituée sur de nouvelles bases financières et industrielles, qui ont permis de donner du travail à une vingtaine d'ouvriers, et de reprendre la série des études et des essais pour adjoindre aux faïences décoratives le carrelage en

La céramique.

grès cérame, tel qu'il se fabrique dans le Nord. Le chef actuel me déclare loyalement que les ouvriers de l'industrie sont assez habiles au point de vue technique, mais que leur éducation artistique est absolument nulle ; il réclame la création d'une école de céramique à Toulouse où tout au moins celle d'un cours spécial à l'École des beaux-arts, qui pourrait fournir cette instruction; et il émet le vœu de plus d'encouragements donnés à l'industrie par les architectes, qui se sont montrés, toujours, depuis plus de cinquante ans, hostiles à l'emploi de la céramique décorative dans la construction.

La décoration sur porcelaine et faïence.

En 1840, un industriel du nom de Foulc avait créé à Toulouse un grand atelier de décoration sur porcelaine, qu'alimentait une fabrique installée à Valentine, près de Saint-Gaudens, où sont des carrières de kaolin, et dirigée par un artiste nommé Arnoux. Après quelques années de fonctionnement, atelier et fabrique furent fermés. Les chefs de la maison Minton engagèrent Arnoux pour le mettre à la tête du service de fabrication de la célèbre manufacture; et les artistes décorateurs se dispersèrent en un certain nombre d'ateliers qui ont maintenu à Toulouse cette industrie d'art. Actuellement, la décoration sur faïence et porcelaine occupe 80 artistes répartis entre sept maisons. Après Paris et Limoges, c'est la ville de France où elle est le plus considérable par le nombre des ouvriers et par le chiffre des affaires annuelles, qu'on évalue à environ un demi-million de francs. Le Midi, de Bordeaux à Nice, et le nord de l'Espagne forment la clientèle de cette industrie.

La production artistique dans les ateliers de décoration n'est point ce qu'elle pourrait et devrait être; le chef du plus important m'avoue que les décorateurs ne travaillent que par routine sur de vieux types perpétuellement ressassés, sur des adaptations étranges et incohérentes de modèles puisés dans les albums commerciaux. Pas un seul ne serait capable d'esquisser une composition d'un caractère un peu original. Aussi, à son avis, l'industrie non seulement n'est pas en progrès, mais elle est menacée de l'éventualité d'avoir à lutter contre une concurrence mieux outillée, si on n'avise pas immédiatement à en réorganiser les éléments artistiques. Avec des décorateurs plus habiles, en mesure de donner à leurs travaux de la fantaisie et de la variété, la production recevrait rapidement une grande extension; la clientèle marchande paraît vouloir désirer du « neuf » et se préoccuper des échantillons de types relativement inédits offerts par l'étranger; des débouchés nouveaux s'ouvriraient pour des genres non encore abordés, car toute l'industrie se borne actuellement à la décoration du service de table. La conclusion générale des doléances et des critiques vise la création à l'École des beaux-arts d'un enseignement artistique spécial à la céramique, avec ateliers d'application; création d'autant plus urgente, me dit-on, que les cours de dessin et de peinture suivis actuellement par quelques apprentis et jeunes ouvriers sont bien plutôt de nature à les dévoyer qu'à les instruire dans leur profession. Il n'existe entre les ateliers de décoration céramique et l'école aucune communication de renseignements artistiques, de conseils, de propagande, d'encouragement, de recrutement d'artistes; alors que des relations constantes assureraient, ici et là, le progrès et la prospérité. Quand j'ai parlé aux patrons et aux artistes de cette industrie de la possibilité de mettre un jour à leur disposition, dans l'atelier même, des modèles de décoration choisis parmi les œuvres de céramique artistique les plus remarquables, tant anciennes que modernes, par l'organisation d'un musée semblable à celui de la Société centrale des pays rhénans à Düsseldorf, leur étonnement a égalé leur admiration; et ils m'ont déclaré à l'unanimité qu'une institution de ce genre à Toulouse serait de nature à porter immédiatement l'industrie à un degré de valeur qu'elle n'a point encore connu.

Martres-Tolosane, à quelques lieues de Toulouse, sur les rives de la Garonne, est un centre de fabrication de céramique qui peut se rattacher à l'industrie toulousaine. Il y a là une centaine d'ouvriers répartis en une dizaine d'ateliers, qui font de la poterie très commune et des imitations grossières des faïences anciennes de Moustiers et de Marseille, que les brocanteurs parisiens accaparent pour les vendre aux collectionneurs et à l'hôtel Drouot. En ce moment, un journaliste toulousain a pris l'originale initiative d'y faire exécuter des flambés par l'emploi comme couverte des résidus ou mâchefers des forges à la Catalane de la région; les premiers essais ont donné d'excellents résultats.

La lithographie. L'imprimerie lithographique occupe environ 400 artistes et ouvriers, dont la majeure partie est employée par une grande maison d'universelle renommée, et le reste par cinq autres de plus ou moins d'importance. L'analyse des éléments qui constituent l'organisme de cette industrie présente de grandes difficultés, par suite de leur diversité de puissance et de mérite. Là, une direction de haute intelligence industrielle et commerciale, servie par de nombreux capitaux, a créé une entreprise de premier ordre et un outillage supérieur, qui ont assuré à une spécialité, la chromolithographie, un développement d'affaires considérable dans tous les pays. Ici, des ambitions moins audacieuses tournent les efforts d'une activité et d'une initiative remarquables vers la conquête d'une clientèle parisienne et vers l'exécution de tout ce qui peut la séduire par du goût et de l'originalité ; ailleurs, où les anciennes méthodes de travail se sont conservées, avec un idéal plus modeste, la région seule paraît suffire comme limites d'expansion à des ressources financières relativement restreintes ; mais partout, les critiques, les doléances et les vœux ont été unanimes, avec une égale énergie d'expression. A défaut d'une chambre syndicale fonctionnant avec régularité et pouvant me fournir des informations officielles, les industriels m'ont abondamment renseigné et fait connaître une situation qui n'est rien moins que satisfaisante au point de vue de l'instruction professionnelle et artistique dans la corporation.

Le chef du plus grand établissement de lithographie me déclare n'avoir jamais pu réussir à recruter des artistes toulousains ; les jeunes gens ayant passé par l'École des beaux-arts se montrent absolument réfractaires à entrer dans ses ateliers, n'estimant digne d'eux et de leur instruction que faire du grand art, des tableaux et des statues. Et, pourtant, ils seraient assurés de trouver là, même dès les débuts, des appointements élevés, dont ils n'atteindront point de longtemps l'équivalent à Paris. Un érudit toulousain, qui fait exécuter annuellement pour 1,500 fr. de gravures dans ses publications, a essayé maintes fois de commander des dessins à des élèves suivant les cours supérieurs ; il a dû y renoncer, en présence de ce qu'il en obtenait, et de la mauvaise volonté à suivre ses conseils, à répondre à ses désirs. Un éditeur a fait à diverses reprises la même expérience de complète déception pour de simples reproductions de photographies et d'estampes anciennes. Toutes les bonnes volontés, tous les dévouements viennent se briser contre cette force d'indifférence et d'inertie. D'après d'autres patrons, l'école, qui compte pourtant dans son programme d'enseignement un cours de gravure et un cours d'art décoratif, n'a jamais pu fournir à la lithographie, même pour les travaux commerciaux fort ordinaires, un dessinateur capable d'exécuter une composition; ils me montrent des travaux de jeunes gens ou d'anciens ouvriers, ayant suivi ou suivant encore ce cours, qui témoignent en effet d'une rare méconnaissance des conditions élémentaires de la décoration. Cependant, partout, les patrons font preuve du désir le plus énergique d'utiliser les artistes locaux et de développer leur instruction. Il est de tradition, dans chaque atelier, d'envoyer tous les apprentis aux cours du soir de l'École des beaux-arts; cette tradition est même devenue virtuellement aujourd'hui une obligation, à laquelle personne ne songe à se soustraire. Tous réclament la création d'un cours véritable des arts graphiques, avec applications industrielles dans un atelier installé à l'école même et pourvu d'un matériel d'impression.

Les déclarations faites, au nom des ouvriers, par le président de la Chambre syndicale des lithographes, ne sont pas moins nettes que les précédentes. « Ce qui frappe le plus dans notre profession à Toulouse, c'est le manque d'instruction artistique; l'élève ou apprenti n'a pas d'école où il puisse trouver les éléments indispensables de cette instruction, qu'il pourrait plus tard appliquer selon son tempérament. De plus, l'apprentissage dans les ateliers se fait mal ou est presque nul; l'ancien patronat, qui ne possédait pas, il est vrai, de grandes connaissances artistiques, excellait du moins à former des professionnels au point de vue technique. On ne se préoccupe nullement des dispositions et de l'intelligence de l'apprenti, et la surveillance, qui était paternelle autrefois, a fait place à une indifférence absolue. Dans la grande industrie, la situation est plus déplorable encore, par suite de la spécialisation qui dès le premier jour rive indissolublement l'apprenti et l'ouvrier à une partie, souvent peu conforme à ses goûts et à ses aptitudes, sans qu'il puisse jamais s'initier à toutes les ressources et à toutes les difficultés du métier. » Quant aux vœux de réformes, ils sont formulés dans divers rapports de délégués de la corporation aux expositions universelles. Voici ce qu'écrivait le rapporteur de l'Exposition de 1878 : « Notre École des beaux-arts possède une classe de gravure sur bois qui, nous le croyons du moins, ne rend que de modestes services à la typographie toulousaine. Une classe de lithographie n'y serait pas de trop. Là, nos jeunes élèves apprendraient à connaître les moyens propres à répandre leurs futures œuvres par la plume, par le crayon et même par la chromolithographie. Sans prétention aucune, nous pouvons affirmer que si l'administration municipale entendait notre voix, l'avenir de notre profession, de notre école et de nos jeunes artistes prendrait un développement hors ligne et tout à fait avantageux pour notre localité. » Dans le rapport de l'Exposition de Barcelone en 1888, le délégué de la corporation conclut ainsi : « Nous ne devons pas oublier que l'Allemagne possède des écoles de lithographie et que ses nombreux élèves vont ainsi se répandre et pullulent dans les pays encore jeunes pour cette moderne industrie. Que le conseil municipal de Toulouse veuille bien créer une classe de lithographie pour affirmer avec plus d'efficacité l'intérêt qu'il porte à la classe ouvrière en général et à cette profession quasi artistique en particulier. De cette façon on formerait une pépinière d'artistes et d'ouvriers qui attireraient par le fait de meilleures connaissances le travail qui nous échappe et que notre trop relative médiocrité nous oblige à laisser faire ailleurs. »

La Bourse du travail a entrepris de réaliser une partie de ces vœux de réformes. Depuis un an, il y fonctionne un cours théorique et pratique de typographie, avec outillage de composition et presse à bras, qui compte déjà 21 élèves ; et elle a l'ambition de créer, aussitôt que ses ressources le lui permettront, un cours de lithographie. Mais, ces deux cours, évidemment, n'auront jamais qu'un caractère essentiellement technique et de complément à l'apprentissage ; ils ne sauraient faire double emploi avec les cours artistiques spéciaux réclamés de l'École des beaux-arts.

La marbrerie.

La marbrerie constitue une industrie importante à Toulouse ; elle occupe une centaine d'artistes et d'ouvriers répartis entre quatre grands ateliers, qu'alimentent de matières premières très variées les carrières des Pyrénées. Depuis les nouveaux droits de douane qui interdisent pour ainsi dire l'importation italienne, l'industrie est très prospère et n'a qu'à lutter sans trop de peine contre la concurrence de la Belgique. Elle a le monopole du marché du Midi; elle pousse même jusqu'à Lyon, malgré les grands ateliers de Marseille; elle ne touche point encore à Paris, en raison de l'élévation des frais de transport. Quoique les affaires soient relativement brillantes, la production au point de vue artistique laisserait fort à désirer; et, loin de faire des progrès à ce point de vue, la marbrerie semblerait bien plutôt dériver vers la décadence qu'expliquent l'abaissement de l'instruction professionnelle et les difficultés de recrutement de son personnel d'artistes et d'ouvriers.

L'école de Toulouse est aujourd'hui une pépinière abondante de sculpteurs qui ambitionnent tous de suivre les traces des maîtres contemporains; ils sont plus de 100 dans ses cours divers. — Les Pyrénées fournissent un marbre statuaire très apprécié : le Saint-Béat. Comment n'a-t-on pas songé à créer des ateliers de reproduction d'œuvres anciennes ou modernes, qui fourniraient du travail à tous ceux qui ne réussissent point à conquérir le grand prix de Paris. Les praticiens italiens, les mouleurs de même nationalité empoisonnent la région de marbres et de plâtres du goût le plus exécrable.

Objets d'art religieux.

La statuaire religieuse, depuis un quart de siècle, a pris à Toulouse une grande extension; on évalue à plus de 300 le nombre des artistes et des ouvriers qu'elle occupe, et à plus d'un million le chiffre des affaires annuelles. Le personnel habile fait défaut dans les ateliers, qui ne peuvent ainsi produire autant que la clientèle le réclame, et développer leur production artistique; on réclame partout des modeleurs, dont le salaire ne serait pas inférieur à 10 fr. par jour. L'apprentissage dans cette branche d'industrie présente des conditions de fonctionnement plus satisfaisantes que dans aucune autre; on ne forme pas moins d'une trentaine d'apprentis par an dans tous les ateliers; et les patrons favorisent largement la fréquentation des cours de l'École des beaux-arts; ils accorderaient volontiers jusqu'à trois heures par jour, si les apprentis devaient y trouver un enseignement plus pratique et plus complet. Dès la deuxième année, des primes d'encouragement leur sont accordées; et, pendant la dernière période d'apprentissage, ils reçoivent de 2 à 3 fr. par jour. Malheureusement, les patrons constatent une incurie extrême des parents, qui considèrent le métier comme une déchéance pour des enfants dont ils avaient rêvé de faire de grands artistes. Au point de vue de l'art, la situation n'est guère différente de celle de la marbrerie. La création des modèles est tout empirique, et se fait par les mêmes procédés de compilation d'albums. Le plus important industriel de la corporation m'avoue ne pas savoir dessiner, et, dans sa carrière déjà longue, n'avoir jamais reçu, pour ses travaux de décoration religieuse ou civile, un croquis d'architecte. Il reconnaît sans aucune hésitation qu'une éducation artistique lui aurait été précieuse ; aussi de ses trois fils qui doivent lui succéder, il a fait un architecte, un peintre et un sculpteur.

En 1840, un atelier de sculpture sur ivoire avait été fondé à Toulouse ; il a disparu par suite de la transformation mécanique du travail et du développement des procédés de substitution du celluloïd et autres matières artificielles à l'ivoire, dans ses divers emplois. Pour cette industrie, une résurrection ne paraît pas possible.

La broderie d'église a été très prospère, de 1860 à 1878 ; 8 maisons n'occupaient pas moins de 100 ouvrières, et fournissaient presque exclusivement toutes les églises du Midi. Malheureusement, des industriels nouveaux importèrent des mœurs spéciales qui ne tardaient pas à provoquer une complète décadence, par une production inférieure de qualité, obtenue au moyen d'un avilissement des prix de main-d'œuvre. Par un système de primes aux acheteurs, ils firent peu à peu tomber tous les ateliers sérieux. La réputation de la fabrique toulousaine fut atteinte à un tel point que la clientèle déserta la place pour s'adresser à Lyon et à Paris. Aujourd'hui, on ne compte pas 20 ouvrières brodeuses dans toute la ville ; et le plus grand nombre sont d'une instruction professionnelle fort médiocre. On tente cependant, avec l'appui du clergé, très bien disposé à seconder le mouvement, de reconstituer l'industrie, ce qui ne peut se faire qu'avec des éléments de production artistique qui font actuellement défaut. Il y a urgence à la création de cours professionnels de broderie dans les écoles de jeunes filles de Toulouse et de la région.

Autrefois, Toulouse a possédé une grande industrie : l'impression sur étoffes. La spécialité de la fabrication était le foulard et le châle pour les paysannes de France et d'Espagne ; les affaires se chiffraient par plusieurs millions de francs. Des nombreuses usines établies sur les rives du bras droit de la Garonne, près du moulin du Château, il n'en fonctionne plus que deux, qui travaillent encore un peu à la planche pour les tissus de coton imprimés, à destination de nos colonies africaines ; elles sont destinées à disparaître également, si elles ne se transforment pas avec rapidité comme outillage. Toulouse, pour cette industrie, subit le sort de Nîmes et d'Avignon, d'où avaient émigré, à l'origine, les chefs d'ateliers et les ouvriers.

L'architecture.

En ce qui concerne l'architecture, la situation est la même qu'à Bordeaux. Il y a vingt ans, les architectes étaient au nombre d'une dizaine, ayant fait tous de sérieuses études et ayant appris la pratique dans des cabinets, sévèrement dirigés, où les travaux étaient abondants. Ils inspiraient confiance aux clients et avaient sur eux une grande autorité qui leur permettait d'imposer des projets où la décoration artistique tenait une place importante. Aujourd'hui, l'Annuaire mentionne 45 architectes, dont les trois quarts, m'assure-t-on, n'ont aucune instruction professionnelle, travaillent à honoraires réduits, et se disputent avec acharnement la clientèle, par la promesse de rabais de devis et d'économies imprévues. Toute question d'art, toute innovation, toute recherche de goût, d'élégance, les trouve non seulement indifférents mais hostiles. Les entrepreneurs de peinture, de menuiserie, de serrurerie, de décoration d'intérieurs ne reçoivent d'eux ni dessins, ni conseils, à la fois en raison des frais qu'occasionneraient ces travaux, et, surtout, par suite de leur incapacité.

Quelques architectes ont importé à Toulouse le système de l'entreprise de spéculation, et bâtissent des îlots de maisons de rapport ; mais les constructions de ce nouveau genre n'ont point de caractère artistique. D'ailleurs, il n'y a plus aujourd'hui de clientèle pour faire bâtir avec un certain luxe. Les grandes familles continuent à habiter les hôtels séculaires du vieux Toulouse. Sur les nouveaux boulevards, on voit quelques hôtels neufs, une demi-douzaine environ ; leur physionomie est fort modeste, sans originalité. La bourgeoisie préfère loger dans les vastes bâtisses uniformes de la rue Alsace-Lorraine, de la rue de Metz, des allées Saint-Étienne, des allées

Lafayette et du boulevard Carnot. La municipalité n'a pas d'ambitions artistiques plus élevées. La Faculté des sciences, l'École de médecine, l'Hôtel des postes sont des constructions d'édilité courante. Seul, le nouveau musée fait honneur à une ville qui, pour sa beauté d'antan, a mérité d'être nommée l'Athènes du Midi, et qui peut offrir pour la gloire des siècles passés tant de chefs-d'œuvre d'art architectural : les hôtels Bernuys, d'Assezat, Felzin, Gay, Duranti, la Maison de Pierre, les Jacobins, Saint-Étienne et Saint-Sernin.

L'École des beaux-arts et des sciences industrielles.

Toulouse possède une École des beaux-arts, qui compte actuellement 803 élèves. L'enseignement y est donné par 35 professeurs. Le budget annuel est de 78,500 fr., dont 16,000 fr. sont fournis par l'État. A la suite d'une convention intervenue entre l'État et la ville, l'école a été installée, il y a quelques années, dans la manufacture nationale des tabacs, que des travaux de restauration et d'agrandissement très intelligents ont aménagée fort bien en vue de sa destination nouvelle. Une institution, si richement dotée, pourvue d'un personnel professoral considérable, et que fréquentent autant d'élèves, doit être dans la cité un véritable organisme social, fonctionnant normalement pour le développement progressif de sa gloire artistique, de sa prospérité commerciale et industrielle. Une enquête de deux semaines me révèle une situation qui ne permet que des espérances de la réalisation prochaine de cet idéal. L'École des beaux-arts paraît traverser une période d'évolution. D'un côté, il y a la tradition de l'école toulousaine, l'orgueil de sa gloire, bientôt séculaire, qui ne fait que grandir. On ne rêve que futures moissons de lauriers, noms nouveaux d'artistes célèbres à ajouter au livre d'or du Capitole. Il faut donc que l'école produise en grand nombre des architectes, des peintres et des sculpteurs, qui conquerront le palais du quai Malaquais, à Paris, et la villa Médicis, à Rome. Le recrutement en sera facile ; il n'est pas une famille d'ouvriers ou de petits bourgeois qui n'ambitionne d'avoir un fils à l'École des beaux-arts, qui ne soit disposée à se saigner aux quatre membres pour cela. Et la ville a créé trois grands prix municipaux auxquels est attachée une subvention annuelle de 3,000 fr., pour aller étudier à Paris, pendant trois ans, avec prorogation d'un an pour ceux qui montent en loge pour le prix de Rome ; elle se réserve les premières œuvres médaillées aux salons, faisant les honneurs de la grande galerie de son musée aux peintures; reproduisant en marbre, en pierre ou en bronze pour ses places et jardins publics, les œuvres de statuaire. Aussi, l'école ne compte-t-elle pas moins de 81 élèves qui se destinent aux professions d'architectes, de peintres et de sculpteurs; et son enseignement général est organisé en vue de satisfaire ces ambitions.

D'autre part, on n'est pas sans avoir, à l'école et à la municipalité, la sensation des graves conséquences sociales de cet enseignement ; on sait bien que, pour quelques artistes qui arrivent à la fortune et aux honneurs, la majorité végète dans la misère ; on n'ignore pas que les industries d'art locales dépérissent faute d'habiles ouvriers. La statistique de l'école par professions montre que les neuf dixièmes des élèves sont des serruriers (27), des mécaniciens (23), des peintres en bâtiments (32), des plâtriers (7), des modeleurs (12), des sculpteurs sur bois (81), des sculpteurs sur pierre (30), des menuisiers (14), des lithographes (18), etc., etc. Alors, on a annexé à l'École des beaux-arts une École des sciences industrielles; et, il y a deux ans, un cours d'art décoratif a été créé. D'autres réformes en ce sens sont en projet. Le cours d'art décoratif a déjà donné de bons résultats. De 9 élèves qu'il comptait l'année de sa création, pendant la première période, et de 10 pendant la seconde, il est arrivé, l'année suivante, à 17; et les élèves se sont spontanément recrutés les uns les autres. Mais ce cours n'a reçu aucune sanction administrative ; le suit qui veut; il n'entre pas dans la série de ceux dont les travaux classent les élèves pour les bourses et les prix. On voudrait pouvoir pratiquer l'application de l'art aux industries, comme il est indispensable ; il n'y a ni atelier, ni outillage, ni crédits spéciaux pour cela; l'on en est réduit à faire la décoration de céramique sur des moulages en plâtre de vases antiques, à peindre en fac-similé des vitraux sur du carton ! Il n'est pas donné aux représentants des industries artistiques locales une place dans le conseil de surveillance et de perfectionnement de l'école, qui se compose du maire, de cinq délégués du conseil municipal, de quatre délégués du corps professoral, du premier président de la Cour d'appel, de deux propriétaires, d'un avocat, du recteur de l'Académie, de l'archiviste de la ville et de l'ingénieur en chef des ponts et chaussées. La même contradiction de sentiments et de conduite se manifeste dans la population qui semble avoir de l'École des beaux-arts un orgueil, bien plutôt imposé par une tradition locale qu'inspiré par la reconnaissance des services rendus et par la sensation très nette d'une haute influence sur les destinées de la cité. La preuve en est partout : dans l'insuccès constant de toutes les entreprises de propagation et de bienfaisance pour l'art et les artistes : expositions de l'Union artistique, tombolas de la Société des artistes toulousains ; dans la vie très difficile qui est faite aux peintres et aux sculpteurs locaux, par la pénurie des commandes et des acquisitions d'œuvres d'art ; dans la physionomie générale de la ville moderne, dépourvue de constructions privées où la statuaire et la sculpture monumentale, portées si haut par les artistes sortis depuis trente ans de l'école toulousaine, aient été appelées à compléter des conceptions architecturales originales et pittoresques. Si la municipalité n'avait point commandé les frontons et les statues de la façade nord du Capitole, fait placer, au Rond-Point, dans le square Lafayette et dans le jardin de l'hôtel de ville, une douzaine de marbres et de bronzes, on pourrait croire, en se promenant dans les rues et sur les places publiques, que Toulouse moins qu'aucune ville de France a le goût de la sculpture et qu'elle ne possède point de sculpteurs.

Le Musée Saint-Raymond.

Toulouse est doté actuellement de deux musées : le Musée des beaux-arts et le Musée archéologique Saint-Raymond. Le Musée des beaux-arts, pour lequel il a été construit sur les plans de Viollet-le-Duc un véritable palais, qui a coûté plus de deux millions, contigu aux anciens bâtiments du couvent des Augustins, — servant d'annexe, après avoir été le premier local de l'institution, — contient des collections précieuses de peintures modernes, de sculptures monumentales et d'épigraphie provenant d'anciens édifices de l'antiquité gallo-romaine, du Moyen âge et de la Renaissance. Les collections municipales de céramique et de verrerie antiques, de bronzes, d'ivoires, d'émaux, de faïences, de meubles, d'armes et de numismatique, au nombre de 2,000 pièces environ, ont été jointes à celles de même genre formées par la Société archéologique et cédées par elle à la ville ; elles ont servi à constituer le Musée archéologique Saint-Raymond, installé, en 1891, dans l'ancien bâtiment collégial de ce nom, sur la place Saint-Sernin. La Société archéologique, chargée de l'administration de ce musée, en a fait, malgré l'exiguïté de ses ressources — 2,000 fr. d'annuités consentis pendant quarante ans par la ville en échange de ses collections, — par l'intelligence et le dévouement de ses conservateurs, une véritable merveille de goût dans l'arrangement, de science et d'ingéniosité comme classification et enseignement pour le public. C'est un Cluny en miniature. L'archéologie et la curiosité semblent être l'objectif exclusif de ceux qui le dirigent, non point, je dois le dire, par préjugé contre l'art moderne, mais pour des raisons, hélas! plausibles : un local trop exigu et un budget trop réduit. En dépit de son titre, la Société archéologique elle-même reconnaît, m'assure-t-on, l'utilité et l'intérêt qu'il y aurait à développer le Musée Saint-Raymond par des acquisitions d'œuvres d'art du siècle dernier et du siècle présent, en vue de les faire servir de documents d'études pour les artistes et les ouvriers; elle donnerait son concours le plus complet et le plus dévoué à la réalisation de tout projet d'organisation d'un Musée des arts décoratifs en annexe du musée actuel, qui en serait pour ainsi dire la première partie. Malheureusement, à Toulouse, comme ailleurs, il est vrai, — c'est une sorte d'infirmité nationale actuelle — la municipalité est atteinte de cette myopie sociale qui consiste à ne jamais rien voir au delà des limites du temps présent, à considérer tout, — monuments, édifices et institutions, — comme définitif et immuable. Le Musée Saint-Raymond ne peut recevoir aucune extension, à moins d'acquérir à grands frais des immeubles voisins dont il est séparé par des rues; et le Musée des beaux-arts, achevé d'hier, est insuffisant pour contenir toutes les collections de tableaux. On avait la ressource de la construction d'une aile en retour, prévue d'ailleurs dans les plans de Viollet-le-Duc ; on vient d'ouvrir une rue sur l'emplacement qui avait été réservé pour cette éventualité.

Projets d'associations.

Il n'y a à Toulouse aucune association ayant pour but statutaire le développement des industries d'art et l'étude des questions d'enseignement, de propagande et de protection qui s'y rattachent. La Chambre de commerce est toujours restée jusqu'ici en dehors de ces questions. Le Syndicat général du commerce et de l'industrie, qui compte un grand nombre de membres, s'occupe exclusivement de questions économiques. La Société des architectes du Midi n'a jamais abordé aucune étude de ce genre. L'unique syndicat d'industrie d'art qui existe, la Chambre syndicale des maîtres imprimeurs, n'a qu'une vie platonique, sans action sur la corporation. Seules, la Bourse du travail, qui a organisé des cours du soir, et la Corporation des ouvriers lithographes, initiatrice d'une remarquable exposition rétrospective et contemporaine, à l'occasion du centenaire de la lithographie, peuvent revendiquer l'honneur de s'être intéressées aux industries d'art locales. Au moment de mon enquête, quelques industriels songeaient à fonder une association coopérative, dans le but de monter à Toulouse une « Maison d'art », analogue à celle dont Bruxelles nous offre le prototype ; l'entreprise n'a point encore abouti. Une autre œuvre, fort intéressante, a été également en projet, il y a quelques années. Il s'agissait de la création, à Paris, d'un Atelier toulousain, à la fois pour donner du travail aux artistes n'ayant pu faire fortune dans la sculpture ou la peinture ou n'ayant pas trouvé à se placer dans une industrie, et pour ressusciter l'ancienne école languedocienne du meuble, qui fut autrefois si célèbre. On dressa les plans et les devis de l'institution qui sans doute aucun devait réussir : les plus grands artistes sortis de l'école de Toulouse avaient gracieusement offert leur patronage et leur concours précieux pour l'exécution des premiers modèles. Il n'a pas été jusqu'ici donné suite à ce projet. On doit le regretter.

Cette enquête de deux semaines, poursuivie avec la plus minutieuse sévérité — car, à chaque pas, elle me procurait des déceptions imprévues, — montre une situation générale des industries artistiques de Toulouse, peu brillante dans le présent, pleine de dangers pour l'avenir ; et qui appelle, dans les institutions créées en vue de leur développement, des réformes nombreuses, d'ailleurs ardemment désirées et indiquées avec précision par les ouvriers et par les patrons. L'unanimité des doléances et des vœux en motive l'urgence, que justifie, en outre, la constatation évidente, que tout ici, plus que nulle autre part peut-être, paraît devoir assurer la prospérité de ces industries : De glorieuses traditions d'art dont les témoignages superbes font de la ville un vaste et merveilleux musée monumental ; le renom universel d'être à cette heure un grand foyer d'artistes par la pléiade de maîtres contemporains, architectes, sculpteurs, peintres, sortis de son école; une organisation corporative des métiers artistiques excellente : chefs actifs, énergiques, ambitieux, ouvriers intelligents, d'une rare habileté technique. A la tête de l'Ecole municipale des beaux-arts a été placé, il y a deux ans, pour la diriger de ses précieux conseils et de sa haute expérience, un grand artiste, dont l'œuvre et la vie sont une profession de foi et un exemple, qui ne redoute ni les idées hardies ni les résolutions énergiques, et que supplée pour l'administration sur place, — ses travaux multiples le retenant à Paris, — un coadjuteur expérimenté, ardemment dévoué au progrès des industries. La municipalité n'est point comme tant d'autres, hélas! réfractaire aux industries et aux arts; ne vient-elle pas d'entreprendre la décoration grandiose de la salle des Illustres au Capitole? Les promoteurs des réformes destinées à fournir aux ateliers toulousains les artistes et les ouvriers dont ils ont si grand besoin, trouveront donc, à cette heure, un concours exceptionnel de circonstances favorables, qui permettent d'en espérer le succès complet.

BORDEAUX.

Physionomie artistique de Bordeaux.

Quand j'ai commencé mon étude, à Bordeaux, les réponses à mes premières questions ont été invariables : « Bordeaux est une ville essentiellement commerciale ; les industries d'art n'y tiennent qu'une place très secondaire. » Et, comme je manifestais de la surprise, la bienveillance inspirait aussitôt à mes interlocuteurs une réplique, destinée à me réconforter un peu : « Cependant, vous y trouverez une fabrique de bronzes et une usine de céramique. » Avant une visite à quelqu'un dont les idées, les habitudes et les goûts ne vous sont point très familiers, on a la préoccupation de s'enquérir des unes et des autres, par une observation rapide du milieu dans lequel il vit. Le quartier et la rue en fournissent, par leurs particularités caractéristiques, les premiers éléments. Ensuite, c'est la maison, dont la façade prend, pour ainsi dire, l'expression d'un visage, accueillant ou rébarbatif, mélancolique, sévère ou joyeux. Puis, dans les meubles, les tentures et les bibelots du salon où l'on vous introduit, les yeux flairent la personnalité de celui qui les a choisis et disposés. Mes promenades ont été un enchantement. Dans la capitale de la Guyenne, que l'édilité moderne a ensoleillée sans trop rajeunir sa robuste et souriante vieillesse, le Moyen âge fleurit éternellement en ses merveilleuses églises, dont les fines aiguilles de pierres dentelées silhouettent, avec tant de hardiesse, la perspective des rues. La ville de Tourny et du duc de Richelieu montre, avec orgueil, dans ses larges avenues et sur ses vastes places, les fastueuses maisons de ses opulents négociants et armateurs, les fiers hôtels de ses parlementaires et de ses financiers qui semblent refléter encore leur majestueuse allure. Le Grand-Théâtre évoque à l'esprit, par un intuitif parallèle, le souvenir des plus purs chefs-d'œuvre de l'architecture de tous les temps. Et, le port, dans le développement superbe des colossales constructions des quais et des beaux palais de la Douane et de la Bourse, apparaît une création monumentale incomparable. La bourgeoisie moderne, moins ambitieuse et plus pratique, a mis partout, dans les rues récentes et sur les nouveaux boulevards, emplis d'air et de lumière, la gaîté et la grâce de ses habitations luxueuses, aux coquettes façades blanches, dont l'ornementation rappelle souvent le goût délicat du siècle dernier. Et, qui muse dans la rue, cherchant quelques-unes de ces œuvres que les ornemanistes du XVIIIe siècle ont prodiguées avec une libéralité inépuisable : marteaux de portes, serrures, balcons, grilles, rampes d'escaliers de fer forgé, frises, cariatides, mascarons, etc., sculptés dans la pierre, trouve des merveilles presque à chaque pas.

Aussi, une telle déclaration sur le tempérament peu artistique des Bordelais, sur leur inaptitude aux industries décoratives, sur l'incompatibilité, ici, entre le commerce et l'art, me paraissait signaler le plus singulier phénomène d'antithèse. Or, cette déclaration n'était que la conséquence d'une méprise bien plutôt que de l'ignorance. On ne s'était pas préalablement entendu sur les termes de la conversation ; et, comme il arrive souvent, on ne se comprenait plus. La suite de ce chapitre en donnera la démonstration.

Une industrie artistique qui tombe en décadence commerciale, et se trouve menacée de l'indifférence et de l'oubli, n'en arrive là que lorsqu'elle ne répond plus, par la dégénérescence de ses artistes et de ses ouvriers, aux besoins d'une population ; que la concurrence extérieure l'écrase d'une supériorité incontestable ; ou bien encore qu'elle s'est enlizée dans la routine d'une production inutile et démodée. L'ébénisterie d'art de Bordeaux est loin de présenter un seul de ces cas morbides. Les visites que j'ai faites dans les magasins et les ateliers, les œuvres qui m'ont été montrées dans leur milieu définitif, m'ont permis d'en recueillir les preuves les moins discutables. L'ébénisterie.

L'industrie, au point de vue de son organisme et de son fonctionnement, est exceptionnellement brillante. A sa tête, elle a des patrons qui sont des artistes, ambitieux de créer, qui aiment passionnément leur profession. Ils font eux-mêmes leurs dessins, préparent leurs travaux, dirigent et surveillent leurs ateliers, qui ne sont point encore devenus les usines modernes, au régime néfaste de l'impersonnalité et de la surproduction. Le personnel ouvrier est excellent. Des écoles spéciales alimentent les ateliers de sculpteurs et d'ébénistes instruits et habiles, auxquels l'enseignement du dessin et une certaine éducation artistique ont ouvert l'esprit, nativement éveillé, à l'intelligence des belles œuvres et au goût du métier. Les cours professionnels d'adultes réalisent déjà superbement le vœu que formait, en 1884, le président de la Société philomathique, M. Coutanceau, « de la création d'une véritable école d'apprentissage qui, au bout de deux ou trois ans, livrerait à l'industrie des jeunes gens plus sains d'esprit et de corps, mieux armés de connaissances techniques, et plus prêts en un mot à faire de bons ouvriers et des citoyens utiles à leurs familles et à leur pays ». Les patrons se sont constitués en un Syndicat général, ne comprenant pas moins de cent dix membres, qui s'occupe avec une rare activité des intérêts de la corporation. Ils ont créé une bibliothèque d'art industriel; ils patronnent des cours professionnels; ils organisent des conférences économiques, et publient un bulletin contenant des études pratiques sur les questions concernant l'ameublement. L'ouvrier est laborieux et intelligent. Il vit de la vie de famille, reste profondément attaché à sa ville natale, et trouve dans la richesse agricole du pays des conditions exceptionnelles d'alimentation saine, abondante et économique, en même temps qu'il échappe, par les traditions locales du « home » personnel, simple mais hygiénique, à la dépravation et au rachitisme engendrés par le casernement des grandes villes manufacturières.

Par sa situation ethnographique, Bordeaux est un grand entrepôt de bois, exotiques et indigènes, que la mer et le canal du Midi lui amènent facilement, et qui se vendent à meilleur marché que partout ailleurs.

En outre, l'ébénisterie a le bénéfice précieux d'une tradition séculaire et du renom extérieur d'une industrie locale expérimentée. Elle compte des aïeux qui ont légué des chefs-d'œuvre. L'érudition officielle a un peu trop ignoré ou méconnu les uns et les autres. Mais, quand on a vu les chaires, les groupes et les statues de Saint-André, de Notre-Dame, de Saint-Michel, de Saint-Bruno, etc., les boiseries et les portes d'hôtels du XVIIIe siècle, il faut bien reconnaître que les Berquin, les Brunet, les Basset, les Duret, les Cabirol, les Vernet, etc., étaient de vrais artistes, qui sculptaient le bois avec une maîtrise superbe.

Le XIXe siècle ne déchoit point. J'ai voulu consulter tous les rapports des expositions organisées par la Société philomathique ; ils contiennent des déclarations précieuses à cet égard. L'auteur de celui de l'Exposition de 1827 écrit : « Quoique la capitale attire toujours vers elle les ouvriers et les chefs d'atelier d'un talent supérieur par les ressources qu'elle leur offre, on est néanmoins parvenu à faire des ouvrages parfaitement solides, soignés et achevés. » Il ajoute que l'industrie occupe de 1,600 à 1,800 ouvriers ou chefs d'atelier. Le rapporteur de 1838 déclare fièrement que Bordeaux est, après Paris, la ville de France où l'ébénisterie et la menuiserie occupent le plus grand nombre de bras ; elles donnent du travail à plus de 2,000 ouvriers répartis en 120 ateliers. Sur l'exposition suivante, qui eut lieu en 1842, il est même dit : « On sent rarement le besoin de demander à la capitale les meubles de luxe qu'elle avait coutume autrefois de nous envoyer. » Un autre écrivain résume ainsi la situation en 1850 : « L'ébénisterie a pris depuis quelques années une grande importance dans l'industrie bordelaise. A chaque exposition de la Société philomathique, on constate un fort accroissement dans la production et des progrès notables dans l'exécution du travail, le choix des formes et la modération du prix. Nos fabricants ont des relations étendues avec les mers du Sud, où leurs produits sont généralement préférés à ceux qui s'expédiaient exclusivement autrefois de Hambourg et de quelques villes du Nord. » Dix ans après, cette situation heureuse n'a point subi de modification ; le rapporteur de la dixième exposition le constate avec joie, en insistant sur le développement de l'exportation, qui fait travailler la plupart des nombreux ateliers de Bordeaux.

En dépit de tout cela : organisation corporative supérieure, recrutement facile d'artistes et d'ouvriers excellents, conditions économiques exceptionnelles, habileté professionnelle et traditions d'art, l'ébénisterie bordelaise serait aujourd'hui menacée d'une décadence industrielle et commerciale.

Au cours de mon étude, je n'ai recueilli que des déclarations pessimistes, des doléances douloureuses, et l'anxiété de demain. Et, ce qui ne permet point de mettre en doute leur sincérité, c'est que je n'en ai entendu aucune non accompagnée de l'expression la plus émouvante à la fois d'une tristesse profonde et d'une énergie qui ne veut point encore s'avouer vaineue par la mauvaise fortune, qui tentera tous les efforts et acceptera tous les sacrifices pour relever l'industrie. Ah! si cela ne dépendait entièrement que de ces patrons et de ces ouvriers, ce serait bien vite fait; mais les causes de cette décadence, très nombreuses et très complexes, ne sont point toutes chez eux; le plus grand nombre est ailleurs, et échappe ainsi à l'influence immédiate de leur bonne volonté.

Singulier phénomène, bien fait pour infirmer tous ces aphorismes qu'on a voulu convertir en lois économiques et sociales: au moment même où la production industrielle et artistique est devenue le plus parfaite, en raison des réformes réalisées dans ce but par l'enseignement public, et où il semblait qu'elle dût être le plus recherchée et encouragée, par suite de la diffusion officielle du goût poursuivie parallèlement, non seulement l'industrie ne voit pas encore venir à elle la nouvelle clientèle, promise et espérée, mais une partie de l'ancienne l'abandonne peu à peu; et celle qui lui reste affirme déjà des habitudes et des idées qui témoignent moins d'un attachement raisonné que de la préoccupation de l'ennui d'un changement.

Les doléances des ébénistes sont unanimes et ne varient point de fond ni de forme à l'égard des bazars et des grands magasins. De leur installation ils datent la période de la décadence de l'ameublement. « Les grands magasins, disent-ils, ont engendré spontanément la camelote, la pacotille, le faux bon marché, le trucage, le simili, la contrefaçon, etc.: toutes les plaies d'Égypte qui ont fondu sur l'industrie contemporaine. La perversion du goût public est leur œuvre. Ils troublent les marchés, désorganisent les ateliers, avilissent la production, détruisent les traditions de conscience industrielle et de loyauté commerciale, et font perdre à la France son vieux renom universel de pays séculaire des vrais artistes et des bons ouvriers. » On comprend aisément de telles violences d'expression de la part de ceux qui voient à la veille de crouler une maison familiale prospère; menacée de disparaître une belle industrie, où ils sont nés, dont ils vivent, et dans laquelle ils ont mis tout leur orgueil, tous leurs rêves et toutes leurs ambitions. Les économistes et les sociologues patentés auront beau leur assurer que c'est là une évolution moderne annoncée par tous leurs prophètes; que le développement du principe de l'association des intelligences et des capitaux explique et justifie les usines colossales qui alimentent ces gigantesques capharnaüms; qu'on n'y peut rien et qu'il faut bien que cela soit, puisque cela est: le guillotiné par persuasion est une simple fantaisie d'humoriste écrivain.

Un industriel me déclare qu'il a dû renoncer à fournir ces magasins, parce que les meubles qu'il exécutait pour eux en grande quantité, il y a quelques années, simples, mais solides et en bon bois, avec une certaine préoccupation d'élégance, ne trouvent plus de clientèle, paraissant encore trop chers. Il y a mieux: un marchand lui-même me fait avec franchise l'aveu qu'il a à lutter constamment et de la façon la plus énergique contre l'abaissement des prix dans le commerce du mobilier en magasin. « La clientèle se rue avec une véritable folie sur la production à bon marché, production de pacotille et d'imitation de styles anciens. Un jeune ménage d'employés, ayant quelques écus à mettre à son mobilier de noces, réclamera imperturbablement du Henri II ou du Louis XV. A leur persuader que quelque chose de bon, de simple et de durable leur conviendrait mieux, on perdrait, conclut-il, son latin et le client. »

Depuis quelques années, les grands magasins d'ameublement se sont multipliés à Bordeaux; leur clientèle augmente tous les jours, clientèle aussi variée de physionomies et de fortunes qu'uniforme dans ses ambitions et dans ses goûts: la poursuite du faux luxe économique. Et, particularité d'une psychologie troublante: à mesure que ce commerce subit plus de dépression dans la qualité et dans les prix de la marchandise; que, pour lutter entre eux, ceux qui l'exercent sont obligés de donner une nouvelle extension aux produits dissimulant une fabrication d'infériorité sensible sous une séduction irrésistible de clinquant supérieur, on voit aller à lui des acheteurs d'une catégorie sociale plus élevée.

Qui alimente ces magasins? Il importe au plus haut point de le savoir. Depuis une vingtaine d'années, l'ébénisterie bordelaise a subi dans son organisme de travail, me dit-on, une évolution dont les conséquences ne sont pas étrangères à la crise présente. A la suite d'une grève, en 1876, provoquée par un abaissement de salaires, un certain nombre d'ouvriers quittèrent les grands ateliers d'ébénisterie pour s'établir petits patrons, ou pour travailler en chambre à leur compte. Des marchands de bois leur ouvrirent un crédit; les magasins d'ameublement leur donnèrent quelques commandes. L'illusion d'une prospérité assurée s'ensuivit; elle fut de bien courte durée. La multiplicité de ces petits ateliers provoqua rapidement une surproduction; les prix de vente aux magasins fléchirent; et bientôt ceux-ci se contentèrent d'attendre qu'on vînt leur présenter spontanément une marchandise, dont l'abondance croissante précipita la dépression générale du marché. Au début de ce régime industriel, l'ébénisterie bordelaise continuait la tradition de goût et de bonne fabrication, les nouveaux patrons ayant un intérêt impérieux à lutter contre les anciens par des tarifs inférieurs appliqués à des produits équivalents; l'âpreté de la concurrence, vis-à-vis d'une clientèle qu'ils devaient implorer pour en obtenir du travail dérisoirement payé, ou pour lui vendre souvent au simple prix de revient, parfois à perte, les amena vite à toutes les concessions et compromissions, qui rendirent la situation de plus en plus critique. Cette population ouvrière émigra alors dans les campagnes voisines. On m'assure qu'il n'est pas de petite ville et de bourg un peu important du Blayais, du Libournais, du Médoc, du Fronsadais et des Landes, qui ne possède aujourd'hui plusieurs petits ateliers d'ébénisterie formés par ces industriels.

Les ébénistes émigrés trouvèrent dans la population rurale une clientèle; mais elle ne put leur suffire. Les commandes et les réparations achevées, ils fabriquent pour les marchés de la région, à des prix tellement bas — grâce à la modicité de leurs dépenses personnelles et aux suppléments gratuits d'alimentation que leur procurent le champ et la vigne, contigus à l'atelier et cultivés à moments perdus, — qu'il est impossible aux ouvriers urbains de leur faire concurrence; même ces derniers commencent-ils à redouter de se voir enlever, un jour prochain, le monopole du traditionnel « meuble de Bordeaux », qui résiste encore, mais péniblement, à l'assaut de l'extérieur par sa robuste constitution.

Un des agents les plus actifs de la dépression du marché de l'ameublement est, après celui-là, l'ouvrier en chambre qui, par tempérament d'indépendance ou par illusion de prospérité professionnelle, se refuse à travailler dans un atelier. Il joue dans l'industrie bordelaise le rôle, dangereux pour la corporation, de ceux qui se livrent à la trolle, au faubourg Saint-Antoine. La matière première lui revient très cher, à cause de son achat par petites quantités ou du crédit qu'il doit réclamer du fournisseur. En outre, il est à la discrétion absolue du marchand de meubles, qui achète sa production hâtive et généralement médiocre, au seul moment psychologique : la misère noire. Un peu plus heureux que l'ouvrier en chambre, le façonnier reçoit des commandes directes intermittentes; il n'échappe point, en leur absence, aux difficultés commerciales de la production spontanée. Il contribue à la constitution du stock qui provoque l'avilissement des prix. Aussi, ces deux catégories tendent-elles à disparaître, les ouvriers qui les composent rentrant peu à peu dans les grands ateliers urbains, ou émigrant à la campagne, séduits par l'aisance relative des camarades qui les y ont précédés.

A la concurrence créée par l'émigration d'un certain nombre de ses ouvriers, l'ébénisterie a vu s'ajouter, depuis quelque temps, celle des ateliers nouveaux, qu'on a organisés dans quelques départements voisins, concurrence plus dangereuse, parce qu'elle touche à la fois l'industrie courante et l'industrie de luxe. Les artistes bordelais ont dans les artistes toulousains des rivaux qui, s'ils ne s'aventurent plus que timidement à Bordeaux, où la lutte serait aujourd'hui trop difficile, leur disputent avec acharnement et non sans succès la clientèle des grands centres du Sud-Ouest, indécise dans ses préférences esthétiques, et séduite par la nouveauté en même temps que par le bon marché. Ils ne dissimulent pas leur anxiété des conséquences des infidélités d'architectes locaux, dont ils sont douloureusement découragés en raison du désaveu, injustifié, qu'elles paraissent infliger à une collaboration pourtant aussi honorable qu'ancienne.

Les Pyrénées, Peyrehorade, Coarraze, Pau-Gélos, Nay, Castres, Tarbes et Argelès, visent plus spécialement la production ordinaire et à très bon marché. Il s'est fondé là depuis quinze ans des ateliers nombreux, dont les conditions économiques de fonctionnement développent de jour en jour l'importance ; le chiffre total des ouvriers, dans ces divers centres, serait à cette heure de près de 2,000. Tout d'abord, ces ateliers se firent une grande clientèle de magasins par le bas prix de leurs produits. Ils avaient sur place des bois indigènes, que les difficultés de transport et l'absence d'exploitation commerciale maintenaient à rien; les chutes d'eau naturelles et les faciles dérivations des gaves leur fournissaient une force motrice économique pour les débiter et les convertir mécaniquement en pièces d'assemblage; des commissionnaires envoyaient les pièces moulurées et sculptées. D'autre part, la main-d'œuvre rurale, fort médiocre, mais suffisante pour ce genre de travail, ne réclamait que des salaires infimes, complétés par le rendement de la culture accessoire du champ contigu à l'habitation, chaumière ou masure. La fortune rapide des industriels a radicalement changé cette organisation primitive. Il s'est monté de véritables usines, pourvues d'un outillage mécanique perfectionné, qui ont à leur tête des ingénieurs, et auxquelles sont annexés des ateliers de sculpture dirigés par des artistes toulousains. Des contremaîtres habiles, appelés de Paris ou de Bordeaux, ont transformé l'éducation technique des paysans, qui ne sont plus de simples manœuvres, mais des ouvriers habiles qu'on paie 3 et 4 fr. par jour. Même à Castres, ces derniers en sont arrivés à former deux coopératives puissantes, « Les Ouvriers réunis » et « Les Ateliers corporatifs ». Le vulgaire meuble en bois blanc du pays a bientôt fait place au meuble bambou, qui constitue la grande spécialité de Coarraze et Gélos; puis, les essences locales étant tenues pour trop inférieures, on est allé chercher le chêne et le noyer à Bordeaux, dans le Périgord et jusque dans le Dauphiné. Et, aujourd'hui, ces usines abordent résolument le meuble « de style ». Elles fabriquent des chambres Henri II, en vieux noyer, du prix de 300 fr.!

Tous ces nouveaux centres industriels alimentent surabondamment le marché de Bordeaux, où leur meuble bambou — 95 fr. la chambre complète — écrase le meuble similaire de l'industrie bordelaise.

Enfin, pour la production d'art, Bordeaux a dans Paris une concurrence dont l'action, peu considérable il y a quelques années, augmente de jour en jour, par suite des facilités de communication et de transport, amenées par l'abaissement des tarifs de chemin de fer, et en raison du développement d'une mode mondaine qui n'affectait jusqu'ici qu'une partie de la riche bourgeoisie.

Mais ce n'est point encore tout.

Une des plus graves causes de la crise actuelle de l'ébénisterie est l'épidémie de mode du bric-à-brac et de la curiosité. Ah! sur ce point, les doléances des industriels et des artistes sont également unanimes et éloquentes. Dans l'Annuaire de la ville de Bordeaux, je relève vingt-cinq antiquaires, marchands de meubles anciens qui affichent nettement leur commerce, et, comme tels, paient patente. Combien en trouverait-on encore dans la catégorie inscrite sous le titre d'ébénistes fabricants? Sur cent vingt-cinq, un tiers, peut-être! Parmi ces antiquaires on me dit qu'il y en a de fort huppés, qui font de grosses affaires, courent les ventes, voyagent même à l'étranger, et, tout comme leurs collègues parisiens fameux, ont des courtiers habiles, dissimulés adroitement sous l'étiquette d'hommes du monde, amateurs distingués et fins connaisseurs.

La menuiserie en bâtiment.

Les deux industries artistiques de l'ébénisterie et de la menuiserie en bâtiment se touchent; parfois elles se confondent dans l'exécution de certains travaux.

Une des principales branches de la menuiserie bordelaise était autrefois la fourniture du mobilier religieux: chaires à prêcher, bancs d'œuvre, lutrins, stalles, buffets d'orgues, autels, etc. Plusieurs églises, Saint-André, Notre-Dame, Saint-Michel, Saint-Pierre et Saint-Louis, contiennent des œuvres remarquables dues à des maîtres des XVIIe et XVIIIe siècles. Dans la première période de celui-ci, il a encore été exécuté des pièces originales à Saint-Seurin et Saint-Nicolas par Vincent et Guibert. Aujourd'hui, on ne ferait en ce genre presque plus rien qui présente une valeur d'art. Sans doute, la diminution de la fortune des fabriques en est la raison, celle qu'on invoque généralement, qui paraît la plus plausible; mais, on peut bien aussi faire une part importante à l'ignorance et au manque de goût du clergé. Saint-Sulpice le séduit plus encore par son clinquant barbare que par son bon marché. Tous les menuisiers interrogés sur ce point ont été unanimes dans leurs déclarations: « J'ai là dans mes casiers, me disait l'un d'eux, plus de trois cents dessins du fonds de mon prédécesseur; je n'ai jamais eu à m'en servir depuis quinze ans. »

La tradition des portes d'édifices publics et d'hôtels privés, aux battants décorés de médaillons, avec trophées et attributs en haut relief, dans les dessus chantournés et enguirlandés pittoresquement, est à peu près perdue à Bordeaux. Il suffit de jeter un coup d'œil sur les façades des nouvelles constructions publiques pour s'en convaincre. On voit bien ici et là quelques tentatives de résurrection faites par des architectes contemporains; combien elles sont timides et indécises! Pourtant, que j'en ai entendu de ces menuisiers se plaindre fort tristement, avec des haussements d'épaules, de n'être jamais mis à même de prouver qu'ils ne sont pas moins forts ni moins ambitieux que leurs aînés: « Qu'on nous en donne à faire des portes cochères, comme celle de la rue Montméjan, par exemple; l'on verra si nous sommes des manchots. » Ces braves gens ont cent fois raison. A toute heure, l'enquête que je poursuis dans les ateliers de menuiserie me renouvelle les mêmes scènes, les mêmes déclarations, aussi énergiques, aussi passionnées.

Et tout cela n'est point platonique, ne se passe point exclusivement en paroles et en professions de foi artistique. Le souci du maintien de la réputation des ateliers les a poussés à une création féconde: le cours de coupe des bois de menuiserie à la Société philomathique, professé par deux membres du syndicat, et qui ne compte pas moins de quatre-vingt-dix-sept élèves. Leurs délégués en suivent attentivement l'enseignement par une inspection régulière et minutieuse; le président du syndicat, avec orgueil, me signale la constatation publique par les rapports officiels sur les travaux de l'institution, des progrès exceptionnels réalisés dans ce cours et des résultats pratiques obtenus pour le développement de l'instruction des ouvriers et des apprentis. Le syndicat voudrait arriver à remplacer au moyen de cette création ce qui a disparu dans la profession par la suppression du compagnonnage, qui donnait aux ouvriers le sentiment du métier, le respect de la maîtrise et l'esprit de solidarité. Ces patrons sont loyalement sévères pour eux-mêmes; ils se reprochent de n'avoir point réussi encore à réaliser ce rêve : faire de leur syndicat une association puissante pour la défense des intérêts de toute nature, industriels, artistiques et moraux. De pareilles ambitions prouvent une singulière vitalité.

L'industrie a perdu encore une autre branche de production, qui n'avait pas peu contribué à établir solidement à la fois sa supériorité et son renom: la menuiserie pour les constructions navales. Les menuisiers bordelais étaient passés maîtres en cette matière, pour leur ingéniosité et pour leur goût. Trois grandes maisons s'adonnaient exclusivement à cette spécialité. Des merveilles sortirent de leurs ateliers. Aujourd'hui, les chantiers de construction de navires ayant disparu, on ne fait plus à Bordeaux que des travaux très ordinaires pour des torpilleurs de la marine de l'État.

Le développement des installations de magasins est venu apporter, dans ces dernières années, une atténuation appréciable aux conséquences désastreuses de cette disparition d'une des branches de l'industrie. Sur les allées de Tourny, aux cours de l'Intendance et d'Alsace-Lorraine, dans la rue Sainte-Catherine, etc., on peut voir des pharmacies, des boutiques d'orfèvres et de bijoutiers, des magasins de fourrures, d'habillements et d'articles de Paris, ornés de façades, de lambris, de vitrines, d'armoires, de casiers, de tables, de comptoirs, d'une exécution soignée et parfois d'un caractère décoratif séduisant.

La cheminée monumentale constitue une intéressante spécialité, dont la mode est très répandue. Les spécimens qui m'en ont été montrés font grand honneur à la menuiserie d'art par des qualités particulières : l'élégance et la robustesse des formes, une ornementation délicate et sévère.

Les conditions économiques de la menuiserie en bâtiment sont excellentes : sur la place même, un grand marché de bois exotiques et indigènes, dont l'organisation syndicale fait obstacle, me dit-on, aux spéculations commerciales qui troublent et ruinent une industrie ; pas d'importation étrangère ; dans la région, une concurrence, sans gravité, de quelques centres industriels, de Toulouse notamment, ne s'exerçant que sur une fabrication très inférieure : les parquets à bon marché principalement ; et, enfin, une clientèle importante en Espagne, qui augmente de jour en jour.

Les industries d'art du bâtiment et les architectes.

Quelle est donc la cause d'une situation qui m'a paru fort préoccuper les patrons, parce qu'elle ne répondrait point aux ressources dont ils disposent pour une production supérieure au point de vue de l'art ? Elle serait dans les conditions actuelles des relations entre les architectes et les entrepreneurs.

« Les architectes qui, par respect de leur profession et par amour de l'art, tentent de résister au mouvement général d'avilissement de l'industrie sont trop peu nombreux ; et même, semble-t-il qu'ils aient de moins en moins d'autorité ou d'énergie pour imposer à leur clientèle des projets qui nous permettraient d'exercer le savoir et le goût de nos ouvriers. C'est là ce qui nous désespère ; car les conséquences menacent d'en être désastreuses pour la corporation, qui compte à Bordeaux deux cent cinquante patrons et près de deux mille ouvriers. Les menuisiers gagnent jusqu'à 8 et 10 fr. par jour ; leur habileté justifie ce prix élevé de la main-d'œuvre. Or, si, un jour prochain, nous n'avons plus à utiliser cette habileté, les salaires baisseront rapidement, et le recrutement sérieux du personnel, tant patronal qu'ouvrier, présentera des difficultés qui, venant s'ajouter à celles que soulèvent les idées communistes, rendront le problème insoluble. En général, les architectes n'ont aucun souci de faire correspondre la menuiserie en bâtiment à l'importance des constructions et à l'état de fortune de leurs clients ; ils visent exclusivement le meilleur marché, établissant ainsi entre nous une concurrence non d'exécution supérieure, mais du plus bas prix. Incapables, pour la plupart, de composer une décoration d'ensemble, ils ne nous fournissent que des idées vagues et des croquis obscurs, dont la mise au net, un peu ambitieuse, nous a valu si souvent des déceptions, que nous devons bien plutôt nous préoccuper de la réduire au plus strict nécessaire ; et jamais nous n'avons à subir de réclamations à ce propos. » Voilà, en résumé, le thème unique des informations recueillies dans les ateliers sur l'état de la menuiserie en bâtiment.

« Qui n'entend qu'une cloche, n'entend qu'un son. » J'ai tenu à savoir des architectes leur opinion sur ces doléances et sur les faits qui les motivent. Or, toutes les réponses ont été une confirmation précise des unes et des autres ; elles les complètent même sur certains points.

« Il y a vingt ans, me dit l'un d'eux, Bordeaux, sans être moins riche, plus peut-être, possédait en tout huit architectes. Leur valeur professionnelle était incontestée et incontestable, ainsi que leur autorité. Le client avait en son architecte une confiance absolue ; les devis bien arrêtés, il lui laissait entière liberté d'exécution des plans dans toutes les parties d'architecture, de décoration et d'ameublement. À l'heure présente, l'Annuaire de la ville contient, sous la rubrique « Architectes », cent vingt et un noms. Les huit dixièmes n'ont de la profession que la plaque et la patente. Cependant, il leur faut bien faire quelques travaux pour vivre. C'est alors une course... au pignon, effrénée, entre tout ce monde se disputant âprement une clientèle qui, aujourd'hui, à la suite du krach de la construction, répartie proportionnellement entre le cinquième de ce chiffre, assurerait à peine aux privilégiés l'existence la plus modeste. Le pignon reste à celui qui a la réputation de bâtir au meilleur marché. Cette forme de la concurrence a gagné peu à peu la corporation entière; et la répercussion de ses conséquences atteint ceux mêmes qui en occupent les premiers rangs; la dépression des prix ne trouvant jamais indifférente une bourgeoisie que les habitudes commerciales autant que le goût de l'économie ne poussent que trop à la défense de son argent. » Au reproche relatif à l'absence de collaboration artistique entre l'architecte et l'entrepreneur de menuiserie, un autre objecte l'implacabilité de cette concurrence qui ne permet point à l'architecte de se livrer aux travaux personnels qu'elle exigerait, au défaut d'une organisation d'agences, comme en possèdent les confrères parisiens.

On tourne ainsi dans un cercle vicieux. C'est surtout contre le système actuel des adjudications administratives que les doléances des patrons sont le plus violentes, dans une unanimité absolue d'accusations formelles de conduire rapidement la profession à la décadence par la dépression continue des prix et par l'encouragement officiel donné à une production de mauvais aloi.

Là encore, l'épidémie du bric-à-brac exerce des ravages. A l'imitation ridicule des grands seigneurs, de l'aristocratie financière, qui achètent des vieilles maisons pour en extraire les lambris et les plafonds qu'ils feront replacer dans leurs châteaux ou dans leurs hôtels, de prétendus amateurs recherchent des boiseries vermoulues, sans goût ni grâce, qui donnent à leurs intérieurs la physionomie étrange d'un décor de théâtre. La mode des tapisseries anciennes, des vieux cuirs de Cordoue, des étoffes et des tentures orientales, des panoplies, etc., a détourné aussi des belles traditions d'art décoratif français, dont les hôtels du XVIIIe siècle nous offrent à Bordeaux tant d'exemples merveilleux.

La sculpture ornementale.

Après les ébénistes et les menuisiers, voici les sculpteurs ornemanistes qui font aux architectes leur procès, basé sur la même accusation catégorique, formulée en termes non moins énergiques et précis, d'être les auteurs de la crise qui frappe leur corporation.

Ce n'est point sur les accusations et les doléances des uns et des autres que porte seulement l'analogie de situations entre les interviewés d'hier et ceux d'aujourd'hui. Elle existe encore dans l'expression la plus spontanée des éloges des premiers à l'égard des seconds : habileté de main, conscience professionnelle, aptitude aux travaux les plus sévères et les plus délicats. Comment concilier cela avec la pénurie d'œuvres contemporaines de sculpture ornementale sur les maisons privées et sur les édifices publics, construits dans ce dernier quart de siècle, et, là où il y en a un peu, leur relative médiocrité ? Serait-ce la contemplation des merveilles d'art mises aux frontons de la Bourse et de la Douane par Francin et Vanderwoort ; la surprise de trouver partout, dans le quartier de la Rousselle, sur les quais, place Gambetta, cours et allées de Tourny, etc., une profusion de façades, même parfois d'apparences modestes, ornées avec le goût le plus exquis, qui rendent exigeant ? La décoration de l'École de santé navale est une puérilité ; celle de la caserne des sapeurs-pompiers, un pastiche déplaisant des motifs militaires de décoration du XVIIe siècle. L'École des beaux-arts portait un fronton aux armes de la ville qu'on a dû enlever, me dit-on, parce qu'il était vraiment trop ironique au sommet d'un édifice consacré à l'enseignement du beau. A la Faculté des lettres, à la Bibliothèque, on placera, au-dessus des portes d'entrée, de volumineux bas-reliefs allégoriques, qui ont coûté cher ; tout le reste des bâtiments devra rester d'une nudité douloureuse, accentuée encore par le contraste violent d'une richesse inopportune, sinon superflue. Je ne parle pas de la Faculté de médecine, ni de l'Hôtel des postes, l'art bordelais y étant étranger. Quant aux maisons privées, quelques-unes — dans les quartiers du centre, cours Victor-Hugo, près de la Rousselle ; cours d'Alsace-et-Lorraine, non loin de la rue Ravez ; à l'angle de la rue Michel et du cours du Jardin-Public ; rue Vital-Carles, en face de l'hôtel de la division militaire ; allées Damour, près du « Vercingétorix », etc. — montrent des travaux intéressants par une certaine maîtrise de métier au service d'idées décoratives un peu supérieures ; mais, si j'en excepte encore la série des petits hôtels et des villas du boulevard de Caudéran, où s'affirme une recherche souvent heureuse de fantaisie, il ne reste, des longues promenades à travers Bordeaux, que le souvenir d'une singulière antinomie entre le goût général du « home » qui se manifeste partout, et l'absence de toute préoccupation d'individualisme dans sa décoration extérieure, alors qu'en Angleterre, d'où ce goût a été importé, la variété infinie des habitations donne aux quartiers bourgeois des villes une si pittoresque physionomie.

Ces rares travaux ne se font remarquer par aucune tendance vers des formes décoratives nouvelles. Ce sont toujours les mêmes corniches Louis XVI, les mêmes dessus de portes et de fenêtres en rocaille, les mêmes mufles de lion, les mêmes palmettes et guirlandes, s'enroulant autour du cartouche qui porte le monogramme du propriétaire ou le chiffre de la numérotation édilitaire. Les architectes en font constamment un reproche aux ornemanistes; les ornemanistes répliquent que la création de modèles nouveaux serait une ruine pour eux. Là encore, on trouve donc les conséquences désastreuses de la copie et de l'imitation systématiques de l'ancien.

D'après les sculpteurs, cette pénurie et cette médiocrité seraient la conséquence du système administratif des adjudications publiques et de la dépression générale des prix dans les industries du bâtiment, qu'il provoque par la contagion des rabais et l'utilisation des incapacités. Les travaux de décoration sculpturale de l'École des beaux-arts et de la caserne des sapeurs-pompiers ont été, me dit-on, adjugés à des rabais de 25 et 35 p. 100! Ce dont les architectes se plaignent si fort, l'envahissement incessant de la corporation par une multitude d'anciens étudiants et commis, sans instruction professionnelle, se manifeste, paraît-il, dans la sculpture décorative, avec les mêmes néfastes résultats. Un bloc de pierre à sculpter dans un chantier est visé par vingt pauvres diables, qui, pour l'obtenir, proposeront n'importe quelles concessions sur les tarifs de séries. La prédisposition instinctive des architectes et des entrepreneurs au bon marché ne favorise que trop le développement de ce marchandage, qui désorganise les ateliers, fait obstacle à la formation de nouveaux ouvriers habiles, avilit la main-d'œuvre et la production. Il y a vingt ans, le nombre des patrons à la tête de maisons organisées dans les conditions industrielles normales était d'une demi-douzaine pour le même chiffre d'ouvriers, environ deux cents; aujourd'hui, on n'en compte pas moins de trente et un d'inscrits à l'Annuaire sous le titre de « sculpteurs ornemanistes »; et, encore, cette statistique officielle serait-elle fort incomplète, beaucoup de ces façonniers-entrepreneurs ne payant point patente et n'ayant aucune boutique sur rue.

À la concurrence intérieure, effrénée, qui mine cette industrie d'art, vient s'ajouter celle de l'extérieur, dont l'effet serait encore plus désastreux, parce qu'elle double de désespérances morales les déceptions matérielles. Sur ce dernier point, les plaintes sont douloureuses, et présentent une unanimité touchante d'arguments, inspirés non plus par des considérations d'intérêt personnel, mais par des sentiments d'amour-propre corporatif et de fierté locale. C'est le monument des Girondins, exécuté tout entier hors de Bordeaux; c'est l'entreprise générale de décoration de sculpture de l'Exposition de 1895, confiée à des Marseillais et à des Niçois; c'est la Faculté de médecine, où pas un artiste bordelais n'a travaillé; c'est Sainte-Croix, restaurée, dans les parties les plus modestes de son ornementation, par des ravaleurs parisiens, etc.

La peinture décorative, le papier peint, la mosaïque.

A Bordeaux, sous ce ciel ensoleillé, sur les rives de cette Garonne, fleuve sacré du Midi, qui, presque à sa source, voit se refléter dans ses eaux une ville de lumière et de couleur où tout est pittoresque, enflammé et vibrant, qui ne s'attendrait à trouver une population amoureuse des décorations claires et éclatantes, dans ses maisons et dans les établissements publics? Ce pays, où les buveurs paraissent éprouver une première jouissance à faire briller dans le cristal le rubis du vin, semble devoir être un eldorado pour tout ce qui broie de l'azur et du vermillon. Or, dans les brasseries, dans les cafés, dans les restaurants, on ne voit que des plafonds et des lambris dont les tons ne donnent aux yeux qu'une sensation banale et froide; tous les murs sont gris; nulle part il n'y a de toits rouges ni de volets verts. La polychromie est ignorée. Aussi, quoique l'Annuaire de Bordeaux contienne la mention de près de deux cents peintres décorateurs et en bâtiment, dont la plupart, il est vrai, sont autant ouvriers que patrons, l'industrie ne jouit que d'une prospérité très relative, dans la branche de sa production qui intéresse ici exclusivement : la peinture décorative.

La clientèle privée n'existe presque pas. Elle se résume en de très rares amateurs qui commandent parfois un plafond et des panneaux, le plus souvent d'une extrême simplicité, bornée aux ornements de combinaisons géométriques et de guirlandes et bouquets de fleurs. Les commandes qui comportent des figures sont des événements dans la corporation. Je croyais que les châteaux du Médoc et du Libournais, habités exclusivement pendant les vendanges, devaient fournir de nombreux travaux, en raison du caractère d'entretien économique, du luxe et de la gaîté de ce mode de décoration immobilière; on me détrompe unanimement.

L'industrie n'a quelques débouchés que dans les théâtres et encore les travaux y sont-ils fort intermittents. La décoration picturale des édifices religieux présente plus d'importance et de variété; elle constitue même une sorte de spécialité pour quelques chefs d'industrie. Dans un certain nombre d'églises de Bordeaux, à Notre-Dame notamment, on peut voir des œuvres qui témoignent d'un réel sentiment artistique et d'une habileté professionnelle peu commune dans les ateliers provinciaux. Le mouvement donné ici a été suivi dans la région. Le temps présent renouvelle ainsi, en décoration picturale, ce qui, au moyen âge, d'après les archéologues, s'était produit en sculpture décorative religieuse. Sainte-Croix, par son merveilleux portail, a fourni des motifs d'ornements à la plupart des églises rurales de la Guyenne. La particularité vaut d'être citée, comme démonstration de l'influence irrésistible exercée par l'exemple de belles créations.

Là encore, comme pour les métiers étudiés précédemment, l'organisation des ateliers permettrait de donner une grande extension à la production, si la clientèle civile ou religieuse se développait; la situation actuelle ne semble pas devoir en faire espérer l'éventualité imminente. Dans la décoration théâtrale, les chefs d'industrie ont été élevés à l'école sévère de maîtres qui, de leur temps, où le goût de la peinture décorative était plus répandu, avaient constamment en ateliers des commandes considérables et d'une grande diversité; ils y ont fait un long et fécond apprentissage — qui aujourd'hui paraîtrait insupportable — pendant lequel une sérieuse instruction artistique leur était donnée parallèlement à l'enseignement pratique. L'un d'eux, pour toutes ces conditions, a pu être appelé à organiser un des cours de l'École municipale des beaux-arts et des arts décoratifs, et a réussi à lui faire produire des résultats très remarqués. Dans la peinture religieuse, une vieille maison transmet de père en fils des traditions professionnelles familiales, que sont venues renforcer des ambitions d'art exceptionnelles. Ceux qui seront appelés à la diriger un jour doivent, pendant un apprentissage de dix ans, les initiant intimement à toutes les difficultés techniques du métier, apprendre à l'école le dessin, l'ornementation et la peinture. L'un d'eux ira, en outre, se perfectionner, par un stage de deux ans, dans l'atelier des maîtres décorateurs Rubé et Chaperon. Et quand ce patron disparaît, emporté par la mort, il lui succède, à la tête de l'atelier des travaux d'art, un autre jeune homme qui a suivi la même filière d'enseignement d'art et de métier, avec l'adjonction de deux années d'études à l'École nationale des arts décoratifs de Paris. Partout, les ouvriers ont fréquenté les cours de dessin de la Société philomathique et de l'École des beaux-arts, s'élevant aisément par là au-dessus du travail routinier. Il convient même de dire que cette organisation réalise de tous points celle que les idées nouvelles en matière d'instruction d'art préconisent, et dont bien peu d'autres professions bordelaises pourraient offrir l'équivalent. Eh bien, tous les patrons que j'ai interrogés me déclarent que la peinture en bâtiment seule les fait vivre et leur permet d'entreprendre des travaux artistiques, dans les conditions de prix de nature à vaincre l'indifférence, sinon l'hostilité, d'une clientèle qui, dans tous les projets qu'on lui présente, préfère constamment le bon marché aux qualités d'exécution et d'originalité. Ils ont un personnel d'élite pour cette dernière spécialité, leur opinion n'est pas moins nette et moins spontanée sur la dépression continue de la valeur de la main-d'œuvre, sur les difficultés de recrutement des apprentis dans l'industrie courante. N'y a-t-il pas là un fait d'une extrême gravité, qui infirme les théories qui ont cours sur le but et sur les résultats de l'enseignement contemporain?

Parmi les causes de cette situation qui préoccupe fort les chefs de l'industrie, l'adjudication publique tient le premier rang, en établissant la nécessité, impérieuse, pour ceux qui veulent y prendre part, de présenter des rabais insensés, dont les conséquences immédiates, fatales, sont les malfaçons et les diminutions des salaires. Ainsi, pour la peinture de la nouvelle salle du conseil municipal, il a été fait un rabais de 45 p. 100 ! La décoration du dôme central, du hall des vins et du salon des arts décoratifs, à l'Exposition de la Société philomathique, a été payée moins du dixième du tarif auquel ont été exécutés à Paris, en 1889, des travaux du même genre. Défalcation faite du prix des modèles pour ces derniers, la proportionnalité reste telle qu'on se demande comment un industriel sérieux a pu s'en tirer.

Le papier peint.

Il a existé, à Bordeaux, une industrie du papier peint, assez prospère et très honorable pour la ville. La première fabrique avait été installée, au milieu du siècle dernier, dans les ruines du Château-Trompette, et transférée, au commencement de celui-ci, dans les bâtiments des Cordeliers, rue Neuve-de-l'Intendance, puis rue Judaïque. Cette industrie, qui produisait des papiers à la planche, de bon goût et d'excellente exécution, alimentait toute la consommation locale et même faisait de l'exportation en Espagne et dans l'Amérique du Sud, a disparu, en 1887, en même temps que celles de Lyon, de Villefranche (Rhône), Avignon, Toulouse, Le Mans et Caen, écrasée par l'industrie parisienne, et à cause de l'impossibilité, faute de capitaux énormes, de s'outiller mécaniquement d'une façon puissante. Il n'y a plus aujourd'hui que des marchands, en très grand nombre — plus de soixante — qui sont, paraît-il, menacés de subir eux-mêmes à cette heure la situation douloureuse qu'ils avaient faite à l'industrie locale, en favorisant exclusivement le développement de l'importation des fabriques de Paris. Celles-ci s'adressent directement aux entrepreneurs, aux architectes, aux peintres en bâtiments et aux administrations publiques, qui ont, elles aussi, à faire un *mea culpa* absolu de la disparition de cette industrie et des ouvriers nombreux qu'elle occupait, par la préférence systématique accordée publiquement à la production extérieure ; en attendant qu'elle amène la disparition des marchands patentés et contribuables de la ville de Bordeaux.

La bijouterie et la joaillerie.

Sans avoir de traditions séculaires, la bijouterie bordelaise n'est pas née d'hier. Elle compte plusieurs générations d'artistes et d'ouvriers. Le rapporteur de l'Exposition locale de 1847 mentionne un habile industriel, nommé Sandaux, et loue ses ouvrages d'art ; il ajoute même cette piquante réflexion, qui signale déjà le système commercial si fort répandu aujourd'hui : « L'exposant fournit depuis bien des années la plus grande partie des petits bijoux d'or et d'argent, boutons, épingles, broches, anneaux, crochets, etc., que nous croyons le plus souvent expédiés de Paris à nos bijoutiers en renom, et qui sont nés dans son petit atelier de la rue des Glacières. » Quatre fabricants figurent parmi les lauréats de l'Exposition de 1859. Pendant la période de 1850 à 1867, un dessinateur, Henri Gilbert, alimente les ateliers de compositions originales, dont le souvenir est resté très vivant parmi les ouvriers. Bordeaux possédait même un bijou local, le bijou d'ors de couleur, dont on a maintes fois, mais sans succès, tenté la restauration lors des expositions ; le goût s'en est perdu.

L'atelier a conservé l'admirable organisation sociale et industrielle d'autrefois. Le chef est lui-même un véritable ouvrier qui, après avoir travaillé en province, a gagné sa maîtrise à Paris ; et, le plus souvent, est revenu prendre la direction de la maison où il avait fait ses premières armes. Il vit constamment au milieu de son personnel, donnant l'exemple de la pratique intelligente de la profession, appuyant son autorité patronale de la haute expérience d'un ouvrier supérieur, rompu à toutes les difficultés du métier. Ce personnel, presque toujours, a été formé dans l'atelier ; il ne l'a jamais quitté, et il y terminera sa carrière. Dans la grande industrie parisienne, le principe de la division du travail spécialise chacun dans une des multiples branches techniques de la bijouterie. Ici, l'ouvrier, comme celui des anciennes corporations, est obligé de savoir tout faire. Un jour, on lui commande une bague ; le lendemain, une boucle d'oreille ; puis, une broche ; ensuite, une parure en diamant. Cette diversité de besognes donne à toutes les mains une rare habileté, et évite à la production générale l'uniformité de physionomie et de facture, amenée par la spécialisation. Dans cet atelier familial, on fait des apprentis, suivant la vieille méthode, qui est encore la bonne : la vie commune de l'enfant et du maître, côte à côte, au même établi. La preuve en est dans les résultats du concours national d'apprentissage, organisé en 1891 par la Chambre syndicale des bijoutiers parisiens : Bordeaux y remporta le prix d'honneur offert par le ministre des beaux-arts, le prix d'honneur de la Société des livres d'art, une médaille d'argent et quatre médailles de bronze. Le chiffre des apprentis représente environ le dixième de la population ouvrière, évaluée à cent cinquante personnes, hommes et femmes. Les bijoutiers, en majorité, suivent ou ont suivi les cours professionnels de la Société philomathique et de l'École des beaux-arts. Tous les patrons de ces ateliers ont l'orgueil de leur métier. Dans la recherche de la clientèle directe, ils ne poursuivent point exclusivement l'objectif d'un travail moins incertain et plus rémunérateur. Elle serait, selon eux, fort accueillante aux propositions de projets nouveaux.

Ces patrons rêvent d'une ville où il y aurait entre eux une émulation constante, où l'œuvre d'art nouvelle, au lieu d'être enfermée immédiatement dans l'écrin et entourée d'un mystère qui facilite, il est vrai, les suppositions les plus flatteuses pour l'amour-propre de celle qui la possède, aurait à subir, dans une exposition ou dans un musée, la critique pouvant mettre en relief ses mérites et ses défauts. Ils voudraient conquérir, par la démonstration de leur valeur d'artiste, cette collaboration de la femme qui donne à un bijou, commandé et surveillé par elle, quelque chose de sa grâce et de sa beauté. Sans se dissimuler les difficultés d'une lutte contre les grands magasins, dont le choix considérable offre une irrésistible séduction à la clientèle, ils ne désespèrent point d'y réussir, par l'attrait précieux d'une moyenne de prix auxquels ne sauraient atteindre leurs concurrents, en raison du stock considérable de marchandises que nécessite le système de vente actuel, et qui, depuis quelques années, aurait imposé, m'assure-t-on, le doublement de leur capital à presque toutes les maisons. « Les pièces sur commande, disent-ils, sont moins rares que le prétendent les marchands dans le but de maintenir l'avilissement économique de la main-d'œuvre; les femmes, ici plus que partout ailleurs en France, ont le goût du beau bijou, que n'a point détrôné encore la joaillerie. » En cela, elles ne font qu'obéir aux lois impérieuses de l'atavisme. L'historien Ammien Marcellin, qui écrivait au IVe siècle, dit que les Aquitaines aiment fort à se parer.

La bijouterie présente une situation peu différente de celle de l'ébénisterie, au point de vue des relations professionnelles entre marchands et fabricants, avec cette même particularité d'une production fort intéressante comme habileté de main-d'œuvre et aptitude aux travaux les plus difficiles et les plus variés, en même temps qu'elle offre un spectacle non moins douloureux d'une exploitation implacable et d'efforts désespérés pour une émancipation bien utopique en l'absence de toute solidarité corporative et de toute individuelle énergie. Ici, comme là, cette situation révèle un singulier état social, un état anarchique, dont l'analyse explique les perturbations artistiques, industrielles et économiques de la vie nationale.

L'orfèvrerie, le bronze, le fer forgé.

Autrefois, Bordeaux a possédé une grande industrie artistique de l'orfèvrerie. La meilleure preuve en est dans le nom donné à une des principales rues de la vieille ville : la rue des « Dauradeys », qui devint ensuite la rue des Argentiers. La corporation avait pour armes parlantes : un marteau surmonté d'une couronne d'or entre trois boules d'argent. Au XVIIe siècle, Roberdeau acquit une certaine célébrité, même au delà de sa province ; il faisait dessiner et graver par Cochin fils sa carte de fabricant. Au XVIIIe siècle, Sarmensans avait également dépassé par ses mérites la réputation d'un artiste local. Bordeaux, en cela, suivait simplement la tradition française. Innombrables sont les documents historiques qui montrent le fonctionnement d'ateliers d'orfèvres un peu partout, dans notre pays, ateliers où sont éclos des chefs-d'œuvre d'art. Il y a à Bordeaux deux orfèvres travaillant pour leur compte, quoique, ici comme là, une prévention singulière et le snobisme aient habitué l'opinion publique à croire qu'il ne se fabrique et ne peut pas se fabriquer d'orfèvrerie dans une ville de province. La production locale, de toute évidence, ne présente aucun rapport avec la consommation qui, à en juger par les nombreux magasins et par les marchandises très variées qu'ils contiennent, doit être considérable. A l'Annuaire, sous la rubrique « Orfèvres-bijoutiers », figurent quatre-vingt-seize noms. Les vitrines et les étalages contiennent des spécimens de toutes les spécialités diverses de l'industrie, depuis les fantaisies de l'article de Paris en doublé, et le couvert en métal blanc, jusqu'à l'œuvre d'art d'argent repoussé et ciselé. Nulle part, en province, je n'ai vu autant de pièces de luxe offertes à la curiosité publique. Les boutiques les plus modestes d'apparence semblent s'enorgueillir d'en posséder. En vend-on beaucoup ? Bien fin qui pourrait le savoir. On comprend les raisons d'une aussi unanime discrétion.

La décadence de l'industrie qui, paraît-il, s'accentue de jour en jour, est explicable par l'absence de combativité chez ceux qui l'exercent encore, et par la méconnaissance ou l'impossibilité de réalisation des transformations d'outillage qu'impose aujourd'hui la concurrence extérieure.

L'industrie du bronze, importée il y a un quart de siècle environ, occupe environ 70 ouvriers, en une seule usine; elle produit des travaux de tous genres, depuis l'éclairage jusqu'à la statuaire. L'organisation technique de cette usine et les résultats qu'elle donne infirment certaines théories sur la spécialisation en industrie. Le patron est le véritable chef d'atelier, ancien ouvrier, élevé à cette situation par son intelligence et son énergie, qui conçoit, dessine et surveille en cours d'exécution l'œuvre d'art, dont chaque partie subit, sous les yeux de tous, les multiples transformations initiant ainsi constamment les uns et les autres aux difficultés et aux ressources du métier. La diversité des travaux, l'alternance des plus modestes et des plus élevés — un jour des commutateurs d'électricité, le lendemain des chenets, puis après, une statuette, plus tard, un bras de lumière inspiré de Gouthière ou de Cauvet, — donnent aux ouvriers l'habitude de cette fière conscience des artisans d'autrefois à mettre en tout de l'art. Cela est d'une moralité non pas seulement industrielle, mais sociale.

L'industrie de la coutellerie fine offre encore la preuve la plus frappante du succès certain d'une réaction énergique contre l'invasion de la pacotille et du bon marché, quand elle est entreprise avec résolution, dans un esprit sérieux de retour décisif aux vieilles traditions de loyauté industrielle et de bon goût. Autrefois, Bordeaux a possédé des couteliers en renom. Des maisons actuelles remontent, sans interruption de fontionnement dans la même famille, au milieu du XVIIIe siècle. Les comptes rendus des premières expositions de la Société philomathique contiennent des éloges de leur fabrication, irréprochable au point de vue de l'élégance et de la solidité. Insensiblement, cette fabrication avait été restreinte, puis définitivement abandonnée. On l'a reprise depuis une dizaine d'années; et il ne me paraît pas que celui qui le premier en a tenté l'aventure ait lieu aujourd'hui de regretter son audacieuse ambition. J'ai voulu savoir sur quelles idées nouvelles elle avait été basée. Voici ce qu'on m'a répondu :

« L'évolution accomplie dans le commerce de détail nous a donné la certitude que notre industrie n'était désormais possible qu'aux conditions suivantes :

« 1° Pouvoir offrir des produits supérieurs comme fini, comme choix des matériaux accessoires, comme qualité et comme goût, à ceux vendus couramment ;

« 2° Créer des modèles à nous, qui, sans essayer de lutter de prix, ne fussent pas, autant que possible, semblables à ceux qu'on fabrique en grandes quantités sans autre souci que celui de produire à bon marché pour le plus grand détriment de notre industrie nationale.

« Aujourd'hui, nous sommes arrivés à créer un petit personnel d'ouvriers habiles, et nous pouvons produire à peu près tous les objets de notre vente courante, et même exécuter les plus belles pièces de coutellerie, de véritables œuvres d'art. Nous espérons, aidés par la clientèle, arriver à reconstituer complètement notre industrie et à lui rendre son caractère d'indépendance et d'originalité. »

Ces idées-là, d'un si grand bon sens, on les traite généralement d'utopiques ; il y a là un nouvel exemple de leur application pratique et fructueuse.

Autrefois, Bordeaux a eu une belle industrie de la ferronnerie. Aujourd'hui, elle est en complète décadence ; et, lorsque sera mort le dernier artisan qui fasse encore, d'une façon fort intermittente, du fer forgé et de la tôle repoussée, elle aura disparu. Tout conspire d'ailleurs contre elle : l'ignorance du public, l'indifférence des architectes, le développement commercial de la fonte de fer, et l'absence d'une organisation véritablement artistique et industrielle. On n'exécute plus de ces clôtures de chœur monumentales, de ces rampes d'escalier somptueuses, comme on en voit à la Bourse, à Notre-Dame, etc. La mode est perdue des heurtoirs de si fière allure qui décoraient les portes des anciens hôtels ; et, aux maisons nouvelles les plus luxueuses vous ne trouveriez pas un balcon qui puisse être comparé à ceux dont sont ornées, avec tant de diversité de formes, les plus modestes façades dans les vieux quartiers. Qu'est la grille du Parc-Bordelais auprès de celle du Jardin-Public ? L'unique forgeron d'art restaure un peu d'ici, « bricole » un peu de là, met quelques ornements aux grilles de l'hôtel de ville, exécutées par une maison tourangelle ou bourguignonne, je ne sais plus trop : à cela se résume toute la production artistique actuelle. Quand je pense à la renaissance contemporaine du fer forgé, qui, à cette heure, fleurit en Allemagne, en Suisse, en Belgique et en Hollande, créant à profusion, dans les petites villes comme dans les grandes, des merveilles d'art comparables aux chefs-d'œuvre des siècles passés, je me demande pourquoi, ici, on n'en peut pas faire autant. Bordeaux vaut bien Anvers, Bâle, Cologne, Lubeck et Hambourg, pour la richesse et l'orgueil !

Quant à la serrurerie d'art, il y a beau temps qu'elle n'est plus qu'un souvenir. Dans le dépôt du Musée d'archéologie, on montre la collection des pièces de maîtrise de l'ancienne corporation, recueillies et restaurées par Chavanton; la piété filiale a réuni l'œuvre entière de Faget, de tous points digne de prendre place à côté. Mais, actuellement, il ne s'emploie plus rien qui ne vienne du dehors ; même un architecte m'assure que, à l'opinion des commis voyageurs, Bordeaux est, de toutes les villes de France, celle où il se vend le moins de fine serrurerie.

La céramique.

C'est une oraison funèbre que j'ai à écrire sur la plus importante des industries artistiques de Bordeaux, la céramique. Dans les grandes périodes de la vie des industries comme de celle des hommes, presque toujours la destinée crée des faits dont l'analogie ou la contradiction est d'une ironie singulièrement philosophique. Voici ce qu'écrivait le rapporteur de l'Exposition de 1842 : « L'entreprise de M. Johnston est devenue un véritable bienfait pour le faubourg de Bacalan. Ce quartier vivait naguère exclusivement de la navigation et des travaux relatifs au commerce des vins ; plus qu'aucun autre, il devait souffrir de la décadence qui, depuis quelques années, a frappé ces principales branches de l'activité bordelaise ; le paupérisme s'y étendait d'une manière inquiétante ; il devenait urgent de donner de l'ouvrage à cette population habituée à trouver l'aisance dans le travail. » Cinquante ans après, au moment même où se renouvelle la crise économique à laquelle elle apportait jadis un si opportun soulagement, cette entreprise tombe ; et l'acte de liquidation porte le nom qui figurait dans l'acte de fondation. L'usine Vieillard aura ainsi vécu un peu plus d'un demi-siècle — elle avait été inaugurée en 1836, — après avoir subi des alternatives de décadence et de prospérité.

Quelles sont les causes de la chute de cette industrie bordelaise ? C'est ce qu'il importe évidemment le plus de faire connaître. Il n'est point facile de les analyser, la source la plus sûre d'informations étant disparue avec ceux qui, depuis de longues années, dirigeaient l'entreprise. D'après ce que j'ai pu en savoir, elles sont nombreuses, complexes, et devaient fatalement entraîner la catastrophe actuelle. La mort des deux frères Vieillard — les fils du grand industriel qui, en 1845, réorganisa la manufacture Johnston, tombée en déconfiture — ne laissant après eux que des jeunes gens étrangers à l'industrie, constitue la première : la maison n'avait plus de tête. Quand, en 1836, Daniel Johnston importa à Bordeaux la fabrication de la poterie anglaise, les débuts furent relativement modestes ; quatre fours seuls étaient installés dans une partie des vieux bâtiments du Moulin-des-Chartrons. En 1842, la manufacture comptait cinq fours de plus ; on avait simplement approprié d'autres parties de ces bâtiments, auxquels plus tard le développement progressif des affaires ne fit qu'ajouter des annexes successives, correspondant aux besoins du moment. La manufacture ressemble à un habit du XVIIIe siècle, agrandi et modernisé au moyen de pièces et de morceaux. Une installation industrielle de ce genre est assurément fort pittoresque ; mais elle ne réalise guère les conditions immobilières imposées par l'extension du machinisme dans l'industrie, par les nécessités d'une production intensive et économique. Il en résultait dans la main-d'œuvre et dans la manutention une déperdition fort onéreuse de forces, de matières et de temps.

On fait intervenir également des considérations d'ordre économique : la suspension de l'importation dans l'Amérique du Sud, par suite des événements politiques et de l'élévation du change ; les tarifs de douane presque prohibitifs aux États-Unis ; les frais de transport par chemins de fer, qui ferment à l'industrie bordelaise l'accès du grand marché parisien et du bassin de la Méditerranée ; la cherté de la main-d'œuvre, et les difficultés de recrutement et de conservation du personnel de manœuvres, qui ne peuvent trouver en ville les suppléments et les compensations à leurs modiques salaires que la campagne leur fournirait par la culture d'un champ et par la vie à bon marché.

Dans la *Statistique de la Gironde* d'Ed. Feret publiée en 1878, se trouve le renseignement suivant sur la manufacture Johnston : « Au début, les aspirations artistiques y reléguèrent trop au second plan la fabrication des articles de grande consommation ; aussi, après une apparition brillante à l'Exposition de 1839, la manufacture ne tarda-t-elle pas à faire de mauvaises affaires. » En effet, David Johnston avait pu montrer à cette exposition, non seulement des poteries blanches et des grès de couleur, mais un grand nombre de faïences décorées. De 1872 à 1878, les successeurs de J. Vieillard abordaient, eux aussi, résolument, la fabrication d'art ; à cette dernière date, au Champ-de-Mars, leur exposition contenait des pièces nombreuses, exécutées avec la collaboration d'artistes décorateurs renommés, et un ensemble d'œuvres secondaires remarquables par le bon goût. La nouvelle expérience ne réussit point, me dit-on, et la manufacture en revint à la production ordinaire et à bon marché. La porcelaine, entreprise en 1850, fut également abandonnée d'une façon définitive. Cette incursion dans le domaine de l'art, si courte qu'elle ait été, passe pour n'être point étrangère au douloureux événement d'aujourd'hui. Une appréciation de ce genre prend un côté piquant de la coïncidence en Angleterre d'un mouvement artistique qui pousse la céramique entière, comme toutes les autres industries, à faire de l'original et du nouveau dans les formes, dans les couleurs et dans la décoration. Quoi qu'il en soit, un syndicat de fayenciers a acheté l'usine pour la fermer, afin de supprimer une concurrence intérieure à ses autres établissements.

Dans la région suburbaine de Bordeaux, il existe une autre fabrique de poterie, organisée d'une façon modeste et simple. On m'assure qu'elle est très prospère ; même aujourd'hui est-il venu à celui qui la possède l'ambition d'une production artistique, qui donnerait déjà des résultats fort satisfaisants au point de vue commercial, celle de l'adaptation industrielle de la céramique au mobilier.

La fabrication de la céramique décorative, comme revêtement, à l'intérieur et à l'extérieur des habitations, a été plusieurs fois tentée par des artistes ; elle n'a jamais obtenu de succès à Bordeaux, alors qu'à Royan, à Arcachon et à Pau, on s'est souvent empressé d'utiliser les œuvres pittoresques qu'elle a produites. La polychromie, décidément, ne jouit pas d'une grande faveur auprès des architectes et de la population.

Les vitraux d'art.

Si, à Bordeaux, d'anciennes industries artistiques disparaissent, il en est d'autres qui refleurissent avec éclat. Je lisais récemment dans un ouvrage d'érudition locale : « Un acte du notaire Moreau, daté du 4 juin 1515, mentionne que Jehan Pichon fit poser en sa maison des vitres et verrines semblables à celles qui existaient dans la salle basse de maître François Lesueur, procureur au Parlement, et « avec tels imaiges et rondeaulx que Pierre Faure avait en son maison ». Ce document prouve qu'au commencement du XVIe siècle, les bourgeois bordelais sont des gens de grand goût, passionnés pour les choses d'art, et que la décoration immobilière dont ils s'entourent excite parfois assez d'admiration publique pour qu'un garde-notes croie devoir spécifier officiellement dans un acte que son client n'avait pas moins fait dans ce sens que tel notable de la cité. L'administration ne se montrait nullement inférieure à la bourgeoisie dans le culte de l'art, comme il arrive si souvent de notre temps. En 1526, les jurats défendirent expressément aux bouchers de faire passer leurs moutons venant des Landes par la porte du Hâ, sur la place Saint-André, parce que la poussière qu'ils soulevaient salissait les vitraux de la cathédrale. On peut voir, dans la plupart des anciens monuments religieux, des témoignages superbes de l'habileté des maîtres verriers d'autrefois, et de la largesse de leurs contemporains, princes, gens d'église, noblesse de finance, de robe et d'épée. Bordeaux n'a pas été la dernière ville à prendre part au mouvement moderne de la renaissance de cette belle industrie. De l'atelier de peintres verriers fondé à Clermont, par Thibaud et Thévenot, au commencement du règne de Louis-Philippe, — en même temps que Maréchal créait le célèbre atelier de Metz, Bontemps celui de Choisy-le-Roi, Duvernay la manufacture de Saint-Galmier, et qu'on peignait à Sèvres les vitraux de la chapelle de Dreux, — sortit, en 1852, un artiste, Villiet, qui vint s'établir ici. Déjà, onze ans auparavant, deux peintres, Jones et Audoynaud, avaient tenté de mettre à la mode, à Bordeaux, les vitraux pour appartements. Le rapporteur de l'Exposition bordelaise de 1841 loue les œuvres du premier, et déclare l'application des couleurs heureusement réussie, harmonieuse et rendant avec fidélité les nuances les plus délicates. Villiet produisit beaucoup de vitraux d'église, intéressants par leur valeur d'art et d'archéologie. Il forma deux élèves habiles, qui, à leur tour, ont créé des établissements, l'un en 1864, et l'autre en 1878, ce dernier spécialement consacré à la fabrication des vitraux religieux. Leur succès a provoqué l'organisation d'autres maisons. Actuellement, l'industrie des vitraux d'art occupe à Bordeaux près de cinquante artistes et autant d'ouvriers, répartis en six ateliers, dont un a pris beaucoup de développement : il occupe plus de la moitié de ce personnel. En 1884, aux vitraux peints d'église et d'appartements est venue s'ajouter une nouvelle spécialité : le vitrail à émaux céramiques, d'après un procédé inventé par un artiste décorateur-chimiste de l'usine Vieillard, nommé de Caranza.

L'industrie est florissante. Par une contradiction de goût, qu'explique, me dit-on, le bon marché relatif d'un de ces moyens de paraître auxquels on ne serait pas ici insensible, le vitrail d'appartement à émaux céramiques a bien vite conquis les Bordelais; on en voit partout. Il est devenu à la mode pour les portes et les croisées des magasins, des hôtels, des bars, des cafés et des brasseries, où souvent ses proportions et la richesse du dessin et du coloris surprennent, en raison des quartiers qu'ils décorent et qui ne sont rien moins qu'excentriques et ouvriers. Dans les villes, grandes et petites, de la région du Sud-Ouest, cette décoration s'est aussi fort répandue. On fait une exportation importante de vitraux en Espagne et en Amérique du Sud, où l'industrie bordelaise a réussi à supplanter l'industrie allemande, qui ne conserve ses anciennes positions commerciales que pour les commandes des églises. Avant l'élévation du change, il ne partait pas pour Buenos-Ayres, Montevideo, La Plata, etc., de paquebot qui n'emportât de nombreux colis de vitraux, généralement d'un prix très élevé. A Madrid, pour l'Académie de la « Lengua »; à Saragosse, pour la Faculté de médecine, une maison a exécuté des travaux décoratifs considérables. Les peintres-verriers religieux bordelais sont aussi fort appréciés à l'étranger; on trouve de leurs œuvres jusqu'à Saint-Pierre de Rome et à Jérusalem.

L'organisation technique de l'industrie, qu'on peut tenir pour la principale cause de cette prospérité, constitue une démonstration nouvelle de la valeur des théories exposées au cours de cette étude. Dans l'atelier le plus important par le chiffre du personnel et par celui des affaires, le chef est un élève de Villiet, qui, pendant de longues années, comme apprenti et artiste dans l'atelier de son maître, s'est initié profondément à toutes les ressources du métier. Il dirige et surveille le travail général sans aucun intermédiaire. Ses connaissances artistiques l'ont conduit immédiatement à réformer, au point de vue de la pureté du dessin et de l'harmonie des compositions, une production qui, dans le vitrail d'appartement, s'attachait exclusivement à la séduction du coloris et des effets lumineux; et les résultats de la réforme ont été excellents. Pour collaborateurs principaux, qui composent et exécutent les travaux les plus délicats, il a ses trois fils et son gendre, élèves de l'École municipale des beaux-arts et des arts décoratifs. Les trente-cinq autres artistes ont également étudié à la même école. Tout se fait dans l'atelier sous l'œil du maître : les cartons, la peinture, la coupe des verres, la cuisson, la mise en plomb et la serrurerie. N'est-ce point là vraiment l'atelier familial d'autrefois, d'une superbe fécondité artistique, d'une moralité et d'une discipline sociales qui le rendaient réfractaire aux utopies malsaines et aux stériles ambitions?

L'imprimerie et la gravure.

L'imprimerie typographique bordelaise continue, sans l'altérer, la tradition de ses vieux maîtres, les Simon-Millange, les Chapuis et les Racle, en l'art des belles impressions. Quelques maisons même travaillent pour les éditeurs parisiens; l'une d'elles, qui figure parmi les plus anciennes, alimente presque exclusivement ses ateliers, comprenant une quarantaine d'ouvriers. Mais, il ne reste plus trace des livres de messe et de piété, des ouvrages de liturgie, qui, encore au milieu du siècle, constituaient une importante spécialité.

Maintenant, l'imprimerie semble se concentrer de plus en plus dans la production locale pour les administrations, le commerce et l'industrie. Le résultat économique en est une violente concurrence intérieure, qui, par les adjudications publiques, par les concessions à la clientèle privée, aboutit à une dépression continuelle des prix; en conséquence, à celle de la valeur technique et artistique de la profession. Cette situation, évidemment, n'est point favorable au recrutement des ouvriers habiles, à l'acquisition des outillages perfectionnés, à l'ambition d'idées et de créations nouvelles.

Une des branches importantes de l'industrie est la lithographie. Autrefois, elle atteignit une prospérité dont bien peu de villes en France pourraient offrir d'exemples. Elle compta des artistes de grand mérite : Sewrin, Arago, Alaux, Lacour, et un maître véritable, de Galard, dont l'œuvre est aussi original que considérable et varié. Aujourd'hui, en fait de production analogue, il n'existe plus rien de permanent ni de remarquable ; tout se borne à des dessins intermittents dans les revues d'archéologie et de science, et à deux ou trois albums annuels d'actualité locale. Le commerce alimente exclusivement les soixante-dix imprimeries lithographiques inscrites à l'Annuaire bordelais. Leur situation industrielle n'est rien moins que brillante, en raison de la crise commerciale provoquée à Bordeaux par le nouveau régime douanier de la France, et par les révolutions politiques et financières de l'Amérique du Sud, son grand marché d'exportation. La production aurait baissé dans des proportions invraisemblables ; et le prix de la main-d'œuvre, de plus de 25 p. 100. Aussi, constate-t-on une véritable émigration d'ouvriers imprimeurs et graveurs. Les doléances unanimes portent sur la clientèle, qui ne veut plus payer les travaux à leur valeur ; provoque, par ses tendances exclusives au bon marché, une décadence incessante ; et favorise d'une façon désespérante, et pour des motifs inexplicables, la concurrence extérieure. Telle maison qui commandait régulièrement, chaque année, d'un seul coup, deux et trois cent mille étiquettes de bouteilles, n'en fait plus exécuter que vingt mille. Les pancartes illustrées, les tableaux en couleurs, pour caisses de liqueurs et de vins, dont la gravure et l'impression occupaient en permanence plusieurs artistes et ouvriers, dans chaque atelier lithographique, sont devenus aujourd'hui une surprise, de moins en moins fréquente. Pour les fournitures de bureaux, en-tête de lettres et de factures, cartes de commerce avec illustrations, à prix égal et à même mérite de travail, les maisons de Paris, de Lyon, de Toulouse, etc., auraient toujours les préférences des négociants bordelais. Et pourtant, me déclarent les nombreux industriels que j'ai interrogés, nous sommes en mesure de faire aussi bien que nos concurrents ; mais, si l'on nous impose, comme cela a lieu constamment, des prix inférieurs et dérisoires, il ne nous est pas possible de lutter.

Toujours le même cercle vicieux, ici, sans grande espérance de pouvoir en sortir, et la certitude d'une catastrophe imminente. L'organisation de la majorité des ateliers de lithographie restera ce qu'elle est aujourd'hui : précaire et surannée, avec ses dessinateurs et ses graveurs en chambre, sans éducation artistique, voués exclusivement à la routine et à la copie, travaillant pour tout le monde à prix réduits. Dans les ateliers, très rares, qui ont un personnel particulier, un vrai artiste ne trouvera ni l'emploi ni la rémunération de son talent ; alors, à l'exemple de tant d'autres, il s'en ira les chercher ailleurs.

Après avoir, pendant tout ce siècle, donné lieu à des expériences restées infructueuses, par suite de l'absence de procédés industriels, économiques et perfectionnés, l'affiche illustrée en couleurs est devenue un art superbe, original et puissant, depuis une dizaine d'années, du jour où la science a révolutionné la gravure et l'impression, et qu'un artiste de grand talent a trouvé la première formule, hardie, de la polychromie murale de la rue. La province ne pouvait rester étrangère à ce nouveau mouvement parisien. On a essayé récemment d'importer à Bordeaux les créations de Chéret ; l'entreprise a échoué. D'autres imprimeurs reprennent l'idée dans des conditions plus favorables à son succès ; et ils ont déjà réussi à produire quelques pièces d'une certaine importance : affiches de fêtes, de bals, de vélocipédie, etc. Malheureusement, là se manifestent les mêmes tendances commerciales désastreuses, signalées plus haut. La clientèle subordonne à la préoccupation de l'œuvre d'art, qui doit exclusivement dominer dans une commande de publicité, celle d'un travail à bon marché, fût-il médiocre et, par conséquent, peu susceptible d'atteindre le but poursuivi. Aussi, en dépit de toutes leurs ambitions, les plus énergiques commencent-ils à désespérer ; et je ne recueille que des plaintes amères sur le peu d'encouragement à des tentatives qui mériteraient pourtant, en considération des efforts et des sacrifices résolument abordés, d'être appuyés par les administrations et les associations dont le rôle naturel est la protection des industries locales. L'indifférence du public ne se justifie-t-elle pas par d'aussi cruels désaveux, officiels, que n'atténue point la déception qu'ils doivent causer à ceux mêmes qui les ont provoqués ?

La gravure à l'eau-forte a fourni autrefois à l'imprimerie bordelaise les éléments d'un certain nombre de publications et de livres illustrés. La bibliographie locale fait mention de plusieurs œuvres considérables. Ce mode d'illustrations est complètement disparu ; d'ailleurs, on ne trouverait pas dans tous les ateliers un seul tireur d'épreuves d'eau-forte, non plus que de taille-douce, autres que ceux pour les en-tête de lettres et de factures, les billets de mariage et d'enterrement.

Au même temps que Gillot donnait à la gravure photo-chimique son développement industriel, un lithographe appliquait ici les nouveaux procédés ; et, pendant plusieurs années, l'atelier qu'il avait fondé hardiment pouvait fournir à la librairie et à deux journaux illustrés des clichés de zincographie d'une excellente exécution. Les journaux cessèrent de paraître ; et l'atelier, faute de commandes commerciales suffisantes, dût être fermé.

Une période nouvelle va-t-elle s'ouvrir ? Un industriel me fait part de son intention d'aborder résolument la production en grand des chromos artistiques, et d'enlever aux Allemands le monopole des lithographies en relief. Les soixante-deux patrons viennent de former une chambre syndicale, qui a pour mission de défendre les intérêts collectifs de l'industrie, et d'assurer son développement par la poursuite des progrès artistiques et techniques, en établissant entre tous les chefs de maison une solidarité effective et incessante d'essais, d'expériences et de réformes ; et en faisant disparaître ce qui a été jusqu'ici la plaie vive de la corporation : l'indifférence et la jalousie.

Du côté des ouvriers, il n'y a pas moins, sinon plus, d'ambitions. Les typographes bordelais se sont réunis en une association syndicale, qui compte actuellement deux cent vingt adhérents sur les trois cents de la corporation entière. Étrangers à tout parti politique, ils s'occupent exclusivement de questions professionnelles ; non seulement ils ont créé une caisse de secours mutuels et une caisse de chômage, mais leur sollicitude collective se porte avec autant d'activité sur le développement technique du métier. J'ai voulu savoir d'eux, par l'organe du président de l'association, ce qu'ils ont réalisé et ce qu'ils projettent. Notre conversation n'a pas manqué d'intérêt. A ce moment, les typographes bordelais faisaient campagne pour la mise en vigueur d'un tarif minimum. Ce tarif est inférieur à celui des syndicats de Paris, de Lyon et de Marseille, et équivaut à celui des grandes villes de

France : « Nous l'avons rédigé, dit le président de l'association, dans le but exclusif de maintenir à l'industrie bordelaise la valeur de la main-d'œuvre, par l'exclusion des mauvais ouvriers qui proposent de travailler à n'importe quel prix ; et nos intentions ont été si bien comprises que, sur toutes les fortes maisons de la place, deux seules se montrent opposées à l'adoption du tarif; encore l'une d'elles l'a accepté virtuellement, tout en refusant sa signature d'engagement. Dans le document qui contient les dispositions de ce tarif, il est question de l'apprentissage. Là aussi nous poursuivons exclusivement un objectif professionnel. L'apprentissage se fait généralement aujourd'hui dans les conditions les plus néfastes pour tout le monde, pour l'apprenti, pour l'ouvrier et pour le patron; il est là première cause de la situation actuelle de l'industrie. Nous désirons ardemment la création d'une véritable école d'apprentissage, où l'on préparera d'habiles ouvriers. » Déjà, par l'initiative de quelques chefs de maison qui ont créé chez eux un apprentissage réel, la situation s'est améliorée à ce point que les typographes pères de famille, après s'être, il y a quelques années, montrés absolument réfractaires à l'entrée de leurs enfants dans la profession, tenue pour médiocre, les y poussent aujourd'hui volontiers.

L'Association syndicale des typographes a tenté de créer une bibliothèque technologique ; malheureusement, l'institution est restée à l'état embryonnaire, et n'existe pas de fait, malgré les sacrifices et la bonne volonté de ses organisateurs. Les cours du soir de la Société philomathique sont suivis par les apprentis et les jeunes ouvriers, sur les conseils et avec les encouragements de l'association, qui distribue annuellement, ainsi que la Chambre syndicale des patrons, des récompenses, fort recherchées, à ceux qui ont fait le plus preuve d'intelligence et d'assiduité.

L'enseignement industriel et artistique.

En dépit de conditions économiques le plus souvent désastreuses, les industries d'art de Bordeaux ont conservé une organisation ouvrière superbe. Partout il y a une main-d'œuvre de premier ordre, dont l'ambition et la loyauté ont résisté à toutes les causes multiples d'avilissement. Nulle part, les sculpteurs ne fouillent mieux le bois, les ébénistes n'assemblent avec plus de précision et d'élégance les parties diverses d'un meuble, les bijoutiers et les joailliers ne montent, sertissent et cisèlent plus délicatement.

Qui a fait cette main-d'œuvre admirable? Une tradition locale de belle façon — les preuves en abondent dans toute la ville —; un goût naturel à l'ouvrier dont les yeux, dès l'enfance, se sont habitués au sentiment des formes pittoresques, originales et harmonieuses, par le spectacle constant des innombrables œuvres décoratives des siècles passés; le recrutement de l'ouvrier d'art dans la partie du peuple la plus modeste, mais la plus saine et la plus énergique, qui a conservé le respect, l'orgueil du travail manuel et ambitionne toujours de s'élever; l'apprentissage dans l'atelier familial, dirigé par un patron ayant appris à fond le métier, et capable ainsi de prêcher d'exemple; enfin, la création d'un enseignement professionnel, pratique et sérieux.

Cet enseignement est dû à la Société philomathique, dont les cours professionnels du soir constituent une des plus belles institutions populaires non seulement de notre pays, mais de l'Europe entière. Les clients de cette société, plus de 2,000 par an, sont des ouvriers qui ont l'ambition de se perfectionner dans le métier qu'ils pratiquent, en apprenant ce qu'on ne peut pas leur enseigner à l'atelier, par suite de l'obligation d'une incessante production. Ils viennent le lui demander; elle le leur donne. Le besoin crée l'organe. Le jour où la société songerait à leur offrir autre chose, elle ne remplirait plus sa mission, et deviendrait non seulement inutile mais dangereuse. On applique là, avec précision, les vrais principes pédagogiques qu'Herbert Spencer a résumés si expressivement dans cette déclaration éloquente : « La meilleure instruction est celle qui prépare le mieux l'enfant à l'avenir qui l'attend. » Aussi, est-il intéressant de constater la sollicitude que portent à cet enseignement toutes les chambres syndicales, toutes les associations patronales et ouvrières; c'est qu'elles savent qu'il se fait là une bonne besogne pour les industries. La Société philomathique.

La Société philomathique, la doyenne de toutes les institutions d'enseignement professionnel, est plus que centenaire, à considérer la fondation en 1783, par l'intendant de la province de Guyenne, du Musée que remplaça, en 1801, le Muséum d'instruction publique, auquel la présente association succéda directement sept ans après, en groupant les mêmes membres et en adoptant le même programme d'action. Le premier article de son règlement spécifiait ainsi le but poursuivi : « Tout ce qui peut contribuer au progrès des connaissances utiles et agréables est l'objet de la Société philomathique. Son but est d'exciter l'émulation, d'animer l'industrie et de réunir les talents. » En conséquence, la société s'occupa d'abord de littérature et de beaux-arts, puis d'expositions industrielles et d'études agricoles ; en même temps, elle organisait des bals et des concerts de bienfaisance. En 1839, elle trouve sa véritable et définitive voie, en installant des classes d'adultes ; à cette époque, l'instruction de la population ouvrière était presque nulle. Plus tard, quand l'enseignement général fut plus répandu, elle visa plus particulièrement l'enseignement technique, qui intéresse la majeure partie de la population bordelaise : c'était assurer le succès, qui ne fera que grandir, pour aboutir à l'institution d'aujourd'hui. On ne peut que signaler en exemple une association telle que celle-ci, dont l'influence sur la vie sociale, industrielle et intellectuelle de Bordeaux est considérable et augmente chaque jour. Outre les classes d'adultes qui en sont le fondement, la société a été chargée, en 1874, de la direction de l'École supérieure de commerce et d'industrie, fondée en commun par la municipalité, la Chambre de commerce et le département de la Gironde. En outre, suivant la mission imposée par son règlement de 1808, « d'animer l'industrie », elle organise des expositions industrielles et artistiques périodiques, dont la première a eu lieu en 1827. Elle en est aujourd'hui à sa treizième — celle de 1895 — dont le succès a été considérable, et où il n'a pas été dépensé moins de deux millions en constructions de galeries monumentales et d'installations de jardins aussi pittoresques qu'originaux.

Mais à cette main-d'œuvre supérieure, à tous ces ouvriers aptes, dans leur exceptionnelle habileté, à exécuter les plus fières œuvres, que donne-t-on à produire ? Des modèles surannés, des imitations du passé, toute cette friperie d'idées emmagasinée par la fausse érudition moderne : travail qui abrutit et déprime, par la sensation d'immobilité, d'illogisme et d'immoralité qu'il donne aux intelligences les moins développées. Aussi, aujourd'hui, entend-on un cri unanime de révolte de la conscience et de l'esprit français. On en a assez de toutes ces théories et doctrines d'art cosmopolite, si étrangères à l'âme de notre race, passionnément éprise de simplicité, de clarté et de fantaisie ; ardemment ambitieuse d'idées nouvelles et de hautes inspirations. De toutes ces protestations émues, de l'imminence évidente d'un cataclysme, est sortie l'œuvre de reconstitution de l'outillage d'enseignement entreprise par le gouvernement de la République. Parmi les municipalités de province, qui s'y sont associées résolument, celle de Bordeaux n'a pas été la dernière à prendre les mesures nécessaires pour tâcher de fournir aux industries artistiques locales les chefs et les créateurs dont elles ont si grand besoin. La vieille Académie a été réorganisée en École des beaux-arts et des arts décoratifs, et a reçu l'installation matérielle qui lui faisait défaut.

L'École des beaux-arts et des arts décoratifs.

L'école actuelle répond-elle aux vastes espérances que sa réorganisation, coûteuse et imposante, a fait naître ? La plupart des déclarations que j'ai recueillies dans les ateliers ne permettent point cette affirmation. Il faut donc ou que le principe qui en a inspiré la réforme administrative n'ait pas été appliqué avec précision ; ou que son organisme soit incomplet, ou que des conditions mauvaises de fonctionnement annulent tant d'efforts, de sacrifices et de dévouement. Sur le premier point, n'y aurait-il pas eu plutôt absence que déviation de principe ? A les lire avec soin, les documents divers qui concernent l'école, programmes, règlements, etc., ne dissimulent point, sous une uniformité de déclarations esthétiques, une certaine contradiction d'objectifs, de moyens d'action et de résultats. Quand, il y a quelques années, elle a entrepris cette réforme, la ville a refusé à l'État la nationalisation qu'il lui offrait, déclarant tenir expressément à ce que l'école conservât son caractère d'institution municipale, et sa mission de servir les intérêts de l'art et des industries artistiques de Bordeaux. Or, depuis ce moment, jamais les élèves, — qui ont au moins l'originalité d'une unité absolue d'objectifs, — n'ont manifesté plus d'ambition d'aller à Paris, d'où ils ne reviendront pas, entraînés par la séduction des bourses qui paraissent avoir été fondées pour provoquer cette émigration. Elle est même devenue telle, en lauréats et en indépendants, que la municipalité a cru devoir l'enrayer par le vote récent de bourses locales, par la conversion en bisannuelles des bourses parisiennes distribuées précédemment chaque année ; sans aller cependant jusqu'à une résolution décisive, dont le désir unanime n'est pas très lointain : la suppression de ces dernières.

Est-ce à dire que l'École des beaux-arts ne produit rien ? Un jugement pareil serait faux. Elle compte près de trois cents élèves inscrits. Ses cours sont faits par des professeurs fort habiles ; les travaux qui s'y exécutent présentent généralement du mérite et souvent une très réelle valeur. Son organisme contient tout ce qui est nécessaire à un enseignement complet, dans les deux branches du programme officiel. Quelques ateliers bordelais possèdent d'anciens élèves de l'école, qui, après avoir, sous la direction intelligente de patrons, véritables artistes, complété admirablement leur instruction, sont devenus de précieux collaborateurs. Mais il n'est pas contestable — et à cet égard il m'a paru y avoir unanimité d'opinions, basée sur les constatations des mêmes faits — que Bordeaux n'a jusqu'ici tiré de cette institution qu'un honneur local très platonique, par une candidature heureuse au grand-prix de Rome de peinture, à l'École des beaux-arts de Paris ; que ses industries d'art n'y recrutent point le personnel de dessinateurs qui leur fait défaut ; que même quelques-unes, la sculpture et la peinture décoratives, ainsi que la corporation des architectes, se plaignent avec vivacité de la multiplicité des non-valeurs qu'elle jette périodiquement sur le pavé bordelais, qui font si cruellement concurrence aux vrais artistes et amènent une continuelle dépression des prix et de la main-d'œuvre dans les travaux publics et privés.

On m'objecte, dans l'administration et dans l'école, que la majorité des élèves ou quittent les cours d'art décoratif avant l'achèvement de leurs études ou, dès le début, bifurquent obstinément du côté de la peinture d'histoire et de la statuaire, pour faire du « grand art » et arriver à Paris ; que tous les moyens les plus persuasifs pour empêcher cela resteraient inutiles. Ce phénomène n'est point exclusif à Bordeaux.

Dans une conversation que j'avais sur tout cela, il m'a été répondu : « Si l'École des beaux-arts offrait à toutes les industries bordelaises des dessinateurs et des artistes, ces industries pourraient-elles leur assurer du pain ? » Cette réponse, si nette, soulève une série de questions d'une extrême gravité. D'abord, elle met en cause le principe même de l'institution et l'application qui en a été faite ; et immédiatement revient à la mémoire tout ce qui a été écrit, dans ces derniers temps, par d'éminents esprits, sur les conséquences sociales produites par cette création d'une armée, de plus en plus nombreuse, d'aspirants aux carrières libérales, ne sachant comment gagner leur vie, qui peuple toutes les grandes villes de misérables, de déclassés et de mécontents. Ensuite, il est de toute évidence qu'il ne suffit pas d'outiller puissamment les industries par des établissements publics, de les mettre en mesure de produire beaucoup et supérieurement, par le nombreux personnel d'artistes et d'ouvriers qu'ils peuvent former; il faut que ces industries puissent vivre, vendre leurs œuvres à une clientèle, qu'elles n'aient pas à lutter désespérément, pour leur existence et pour leur prospérité, contre des mœurs qui, au lieu de les encourager, leur font une guerre impitoyable de contradictions économiques et de préjugés sociaux.

Il existe un Musée d'archéologie pour les antiquaires; un Musée de peinture et de sculpture, conçu et organisé avec cet idéal vague d'enseignement populaire qui rend la plupart des établissements de ce genre inutiles pour le mouvement artistique de notre pays. Il y a encore un cercle mondain des beaux-arts et un Salon annuel. Mais, dans cette ville, prospère et opulente de plus de 250,000 habitants, qui, d'après les statistiques officielles, contient près de 80,000 personnes vivant des industries, parmi les institutions municipales d'instruction et d'éducation publiques, on n'en peut actuellement trouver une seule qui permette au peuple de s'initier au goût des œuvres d'art destinées à embellir la vie intime; aux artistes et aux ouvriers de connaître les créations des maîtres dans les diverses branches des industries auxquelles ils s'adonnent, afin de renouveler constamment leur production d'inspirations et d'idées.

Projet de Musée d'art et d'industrie.

Dans sa séance du 30 avril 1895, le conseil municipal de Bordeaux a voté l'acquisition des deux bâtiments de la place des Quinconces, actuellement occupés par des bains, et, en principe, l'affectation de l'un à une salle des fêtes, et de l'autre à un musée qui serait consacré aux arts décoratifs et industriels. Ce musée devra être fait à peu près de toutes pièces: il n'existerait actuellement, dans les magasins de la ville, comme futurs éléments de sa constitution, qu'une collection importante, celle de la serrurerie formée par Chavanton. C'est donc une occasion merveilleuse, en abandonnant résolument les vieux types, de créer une œuvre nouvelle, originale, intéressant tout le monde, répondant avec précision aux conditions économiques et sociales de notre temps et aux besoins de nos industries. Malgré toutes mes demandes et mes requêtes, je n'ai pu obtenir le moindre renseignement sur les projets d'organisation de ce musée, sur les principes et les idées qu'on se propose d'y appliquer. Une autre municipalité a été élue en mai dernier. Quelle suite donnera-t-elle au vote de la précédente ? On l'ignore. Pourquoi la Ville qui a déjà confié, il y a vingt-trois ans, à la Société philomathique la direction de l'École supérieure de commerce et d'industrie — ce dont elle s'est acquittée à la satisfaction générale, — ne chargerait-elle point cette même association de l'organisation du futur Musée ? Le passé répond de l'avenir. Une institution de ce genre n'est-elle pas le complément naturel et logique de celles dont elle a actuellement la responsabilité ?

LIMOGES.

Depuis un siècle, Limoges est la grande métropole de la porcelaine française, qui a su imposer au monde entier sa réputation par l'excellence de sa fabrication, par le goût de ses artistes décorateurs. Quand la transformation industrielle et économique de l'Europe, le développement des voies de communications internationales, lui ont suscité en Angleterre, en Allemagne, en Autriche-Hongrie des concurrents nombreux, actifs, audacieux, puissants, Limoges a su lutter victorieusement contre les uns et les autres, en dépit de l'infériorité au point de vue de l'approvisionnement des matières premières et du combustible, ainsi que du transport des marchandises, que lui créait sa situation ethnographique, vis-à-vis des fabriques du Staffordshire, de Meissen, de Carlsbad, d'Elbogen, etc., qui ont à proximité les terres, la houille, des fleuves et des ports de mer. A l'Exposition universelle de 1889, le rapporteur de la classe de la céramique résumait ainsi les progrès accomplis par les Limousins, pendant la période décennale :

« 1° Emploi plus raisonné des machines pour la préparation des matières premières et pour la confection des pièces ; amélioration dans les fours donnant une cuisson plus sérieuse avec moins de déchets ;

« 2° Application plus développée de la chromolithographie pour la décoration des services à bas prix ;

« 3° Décors au grand feu mieux compris et qui montrent des applications nouvelles ;

« 4° Effort du plus haut intérêt et ayant amené de très beaux résultats, en vue de la production des superbes rouges flammés de cuivres, dont la Chine semblait avoir conservé le monopole. »

Mais le rapporteur ajoutait, appelant l'attention des Limousins sur l'évolution artistique signalée par l'étude comparative minutieuse des œuvres envoyées à l'exposition de tous les pays de production :

« Les conditions économiques dans lesquelles se fabrique la porcelaine aujourd'hui et la difficulté de lutter comme production à bas prix avec les manufactures d'Allemagne et de Bohême mettent nos fabricants dans la nécessité de donner à leurs produits une supériorité telle qu'ils ne puissent être comparés avec ceux de leurs concurrents. C'est du reste le classement qui tout naturellement est en train de se faire. L'article courant bon marché sera de plus en plus spécial à l'Allemagne, et l'article riche ou plus soigné restera à l'industrie française qui pour le conserver ne cesse de faire des efforts considérables. »

La situation actuelle de l'industrie de la céramique.

Opinion de la Chambre syndicale des fabricants de porcelaines.

Cette évolution artistique s'est-elle continuée ? Quelles en ont été les conséquences économiques et sociales ? Quelle est aujourd'hui la situation de la fabrique vis-à-vis de la concurrence étrangère ? J'ai demandé à la Chambre syndicale, l'Union des fabricants de porcelaines du Limousin, dont le bureau s'est réuni dans ce but, le 26 décembre, la réponse à ces questions. Le procès-verbal de la séance la résume ainsi :

Assistaient à cette réunion le bureau de la Chambre syndicale des fabricants de porcelaines de Limoges, et plusieurs fabricants désignés par lui pour venir entendre M. Marius Vachon. L'assemblée se composait de MM. W. Guerin, président ; Marty père, vice-président ; Plainemaison, G. Demartial, G. Dubreuil, E. Chadal, Bernardeau, Lanternier, R. Laporte, A. Jouhanneau, Boudet, Pichonnier.

M. Guerin, président, expose le désir à lui exprimé par M. Marius Vachon d'avoir une entrevue avec la Chambre syndicale des fabricants de porcelaines, pour connaître d'eux la situation actuelle de l'industrie au point de vue artistique et industriel, leurs desiderata au sujet des voies et moyens pour assurer son développement et sa prospérité, ainsi que leur opinion sur le fonctionnement des institutions publiques créées dans ce but.

Après avoir cité quelques passages des dépositions faites sur l'industrie limousine devant la grande Commission d'enquête de 1883 et du rapport officiel de l'Exposition universelle de 1889, M. Marius Vachon demande qu'on veuille bien lui indiquer s'il s'est opéré, pendant cette dernière période bientôt décennale, une évolution caractéristique dans la production artistique de la fabrique.

On fait remarquer à M. Marius Vachon la transformation totale de notre fabrication à partir de cette époque, l'augmentation de nos transactions résultant de la création dans toutes les fabriques de modèles nouveaux, bien étudiés, sortant du courant. Ce qui, en 1889, était la production relativement supérieure est devenu aujourd'hui la production courante ; on ne fait plus de l'ordinaire que comme remplissage ou comme élément de réclame de bon marché.

Il y a augmentation considérable de la fabrication ; diminution du prix de vente et amélioration considérable des produits dans leur valeur artistique.

Dès ce moment, on voit presque doubler notre exportation dans l'Amérique du Nord, seul pays avec l'Angleterre où le consommateur veut du beau et peut se l'offrir ; là, l'élément allemand n'a pas de prise ; on voit, au contraire, diminuer nos ventes dans l'Amérique du Sud, en Espagne, en Orient, où le goût n'est pas formé, où les plus affreux badigeonnages sont préférés à la véritable décoration. Là, les Allemands ont beau jeu ; mais comme ces marchés ne leur suffisent déjà plus, ils tentent l'imitation de nos nouveaux produits, ils offrent à 50 p. 100 de rabais la copie servile de nos formes et de nos décors. Il n'est point contestable cependant que les Bavarois et les Autrichiens ont fait pendant cette période de grands progrès au point de vue de la production artistique ; ils étonnent par leur habileté sinon par leur goût. Évidemment, il y a lieu de se préoccuper sérieusement de ces progrès. Ainsi, donc, notre dernière branche de salut va nous échapper si nous ne trouvons les moyens de nous rendre inimitables dans nos créations, dans la perfection de nos produits.

D'après les renseignements qui m'ont été fournis, par l'intermédiaire de la Chambre syndicale, le nombre actuel des fabriques est de 31, représentant un ensemble de 91 fours. Ces fabriques occupent 11,654 personnes, ainsi réparties professionnellement : porcelainiers ou manœuvres, hommes et femmes, 4,554 ; peintres, hommes, 2,800 ; peintres, femmes, 2,500 ; ouvriers de moulins, 600 ; extracteurs de kaolins, hommes et femmes, 1,200. Le nombre des fournées, pendant la dernière période décennale, a été constamment en augmentation progressive. De 1,851 en 1886, il s'est élevé à 2,280 en 1891 ; et aujourd'hui il atteint 2,717. En 1896, la production des fours a représenté une valeur de 9,509,500 fr. Si on tient compte que plus de la moitié des porcelaines s'expédient décorées, leur valeur, de ce fait, serait augmentée de 4,754,750 fr. ; ce qui porterait la production générale à 14,264,250 fr., donnant à la vente une somme de plus de 21 millions. Voici les chiffres de l'exportation de la porcelaine limousine aux États-Unis depuis 1887 : 1887, 3,064,000 fr. ; 1888, 3,320,000 fr. ; 1889, 3,701,000 fr. ; 1890, 4,858,000 fr. ; 1891, 6,018,000 fr. ; 1892, 6,204,000 fr. ; 1893, 5,022,000 fr. ; 1894, 5,500,000 fr. ; 1895, 6,500,000 fr. ; 1896, 7,500,000 fr. Dans quelques maisons, le commerce avec les États-Unis absorbe les deux tiers de la fabrication. L'exportation en Angleterre a pour base principale un genre spécial de décoration fine, très soignée, dans le goût des œuvres du dix-huitième siècle, à Vincennes, Saint-Cloud, Sèvres et Meissen, pratiqué par deux maisons, et

La concurrence étrangère.

qui obtient un grand succès auprès des amateurs et des collectionneurs. La supériorité dans la production de luxe facilite avec l'Allemagne des relations, qui dans deux maisons également donnent lieu à un certain chiffre d'affaires. Quant au marché intérieur, la fabrique limousine, depuis quelques années, constate une évolution du goût du public vers la porcelaine; on estime qu'il se vend vingt fois plus de services de demi-luxe qu'en 1889; l'écart considérable entre les prix de vente de la porcelaine et de la faïence qui existait il y a dix ans et faisait donner la préférence à celle-ci, s'est fort abaissé; en outre, malgré ses bas prix, la porcelaine allemande ne peut, dans la production qui touche un peu au luxe, entrer en concurrence avec la porcelaine de Limoges, dont elle est loin d'avoir la blancheur, la légèreté et l'éclat. On a tout lieu d'espérer que ce mouvement de faveur publique ne fera que croître, car cette céramique a encore à conquérir bon nombre de départements français où elle est inconnue; et c'est vers cette conquête qu'il y a lieu évidemment de porter les plus grands efforts au moyen d'une propagande commerciale, vigoureuse et incessante. Combien il se vend sous le nom de porcelaine de Limoges de la porcelaine allemande qu'on a même parfois importée jusqu'ici et réexpédiée ensuite pour en masquer la provenance originelle! Sur le marché intérieur, ainsi qu'à l'étranger, l'Allemagne a supplanté la France, pour l'article de fantaisie, auquel ne s'adonnent plus que très peu de manufactures limousines, et dans les genres luxueux, impuissantes qu'elles seraient, paraît-il, à lutter, pour le courant, avec les importateurs de Saxe et de Bohême qui exploitent habilement une organisation industrielle rurale où la main-d'œuvre est rémunérée à des tarifs excessivement bas. N'est-il pas étrange que ce soit dans une production, dont le titre semble impliquer le plus des qualités spéciales qui paraissaient être notre monopole, que l'Allemagne nous fasse une concurrence victorieuse! Il y a quinze ans, M. Lauth s'étonnait, non sans amertume, devant la Commission d'enquête sur les ouvriers et les industries d'art, de l'indifférence avec laquelle les fabricants limousins avaient accueilli la « porcelaine nouvelle », qui devait, disait-on, révolutionner l'industrie de la céramique : « Ils se montrent fort jaloux de leur fabrication et soutiennent tous que la porcelaine dure française possède une qualité telle au point de vue de la fabrication qu'il en résulterait le plus grand désordre pour l'industrie et le commerce si on l'abandonnait. » L'opinion et les habitudes des Limousins ne se sont pas modifiées sur ce point. On les en accuse volontiers de routine, autant que pour leur résistance à se lancer dans la fabrication de la porcelaine décorative appliquée à l'architecture intérieure et extérieure des maisons et des monuments, quoiqu'il s'en puisse voir des exemples réussis, à Limoges même, dans les frises du Marché aux légumes et dans la fontaine du square de l'Hôtel de ville. Le service de table en porcelaine dure, décorée au grand feu, reste le fondement traditionnel de la fabrique de Limoges.

Le personnel artistique de l'industrie de la céramique.

J'ai posé à la Chambre syndicale des fabricants de porcelaines la question suivante : « L'industrie a-t-elle les artistes créateurs de modèles et les ouvriers d'art qui lui sont nécessaires, étant donnés les progrès nouveaux accomplis dans la fabrication ? » Il m'a été répondu à l'unanimité : « Ce double personnel est devenu insuffisant à la fois comme nombre et comme valeur d'art, et il y a extrême urgence à se préoccuper de le fournir à l'industrie. » D'autre part, la réunion des chefs d'ateliers de décoration de porcelaines, qui s'est tenue, le 27 décembre, à l'Hôtel de ville, sous la présidence de M. le Maire de Limoges, a exprimé en ces termes son opinion sur le même point : « La réunion des patrons décorateurs déclare que la corporation manque des artistes créateurs et des ouvriers d'art qui lui sont nécessaires pour faire progresser l'industrie. » La commission administrative de la Collectivité des Chambrelans, dans une séance tenue, le 26 décembre, sous la présidence de M. H. Ardant, président honoraire de la Chambre de commerce, n'a pas émis à ce sujet une opinion différente, comme forme et comme fond. Il est donc indispensable d'analyser, — autant que faire se peut — les conditions industrielles et sociales de la décoration dans la fabrique de Limoges.

La décoration a subi une évolution radicale. Parmi les industriels qui faisaient décorer leurs produits par des peintres travaillant en chambre ou en ateliers, sur des modèles fournis par ceux-ci ou par eux-mêmes, 22 ont établi dans leurs manufactures des équipes de décorateurs ; ils créent leurs types au moyen des cabinets de dessin personnels ; ce n'est guère que dans les circonstances exceptionnelles — expositions, services et pièces uniques

— que les compositions sont demandées à des artistes extérieurs, et que l'exécution en est confiée à des spécialistes en renom, limousins ou parisiens. Les ateliers privés existent encore en assez grand nombre : l'Annuaire de Limoges n'en mentionne pas moins de 42, dont quelques-uns occupent jusqu'à 40 et 50 artistes hommes et femmes. Au commencement de chaque saison, le chef d'atelier fait échantillonner un certain nombre de modèles nouveaux sur des pièces en blanc achetées dans les manufactures ; et sur ces échantillons il reçoit les commandes des commis voyageurs, des commissionnaires, des marchands, et souvent des manufacturiers eux-mêmes qui font encore travailler à façon. L'organisation industrielle nouvelle aurait porté un grand coup aux ateliers de décoration privés. Dans la séance du 27 décembre, les déclarations les plus expressives ont été formulées à cet égard : « Les ateliers des manufactures accaparent les meilleurs peintres par des prix élevés. Les fabricants causent le plus grand préjudice aux décorateurs en se réservant le premier choix des produits, et en ne leur laissant que l'inférieur... Pour vivre, la plupart des ateliers en sont réduits à ne faire que de la camelotte... Nous ne pouvons nous défendre contre le pillage, contre l'exploitation de nos modèles... C'est à qui cherchera à surprendre par tous les moyens ce qui se fait de nouveau dans l'atelier voisin... L'impression lithographique se développe de plus en plus, n'exigeant plus comme peinture que des retoucheurs... La décoration est condamnée à mort, etc. » Et, quand j'ai demandé si des tentatives avaient été faites par la corporation pour remédier à une situation aussi critique, si la pénurie des artistes créateurs, unanimement constatée, avait provoqué des projets pour assurer leur recrutement ; si l'on avait songé à constituer quelques associations de garantie contre le pillage des modèles, de coopération pour assurer la vente des produits, de propagande active de publicité en faveur de la corporation, il m'a été répondu négativement ; et toutes les opinions sur l'éventualité de succès de ces propositions diverses se sont résumées à cette déclaration : « L'entente entre nous est impossible. » Vainement j'ai cité en exemple les associations de ce genre étudiées à l'étranger ; on m'a répliqué : « Tout cela est ici de l'utopie. » Il y a trop de pessimisme dans ces déclarations. De tant de découragement et d'abandon moral, il ne faut retenir que ce que justifient, dans une certaine mesure, l'âpreté de la concurrence, les difficultés de la vie industrielle, et l'isolement social où l'on a laissé jusqu'ici toute cette corporation si intéressante des décorateurs sur porcelaines.

Les Chambrelans.

Les Chambrelans — association de céramistes, peintres sur porcelaines et modeleurs, non patentés — sont la preuve que ce pessimisme n'est pas général. En 1889, à la suite de l'Exposition universelle, il s'est constitué, entre les membres de la collectivité de ce nom qui avaient organisé une participation spéciale dans la section de la céramique, une société ayant pour but de continuer l'existence de cette collectivité qui était provisoire, avec le programme statutaire suivant : « 1° Faire connaître, dans les expositions, des objets choisis et produits par les sociétaires; 2° être une société d'émulation, en aidant ceux-ci à cultiver leur goût; maintenir et accroître la supériorité de la fabrication et de la décoration de la porcelaine de Limoges. » Cette société, qui compte actuellement 46 membres actifs et 22 membres honoraires, a déjà à son actif cinq expositions : Paris, 1889; Chicago, 1893; Lyon, 1894; Bordeaux, 1895; Rouen, 1896. A cela se borne exactement son rôle, qu'elle remplit avec succès, grâce aux subventions que lui accorde libéralement la municipalité, dans ce but; mais, dans son organisme actuel, je ne trouve rien qui puisse lui permettre de réaliser pratiquement la seconde partie de son programme : elle ne possède ni cours, ni bibliothèque, ni conférences, ni centre de réunions quotidiennes. En 1891, il fut créé par la direction de l'École nationale d'art décoratif, à l'intention des Chambrelans, un cours supérieur de composition appliquée à la céramique, fait par un professeur de l'École nationale des arts décoratifs de Paris, et qui se terminait par un concours entre auditeurs. Les Chambrelans ont déserté ce cours, dont l'enseignement, déclarent-ils, était trop au-dessus du niveau de leur instruction artistique, et s'adressait bien plutôt aux élèves femmes de l'école, qui là, comme dans le cours de peinture céramique, constituaient la grande majorité des auditeurs, bien qu'aucune d'elles ne se destine à la profession de décorateur sur porcelaines.

Dans la porcelaine, comme dans le meuble, la mode ne présente point les fluctuations incessantes et rapides, instantanées pour ainsi dire, qu'ont à subir les industries artistiques du vêtement; elle n'y témoigne pas moins parfois de caprices subits, qui, pour n'être pas aussi déconcertants par leur arbitraire et leur tyrannie impérieuse, nécessitent cependant quelques transformations de formes et de décors. Qui l'inspire, qui la fait? Il est bien difficile de l'indiquer avec précision. La plupart des fabricants et des décorateurs limousins m'avouent avec une très aimable franchise que, le plus souvent, c'est d'après les indications extrêmement vagues de leur clientèle, des commis voyageurs et des commissionnaires — qu'inspire et guide l'exclusif souci de rester dans la routine et les sentiers battus, — sur l'éventualité de l'adoption d'un style classique, de la vogue d'une couleur spéciale, qu'ils se lancent dans tel ou tel genre, qui semble répondre à leurs prévisions, évidemment aussi hypothétiques que celles de la météorologie, mais toujours, en raison du tempérament un peu timide et misonéiste de l'industriel limousin, tenues aussi loin des innovations audacieuses que de la recherche d'effets très piquants et absolument imprévus. D'autre part, les échantillonneurs, capables de créer des décorations nouvelles, qui ne soient ni la copie, ni la déformation d'œuvres antérieures, qui aient une originalité assez accentuée pour constituer une composition personnelle, sont extrêmement rares et font absolument défaut dans les ateliers secondaires. Quant aux peintres, comme ils n'ont généralement reçu qu'une éducation artistique empirique, et se sont fait surtout des mains habiles, ils se spécialisent rapidement dans tel ou tel genre, dont ils ne peuvent plus sortir; et ils deviennent ainsi, à la fois par intérêt et par ignorance, réfractaires irréductiblement à toute tentative d'innovations. Et cependant, on me déclare que les artistes de valeur, ceux qui ont appris à dessiner et à composer, occupent partout des situations très lucratives, sont fort recherchés, non point seulement en raison de leur petit nombre, mais parce que la fabrique est en mesure, par le développement de la production d'art, de leur assurer un travail permanent et rémunérateur.

Ces conditions ne sont rien moins que favorables au développement artistique de l'industrie; elles en menacent la prospérité par une concurrence effrénée, qui s'établit ainsi exclusivement au point de vue du salaire de la main-d'œuvre et à celui du prix de vente. La situation actuelle de la fabrique de Limoges me paraît présenter, sous ce rapport, beaucoup d'analogie avec celle de la fabrique de Saint-Gall, qui n'a disparu qu'à la suite d'une transformation sociale, au moyen de l'application systématique du principe de l'association sous toutes ses formes et avec toutes ses conséquences : protection draconienne des modèles, unification des minima de salaires et de prix de vente; surélévation de la valeur de la main-d'œuvre par l'obligation de la fréquentation des écoles professionnelles et artistiques; mutualité de renseignements commerciaux, de documents d'études artistiques, etc., par les musées, etc. (Rapports de missions, 2e vol., pages 38-43.)

Les informations que j'ai fournies à ce propos aux membres de la Chambre syndicale des fabricants de porcelaines les ont frappés. Je peux émettre sincèrement le vœu que cet exemple si éloquent de haute solidarité industrielle soit suivi à Limoges, car, dans mon voyage à travers la France, je n'ai pas trouvé d'association corporative plus soucieuse des intérêts de l'industrie locale, où les questions qui s'y rattachent, questions économiques, questions techniques, etc., soient étudiées avec plus de zèle, de netteté et d'esprit pratique. Les questions d'enseignement artistique ne la laissent point indifférente, comme j'ai eu le regret de le constater en d'autres chambres syndicales. Dans la réunion du 26 décembre, plusieurs réformes, ayant pour but de doter la fabrique du personnel d'artistes créateurs de modèles et des ouvriers d'art qui lui sont nécessaires, ont été discutées et adoptées, non point platoniquement, mais avec l'engagement d'un concours financier, très sérieux, qui en permet la réalisation immédiate. Ce n'est pas sur cette chambre syndicale que pourrait être porté le jugement ironique connu, qui m'est souvent venu au bout de la plume : « Elle ne sait pas ce qu'elle veut, mais elle le veut bien. » On y a l'ambition, l'orgueil, de la gloire et de la prospérité de la céramique limousine.

L'École nationale d'art décoratif.

Comme institutions publiques d'enseignement pour l'industrie de la porcelaine, Limoges a une École nationale d'art décoratif et un musée de céramique, le Musée Adrien Dubouché.

Nécessite d'une association d'art et d'industrie à Limoges.

Limoges ne possède aucune association d'art et d'industrie qui réunisse — dans un but d'études communes, de recrutement général de documents et d'informations, en vue de faire progresser l'industrie de la céramique — les patrons, les chefs d'ateliers, les artistes et les ouvriers, soit séparément, soit collectivement. On doit s'en étonner et le regretter profondément, dans une ville où cette industrie ne fait pas vivre moins de 11,000 personnes, où la corporation seule des peintres décorateurs, hommes et femmes, dépasse le chiffre de 5,000. Il n'existe actuellement en fait de groupement que les chambres syndicales des fabricants de porcelaines, des ouvriers et ouvrières porcelainiers, des peintres céramistes, qui s'occupent surtout de questions économiques et sociales, de tarifs de douanes et de transports, de salaires, de prix de façon, etc., et la collectivité des Chambrelans, dont le but est d'organiser des expositions périodiques pour faire connaître les œuvres de ses membres. Et, nulle part, je n'ai entendu, dans les réunions que j'ai provoquées, au cours de mon étude, autant de doléances sur l'isolement complet, au point de vue professionnel, dans lequel vivent tous ces artistes, tous ces artisans et tous ces ouvriers de la porcelaine. Pour se tenir au courant des idées nouvelles en matière de décoration, pour connaître la production de leurs concurrents, intérieurs et étrangers, pour se perfectionner dans leur métier, ils n'ont rien, ni documents, ni informations, ni conseils; ils ne savent rien de ce qui se passe, en dehors de leur sphère étroite et fermée. J'ai posé nettement cette question, dans une séance : « A cette heure, après son souper, un décorateur, un modeleur, un ouvrier porcelainier, qui voudrait passer sa soirée agréablement et utilement à consulter quelque ouvrage de céramique, à s'instruire dans son métier, pourrait-il trouver une institution qui mette à sa disposition ce qu'il désire dans ce but ? » On n'a pu me répondre que négativement. — Or, mes Rapports de missions sont là pour en témoigner, — il n'y a pas actuellement, dans tout le reste de l'Europe, une ville industrielle quelconque qui ne soit en mesure d'offrir à qui en a besoin, dans ces conditions, une salle de conférences, un bureau de consultations industrielles et artistiques, un local de cercle, une bibliothèque, un musée.

Une grande association d'art et d'industrie, semblable à celles qui ont été créées à l'étranger, particulièrement en Allemagne, à côté des écoles et des musées industriels, pour établir entre leurs administrations, leurs professeurs, les artistes et les ouvriers, des relations intimes, constantes, en vue de la mise en œuvre des richesses des musées, de l'application méthodique des leçons des écoles, de la diffusion générale des progrès artistiques et techniques, de la protection des apprentis et des élèves à leur entrée dans la vie industrielle, etc., etc., et qui, ici, entre autres services spéciaux, installerait, comme à Vienne, un laboratoire de chimie collectif, une agence de renseignements artistiques, industriels et commerciaux, avec documents et échantillons communiqués à domicile, une association, à la fois de perfectionnement, de défense et de propagande, armerait puissamment la fabrique de Limoges pour lutter, avec un succès certain et absolu, contre toutes les concurrences de l'Allemagne, de l'Angleterre, de l'Autriche-Hongrie, et pour asseoir définitivement sur des bases inébranlables sa réputation et sa prospérité.

VIERZON. — LE BERRY.

Depuis quelques années, Vierzon, avec Mehun-sur-Yèvre et Foëcy, est devenu un grand centre régional de porcelainiers, qui produisent spécialement les services de table et de toilette pour hôtels et restaurants, la vaisselerie pour colporteurs et forains, les appareils sanitaires, les isolateurs télégraphiques, les briques de revêtement, etc. On y fabrique aussi, dans quelques manufactures, des services de luxe, des pièces de décoration au grand feu, sous couverte, et de la fantaisie; même, est-ce là que s'est faite presque exclusivement encore l'exploitation de la porcelaine nouvelle de Sèvres, inventée par M. Lauth. Dans la dernière période décennale, l'industrie a pris un développement considérable. En 1886, on comptait 11 manufactures en activité, dont 4 seulement possédaient des moteurs mécaniques et des machines-outils; le chiffre des ouvriers était d'environ 2,000. Aujourd'hui, les manufactures sont au nombre de 19, constituant un ensemble de 50 fours de différentes grandeurs, toutes pourvues de machines-outils, et 9 ayant la force motrice. Elles occupent 3,200 ouvriers. Il n'y a pas moins de 18 ateliers de décors. La production annuelle peut être évaluée à environ 6,500,000 fr. Quatre maisons, les plus importantes, font de l'exportation en Angleterre et aux États-Unis. Par son genre de production, par son organisation industrielle et sa situation ethnographique qui, au moyen du canal du Berry et du canal latéral de la Loire, met économiquement à sa disposition la houille et les matières premières, la fabrique berrichonne ne redoute point la concurrence allemande; elle ne la trouve point d'ailleurs sur le marché français, excepté pour l'article de pacotille, dont ses commis voyageurs alimentent surabondamment, à des prix invraisemblables de bon marché, les déballages de foires, les tourniquets de fêtes de village et les bazars.

Dans ce centre industriel, je n'ai trouvé aucune institution publique ou privée, musée ou école, pour l'instruction technique et artistique des apprentis et des ouvriers en céramique. Vierzon possède une École nationale professionnelle ; et, à une demi-heure par le chemin de fer, à Bourges, il y a une École nationale des beaux-arts ! Or, sans exception, les chefs d'ateliers me déclarent que l'apprentissage dans toutes les branches de la fabrication se fait exclusivement par les procédés de la routine et de l'empirisme ; que l'industrie actuellement manque des modeleurs et des décorateurs qui lui sont nécessaires pour continuer à se développer. En conséquence de cette situation, la Chambre syndicale des fabricants de porcelaines du Berry, dans une réunion à laquelle se sont rendus même les industriels dissidents, et qui comprenait ainsi, dans cette circonstance exceptionnelle, par présence ou adhésion, la fabrique berrichonne tout entière, a exprimé les vœux suivants :

Dans leur séance du 31 décembre 1896, les fabricants de porcelaine du Berry ont décidé, à l'unanimité, de soumettre à votre bienveillante attention les vœux suivants :

Créations en notre ville : 1° d'un cours de dessin et de modelage ; 2° d'un musée.

Ces créations sont de toute utilité pour notre industrie céramique, car, pour se maintenir, elle a beaucoup à lutter contre Limoges et l'étranger ; d'autre part, n'ayant à sa disposition que des matières inférieures, elle ne pourra conserver ses débouchés que par la variété des formes et le goût des décors de ses produits. Pour obtenir ces résultats, il y a nécessité absolue de former des élèves capables dans ces deux spécialités, peinture et modelage.

Ces cours comprendraient deux parties bien distinctes : l'une, théorique (principes généraux, styles, etc.) de l'art, pouvant être enseignée par l'École des beaux-arts de Bourges ; l'autre, pratique, comprenant la mise en œuvre, l'application de ces principes, par des spécialistes de valeur qui pourraient se trouver à Limoges, Sèvres ou Paris.

Pour ce qui est d'un local et de l'outillage, nous pouvons affirmer qu'à l'École nationale professionnelle de Vierzon il existe tout ce qui est nécessaire. Cette combinaison aurait pour avantages de faire suivre les cours en question par les élèves de cette école qui auraient des aptitudes spéciales, et qui joindraient à l'art les connaissances scientifiques qui leur sont enseignées ; et par cela même les rendrait capables de faire d'excellents contremaîtres.

Le musée aurait l'avantage par ses collections de fournir tous les renseignements nécessaires pour se maintenir au courant des productions françaises et étrangères, et pour créer des genres nouveaux.

Pour la Chambre syndicale des fabricants de porcelaines du Berry, et par son ordre :

Le Président, Charlemagne ; *le Secrétaire*, Larchevêque.

Quelques jours après, je recevais de la municipalité de Vierzon cette lettre :

Comme suite à la conversation que nous avons eue relativement à la création d'un cours pour l'enseignement artistique à Vierzon, j'ai l'honneur de vous informer que la municipalité vierzonnaise, s'associant à l'ordre du jour voté par la Chambre syndicale des fabricants de céramique, est prête à vous accorder son concours le plus absolu pour arriver à cette création, et qu'elle étudiera avec vous aussitôt que possible les moyens à employer pour arriver à une prompte solution.

Veuillez agréer, etc.

Le Maire de Vierzon : Fonlupt.

Une lettre, non moins nette dans ses déclarations d'adhésion à l'ordre du jour voté par la Chambre syndicale, m'était adressée, en même temps, par la municipalité de Vierzon-Village sur le territoire duquel sont situées plusieurs fabriques de céramique. L'allusion faite dans le procès-verbal ci-dessus à l'intervention directe des Écoles nationales d'art décoratif ou industriel de Bourges, de Sèvres et de Limoges, vise, sur ma proposition, d'une part, l'utilisation d'un organisme complet d'enseignement artistique par l'adoption du système de roulement de professeurs qui a été appliqué avec tant de succès en Angleterre par l'école de Derby (5e volume de Rapports de missions, pages 60-61); et, de l'autre, l'espérance de recevoir des institutions officielles spéciales à la céramique, quelques-uns des maîtres techniques, habiles, qu'elles doivent former. Il y a quatre ans, une première tentative de création d'un enseignement artistique et professionnel pour la céramique a échoué, après un an d'exercice, pour les raisons qui vont être exposées :

Dans la pensée de ses fondateurs, l'École nationale professionelle de Vierzon devait fournir aux principales industries de la ville et de la région les éléments de prospérité et de progrès qu'assure l'instruction technique et artistique; elle avait pour objectif de leur préparer des ouvriers instruits, des futurs contremaîtres et chefs d'ateliers. En conséquence, une section de céramique fut organisée à côté de celles du fer et du bois; pendant trois ans, les élèves, recrutés dans la population de Vierzon, s'y firent inscrire en assez grand nombre; elle répondait évidemment au besoin de l'industrie locale. Bientôt leur nombre diminua; et, au commencement de 1896, l'administration se voyait obligée de supprimer cette section : il n'y avait plus un seul élève! La cause de cet échec serait celle-ci: La durée réglementaire des études à l'école est de trois années; les élèves ne sont admis à se spécialiser qu'à partir de la deuxième. A ce moment, on peut évaluer à trois heures la moyenne de la durée d'enseignement professionnel par jour de classe. Or, ce temps-là est tout à fait insuffisant pour un métier tel que celui de porcelainier. En quittant l'école, les jeunes gens de cette section devaient donc faire un véritable apprentissage; et ainsi ils gagnaient beaucoup moins que s'ils étaient restés dans les ateliers pendant cette période. Parents et élèves s'en aperçurent bien vite; dès ce jour-là, l'école fut abandonnée par tous ceux qui se dirigeaient vers la céramique. A cette cause il s'en est ajouté une autre. Peu à peu, l'école, au point de vue de son objectif et, partant, de son recrutement, a subi une radicale modification. Il lui venait des élèves de tous les points, du Centre, de l'Ouest et du Midi, avec l'exclusive ambition de se préparer aux Écoles d'arts et métiers et aux Écoles de mécaniciens de la marine. La céramique et toutes les autres industries artistiques de la région ont dû être abandonnées comme branches d'enseignement, par suite de cette spécialisation générale dans les industries mécaniques. Le même fait, avec les mêmes conséquences, a été observé dans une institution analogue, à Nantes. On trouvera, au chapitre consacré à cette ville, l'analyse des causes de cette évolution d'idées et d'ambitions dans la génération nouvelle, qui présente de grands dangers pour nos industries d'art, exclues, pour ainsi dire, désormais, de la plupart des établissements d'instruction publique de cette catégorie où elles semblaient devoir trouver, en principe, au point de vue technique, un enseignement très fécond. On regrette vivement à Vierzon la transformation, imprévue, de l'École nationale professionnelle; et il y a unanimité de vœux pour qu'elle puisse, par une organisation de cours du soir, en attendant la reconstitution de la section disparue, donner à l'industrie de la céramique le concours que celle-ci réclame pour se développer et pour être en mesure de lutter avec succès contre ses concurrents. La Chambre syndicale des fabricants de porcelaines et les municipalités de Vierzon-Ville et de Vierzon-Village ont insisté avec la plus grande énergie sur la déclaration qu'elles n'accorderaient leur concours qu'à une entreprise nouvelle, fort sérieuse, ayant à sa tête un personnel professoral expérimenté. Les conditions pour doter rapidement le Berry d'une Ecole de céramique sont donc exceptionnellement favorables et opportunes.

Quant au musée, l'organisation en France d'une institution analogue à celles du South-Kensington Museum, du Central-Gewerbe-Verein de Dusseldorf, du Musée oriental de Vienne, de la Société bavaroise des arts industriels de Munich, de la Société néerlandaise pour le progrès de l'industrie de Harlem, etc., etc. (Résumé de Rapports de missions, pages 17-29), associations de véritables missionnaires d'art et d'industrie, en relations constantes et intimes avec tous les centres d'art et d'industie du pays, mettant à leur disposition d'inépuisables collections de documents artistiques et industriels, peut seule permettre de réaliser le vœu des porcelainiers berrichons.

TOURS.

Les vieux « maistres des œuvres » qui ont bâti Chambord, Blois, Chenonceaux, Chaumont-sur-Loire et Gaillon, Pierre Valence, François Marchant, Viart, Colyn Biart, Trinqueau dit Neveu; les grands sculpteurs Michel Colombe, Jean et Antoine Juste; les peintres illustres Jehan Fouquet, François Clouet dit Jehannet, Bourdichon; le fameux peintre verrier Robert Pinaigrier, étaient Tourangeaux. L'École d'art de Tours fut une des colonnes de la Renaissance française qui couvrit notre sol de tant de merveilles d'art, floraison éclatante et superbe du génie national. On ne saurait donc s'étonner qu'il ait été créé spécialement dans cette ville une institution destinée à renouer ces belles traditions, interrompues par un long sommeil de deux cents ans. Il semble, en effet, que cette fière et féconde école renaisse. En moins de 20 ans, Tours a compté 8 grands prix de Rome, en sculpture et en architecture; dans l'année 1895, seule, il a envoyé à Paris pour y concourir prochainement 5 architectes, 3 peintres et 1 sculpteur. Ces résultats, peu communs, expliquent et justifient une organisation d'enseignement, qui, chaque année, amène en moyenne dans les cours de la vieille Académie de peinture, architecture et sculpture, de Rougeot, réformée en 1876, plus de 50 élèves qui se font inscrire dans la classe de dessin et peinture; une vingtaine qui entrent à la sculpture, et une dizaine, ambitieux d'être un jour des architectes éminents. On pourrait penser que c'était vraiment se ménager à plaisir des déceptions, en venant chercher ici matière à une étude sur le mouvement donné à l'instruction, spécialement en vue du développement des industries et des métiers; tant d'autres institutions, analogues, devaient cependant avoir présenté assez de preuves apparentes de l'incompatibilité administrative entre ces deux objectifs, autant pour les directeurs et les professeurs que pour les municipalités et les populations. Or, Tours, au con-

L'École régionale des beaux-arts.

traire, réservait la surprise de pouvoir, dans ce livre, faire la plus éloquente démonstration, par son exemple typique, qu'il est très facile d'établir une harmonie parfaite, au point de vue des principes et de leur application, entre l'enseignement pour les ouvriers et l'enseignement pour les artistes, quand il y a, chez tous ceux qui ont la responsabilité de la direction de l'école, une vraie hauteur de vues sociales, en même temps que le sentiment exact des réalités de la vie, un amour sincère de la jeunesse, beaucoup de patriotisme et une irréductible fermeté d'opinions et de conduite, basée sur la conscience du devoir. Nulle part, je n'ai trouvé une municipalité plus désireuse de donner aux deux enseignements une extension parallèle, plus disposée aux sacrifices d'argent nécessaires; un directeur et un corps professoral qui apportent plus de loyauté et plus d'énergie à chercher et à réaliser les réformes de nature à faire constamment progresser dans cette double voie l'institution, à la rendre plus utile pour les artistes et pour les ouvriers. Si l'histoire glorieuse de l'École est fréquemment rappelée avec orgueil pour provoquer les nobles ambitions, les émulations ardentes, on connaît aussi les leçons plus modestes, mais non moins fécondes, qu'elle contient sur sa mission sociale; et l'on se souvient de cette belle déclaration de 1791 : « Le directeur demande qu'on donne à l'École une base assurée qui perpétue en cette ville les progrès des arts et métiers, et facilite aux jeunes citoyens et aux ouvriers en différents genres des moyens de subsister et de se rendre utiles à la société. »

Il y a un an, un cours de composition décorative a été organisé; le lendemain, il comptait 25 élèves; et ses résultats donnent déjà de grandes satisfactions. On a annexé à la classe de sculpture un atelier d'application, sur lequel on fonde les plus sérieuses espérances pour la décoration des meubles, des édifices et des monuments. 15 jeunes ouvriers de l'industrie de la soierie se sont fait inscrire à un cours nouveau de dessin et de mise en cartes pour les tissus. Plus que partout ailleurs peut-être, l'enseignement théorique et pratique de la stéréotomie, du trait de charpente et de menuiserie, est donné avec une grande science par des spécialistes renommés, et suivi par de nombreux ouvriers — plus de 80 — assidûment et intelligemment. Ce qui a été déjà fait et qui a réussi ne paraît pas devoir être ici une excuse à un ajournement d'autres projets; bien loin de là: il est question d'adjoindre, dans toutes les sections, à l'enseignement général un enseignement d'application pratique aux diverses industries d'art locales et régionales. On a, tant au conseil municipal qu'à la direction de l'école, la notion très nette que les industries qui existaient autrefois à Tours, prospères, puissantes même, sont tombées en décadence ou ont presque entièrement disparu, parce qu'aucun établissement d'instruction professionnelle et artistique n'y a maintenu l'habileté des ouvriers, l'ingéniosité des dessinateurs, le goût des patrons, le renom d'une fabrication supérieure incontestée; et l'on reconnaît, sans hésitation, qu'il est de toute urgence d'assurer à celles qui se sont maintenues et aux nouvelles qu'on y a importées le recrutement futur d'un excellent personnel, afin de leur permettre de lutter contre une concurrence universelle, acharnée.

Voici la fabrique de soierie, par exemple; dans l'ouvrage: *L'Industrie de la soie en France*, M. Natalis Rondot a écrit ceci sur son passé: La soierie.

Les origines de la fabrique de Tours se rattachent à celles de la fabrique de Lyon. Louis XI ordonna, par ses lettres du 28 février 1470, que le mestier des draps de soye, commencé à Lyon en 1466, fût fait et continué à Tours. Il y fit transporter, avec le matériel, les ouvriers qu'il avait fait venir à Lyon et qui devaient « ouvrer de leur mestier et aprandre l'art aux habitans ». Ces ouvriers, qui étaient arrivés en juin 1470, étaient des mouliniers, des faiseurs de drap de soie et des teinturiers italiens. La ville eut à payer 1,200 écus d'or pour leur première installation. Le roi ne leur avait pas ménagé à eux et à de nouveaux venus du royaume les privilèges par ses lettres d'octobre 1480. Charles VIII, pressé par eux et désireux de consolider à Tours l'œuvre de son père, octroya d'autres « franchises, libertez et exempcions » par ses lettres de mai 1497. Les Vénitiens, les Lucquois, les Génois affluèrent en cette ville qui comptait, d'après Marino Cavalli, 4,000 métiers en 1546. Richelieu en a vanté les produits dans ses *Maximes d'État*. Puis, l'amoindrissement se fit. « Le travail des petites estoffes façonnées, observe d'Herbigny, est proprement le caractère de la fabrique de Tours. » Beaucoup d'ouvriers en soie étaient protestants; ils s'expatrièrent lors de la révocation de l'édit de Nantes, se réfugiant en Angleterre ou en Hollande. L'expansion de la fabrique lyonnaise devait empêcher Tours de se relever. La production des étoffes d'ameublement était encore de 7 millions, il y a vingt-cinq ans; elle a notablement diminué depuis lors.

Aujourd'hui, on ne compte pas plus de 200 tisseurs de soieries, répartis entre trois maisons, dont une occupe le cinquième de ce chiffre. Les filatures, les teintureries, les usines d'apprêts ont complètement disparu. Les survivants de cette industrie ont dû faire comme les Nîmois, leur situation étant de tous points semblable : s'adresser directement à la clientèle, se garder une place à côté des Roubaisiens et des Lyonnais par une production de très bon goût, originale autant que possible, d'une exécution excellente, vendue à des prix relativement peu élevés; ce qui est une réaction énergique, malheureusement trop tardive, contre l'avilissement de la main-d'œuvre, cause principale de la décadence de l'industrie. Ils n'ont point à se préoccuper anxieusement des questions si graves de l'apprentissage : le recrutement des ouvriers se fait très facilement, par suite de la crise qui pèse depuis si longtemps sur la Croix-Rousse à Lyon; les Canuts viennent facilement à Tours quand on fait appel à leur concours. On me déclare même qu'en raison de cette situation, il serait possible de renouveler aujourd'hui ce que Louis XI fit, avec une si intelligente et féconde résolution : amener ici une véritable colonie d'artistes lyonnais; pour peu que la municipalité s'avisât d'imiter sa lointaine devancière à l'égard des industriels audacieux qui entreprendraient de ressusciter, par ce moyen, la fabrique de Tours. En ce moment, on tente de faire quelque chose, tout au moins pour maintenir ce qui existe. Comme je l'ai mentionné plus haut, la municipalité, sur l'initiative d'un fabricant, membre du conseil d'administration de l'École des beaux-arts, a décidé, l'année dernière, l'organisation d'un cours de dessin et de mise en carte, et la constitution de collections de soieries, dont ce même fabricant a généreusement offert le premier fonds.

Les industries artistiques du bois.

Dans les industries du bois, qui occupent encore environ 600 ouvriers et patrons, ébénistes, menuisiers, sculpteurs en meubles et charpentiers, la situation actuelle ne serait, m'assure-t-on, rien moins que brillante; le mot de décadence générale a même été fréquemment prononcé au cours de mon étude. Les causes de cette situation précaire sont multiples. Pour l'ébénisterie, le voisinage de Paris, les mœurs et les habitudes nouvelles ont fort diminué la clientèle qui s'adressait autrefois directement aux ateliers locaux pour la fourniture des mobiliers. On ne fabrique plus guère aujourd'hui que l'article courant de magasins et pour un chiffre d'affaires qui ne dépasserait pas 100,000 fr. par an. Une usine de meubles japonais et chinois, montée par des artistes venus de Nancy, a occupé, il y a quelques années, jusqu'à

80 ouvriers; on a dû la liquider en 1891. Une autre usine de meubles en marqueterie, où ont travaillé, à un moment, 40 ouvriers, a également disparu. Les châtelains et le clergé commandent généralement la menuiserie d'art à des maisons parisiennes. A l'exception d'une seule qui travaille encore un peu dans cette spécialité d'une façon intermittente, toutes les entreprises ont dû se borner à la menuiserie courante du bâtiment. Les chefs d'ateliers se font entre eux une concurrence violente, qui a provoqué une dépression générale des prix et un avilissement inouï de la main-d'œuvre. Il n'y a pas de solidarité dans ces corporations; une Chambre syndicale de l'ameublement, fondée, il y a deux ans, lors d'une grève des ouvriers ébénistes et menuisiers, a duré quinze jours. Évidemment, d'autres mœurs, la propagande et les encouragements d'une puissante association d'art et d'industrie qui n'existe pas, — celle qui s'est fondée il y a quelques années avec un programme où figuraient ces deux objectifs, ayant dérivé rapidement du côté de la protection exclusive des amateurs de musique et de la constitution d'un Cercle mondain, — auraient enrayé la décadence de ces industries, où les éléments d'excellente fabrication, les traditions de bon goût ne faisaient pas défaut. Leur résurrection semble même à l'heure présente être un peu tentée par les rares survivants, puisque la statistique de l'École des beaux-arts ne signale pas moins de 35 élèves sculpteurs, ébénistes, menuisiers; et qu'il est question d'y organiser un atelier spécial de sculpture sur bois. La reconstruction de l'hôtel de ville pourra donner une impulsion sérieuse à ce mouvement dans les industries d'art du bois, si la municipalité décide de substituer au système désastreux de l'adjudication publique celui d'une mise au concours de la décoration et de l'ameublement entre tous les industriels d'art tourangeaux.

Les vitraux d'art.

La peinture sur verre, autrefois florissante, ne compte plus guère aujourd'hui qu'une quarantaine d'artistes et d'ouvriers; et ne donne pas lieu à un chiffre d'affaires annuelles supérieur en moyenne à 150,000 fr. Elle est fort éprouvée depuis quelques années. En même temps qu'elle perdait ses principaux débouchés d'exportation, l'Irlande, l'Océanie, l'Amérique du Sud, par suite de la concurrence étrangère et des crises politiques et financières, le clergé réduisait considérablement ses commandes, sans que l'industrie pût trouver une compensation dans le développement de la clientèle civile, qui se montre de plus en plus réfractaire à ce genre de décoration immobilière, à la fois par économie et par évolution de la mode vers le bibelot et la curiosité. Il faut bien avouer aussi que les peintres verriers tourangeaux, comme ceux de la plupart des autres centres provinciaux, se sont laissé enlizer dans une routine qui maintient leur production dans les mêmes modèles surannés et leur fait ignorer tous les procédés techniques nouveaux, toutes les idées nouvelles en matière de décoration. Il semble qu'on n'ait jamais entendu parler ici des conquêtes contemporaines de la science et de l'art en vitraux; des émaux céramiques de Caranza, cultivés avec tant de succès à Bordeaux; des verres américains aux irisations et transparences qui semblent faire jaillir l'or et les pierres précieuses de la lumière; des innovations audacieuses et pittoresques de John Lafarge, de Tiffany, de Jac Galland, etc., et des recherches si intéressantes d'ornemanistes ingénieux que montrent aujourd'hui les expositions et les Salons. L'art du passé ne paraît leur être connu que dans les époques de décadence où tout, dans la couleur, dans la composition, est sans éclat et sans vie. Ce n'est cependant ni la bonne volonté, ni le désir d'apprendre et de bien faire qui leur manque; ils sont même touchants dans l'expression naïve et enthousiaste de leurs rêves, de leurs ambitions et de leurs doléances; mais l'instruction professionnelle et artistique sérieuse leur fait défaut. Ils ne savent rien ni des principes ni des œuvres; on ne leur a jamais montré ni expliqué techniquement les uns ni les autres. Tout est pour ainsi dire empirique dans leur métier. Or, l'école seule, avec son complément indispensable, le musée industriel, est en mesure, par l'art et par la science, mis à leur disposition généreusement, au moyen d'un enseignement théorique et pratique, de régénérer cette industrie qui présente, à cette heure, tous les symptômes d'une fin prochaine. On a l'intention d'en tenter l'entreprise en donnant à la peinture sur verre une place dans les nouveaux cours et ateliers d'art décoratif; et en faisant entrer, dans les collections d'enseignement du futur musée, les types de tout ce qui se fait d'original et d'intéressant comme vitraux en France et à l'étranger.

La céramique.

La restauration de la céramique doit faire également partie du programme des réformes projetées à l'École des beaux-arts. Avisseau, qui essaya avec quelque succès, il y a un demi-siècle, de faire revivre Palissy, n'a laissé que deux ou trois élèves médiocres, dont les intermittentes productions ne sont plus que de grossiers pastiches des rustiques « figulines » et des plats naturalistes du grand potier. Ce n'est ni de l'art ni de l'industrie, mais de la pure pacotille de fantaisie, à l'usage des touristes naïfs.

Dans la banlieue de Tours, il s'est fondé récemment un atelier de décoration sur porcelaine et sur faïence, qui occupe une vingtaine d'ouvriers, recrutés exclusivement à Limoges. On y fait les genres de peintures et de décors que pratiquent les Chambrelans limousins. Pas un seul ouvrier ne sait ni dessiner ni composer; tous se contentent de copier servilement les modèles. Or, le chef de cet atelier me déclare qu'il utiliserait plus volontiers un personnel ayant des connaissances artistiques, auquel pourrait être assuré un salaire de 10 à 15 fr. par jour; et il ajoute qu'il doublerait ainsi, comme nombre de pièces, en en augmentant la valeur commerciale, une production arrêtée actuellement à un chiffre d'affaires peu élevé, par la pénurie d'artistes aptes à des travaux supérieurs. Il n'y a jamais eu la moindre relation entre cet atelier et l'École des beaux-arts.

L'imprimerie.

Une grande maison, d'universelle renommée, continue à Tours la gloire des Plantin et des Jenson. Dans ses ateliers, et dans ceux de quelques autres imprimeries, on ne compte pas moins de 2,000 ouvriers; toutes les branches de l'industrie sont pourvues de ce qui leur est nécessaire, au point de vue de l'apprentissage et de l'instruction technique. Néanmoins, à l'opinion, très nettement exprimée, de l'un des chefs de cette maison, un enseignement spécial des arts graphiques, organisé à l'École des beaux-arts, rendrait de grands services, et serait assuré d'un recrutement annuel d'au moins une cinquantaine d'élèves, qu'il encouragerait — ainsi que ses autres collègues de la ville, sans aucun doute — à aller chercher auprès d'un maître habile, ayant l'esprit ouvert à toutes les manifestations de l'art dans le domaine du Livre, une initiation raisonnée aux mille secrets professionnels et artistiques qui conduisent à la perfection technique dans les travaux délicats de la gravure, de la mise en train, des tirages des planches en noir et en polychromie, de la reliure, etc., secrets ne pouvant plus être étudiés aujourd'hui dans les ateliers par suite des obligations de la production industrielle, rapide et économique.

Les réformes de l'École des beaux-arts.

Il y a donc pour l'École des beaux-arts, dans les diverses industries artistiques tourangelles, un vaste champ d'action et de propagande par l'enseignement théorique et pratique — cours, ateliers et musée, — en vue de la restauration des unes et du développement des autres au point de vue artistique. L'ambition de remplir cette double mission a inspiré toutes les déclarations qui m'ont été faites par la municipalité et par la direction de l'École, étroitement unies dans les mêmes sentiments de dévouement aux intérêts matériels et sociaux de la population. L'apprentissage, pour ces industries, est assuré, dans les limites de ses ressources financières, par une admirable institution : la Maison des apprentis Tonnelier, fondée en 1886, qui compte actuellement 150 enfants, qu'elle dote, pendant trois années d'études, de l'instruction primaire obligatoire et d'une instruction professionnelle très sérieuse, par l'adoption du système ingénieux de l'apprentissage dans des ateliers industriels, sous la surveillance régulière à la fois des patrons affiliés à l'œuvre et des délégués du conseil d'administration.

La réalisation du programme des réformes nécessaires pour atteindre le but proposé implique une réorganisation immobilière de l'École des beaux-arts. Actuellement, l'École occupe deux bâtiments séparés, quoique contigus, dans lesquels elle cohabite, pour leur gêne réciproque, ici avec le Musée de peinture, là avec une école primaire. Devant la preuve indiscutable d'une nécessité absolue — le nombre des élèves qui a quadruplé depuis la transformation de l'institution, qui grandit chaque année, et atteint aujourd'hui le chiffre de 521, — il lui a été attribué, dans le bâtiment construit pour celle-ci, deux salles et une galerie supérieure. Cette galerie est affectée à une série de cours, absolument différents, dont le matériel, les modèles, les professeurs et les élèves changent alternativement : cours d'art décoratif, d'architecture, de dessin, de tissage, d'anatomie, de perspective, de géométrie. Tous ces cours, ne pouvant avoir lieu qu'aux mêmes heures du soir, de 7 à 9, en raison du recrutement des élèves parmi les ouvriers, on a dû établir un roulement qui en restreint la périodicité au point de compromettre les études. Ainsi, les cours de géométrie supérieure, d'art décoratif, d'architecture et de tissage ne peuvent avoir lieu qu'une fois par semaine. Deux soirs seulement, dans le même temps, sont accordés aux cours de sculpture et de géométrie élémentaire; et trois au cours de dessin du même degré. Faute de place, l'école n'a ni amphithéâtre, ni bibliothèque, ni musée; les collections de livres, de dessins et de modèles sont entassées pêle-mêle, à une extrémité de la galerie, dans un local étroit, auquel on ne peut accéder qu'en traversant les groupes d'élèves, serrés les uns contre les autres, dans une promiscuité qui nuit à l'hygiène, à la discipline et au travail. L'on ne sait point où placer les métiers, dont l'acquisition est décidée pour le cours de mise en carte des tissus. Par la concession générale de ce bâtiment seule, l'école pourra mettre à exécution le programme d'un enseignement théorique et pratique complet pour tous les artistes et les ouvriers des industries d'art locales et régionales. Au rez-de-chaussée, très vaste, seraient installés les ateliers de sculpture sur pierre et sur bois, de modelage, de stéréotomie, de tissage, de peinture décorative, etc.; au premier étage, qui ne contient pas moins de dix salles, admirablement éclairées par un jour de nord-ouest, les cours de science et de dessin; et, dans la galerie supérieure, on placerait le Musée d'art décoratif. La cour pourrait même recevoir une grande serre où les élèves dessineraient et peindraient les plantes et les fleurs vivantes.

Alors, Tours sera doté d'une fort belle école d'art et d'industrie, car tout ce qui doit constituer un établissement modèle de ce genre s'y trouvera réuni, dans les plus parfaites conditions de fonctionnement normal. Cette école et le Musée de peinture et de sculpture agrandi de 4 salles pour les collections de plâtres et de marbres, pour les aquarelles et dessins, mis en communication par une courte passerelle avec le Musée d'art décoratif, formeront, sur la merveilleuse esplanade de la rive gauche de la Loire, un ensemble superbe des institutions d'art de la capitale de la Touraine.

ANGERS.

La sculpture.

La principale industrie artistique d'Angers est la sculpture sur pierre et sur bois, qui bénéficie à la fois d'une glorieuse tradition d'art et d'une situation ethnographique exceptionnellement propice à son développement. Si on a dit que le Rhin était la rue des moines, tant dans ses flots il se mire d'églises et d'abbayes, la Loire est la rue des artistes, par les merveilles d'architecture et de sculpture dont ses eaux tranquilles baignent les pieds; et du grand fleuve les maîtres sont remontés dans tous ses affluents pour couvrir leurs rives de nouveaux chefs-d'œuvre, non moins superbes. La capitale de l'Anjou peut s'enorgueillir de Saint-Maurice, du Logis-Barrault, de l'hôtel de Pincé, autant que Tours de sa cathédrale, de la maison de Tristan l'Ermite, du cloître de l'abbaye Saint-Martin, de la tribune de Saint-Clément; et Orléans, de Sainte-Croix, de l'hôtel des Créneaux, de la maison de Diane de Poitiers, etc. La région abonde de cette belle pierre, le tuffeau, dans laquelle le ciseau peut découper avec facilité les ornements les plus fins, et dont la couleur blanche est une caresse pour les yeux. Les haies séparatives des champs, divisés à l'infini, sont faites d'une essence de chêne, d'une admirable plasticité. Aussi, de tous temps, les sculpteurs angevins ont-ils été renommés; aujourd'hui encore, on vous montre avec orgueil la décoration sculpturale nouvelle de l'hôtel de Pincé, aussi délicate que celle qui a été exécutée par les ornemanistes du xvie siècle; les façades de Saint-Laud et de la Madeleine, sculptées à la pointe du ciseau avec une maîtrise peu commune par la génération contemporaine d'artistes, qu'ont formée David d'Angers père, les Granaux, etc., des maîtres de la première partie de ce siècle, à qui on peut faire honneur d'avoir provoqué une véritable renaissance de la sculpture angevine. On m'assure que la réputation de l'école actuelle est si bien établie et justifiée, que jamais il n'est venu à l'idée d'un architecte, chargé de quelque restauration de château historique ou d'une construction monumentale nouvelle, de faire appel à des praticiens parisiens, comme cela a lieu si fréquemment dans toutes les autres régions. Les entreprises de sculpture pour la menuiserie d'art et pour l'ébénisterie sont nombreuses et importantes. Le faubourg Saint-Antoine et les grands magasins de Paris s'alimentent autant à Angers qu'à Nantes et à Toulouse, de meubles sculptés, qu'ils revendent imperturbablement à la province comme des créations originales du génie parisien; et j'ai eu la preuve de travaux considérables, chaises, bancs d'œuvre, stalles, confessionnaux, autels, etc., exécutés pour Amiens, Bordeaux, le Mans, Tours, Angoulême, Versailles, Bayeux et Lyon. Il s'est même fondé ici, depuis quelques années, une industrie spéciale, originale, celle de la sculpture des chevaux de bois et de la décoration des carrousels de foires, qui fait une concurrence victorieuse aux Anglais et aux Allemands, auxquels on en avait laissé le monopole fructueux.

L'organisation sociale et technique des ateliers de sculpture présente des particularités qui justifient leur prospérité artistique. Si on constate une diminution assez considérable du chiffre des ouvriers et des artistes, il n'y a pas lieu à discuter de la question de décadence; loin de là. Jamais, à l'opinion des architectes et des entrepreneurs, on n'a sculpté avec plus de goût et plus d'habileté. Les sculpteurs sur pierre et sur bois, en 1883, n'étaient pas moins de 300; aujourd'hui, on n'en compte guère plus qu'une centaine; le nombre des menuisiers et des ébénistes qui avait monté jusqu'à 500, est retombé à 200 environ. Cette diminution s'explique par cette raison que les grands travaux d'édilité et de construction, qui ont fait de la partie centrale du vieil Angers une ville nouvelle, avaient provoqué une immigration de menuisiers et de sculpteurs, accourus de tous les points de l'Anjou et de la Touraine, hors de proportion avec la moyenne normale des commandes locales. La généralité des chefs d'ateliers sont d'anciens ouvriers, qui connaissent tout du métier d'une façon parfaite, et qui se sont élevés au patronat à force d'énergie, d'intelligence et d'initiative. L'un des plus réputés, occupant le plus nombreux personnel, est à la fois un praticien consommé et un dessinateur ingénieux, qui crée tous ses modèles pour le courant, et sait, pour les œuvres exceptionnelles, s'adresser à des artistes de haute valeur. De ses trois fils, chacun a étudié professionnellement une spécialité de l'industrie du bois, la mécanique, l'architecture, la décoration, en vue de devenir plus tard un chef de service dans l'une ou l'autre des parties de l'industrie. Les patrons sont venus à bout des doctrines funestes répandues dans le monde des ouvriers contre l'apprentissage et l'enseignement artistique. On fait dans tous les ateliers des apprentis, pourvus d'une solide instruction technique, en assez grand nombre pour assurer le recrutement du personnel; l'obligation mutuelle de leur faire suivre les cours de l'École des beaux-arts, à des heures déterminées prises sur le temps réglementaire des présences à l'atelier, est entrée dans les mœurs patronales. On en espère que la génération nouvelle travaillera moins empiriquement que la génération présente, à laquelle manque généralement une instruction artistique même élémentaire; quoiqu'on critique fort l'enseignement de cette école qui ne serait pas assez spécialisé pour les apprentis en vue de leur métier. La sculpture sur marbre, sur pierre et sur bois, se pratique indifféremment, suivant les commandes, dans les mêmes ateliers et par les mêmes ouvriers; cette simultanéité, à l'opinion des patrons, donne d'excellents résultats techniques, le travail du bois assouplissant, par plus de délicatesse, la main du sculpteur sur pierre; le travail de la pierre préservant de la mignardise le sculpteur sur bois; en outre, — ce qui n'est pas moins appréciable, — elle assure l'ouvrier habile dans les deux parties contre un chômage, fréquent pour celui qui ne sait que l'une d'elles. Il est utile de signaler cette nouvelle démonstration éloquente de l'erreur de la doctrine économique de la spécialisation dans les industries d'art.

Une branche de la décoration immobilière qui avait paru, à la suite de l'Exposition d'Angers en 1895, en voie de prendre une extension locale, le staff, est aujourd'hui complètement abandonnée; on continue, comme par le passé, à faire de la pâtisserie avec des éléments importés des usines de Paris qui se livrent à cette spécialité sur une grande échelle.

La peinture décorative.

L'industrie de la peinture décorative est peu développée; on y compterait actuellement à peine une trentaine d'ouvriers; et c'est bien plus pour la région, dans les châteaux et les villas, que pour Angers qu'ils travaillent; on ne décore point picturalement les hôtels et les édifices publics. Pendant une période, il y a environ quinze ans, on a exécuté des travaux assez importants dans les églises; ce mouvement est aujourd'hui enrayé. Les raisons qui m'ont été invoquées pour expliquer cette réaction sont de tous ordres. Ne serait-ce pas bien plutôt parce que la peinture décorative est elle-même tombée? J'ai vu ici et là quelques exemples de cette décadence, vraiment peu faits pour provoquer une émulation de commandes entre les fabriques et les membres du clergé. Les mêmes conséquences d'une situation semblable ont été observées fréquemment ailleurs.

Des trois ateliers de vitraux d'art qui existaient hier, dans la ville d'Angers, l'un a été fermé; un autre serait à la veille de disparaître; le troisième ne subsiste que parce que son propriétaire possède une fortune personnelle qui lui permet de le maintenir sans lui demander de bénéfices. L'industrie, qui fut autrefois assez prospère, en est arrivée là par la concurrence effrénée que les patrons se sont faite entre eux, concurrence qui a amené une dépression incessante des prix et, par conséquent, un avilissement de la production. Ajoutez à cela l'indifférence de plus en plus accentuée du public pour un mode de décoration relativement coûteux, la diminution des commandes pour les églises par suite des lois religieuses. La situation ne pouvait qu'empirer de jour en jour. Actuellement, la région ne suffit même plus à alimenter de travaux courants un atelier d'une vingtaine d'artistes et d'ouvriers; son chef doit en chercher jusqu'en Bretagne, en Vendée et dans le Poitou, où il se trouve en présence des peintres verriers de Nantes, du Mans, de Laval et de Bordeaux, forcés également à s'ouvrir des débouchés nouveaux. Les rares apprentis qui se forment dans les ateliers angevins ne restent pas dans le pays; aussitôt qu'ils savent un peu le métier, ils s'en vont chercher fortune à Paris; la situation est telle que les maîtres se montrent encore fort heureux de pouvoir profiter de leur apprentissage pour l'exécution de travaux inférieurs dont les prix ne permettraient pas d'y employer des artistes ordinaires, si faibles que soient devenus les salaires dans cette dernière catégorie. *Les vitraux d'art.*

La ferronnerie d'art est encore en honneur dans l'Anjou. Sur 300 ouvriers de l'industrie du fer, répartis entre 5 grands ateliers et 90 petits, on compterait 80 artistes, capables d'exécuter une œuvre de maîtrise comme la grande grille du Jardin des Plantes. Malheureusement, elle ne trouve pas les encouragements qu'elle mérite; il y aurait, pour la faire prospérer, à entre- *La ferronnerie d'art.*

prendre une propagande active en sa faveur auprès des propriétaires, des architectes et des administrations; et je ne vois guère, à cette heure, quelle institution pourrait remplir cette mission opportune.

La Chambre syndicale des entrepreneurs du département de Maine-et-Loire.

Toutes ces industries font partie de la Chambre syndicale des entrepreneurs du département de Maine-et-Loire. J'ai pensé qu'il était de mon devoir de demander au président de cette association de me fournir les moyens de voir les membres de son bureau pour les entretenir de l'objet de mon étude à Angers. Voici le procès-verbal de la délibération qui y a été prise, à la suite d'une conférence qui n'a pas duré moins de deux heures :

Le 9 novembre 1896, à 2 heures du soir, les membres du bureau de la Chambre syndicale des entrepreneurs du département de Maine-et-Loire, assistés de quelques-uns de leurs collègues, réunis au siège social en séance extraordinaire pour recevoir et entendre M. Marius Vachon, émettent les vœux suivants :

1° Que l'École régionale des beaux-arts reçoive, au point de vue de son installation, le développement nécessité par l'extension du nombre des ouvriers d'art et des apprentis qui en suivent les cours;

2° Que l'enseignement y soit plus spécialement organisé en vue des industries d'art locales et régionales;

3° Qu'il soit créé à Angers un Musée d'art décoratif ou d'art industriel en vue des industries artistiques locales et régionales.

Le Président, Morin; *le Secrétaire*, L. Thibault.

Pour expliquer et justifier cette délibération importante, je vais résumer et les observations échangées entre les membres du bureau de la Chambre syndicale sur la situation actuelle de l'École régionale des beaux-arts, et les résultats de mon enquête personnelle.

École régionale des beaux-arts.

En dépit de son titre, d'après les déclarations mêmes de ceux qui en ont la responsabilité administrative, cette institution ne serait-elle pas encore rien moins qu'une école véritable, dotée d'un organisme puissant et complet d'enseignement artistique? Ne constituerait-elle pas bien plutôt une simple réunion de cours publics et populaires, libres, sans lien étroit entre eux, sans discipline scolaire assurant une assiduité absolue, comme le sont les autres cours municipaux de science, de littérature, de musique, etc., également réunis sous la direction d'un fonctionnaire qui ne paraît guère avoir d'autre rôle public que celui d'assurer le bon ordre et la gestion des crédits, conformément aux dispositions du budget ?

Les classes inférieures ont le caractère et la physionomie d'une école enfantine ; elles en portent d'ailleurs la dénomination officielle. Pour se débarrasser le soir de leurs bambins, les parents les envoient au « Cours de dessin » ; c'est bien porté dans le peuple, et ça ne coûte rien. Il y a là, les soirs d'hiver, groupés dans une salle immense, jusqu'à 260 enfants dont le plus grand nombre a 8 et 10 ans. On n'y apprend pas grand'chose ; le cours est un amusement. Ceux qui, de ces classes primaires, passent aux classes secondaires, doivent y recevoir une instruction nouvelle ; ils constituent ainsi des impedimenta constants à la marche régulière et progressive des études. Il y a à cette organisation un inconvénient plus grand encore, d'ordre social : elle enlève à l'École des beaux-arts son caractère sérieux.

Le phénomène étrange d'une contradiction formelle entre le recrutement de la population de l'École des beaux-arts et son objectif social, qui a été observé déjà si fréquemment, se manifeste ici plus évident encore peut-être que partout ailleurs. D'après la statistique dressée par la direction, l'école comprend 798 élèves inscrits, ainsi classés professionnellement : peintres décorateurs et peintres sur verre, 1/7 ; sculpteurs sur bois et sur pierre, 1/7 ; ouvriers en bâtiments, 2/7 ; élèves architectes et dessinateurs, mécaniciens, 2/7 ; étudiants, instituteurs et jeunes filles, 1/7. Les classes de peinture et de sculpture comprennent 6 élèves ; celle d'architecture 20 ; soit le 20e du contingent des classes secondaires et supérieures, les jeunes filles, au nombre de 124, exclues de ces catégories. Or, l'enseignement paraît avoir essentiellement pour but la préparation à l'École des beaux-arts de Paris ; on ne rêve que de faire des peintres, des statuaires et des architectes, futurs lauréats des prix de Rome et des médailles des Salons. Actuellement, on n'y compte pas moins de 9 boursiers angevins, municipaux ou départementaux. Dans un tableau officiel des élèves qui se sont fait remarquer particulièrement dans les cours, depuis la création de l'École régionale des beaux-arts, je ne trouve, après 14 jeunes gens reçus à l'École nationale des beaux-arts de Paris, qu'un élève de l'École nationale des arts décoratifs, un élève de l'École des arts et métiers d'Angers, un dessinateur à la manufacture de

Trélazé, un peintre verrier, et un mécanicien aux Chantiers de la Loire; on cite ensuite, sans mentions spéciales de prix et de médailles, à l'école, par conséquent en classification secondaire, 3 sculpteurs, 2 peintres verriers, 5 menuisiers, 4 dessinateurs industriels, 4 conducteurs de ponts et chaussées, de travaux publics, et 2 professeurs. L'école ne possède effectivement aucun enseignement spécial pour les arts décoratifs ou les industries d'art, bien qu'au programme officiel de sculpture figurent — pour la forme — des exercices de composition en vue de l'application de la sculpture à l'industrie. Pour une population scolaire de 100 sculpteurs sur pierre st sur bois, il n'y a pas de cours régulier de modelage. C'est le professeur de peinture qui, de temps à autre, quand quelques élèves des cours supérieurs le lui demandent, en donne des leçons facultatives! Les seuls cours pratiques sont ceux de stéréotomie et de charpente.

Les réclamations des chefs d'ateliers de sculpture, d'ébénisterie, de peinture décorative, de ferronnerie, sur le peu d'utilité pratique pour ces métiers de l'enseignement de l'École régionale des beaux-arts sont unanimes.

Angers me réservait la grande joie de constater combien les idées nouvelles sur la mission sociale des écoles d'art ont fait un grand chemin, de recevoir la preuve qu'elles ont pénétré dans l'administration municipale, et qu'on y paraît — par l'adjoint au maire chargé de l'instruction publique et des beaux-arts — résolu à réagir énergiquement contre les théories néfastes qui les ont jusqu'ici souvent stérilisées et qui entravent si fréquemment le développement de la prospérité industrielle et artistique de notre pays. On y reconnaît, avec la volonté d'y remédier d'urgence, que l'installation matérielle de l'école, logée, provisoirement depuis un demi-siècle, dans de vieux bâtiments, tour à tour caserne, couvent, école primaire, etc., est nuisible au bon fonctionnement de l'institution; que l'enseignement y devrait avoir un caractère plus élevé, et l'organisation d'une véritable école, avec cours du jour et ateliers d'application; que l'éparpillement du crédit du personnel enseignant, qui est de 16,000 fr., entre 11 cours avec titulaires, adjoints et suppléants, est insuffisant pour chacun d'eux, sans proportion entre les uns et les autres en raison de leur utilité et de leurs résultats.

Un recrutement des élèves, normal, sérieux, non plus laissé exclusivement au caprice des parents et des enfants, préoccupe aussi l'administration.

« Il y a, me dit l'adjoint au maire, dans l'École primaire supérieure un atelier où les élèves font du travail manuel; mais c'est du travail très ordinaire; il y aurait lieu d'orienter ce cours vers l'art industriel. Alors, l'élève sortant de l'École primaire, à 15 ans, pourrait entrer à l'École des beaux-arts où il arriverait déjà en possession d'un petit bagage de connaissances en géométrie et dessin. La ville, en outre, accorde annuellement 6,000 fr. de bourses d'apprentissage; elle pourrait exiger que ses boursiers suivent les cours de l'École régionale des beaux-arts; et, sans aucun doute, les patrons souscriraient à ces conditions. Un examen sévère d'entrée à l'école éliminerait, au bénéfice des jeunes gens ayant de sérieuses aptitudes, et pour le plus grand profit des industries d'art, toutes les nullités qui actuellement l'encombrent et gênent le développement progressif des études. »

Les circonstances actuelles sont donc on ne peut plus favorables à une réorganisation radicale de l'École régionale des beaux-arts, tant au point de vue de l'installation qu'à celui de l'enseignement, réorganisation réclamée unanimement par les représentants les plus autorisés des industries d'art.

On a lu le vœu de la Chambre syndicale des entrepreneurs sur la création à Angers d'un Musée d'art décoratif. La municipalité ne serait point non plus, m'assure-t-on, indifférente à la réalisation de ce vœu, une institution de ce genre étant facile à organiser à Angers où ni les locaux, ni les éléments constitutifs ne font défaut. Rarement, peut-être même nulle part, trouverait-on une coïncidence aussi précieuse de la réunion opportune des uns et des autres en vue de la mise à exécution immédiate d'un projet présentant toutes les conditions de succès. Un musée d'art décoratif.

Angers possède quatre musées : le Musée de peinture, le Musée David d'Angers, installés dans le Logis-Barrault, le Musée Turpin de Crissé à l'hôtel de Pincé, et le Musée archéologique qui occupe les bâtiments de l'ancien hôpital Saint-Jean. Des deux premiers, je n'ai point à m'occuper ici. Le troisième et le quatrième rentrent dans le domaine de cette étude.

Le Musée Turpin de Crissé a été formé par les collections d'œuvres et objets d'art léguées, en 1850, par le comte Turpin de Crissé, peintre, collectionneur, inspecteur des beaux-arts sous la Restauration et membre de l'Institut, d'une famille originaire de l'Anjou. Il y a là des antiquités égyptiennes, grecques et romaines, des bronzes antiques, des vases grecs, des verreries, des vitraux, des émaux, des faïences, des pierres gravées, des médailles, des bijoux, des sculptures du Moyen âge, de la Renaissance et des Temps modernes, des gravures, des dessins et des tableaux de toutes époques et de toutes écoles. Dans son testament, Turpin de Crissé expliquait ainsi son legs à la ville d'Angers par le caractère des collections qu'il avait réunies : « Point de série complète dans un genre ni dans un autre, mais quelques beaux échantillons, quelques spécimens qui ne se trouveraient déplacés dans aucun musée; toutefois, ils seraient bien perdus dans les grandes galeries de Paris. J'ose espérer qu'ils offriront plus d'intérêt au musée de la ville d'Angers, appelant, pour qu'ils soient groupés autour d'eux, les donations et les legs des riches amateurs. » Le cabinet a été d'abord installé au Logis-Barrault, puis on le transféra à l'hôtel de Pincé, lorsque ce chef-d'œuvre de l'architecture du XVIe siècle, donné à la ville par le peintre Guillaume Bodinier, fut restauré. Or, ces collections sont insuffisantes pour remplir toutes les salles. Le conservateur a cherché à atténuer la sensation désagréable de vide et de provisoire qu'on en éprouve, par l'organisation d'un musée embryonnaire d'architecture, qu'alimente maigrement une rente de 358 fr., léguée par un architecte angevin, M. Moll. Cette série de dessins, de plans, de photographies et de moulages, éparse dans trois salles, ne laisse pas d'étonner; ce n'est point un musée historique angevin, moins encore un musée professionnel; on n'en comprend ni l'intérêt, ni le but dans ce milieu spécial, qui semble bien plutôt appeler quelque chose dans le genre du Musée de Cluny, dont les objets d'art du cabinet Turpin de Crissé, du rez-de-chaussée et du premier étage, suggèrent d'ailleurs aussitôt l'idée. En réunissant là un certain nombre de pièces d'art — meubles, tapisseries, orfèvreries, curiosités, etc. — extraites du Musée Saint-Jean, en faisant quelques restitutions d'ameublement et de décoration dans le style de la Renaissance, on reconstituerait aisément, sans grands frais, dans les plus belles salles de l'hôtel, un type superbe de l'intérieur d'une opulente demeure d'autrefois, répondant au caractère architectural du monument.

Ce serait là à la fois une haute curiosité historique et une œuvre d'enseignement d'art.

Quant au Musée Saint-Jean, on le tient pour un des plus riches musées archéologiques de province. Il a été particulièrement consacré aux antiquités, à l'histoire monumentale de la région de l'Ouest, sans exclusion cependant des œuvres d'art, peinture, sculpture, émaux, céramique, etc., du Moyen âge et de la Renaissance, et des objets de pure curiosité. Tout récemment même, un legs Giffard y a fait entrer des moulages de chefs-d'œuvre de la statuaire de toutes les époques, qui ne sont pas sans surprendre un peu dans un musée de ce genre, et qui, par la blancheur crue du plâtre, au milieu de toutes ces vénérables reliques du passé, patinées admirablement par le temps, produisent un effet des plus disgracieux. On en reçoit même tout d'abord l'impression fâcheuse qu'on pénètre dans un simple entrepôt, d'autant que l'administration municipale ne s'est guère mise jusqu'ici en frais pour l'adaptation du local à sa destination nouvelle, pour l'établissement de vitrines en harmonie avec les œuvres qu'elles contiennent et l'emplacement qu'elles occupent. Cependant l'initiative hardie et intelligente du conservateur actuel a déjà fait dériver un peu le musée de sa physionomie d'établissement provisoire et du principe d'une création purement d'histoire provinciale par les monuments lapidaires, par les fragments d'architecture et de décoration, vers l'utilisation raisonnée de ses richesses, comme institution pratique d'enseignement artistique et industriel. Dans la mesure des ressources financières actuelles, toutes ces épaves d'églises et d'anciens hôtels angevins — meubles, sculptures sur pierre et sur bois, vitraux, tissus, tentures, peintures, etc., — dont un grand nombre sont de véritables chefs-d'œuvre d'art décoratif, ont été disposées, classées et présentées pour servir de modèles, de documents d'étude, aux ouvriers et aux artistes d'Angers; déjà même, pour compléter cette organisation, il a été créé une petite bibliothèque d'art et d'industrie avec prêts extérieurs, au moyen des livres de la Société d'archéologie. Malheureusement, les ressources sont à peu près nulles; la pénurie d'argent entrave le développement des résultats de cette intéressante innovation. Le budget du Musée Saint-Jean présente les crédits suivants : Conservateur (préciput), 500 fr., (déplacements), 300 fr.; concierge surveillant, 800 fr.;

surveillant, 300 fr.; achats, 1,500 fr.; chauffage, 300 fr.; dépenses d'entretien, 750 fr.; entretien du square, 150 fr.; soit un total de 4,600 fr. : une misère! En dépit du dévouement le plus infatigable et le plus désintéressé, de la foi la plus ardente et la plus active, on ne peut, avec ce budget, faire fonctionner un musée d'enseignement, tel qu'il pourrait être facilement organisé, par suite de l'exceptionnelle, unique peut-être même, bonne fortune d'un fonctionnaire encouragé dans ses projets par un comité de direction où la science archéologique, la passion des gloires du passé, ne font pas obstruction aux idées de progrès moderne et à la préoccupation des besoins des industries d'art.

Dans ma visite au bureau de la Chambre syndicale des entrepreneurs, dans les conversations avec le représentant de la municipalité, où ces projets ont été exposés, avec les compléments d'organisation qu'ils comportent, on a paru craindre tout d'abord que leur réalisation n'entraînât la désagrégation du Musée archéologique. Il y avait à lutter contre un préjugé instinctif, presque universellement répandu, de l'antinomie irréductible d'un musée d'art et d'industrie parallèle et même intimement lié à un musée d'antiquités, dans le sens général de ces deux termes. Le Musée de Cluny, beaucoup plus fréquenté par les artistes et les ouvriers que le Musée des arts décoratifs, était une réplique aussi éloquente que décisive. Elle a paru convaincre les hésitants et les adversaires. J'estime même comme très fâcheux à tous les points de vue que les musées du Logis-Barrault ne puissent être réunis ou contigus au Musée d'archéologie et au futur Musée d'art décoratif, non seulement en considération du principe philosophique de l'unité de l'art, mais pour des raisons plus positives d'administration et d'organisation. Il a été question d'annexer ce dernier à l'École régionale des beaux-arts, reconstruite sur un vaste emplacement. Mieux vaudrait, au contraire, si la question de l'éloignement du centre de la ville n'était pas un obstacle invincible, annexer l'école au Musée Saint-Jean, transformé définitivement en une institution d'enseignement artistique et de science archéologique, où les élèves des classes du jour et du soir auraient constamment sous les yeux et sous la main des documents d'études en moulages et en originaux. Mais la sagesse est de tirer le meilleur parti pratique de ce qui existe, de le faire servir immédiatement, par des réformes qui ne soient pas hors de proportion avec les ressources financières dont on peut disposer, à satisfaire les besoins des industries. Que le Musée Saint-Jean reçoive donc une dotation budgétaire et un crédit exceptionnel qui permettent de réaliser largement les projets exposés plus haut, de donner aux collections d'enseignement un plus grand développement, en aménageant dans ce but celles qu'il possède déjà, complétées par des acquisitions d'œuvres nouvelles, initiant les artistes, les ouvriers et le public au mouvement de l'art industriel contemporain.

L'édifice dans lequel est logé le Musée Saint-Jean est l'ancien hôpital construit sous Henri II, roi d'Angleterre et comte d'Anjou ; les archéologues le classent parmi les plus précieux types de l'architecture civile du XIIe siècle. La grande salle est divisée en trois nefs que limitent quatorze colones médianes et vingt-deux colonnes engagées supportant vingt-quatre voûtes, hautes de trente-cinq pieds. A la chapelle, bâtie en 1184, qui a reçu les pièces de décoration d'église, est contigu un cloître des XIIe et XVIe siècles, dans lequel sont entreposés des morceaux remarquables de sculpture monumentale. A 100 mètres de là, la ville possède un bâtiment immense, à trois nefs avec charpente en bois apparente, éclairé par des fenêtres romanes, — les anciens magasins de l'hôpital, — qui n'est pas moins précieux historiquement et au point de vue de l'art. En réunissant toutes ces constructions, restaurées habilement, converties en salles d'exposition, entourées de jardins comme l'est déjà l'hôpital, on constituerait un ensemble archéologique merveilleux, un musée de la plus grande originalité, qui serait en son genre quelque chose comme Cluny ou le Musée germanique de Nuremberg, et deviendrait rapidement une des attractions renommées d'Angers et de l'Anjou.

NANTES.

Institutions d'enseignement industriel et artistique.

D'après l'Annuaire de la ville, Nantes possède neuf institutions d'enseignement artistique et industriel : l'École primaire supérieure, l'École de la Société industrielle, les cours de la Bourse du travail, les cours du Syndicat mixte des ébénistes, l'Institution Livet, l'École municipale de dessin, la Société des Amis des arts, le Musée municipal des beaux-arts, le Musée départemental d'archéologie et le Musée Dobrée. Par leurs titres, toutes ces institutions paraissent dans leur ensemble représenter tout ce qu'une grande ville peut désirer pour ses industries d'art; leur analyse minutieuse réservera quelques déceptions.

L'École primaire supérieure est une école préparatoire à l'apprentissage, du type créé vers 1880, où l'on donne l'enseignement manuel du fer et du bois; la municipalité lui consacre un budget annuel de 20,170 fr.

La Société industrielle. Éducation des apprentis.

La Société industrielle, fondée en 1830, et reconnue comme établissement d'utilité publique en 1845, a pour but « l'éducation des apprentis et par suite l'amélioration du sort des ouvriers ». Ses ressources sont : les subventions de l'État, du département, de la ville et de la Chambre de commerce qui s'élèvent à 6,000 fr.; les souscriptions bienveillantes de ses 170 membres, produisant environ 2,000 fr.; les revenus des valeurs mobilières et immobilières qui sont de 4,280 fr. En 1896, son budget est de 12,765 fr. Dans son école des apprentis, la société reçoit les jeunes gens dont les professions exigent des connaissances spéciales et techniques. L'enseignement comprend les principes de la langue française, les études mathématiques, le dessin linéaire et artistique, les notions élémentaires de la mécanique, de la physique et de la chimie. Les cours ont lieu le matin avant l'heure d'entrée dans les ateliers. Cet enseignement présente donc le caractère d'un enseignement général primaire supérieur, l'examen d'admission équivalant au certificat d'études ; il a pour conséquence de pousser les ouvriers à devenir des employés d'industrie et de commerce. C'est ainsi qu'un grand nombre des élèves aspirent et réussissent à entrer, à ces titres, dans les établissements métallurgiques, aux Chantiers de la Loire, dans les ateliers et les bureaux des Compagnies de chemins de fer. C'est évidemment un résultat social fort appréciable ; mais tout le monde ne l'approuve pas. Où l'action de la société est vraiment effective professionnellement pour les ouvriers des métiers manuels, qui désirent rester tels tout en se perfectionnant, c'est dans son organisation intéressante de primes — une cinquantaine — accordées à ses pupilles à l'expiration du contrat d'apprentissage pour les travaux exécutés dans les ateliers. Le chiffre des élèves est de 100. L'exiguïté des locaux et la pénurie des ressources affectées à la section de l'enseignement ne permettent pas d'en recevoir autant qu'il s'en présente ; car, la qualité d'élève de l'école de la Société industrielle est devenue aujourd'hui un brevet d'admission à l'apprentissage dans les meilleurs ateliers nantais. La société intervient au contrat d'apprentissage ; elle surveille les apprentis à l'atelier. Elle accorde à ses élèves des gratifications pécuniaires ; une partie est laissée entre leurs mains, l'autre doit être placée par les bénéficiaires mêmes à la Caisse d'épargne, dans le double but de leur inculquer les principes de l'économie et de leur assurer un petit pécule au début de leur vie d'ouvrier. Des diplômes sont accordés aux anciens élèves de l'école qui ont fait preuve, pendant leur apprentissage, d'amour du travail, joint à une bonne conduite, et qui, devenus ouvriers, ont, pendant plusieurs années, continué à suivre la voie dans laquelle ils étaient entrés.

La société possède une bibliothèque de près de 2,000 volumes, choisis dans un but d'éducation, d'enseignement professionnel, et mis à la disposition des ouvriers tous les dimanches, de 9 à 10 heures du matin.

Elle patronne une Caisse de secours mutuels, dont les bureaux sont ouverts le dimanche, qui compte plus de 500 sociétaires, avec un budget d'environ 14,000 fr.

Dans son but et dans son fonctionnement, la Société industrielle est une œuvre à la fois intéressante et touchante ; elle rend de grands services à la population ouvrière de Nantes ; et cela depuis plus d'un demi-siècle, pendant une longue période d'années où ces questions d'enseignement professionnel, de protection morale des ouvriers, n'étaient guère à l'ordre du jour. En parcourant ses comptes rendus annuels, on peut constater avec une vive satisfaction que, à l'encontre de tant d'autres institutions, dans le conseil d'administration de la société, au respect des traditions, au culte pieux des idées sociales léguées par les prédécesseurs et les fondateurs vient s'adjoindre, aujourd'hui, la préoccupation instante de faire plus encore, de donner à l'œuvre une extension nouvelle. On y reconnaît que la société, se fiant trop à son passé fécond, à ses services rendus, ne s'est livrée, depuis quelques années, à aucune propagande pour combler les vides que la mort a faits dans les rangs de ses souscripteurs; que l'organisation actuelle recevrait opportunément une extension d'activité. « Au bout de trois ans d'études, les jeunes apprentis quittent notre école, me dit-on; avec quelques-uns nous continuons à avoir des relations; et dans maintes circonstances nous avons été heureux de pouvoir leur rendre service; mais nous perdons de vue la grande majorité de nos anciens élèves qui ne nous donnent plus signe de vie. C'est un fait que nous considérons comme regrettable. Un exemple tout récent l'a encore démontré. L'autorité militaire nous témoigne en toute occasion la plus grande bienveillance. En avril dernier, elle nous faisait demander de lui indiquer d'anciens élèves de l'école, mécaniciens et menuisiers, tirant au sort, afin de les affecter aux sections d'ouvriers d'administration. Nous avons été dans l'impossibilité de le faire; nous ne savions où prendre nos anciens pupiles. » Je citerai en exemple aux administrateurs de la Société industrielle, pour réaliser leurs vœux, ce qui a été fait en Angleterre, dans ce sens, par le « People's Palace », par le « Polytechnic Institute » de Londres et par le « Birmingham and Midland Institute ». (Rapports de missions, 5e volume, pages 72-87.)

L'Institution Livet.

L'Institution Livet est un grand établissement d'enseignement technique, fondé en 1846, qui a pour but de former les jeunes gens se destinant à l'industrie, au commerce, à la marine, aux administrations publiques et privées. On y reçoit à l'internat ou à l'externat annuellement 750 élèves, depuis l'âge de 6 ans jusqu'à 18 ans, répartis en trois séries de cours : le cours d'enseignement primaire, les cours professionnels et commerciaux, et le cours industriel. L'école contient de vastes ateliers pour l'ajustage, l'électricité, le tour, la forge, la fonderie et la menuiserie, munis d'un outillage complet mû par la vapeur et l'électricité. Les industries d'art qui forment l'objet exclusif de cette enquête ne tiennent qu'une place très restreinte, presque nulle, dans le programme des études de cette institution, où l'enseignement artistique d'ailleurs se borne au dessin linéaire, aux éléments du dessin artistique et du modelage, sans aucunes applications. L'atelier du bois est même à la veille d'être supprimé faute d'élèves. Tous les parents et jeunes gens ont pour objectif les métiers métallurgiques et particulièrement ceux d'ajusteurs et de mécaniciens. « Le bois, disent-ils, ne conduit à rien ; on y reste éternellement pot-à-colle, tandis que le fer et l'acier ouvrent des horizons nombreux et variés d'avenir : les Écoles d'art et métiers, l'École centrale, l'École des mines, les Écoles de mécaniciens de la marine, etc. » Il n'est pas contestable que cette branche d'enseignement technique a reçu partout un grand développement, que les progrès accomplis dans les méthodes, dans l'outillage, sont considérables, que les résultats obtenus ont dépassé les prévisions les plus ambitieuses.

L'apprentissage.

De toutes les déclarations des chambres syndicales, il résulte qu'il y a urgence à la création d'une véritable école d'apprentissage pour toutes les industries artistiques locales. Aucune institution ne s'en occupe pratiquement à l'heure présente ; les prétentions exagérées des parents le rendent aujourd'hui presque impossible dans les ateliers. Pour l'ébénisterie seule, l'initiative d'un patron et celle de la Chambre syndicale mixte ont réussi à résoudre le problème par des écoles privées.

Les cours de la Bourse du travail.

Le conseil d'administration de la Bourse du travail a eu l'ambition d'organiser dans ses locaux des cours professionnels et artistiques pour ses adhérents. Mais des difficultés de tout genre sont venues mettre obstacle à la réalisation complète de ses projets. La municipalité, tout d'abord, s'y est opposée formellement, ces cours pouvant faire concurrence à ceux de l'école de la Société industrielle qu'elle subventionne, ainsi qu'à ceux de l'École de dessin. Le conseil a su faire la démonstration de l'impossibilité de cette concurrence, les cours projetés par elle et professés par des ouvriers mêmes devant avoir un caractère exclusif d'enseignement pratique par des applications sur l'établi. L'organisation administrative et financière de la Bourse du travail n'a pas permis d'affecter aux cours le budget nécessaire pour leur assurer un personnel professoral et un outillage suffisants ; la subvention de la ville de Nantes doit se répartir entre chaque corporation reconnue par elle, et ne peut être distraite de son affectation distincte, ni servir à une collectivité. Ainsi, au lieu d'un cours général de géométrie servant aux membres de toutes les corporations, il doit y en avoir autant qu'il y en a d'auditeurs appartenant à chacune d'elles. Rompant intelligemment avec les habitudes de particularisme, le conseil avait songé à créer un enseignement théorique des sciences avec des professeurs spéciaux, choisis parmi les membres de l'instruction publique ; non seulement l'argent lui a fait défaut, mais il ne pouvait passer outre aux règlements qui interdisent toute conférence, tout discours, toute action publique, aux personnes qui ne font pas partie d'un syndicat ouvrier. Cette interdiction a même entraîné la suppression d'une œuvre fort intéressante : les conférences et les lectures pour les ouvriers en chômage.

L'École municipale de dessin.

Le programme de l'École municipale de dessin comprend les matières suivantes : 1° le dessin industriel, trois années de cours : éléments de géométrie, figures, tracés, rosaces, parquets, assemblages, étude des projections, croquis cotés d'après nature et exécutés à l'échelle ; 2° le dessin artistique, cinq années de cours : ornements, fragments d'architecture, figures, plâtres, académie et modèle vivant ; 3° les mathématiques : arithmétique, géométrie et perspective ; 4° l'architecture ; 5° la coupe de pierres. Il manque donc un cours de modelage, un cours d'anatomie et un cours d'histoire de l'art. L'école ne possède non plus aucune bibliothèque, et n'est dotée que d'une fort peu importante collection de modèles d'après les chefs-d'œuvre de l'art. Le nombre des élèves est de 300, classés ainsi professionnellement : 47 peintres, 24 sculpteurs, 1 dessinateur, 13 lithographes, 35 menuisiers, ébénistes et tapissiers, 2 graveurs, 6 commis ou élèves d'architectes, 2 commis et employés de commerce, 8 tailleurs de pierre, 1 charpentier, 3 maçons, 20 serruriers, 34 mécaniciens et ajusteurs, 5 chaudronniers, 2 modeleurs, et 100 de diverses autres professions ou sans profession.

L'institution jusqu'ici n'aurait donné que de fort médiocres résultats pour les industries d'art locales. Elle a été pour ainsi dire abandonnée par la municipalité, qui ne lui consacre qu'un budget de 8,000 fr., et l'a installée misérablement au sommet d'un vieux bâtiment délabré — renfermant en outre une école primaire et un commissariat de police — dans les conditions les plus déplorables d'outillage, d'aménagement, d'éclairage et même de salubrité. Le corps professoral reçoit les appointements suivants : le directeur-professeur de dessin artistique, 1,500 fr. ; le professeur de dessin industriel, 1,100 fr. ; le professeur d'architecture, 600 fr. ; le professeur de mathématiques, 800 fr. Les industriels se désintéressent de l'institution ; aucune chambre syndicale, aucune association, ne lui accorde la moindre subvention, le plus petit prix d'encouragement.

La réorganisation de l'école. Opinions et vœux des industriels.

Il a été déjà plusieurs fois question de la réorganisation radicale de cette École de dessin, vraiment indigne d'une ville aussi riche; mais les projets ont toujours échoué. En 1881, quand le ministère de l'instruction publique décida la création en Bretagne d'une École régionale des beaux-arts, elle fut proposée à la municipalité de Nantes qui la refusa, ne voulant pas s'engager à bâtir un édifice spécial pour l'y installer. En 1892, le conseil municipal décida la mise à l'étude d'un projet de transformation de l'École de dessin en École des beaux-arts, et de sa reconstruction sur l'emplacement du vieux musée; le mandat du conseil a expiré avant la discussion du projet. En ce moment, la nouvelle municipalité a fait nommer une commission pour le reprendre et l'étudier à nouveau. J'ai exprimé le désir de connaître l'économie générale de ce projet, le plan de réorganisation, les programmes, et surtout les idées nouvelles qui ont pu y être exposées. Toute apparence d'ingérence extérieure soulevant immédiatement des hésitations — on semble être fort autonomiste dans la ville de Nantes, — il ne m'a été possible d'obtenir que l'indication qu'on se propose de créer, non point une école pratique pour les industries artistiques de la ville, mais une École des beaux-arts pour faire des candidats aux bourses de Paris et aux prix de Rome, sur le type de l'École municipale de Lille, fort admirée par l'administration nantaise. Or, ce n'est point du tout cela qu'espèrent les représentants de ces industries. A cet égard, les vœux des chambres syndicales et des chefs d'ateliers ont été nettement et unanimement expressifs. A la Chambre syndicale de l'ameublement, dont le bureau s'est réuni spécialement dans le but de me faire connaître ses idées à cet égard, il m'a été dit en propres termes : « Quant à l'organisation d'une École des beaux-arts, nous la verrons avec plaisir. Les élèves se recruteraient parmi ceux qui sortiraient des écoles d'apprentis et ceux qui dans les ateliers montreraient de réelles dispositions. Elle développerait des talents qui sans elle n'auraient pas été cultivés, et profiteraient ainsi à toutes les industries d'art. Nous n'aurions peut-être plus à constater, comme aujourd'hui, que le tiers des apprentis devenus ouvriers abandonnent leur métier faute de moyens d'existence. La Chambre syndicale de l'ameublement, les autres chambres syndicales et les principaux industriels qui pourraient aider à l'organisation de cette école n'ont jamais été consultés. Les commissions prises dans le sein du conseil municipal n'ont pas jugé à propos jusqu'à présent de mettre à profit l'expérience de ceux qui sont le plus intéressés à une bonne organisation. » Une déclaration non moins nette sur ces mêmes points m'a été faite par la Chambre syndicale des industries du bâtiment, qui compte 160 membres. Le président du jury d'état pour l'exemption des ouvriers d'art du service militaire de trois ans, chef d'un grand atelier de menuiserie, m'a fait éloquemment part de ses craintes que la réorganisation de l'École municipale de dessin en École des beaux-arts, qu'il espère imminente parce qu'elle est devenue absolument nécessaire, ne soit pas faite assez hardiment dans le sens de la spécialisation industrielle, avec un enseignement d'applications pratiques ; qu'elle n'entraîne encore plus du côté de la peinture et de la sculpture, par conséquent hors de Nantes, les sujets les mieux doués. Le patron d'une maison d'ébénisterie qui occupe près de 500 ouvriers a été aussi net dans ses souhaits que l'école future puisse fournir à l'industrie des sculpteurs ornemanistes de talent et des tapissiers de grand goût par une instruction artistique absolument professionnelle.

Une École des arts décoratifs viendrait au moment psychologique. Il s'est fait à Nantes, depuis quelques années, un grand mouvement économique et industriel qui a amené une augmentation du chiffre des habitants et accru l'importance de la ville. On bâtit de nouveaux quartiers, on transforme les anciens. Des édifices nombreux, civils et religieux, sont en cours de construction ou viennent d'être achevés, attendant une décoration de peintures et de sculptures; et la région nantaise a suivi l'exemple de la métropole. Le goût du luxe et du bien-être se développe avec l'aisance et la richesse. Les traditions de vie élégante qui avaient été abandonnées par l'aristocratie et la bourgeoisie semblent renaître. On caresse le rêve de faire de Nantes la véritable capitale de la Bretagne. Or, pour qu'une renaissance puisse se produire, qu'elle soit durable, féconde, et s'affirme avec éclat, il lui faut des industries d'art nombreuses et prospères. Il y en a beaucoup ici; mais la plupart ont subi une profonde décadence par suite d'une longue période d'abaissement du goût, et de la diminution des fortunes privées.

L'ébénisterie et la menuiserie.

La plus importante de ces industries, celle qui a le mieux résisté et qui même, dans une de ses branches, a pris une certaine extension, est l'industrie du bois : menuiserie, ébénisterie et ameublement. Elle occuperait actuellement un millier d'ouvriers, répartis dans une demi-douzaine de grandes maisons et dans une multitude de petits ateliers. L'ébénisterie non seulement alimente Nantes et la région de meubles courants d'une bonne exécution et de belles œuvres d'art, elle en exporte aussi beaucoup à Paris où des maisons du faubourg Saint-Antoine réputées de premier ordre et les grands magasins les vendent comme des créations parisiennes. Paris, en échange, expédie à Nantes le produit de camelote, la fantaisie de pacotille et le faux meuble de luxe, qui garnissent les bazars. Les doléances des chefs de cette branche de l'industrie portent exclusivement sur les tendances de la clientèle vers le bon marché, alors qu'autrefois elle payait sans hésitation les meubles de prix; et sur l'invasion du snobisme pour les importations anglaises. L'apprentissage s'y fait sans trop de difficultés de recrutement; une maison a même su créer chez elle une école spéciale qui lui fournit des sujets d'élite. L'organisation des grands ateliers y est exceptionnelle. Ils ont à leur tête des chefs habiles, ayant reçu une instruction professionnelle sérieuse; l'un de ces ateliers présente cette très rare particularité d'être dirigé par l'arrière-petit-fils et l'arrière-petit-gendre de son fondateur. Il y a partout un personnel de dessinateurs habiles et de sculpteurs de mérite, mais il devient insuffisant par suite de l'extension des affaires. Par cette organisation, l'industrie a pu conquérir sur Bordeaux et sur Paris la spécialité des aménagements de paquebots et vaisseaux, dans laquelle elle n'a plus qu'une seule concurrence, celle de Cherbourg.

Quant à la menuiserie d'art, elle trouve dans les travaux religieux une compensation à la pénurie des commandes pour les constructions civiles et les édifices publics. On bâtit en Bretagne beaucoup d'églises et de chapelles, encore que les nouvelles lois sur les fabriques et les droits d'accroissement aient diminué les ressources du clergé. Là, les industriels font le procès aux architectes en général pour le peu d'encouragements et de collaboration qu'ils leur donnent, et même parfois pour rencontrer en eux des adversaires déclarés, jaloux de leur indépendance et de leurs succès. L'apprentissage, dans cette branche de l'industrie du bois, est moins facile que dans l'ébénisterie ; on me dit que le métier de menuisier est fort tombé dans l'esprit des parents qui lui préfèrent pour leurs enfants tous les métiers métallurgiques, par les raisons qui ont été exposées plus haut. Aussi, réclame-t-on unanimement la création d'une école spéciale pour former des apprentis et donner aux ouvriers une instruction industrielle et artistique sérieuse qui leur fait grand défaut.

Une industrie toute nouvelle, fort intéressante, vient d'être créée : celle de la toile peinte pour décoration d'intérieurs. Actuellement, une seule maison l'exploite, mais dans des conditions industrielles et commerciales relativement restreintes. Elle est appelée à recevoir un grand développement ; les architectes et les décorateurs s'en montrent fort satisfaits, et déjà des installations complètes ont été faites dans des châteaux et dans des établissements publics avec un certain succès. Son initiateur a eu l'habileté de produire dès le début des pièces aux dessins originaux et aux coloris très frais, d'un effet décoratif superbe. Pourvu qu'il n'intervienne pas là, comme partout, hélas ! quelque industriel qui, pour attirer la clientèle par le bon marché, avilisse la fabrication et trompe le public par quelque abominable contrefaçon.

La sculpture décorative.

La sculpture sur bois et sur pierre présente une situation qui, sans être brillante, permet aux 150 artistes qu'elle compte de travailler régulièrement, de vivre tant bien que mal. Le besoin de réformes radicales dans l'organisation sociale et économique de l'industrie, dans le recrutement des apprentis, dans l'enseignement professionnel et artistique des ouvriers, s'y fait partout sentir. Le compte rendu sommaire d'un long entretien avec le chef du plus important des ateliers de la ville résumera expressivement les doléances, les craintes et les vœux de la corporation sur ces divers points. La lutte de la sculpture véritable contre la concurrence de Saint-Sulpice, — carton-pâte, surmoulage, plâtre et enluminure, — est très dure, d'autant plus qu'elle a pour elle l'ignorance et la cupidité du bas clergé, incapable de distinguer entre une œuvre d'art et la pacotille fardée. Pour son compte personnel, il a dû s'ingénier à trouver toutes sortes d'inventions et de perfectionnements mécaniques pour le découpage, le chantournage, la *mise au point*, qui lui permettent d'approcher des prix de Saint-Sulpice, de livrer, par exemple, des statues en pierre, grandeur naturelle, d'une exécution soignée, pour 1,000 fr. La vie pour un artiste qui voudrait faire de la statuaire et de la décoration autrement que par des procédés industriels serait impossible en province, à son avis; et il me cite les noms de nombreux sculpteurs qui sont morts de faim littéralement après avoir produit des œuvres d'un réel mérite; jamais, parce qu'ils étaient des provinciaux, on n'a consenti à leur payer les mêmes prix qu'aux sculpteurs parisiens, à qui d'ailleurs dans les grandes villes sont réservées presque exclusivement les commandes importantes pour les monuments et les édifices publics. Fort heureusement, ajoute-t-il, les travaux religieux suppléent à la pénurie des travaux civils. On ne se doute pas de ce que, depuis vingt-cinq ans, il a été bâti ou restauré d'églises en Bretagne; entre paroisses il y a émulation à avoir l'église la plus vaste, la plus haute, la mieux décorée, et l'on n'y épargne point l'argent. Mais il n'y a plus guère de petites villes ou de villages à pourvoir de constructions nouvelles; on a dû songer à aller chercher en Vendée et en Anjou la besogne nécessaire pour alimenter les ateliers; or, le clergé y est moins généreux et n'a pas le même goût pour la décoration artistique des églises. Les sculpteurs ne trouvent point chez les architectes le concours et la protection auxquels ils devraient s'attendre; ils ont même parfois à souffrir d'une véritable hostilité. Ainsi l'un d'eux a failli être mis à l'index par la corporation entière sous le prétexte qu'il obtenait directement des travaux, qu'il en fournissait les plans et les dessins. Relativement à l'apprentissage, le recrutement des jeunes gens est facile ; le métier tente par son caractère de métier d'art, par les salaires assez élevés ; malheureusement, la Chambre syndicale a réussi à créer un mouvement d'obstruction parmi les ouvriers, par l'argument de la concurrence future et de l'abaissement forcé des salaires ; aussi ne fait-on guère plus d'apprentis que dans les ateliers de famille où on les utilise comme petites mains, sans rien leur apprendre. S'il n'est pas créé une école d'apprentissage, dans une dizaine d'années l'industrie manquera d'ouvriers, et dans vingt ans, elle aura disparu. Cette école, dont l'organisation, au point de vue de l'enseignement, devra être fort étudiée, à l'opinion de ce chef d'atelier — car aujourd'hui, contrairement à ce qui se passe dans d'autres industries, la spécialisation dans un style déterminé n'est pas possible, en raison de la diversité des travaux civils ou religieux et du personnel relativement peu nombreux de chaque atelier, — est devenue d'autant plus nécessaire que les jeunes gens ayant terminé leur apprentissage déjà fort médiocre ne peuvent trouver dans aucun cours du matin ou du soir, ni à la Société industrielle, ni à l'École municipale de dessin, un enseignement pratique complémentaire. C'est pour cette raison que la corporation, par l'organe de ce même chef d'atelier, réussit, il y a quelques années, à faire abandonner le projet de la création d'une école d'art religieux, sur le modèle des célèbres Écoles de Saint-Luc de Belgique, lancé par un congrès d'archéologie chrétienne réuni à Vannes, et voté d'acclamation par des prêtres et des archéologues, pour qui, aujourd'hui, par suite de l'évolution de la mode, l'orthodoxie de la décoration réside uniquement dans le gothique du XIIe siècle.

La peinture décorative.

La peinture décorative compte environ 500 artistes et ouvriers. Le système des adjudications, où les rabais atteignent parfois jusqu'à 45 p. 100, est en voie de ruiner l'industrie, par la nécessité, sous peine de faillite, où il met les entrepreneurs publics et privés, liés par cette sorte de cote officielle des séries de prix, de ne faire que du mauvais travail, avec des produits de qualité inférieure, et de n'employer par conséquent que les ouvriers les plus médiocres, n'ayant jamais appris qu'à « beurrer » une surface quelconque de pan de mur ou de bois. Ici, comme ailleurs, on tient unanimement ce système administratif pour une institution de primes publiques au vol et à la gabegie. On me déclare qu'il n'y a qu'un seul chef d'atelier qui ait fait, à Nantes et à Paris, dans des écoles d'art, des études artistiques spéciales en vue de son industrie, et que les ouvriers, en général, ne témoignent d'aucun souci de développer leur instruction professionnelle, en suivant des cours de peinture décorative. Patrons et ouvriers objecteraient irréfutablement qu'il serait bien difficile qu'il en fût autrement. Où les uns et les autres pourraient-ils apprendre leur métier d'art ? Il n'y a pas une école, pas un cours public, où l'on enseigne même simplement le faux marbre et le faux bois. Aussi, réclame-t-on la création d'une véritable École des arts décoratifs ; en ajoutant nettement qu'elle sera inutile, si préalablement les administrations n'ont pas aboli le système des adjudications.

Aux patrons et ouvriers de ces deux corporations de la sculpture et de la peinture décoratives, qui se préoccupent de la création de cette école, et qui auront sans doute l'intelligence de faire défendre leurs intérêts devant la municipalité par les chambres syndicales ou par des délégués, je signale particulièrement comme document pour les propositions de programme d'études celui de l'enseignement spécial aux ornemanistes et aux décorateurs, donné à l'École des beaux-arts d'Anvers, compris sous la dénomination générale de cours d'application aux métiers qui relèvent de la peinture et de la sculpture :

« Étude de l'ornementation de différents styles, dans ses divers rapports avec la peinture et la sculpture, depuis l'antiquité jusqu'aux temps modernes ; compositions d'ensemble peintes ou dessinées, modelées en terre ou en cire.

« Études de détails pour des projets en rapport avec les métiers dépendant de la peinture et de la sculpture à exécuter sur programmes avec devis estimatifs des travaux.

« Peinture et modelage d'après nature de trophées et d'accessoires, de plantes, de fleurs et d'animaux ; nature morte et nature vivante. » (Rapports de missions, 3e volume, p. 28.)

La serrurerie d'art.

Les serruriers sont encore en assez grand nombre et font preuve d'une rare habileté dont les architectes n'hésitent pas à rendre témoignage, en citant, comme exemples, des tables de communion et des grilles monumentales, fort bien exécutées sur des dessins originaux.

Il y a à Nantes quelques peintres verriers — une cinquantaine — disséminés dans cinq ateliers, qui s'adonnent exclusivement aux vitraux religieux. La corporation souffre beaucoup de la concurrence parisienne favorisée par les architectes et par le clergé, de celle à outrance que les industriels se font entre eux, à la fois par besoin de travaux et par jalousie de métier. Les apprentis et les artistes se forment dans les ateliers; il m'a paru que l'instruction qu'ils y reçoivent n'est point très profonde; quelques-uns fréquentent les cours de l'École municipale de dessin; on me déclare qu'ils n'en tirent pas un grand profit. Aussi, y a-t-il là unanimité de vœux pour la transformation de cet établissement en École des arts décoratifs.

Un Musée d'art et d'industrie au Palais des arts.

Toutes ces corporations d'industries d'art, dans les doléances et les vœux qui m'ont été exprimés par les chefs d'ateliers et par les chambres syndicales, réclament non moins vivement qu'une école d'art, un Musée d'art et d'industrie. La Chambre syndicale de l'ameublement me dit : « Nous verrions avec le plus grand intérêt, l'estimant très utile, se créer dans le musée nouveau une section d'arts décoratifs, une collection de meubles, tapisseries et étoffes, objets d'art industriel, qui, tout en étant pour nous des sujets d'études, des documents précieux, développeraient en même temps le goût de nos clients et les amèneraient à nous faire des commandes plus artistiques. Une galerie destinée à recevoir des expositions permanentes, locales ou régionales, uniquement artistiques, et excluant tout mercantilisme compléterait cette création et la rendrait plus intéressante et plus utile, en multipliant les visites du public. » La municipalité paraît être dans les mêmes sentiments et opinions sur l'opportunité de la création d'un Musée d'art et d'industrie, sur les services qu'il rendrait aux industriels de Nantes; mais les idées sur son organisation, sur son fonctionnement, sur le concours de l'État, sur la participation des corporations et associations industrielles et artistiques, ne paraissent rien moins qu'arrêtées et décisives. D'une part, on projette d'annexer à l'École des beaux-arts future deux ou trois salles qui serviraient de musée; de l'autre, il serait question d'utiliser, dans ce but, tout ou partie des vastes galeries du rez-de-chaussée du nouveau Palais des arts. Une difficulté générale embarrasse, il est vrai, tout le monde : la ville ne possède pas actuellement le plus petit embryon de collections d'art industriel. De cette difficulté il faut faire un moyen. A bien examiner la situation, sous toutes ses faces et dans toutes ses conséquences, on peut la trouver excellente et exceptionnelle de tous points.

Dans quelque temps, par la donation Dobrée — un véritable palais et des collections d'objets d'art ancien, orfèvrerie, émaux, meubles, céramique, etc., et de curiosités de tous genres, autographes, gravures, etc., évaluées à plus de trois millions de francs, sans compter la dotation pour leur entretien, donation complétée par les collections de la Société d'archéologie, fort riches en antiquités locales et régionales —, Nantes possédera un musée de Cluny. Les projets du comité qui dirige ce futur musée, départemental — car c'est le département qui a hérité du généreux amateur nantais et qui a recueilli les collections archéologiques cédées par la société impuissante à les augmenter avec ses minimes ressources — sont les suivants : Dans le palais, élevé sur les plans de Viollet-le-Duc, en style du XIIe siècle, comprenant trois étages, seront placées les antiquités et les collections Dobrée — les conditions du legs s'opposent à la disjonction de ces collections. — On s'efforcera de donner à l'installation des unes et des autres une physionomie pittoresque, en même temps qu'un ordre scientifique aussi complet que possible pour faciliter les études et intéresser le public. Dans le manoir du duc Jean V, qui date du XVe siècle, contigu au palais dont il n'est séparé que par une cour, on aménagera les salles, au nombre de neuf, de façon à constituer des ensembles de mobiliers de diverses époques, en vue de servir de modèles de style et de goût aux artistes et aux ouvriers de l'industrie de la menuiserie et de l'ébénisterie. Dans les jardins, qui mesurent près d'un hectare, seront placées les reconstitutions de différents monuments que contient le Musée d'archéologie : un cloître, des façades de maisons à pans de bois, une chapelle Renaissance dont l'ornementation est attribuée à Michel Colombe, etc., de nombreux fragments de sculpture très précieux du Moyen âge et de la Renaissance. Les sculpteurs sur pierre trouveront là des modèles techniques parfaits.

Le Musée archéologique et le Musée Dobrée.

Que la municipalité crée donc au Palais des Arts un Musée d'art décoratif en moulages pour tout ce qui est ancien jusqu'à la fin du XVIIIe siècle, et en originaux, à partir de celui-ci. La commission du Musée des beaux-arts a été saisie tout récemment par le conservateur général d'un projet d'organisation d'une sorte de petit musée du Trocadéro et l'a adopté à l'unanimité. Ce projet pourrait recevoir une extension fort opportune par l'adjonction aux pièces d'art monumental de spécimens d'œuvres de décoration mobilière, correspondant chronologiquement et ethnographiquement. Un musée de ce genre a été créé de toutes pièces, en 1868, quand on décida de doter les industries artistiques de la Bavière d'une institution d'enseignement artistique. Les sections du bois et des métaux — mobilier, lambris, panneaux sculptés, ferronnerie, armes, bronzes, orfèvrerie, joaillerie, etc. — ne sont composées que de reproductions en plâtre et en galvanoplastie; des peintures à l'huile, à l'aquarelle, au pastel, des photographies et des dessins composent les collections des sections du tissu et de la céramique. Et ce musée de moulages et de copies, qui n'est pas une des moindres attractions du palais de la Maximilian strasse, a rendu les plus grands services aux industriels, aux ouvriers et aux artistes munichois. Les musées d'art industriel du South Kensington, de Londres, d'Édimbourg, de Berlin, de Vienne et de Buda-Pesth, ont également organisé des galeries de moulages d'œuvres d'art fort intéressants et très appréciés comme matériaux d'instruction artistique. Avec les produits des ateliers de reproductions en plâtre du Louvre, de l'École des beaux-arts et de l'Union centrale des arts décoratifs, avec les galvanoplasties de Christophle, d'Elkington et autres nombreux industriels ayant, aujourd'hui, à leur disposition des procédés scientifiques merveilleux, peu coûteux; au moyen des publications de tous genres en chromolithographies et en photographies coloriées, abondamment multipliées depuis vingt-cinq ans, il serait facile de constituer rapidement et relativement à très peu de frais au Palais des Arts, un Musée d'art décoratif qui ferait grand honneur à la ville de Nantes, et serait très utile pour le développement de ses industries.

Type allemand de musée de moulages pour l'industrie.

Une partie des galeries serait réservée pour les expositions périodiques de peintures et d'art décoratif, pour une exposition permanente des œuvres produites dans les ateliers d'art nantais. Ce système d'expositions existe aujourd'hui dans tous les musées de grandes villes, en Autriche, en Allemagne et en Angleterre; et, il prend de jour en jour plus d'extension, en on des services immenses qu'il rend.

Ce projet de création au Palais des Arts, développé dans ses grandes lignes devant M. le maire, a paru lui sourire fort; son principe a été accepté sous la réserve ou plutôt avec l'espérance d'une contribution en œuvres d'art de l'État, comme il a été fait à Saint-Étienne; et du concours de l'Union centrale des arts décoratifs, suivant les promesses annoncées au congrès de 1894. En conséquence, le minime crédit de 7,000 fr. environ, accordé par la ville, serait augmenté pour faire face à des acquisitions nombreuses d'œuvres d'art modernes, dans toutes les branches d'industries, surtout dans l'ameublement.

Une institution, sur la création de laquelle il y a également unanimité de vœux, est une Association d'art et d'industrie, qui réunisse, dans une communion constante d'efforts, d'ambitions et de dévouements, tous les industriels et les ouvriers d'art, tous ceux qui, par leur situation sociale, par leurs goûts, s'occupent d'art et s'y intéressent. Ici, comme ailleurs, les chambres syndicales se consacrent exclusivement aux questions d'ordre purement économique; les relations entre industriels de la même corporation ne sont rien moins que cordiales et fréquentes; chacun vit à l'écart, cachant soigneusement ses affaires, se dérobant le plus possible aux charges, si restreintes qu'elles soient, qu'imposerait toute association effective; et cherchant par tous les moyens, souvent même les moins louables, à débaucher la clientèle de ses concurrents. Or, tout le monde se plaint amèrement de ces mœurs, souhaite qu'elles soient remplacées par des sentiments de solidarité, d'estime et de confiance mutuelles, par des échanges d'idées et la mise en commun des moyens d'action pour se défendre contre la concurrence étrangère, contre la dépression du goût public et contre l'invasion des bazars qui discréditent l'industrie par les produits mauvais qu'ils répandent partout. Une association seule peut amener cette évolution; seule aussi, en s'adressant aux ouvriers en même temps qu'aux patrons, elle pourra, sinon mettre fin, apporter des atténuations, bien voisines de l'entente, aux dissentiments qui séparent à cette heure si tristement les uns et les autres.

La Société des Amis des arts.

Il a bien été fondé, en 1890, une association, la Société des Amis des arts, qui a fait espérer un instant que Nantes allait être doté de cette institution. A l'illusion a succédé bientôt la déception. Après six ans de fonctionnement, cette association est restée ce que l'avaient faite ses statuts, sans la transformation de son organisme que semblaient devoir lui imposer les circonstances et la perception immédiate des services immenses à rendre aux industries d'art : une réunion temporaire de 244 amateurs, rentiers, industriels, négociants et fonctionnaires, qui fait annuellement, pendant un mois, dans une galerie privée, une exposition de peinture, sculpture et objets d'art, dont les bénéfices sont appliqués à l'acquisition d'œuvres que les sociétaires se partagent par voie de tirage au sort. Pourtant, il s'est trouvé deux ou trois membres, qu'une mission aussi élevée et aussi utile à remplir n'a point laissés indifférents, qui ont tenté de faire quelque chose en faveur des industries. Comme début, ils ont obtenu, en 1894, d'organiser une exposition spéciale des arts décoratifs — métaux, bois et tapisseries. — L'entreprise a peu réussi. Le contraire eût été un phénomène; l'exposition avait contre elle la majorité de la société préférant, par goût et intérêt, des aquarelles et des tableaux; les industriels et les artistes de Nantes, mécontents de ce que l'exposition paraissait avoir été réservée à l'industrie parisienne — sur 34 exposants, il n'y avait en effet que 3 Nantais —. Les amateurs de peintures et les industriels pratiquèrent la protestation de l'abstention. Aussi n'enregistra-t-on que la moitié des entrées des années précédentes, 2,000 fr. au lieu de 4,000 fr.; 8,000 fr. d'acquisitions au lieu de 30,000 fr.; et le bilan se solda par un déficit de 2,000 fr. Cet échec financier n'a point découragé les énergiques promoteurs des Expositions d'art décoratif. Forts d'être dans la bonne voie sociale et de faire ainsi plus d'honneur à l'association, ils ont réclamé une dernière expérience, sous la condition d'un abandon définitif des expositions industrielles, si la prochaine qu'on organisera en novembre, ne donne pas de meilleurs résultats financiers. Une association spéciale d'art et d'industrie, composée d'industriels, d'artistes et d'ouvriers, soutenue par l'État, par la municipalité et par les chambres syndicales, aurait une autre crainte : ne pouvoir faire assez; et une autre ambition : faire mieux encore, pour encourager et défendre les industries d'art par de nouveaux sacrifices et plus de dévouement.

RENNES.

L'École régionale des beaux-arts.

Rennes offre la démonstration superbe du principe qu'une institution d'instruction publique ne vaut que par ceux qui la dirigent et y enseignent ; que l'esprit de décision, l'énergie, le dévouement et la poursuite d'un objectif pratique et précis transforment rapidement les conditions les plus défavorables à son développement et à sa prospérité. Quand on fonda, en 1884, l'École régionale des beaux-arts, les artistes et les industriels ne s'en montrèrent rien moins que des partisans enthousiastes ; la municipalité, elle-même, avait été certainement, dans l'acceptation des propositions du Gouvernement, beaucoup plus inspirée par un sentiment de rivalité contre Nantes, à qui Rennes dispute le titre de capitale de la Bretagne, que par la constatation du besoin de fonder une œuvre de haute portée sociale, par l'urgence de défendre et faire prospérer les industries de la ville et de la région. On ne paraît point ici très ambitieux de gloire artistique. Les monuments anciens sont sans caractère grandiose; les édifices modernes n'ont ni grâce ni originalité ; on continue à bâtir, dans le goût d'autrefois, de hautes maisons mornes, qui perpétuent la monotonie et la sévérité de la vieille ville parlementaire. Les rares statues placées sur les places publiques les encombrent plus qu'elles ne les embellissent ; et, dans les intérieurs, les traditions d'économie et de simplicité n'ont point encore fait place à des habitudes de luxe et de confort. Calme de tempérament, modeste d'idéal, sans ambitions, le Breton de la Haute-Bretagne se laisse vivre paisiblement, avec l'exclusif souci de ne pas troubler la tranquillité du présent par de vastes projets d'avenir et par de trop vifs regrets du passé. L'école fut installée pitoyablement dans les greniers d'un bâtiment neuf, occupé par des locataires variés : postes, cercle militaire, etc., etc. ; fâcheux témoignage public d'une officielle indifférence pour l'institution nouvelle. La municipalité ne remplissait point là ses engagements vis-à-vis de l'État; elle devait faire construire un édifice spécial, répondant à toutes les exigences d'un enseignement industriel et artistique complet. Mais l'artiste mis à la tête de l'école se préoccupe immédiatement d'étudier la situation de l'art et des industries à Rennes; son enquête lui fait la conviction très nette que l'école doit avoir pour but principal de former des ouvriers d'art; qu'en conséquence la théorie dans les cours doit être complétée par la pratique dans des ateliers. Il fut autorisé à appliquer ces idées, encore qu'elles paraissent étranges et audacieuses. Le système philosophique des compensations du bon Azaïs peut tirer un bel exemple de cet incident d'une municipalité qui, pour cette institution, laisse faire tout ce qu'on veut, pourvu qu'il n'y ait pas de dépassement de crédits dans le budget annuel. Une indolence apparemment regrettable devient une louable sagesse : les résultats en seront de tous points excellents. Il a donc été créé ici ce que je n'ai pas encore trouvé ailleurs aussi caractérisé : un enseignement d'art appliqué pratiquement aux industries.

Atelier de peinture décorative.

Le cours de composition décorative, basé sur des connaissances très sévères du dessin, des mathématiques et de l'anatomie, comprend des études d'après la plante vivante au jardin public du Thabor, d'après la faune et des minéraux, sur des pièces du Musée d'histoire naturelle, et des compositions d'objets variés, avec analyse technologique des éléments qui les composent. Après le cours, les élèves sont appelés, dans un atelier d'application, à exécuter en grandeur naturelle — comme un travail définitif — des fragments de décoration d'après les compositions précédentes, non seulement en vue d'apprendre à composer, mais à peindre industriellement. Sur 27 jeunes gens suivant le cours, il n'y en a pas moins de 18 qui fréquentent assidûment l'atelier.

Malheureusement, l'installation de cet atelier est mauvaise à tous les points de vue : l'espace et la lumière font défaut; on ne peut faire de grandes pièces de décoration; la pénurie du matériel impose l'obligation, cruelle et désespérante, de détruire chaque jour les peintures de la veille; la municipalité consacre annuellement à l'achat des couleurs, des toiles, des châssis et des pinceaux une somme de 300 fr.! Et pourtant les résultats — tous les élèves trouvent à se placer en sortant de l'école avec des salaires d'ouvriers — devraient plaider en faveur d'une installation et d'un outillage dignes d'une grande école d'art, permettant de donner à l'enseignement toute son extension, alors qu'aujourd'hui il est restreint de telle façon que l'atelier ne produit pas le dixième des travaux qui s'y feraient dans des conditions normales, même modestes.

Atelier de peinture en bâtiment.

Pour les jeunes gens n'ayant point l'ambition de devenir des décorateurs, on a créé un cours de peinture en bâtiment qui ne compte pas moins de 11 élèves. Ils y reçoivent les premières notions de préparation de peinture sur les différentes matières, y apprennent les divers genres de lettres, le filage à main levée, la décoration à plat et cernée, les faux marbres et les faux bois. L'instruction professionnelle donnée dans cet atelier est si pratique, si utile par le dessin qui l'accompagne, que la plupart des élèves entrent dans des maisons de peinture de la ville et de la région avec des salaires immédiats. Là aussi, fâcheusement, le professeur ne dispose point de locaux ni de documents de travail suffisants ; il doit prendre comme champ d'expériences techniques et artistiques les plinthes, les chambranles et les parois des couloirs obscurs des bâtiments de l'école, où le travail se trouve constamment entravé par les allées et venues. Le budget du matériel de ce cours est de 400 fr.

Atelier de sculpture sur pierre et sur bois.

La section de sculpture comprend deux ateliers : l'un de modelage, l'autre de sculpture pratique sur pierre, marbre et bois. Ce dernier atelier — qui constitue également une fort intéressante innovation dont je trouverai bien peu d'exemples dans toute mon enquête — est fréquenté par 10 élèves, dont 7 boursiers. Faute de place dans le bâtiment de l'école, on a dû l'installer fort loin, dans un faubourg ; le local qui lui est affecté — qu'on loue annuellement 560 fr. — a la physionomie et la réalité d'une échoppe où les élèves sont les uns sur les autres, embarrassés dans les matériaux et les pièces en cours d'exécution. Là aussi les résultats sont remarquables. Les élèves non seulement trouvent avec facilité des places rémunératrices, mais ils sont fort recherchés par les patrons ; et l'école ne peut pas suffire aux nombreuses demandes. La préoccupation du salaire avait longtemps fait obstruction à l'achèvement des études ; on y a remédié par la création de bourses d'apprentissage. Sur les 10 élèves, 7 sont boursiers. L'école tout entière n'en compte pas moins de 16; la municipalité vote annuellement dans ce but un crédit de 3,400 fr., et le conseil général une subvention de 1,000 fr. Mais, quand arrive la troisième année d'études — pour faire un bon ouvrier praticien quatre ans sont nécessaires, — il est presque impossible de retenir les élèves, surtout les plus habiles et les plus intelligents. La direction de l'école s'en montre fort désolée. N'y aurait-il pas lieu, en ce cas, à l'adoption d'un système qui a fort réussi ailleurs : celui des primes de fin d'études ?

On a très intelligemment résolu le grave problème des travaux pratiques, les seuls qui puissent former des artistes. Le directeur s'est ingénié à procurer d'une façon à peu près permanente à l'atelier des commandes de l'administration municipale. Ainsi, grâce à un dévouement peu commun, il a obtenu de faire exécuter une série de vases, de statues et de groupes — dont il fournit gracieusement les modèles, étant lui-même un sculpteur de talent — destinés à l'ornementation du jardin public du Thabor. Quand on bâtit la Faculté des lettres et des sciences, voyant que l'architecte n'y avait réservé aucune place à la sculpture décorative, il adressa à la municipalité une protestation énergique, éloquente, déclarant avec beaucoup de raison qu'il était inutile d'y faire des ornemanistes, si la ville donnait elle-même l'exemple de les exclure systématiquement du personnel des travaux de construction; et il demandait qu'une revision des projets fût ordonnée dans ce sens, l'école se chargeant gratuitement de toute la décoration qu'on voudrait bien lui confier. L'architecte objecta que l'école en était absolument incapable. Le maire, M. Le Bastard, qui personnellement portait fort intérêt à l'institution dont la création était un peu son œuvre, insista avec énergie pour qu'il fût donné suite à la proposition et fit voter que l'ornementation de la porte d'honneur — une tête de Minerve et deux cariatides, la Science et la Poésie — serait réservée à l'atelier de sculpture pratique. On fit faire contre ce vote par les sculpteurs de la ville une vive campagne d'opposition qui échoua. Lorsque l'atelier eut achevé la besogne, l'architecte, l'entrepreneur et les ornemanistes eux-mêmes s'empressèrent fort loyalement d'avouer qu'ils n'auraient cru jamais, avant cette épreuve, que de simples élèves apprentis seraient en mesure d'exécuter aussi rapidement et avec autant d'habileté un travail fort délicat. Le maire, ravi, songea même à charger l'école de toutes les autres sculptures de l'édifice ; le directeur refusa : « un établissement public, dit-il, ne devant point faire concurrence à l'industrie privée ».

Cette démonstration, éclatante, de la haute valeur de l'enseignement pratique de l'école, si elle ne fit pas tomber toutes les préventions — notamment celles des architectes qui continuent à se montrer réfractaires à la décoration sculpturale, — devait produire au moins le très heureux effet de changer radicalement l'opinion des entrepreneurs de sculpture, hostiles jusque-là à l'institution. Aujourd'hui ils sont en relations fréquentes avec la direction pour s'enquérir des bons sujets et proposer des embauchements. C'est là un immense résultat obtenu. A toutes les expositions de fin d'année au Présidial, les travaux de sculpture sur pierre et sur bois sont fort appréciés et loués; en 1889, à l'Exposition universelle, ils ont valu à l'école de Rennes un grand prix. Il convient de noter que cet enseignement pratique, destiné à faire d'émérites praticiens de pierre, de marbre et de bois n'empêche nullement l'éclosion de futurs statuaires de talent : l'année dernière, il est sorti de cet atelier un logiste du grand prix de Rome en sculpture. Ces exodes, il est vrai, constituent une exception très rare. Ce n'est pas en effet une des moindres particularités de l'École régionale des beaux-arts de Rennes d'être certainement de toutes les écoles d'art de France celle qui présente le moins de candidats pour Paris et pour Rome, quoique — autre particularité — le recrutement s'y fasse, plus que partout ailleurs, dans la bourgeoisie qui aurait les moyens d'alimenter ces ambitions. Sur un état des 130 élèves de mérite sortis depuis dix ans de l'école, je n'en trouve que 26 qui ait quitté les rives de la Vilaine pour celles de la Seine, dont 11 pour entrer à l'École nationale des Beaux-Arts, et 15 pour compléter leur instruction de peintres décorateurs, architectes, sculpteurs ornemantistes et dessinateurs industriels. Tous les autres sont restés à Rennes ou dans la région, et y exercent honorablement leur métier.

La sculpture sur bois marche de front avec la sculpture sur pierre dans l'atelier de l'école ; tous les élèves doivent apprendre simultanément l'une et l'autre : précieuse garantie contre le chômage dans l'avenir. La sculpture sur bois offre encore plus de débouchés dans la région. Il y aurait même

L'ébénisterie dans la Haute-Bretagne.

urgence à la développer. Autrefois, Rennes a possédé une importante ébénisterie religieuse. Deux cents ouvriers et artistes, au moins, étaient occupés d'une façon permanente dans cinq grands ateliers qui fabriquaient des autels, des chaires, des stalles, des tables de communion, des confessionnaux, en grand nombre et d'une excellente exécution ; il ne reste plus qu'un seul atelier et quelques ouvriers ; mais, dans la région, il s'est créé ou développé des centres d'ébénisterie civile, dont la production, me dit-on, croît de jour en jour, son activité portant, hélas ! principalement sur le meuble breton ancien : Laval, Fougères, Dinan, Dol, Saint-Malo, Saint-Servan et Redon. La plupart des sculpteurs de l'école émigrent çà et là, assurés d'un travail plus fixe et plus fructueux. Cette situation devait préoccuper un directeur d'école avisé et intelligent. Il voudrait diriger une partie de l'enseignement professionnel du côté de cette ébénisterie, le faire servir à régénérer une industrie qui tourne dans le cercle de Popilius — cercle vicieux, s'il en fut, autant que dangereux — du brocantage et de l'imitation ; et l'amener, par des dessinateurs ingénieux et des sculpteurs habiles, à la création d'œuvres qui, sans sortir, dans leur constitution, d'une tradition pittoresque — ce qui est leur raison d'être, — avec des éléments décoratifs nouveaux, conquerraient certainement une clientèle que la satisfaction d'une fantaisie laisse indifférente au bon marché ; il projette de faire prochainement la démonstration des moyens exceptionnels que peut offrir l'école pour réaliser cet idéal, par la fabrication de quelques pièces de mobilier, dont le dessin, le modelage, la menuiserie et la sculpture seront faits entièrement par les élèves. Or l'école n'a pas d'argent pour cela. La municipalité ne peut, faute de quelques écus, laisser tomber et un projet aussi intéressant, et tant de bonne volonté, d'entrain et de dévouement. Pour cette branche d'industrie régionale, le musée, en annexe de l'école, organisant le système de prêts de modèles de meubles, développé au chapitre de Quimper, ne compléterait-il point merveilleusement cette belle œuvre d'enseignement industriel et artistique ?

La menuiserie d'art.

La menuiserie est encore à Rennes une industrie assez importante par le chiffre des ouvriers — 500 —. Au point de vue artistique, sa décadence serait imminente, et sa situation sociale très critique. Plus d'apprentissage ; dépression constante de la valeur de la main-d'œuvre et par là diminution des salaires ; concurrence effrénée entre les chefs d'ateliers par les bas prix pour les commandes privées, par les rabais inouïs dans les adjudications publiques ; un syndicat ayant réuni à ses débuts 150 patrons et n'en comptant plus aujourd'hui qu'une cinquantaine, qui, dans ses très rares séances où il ne vient presque personne, ne s'occupe ni d'art, ni d'instruction professionnelle : voilà le triste résumé des déclarations douloureuses faites avec une parfaite loyauté par le président même de ce syndicat. A l'École municipale d'industrie, sur 50 élèves, il y en a 3 dans l'atelier de menuiserie, qu'il est question de fermer en présence de l'indifférence des parents et de l'hostilité des petits industriels qui préfèrent des apprentis de la campagne, dont ils peuvent faire à leur gré des domestiques et des garçons de peine. Sous la précédente municipalité, sur l'initiative du directeur de l'École régionale des beaux-arts, il avait été question, en considération de cet état de l'École d'industrie, de les fusionner, dans le but, par un enseignement artistique plus développé, et combiné avec des ateliers d'application, de former des ébénistes, des menuisiers d'art et des ferronniers ; cette idée heureuse n'a pas été poursuivie.

L'imprimerie.

Rennes est le siège d'une grande imprimerie. L'enseignement professionnel y est organisé par l'initiative privée, de façon à satisfaire à tous les besoins de l'industrie ; je n'avais donc point à porter mon étude sur ce point.

Les vitraux d'art.

Rennes a eu autrefois, même il y a moins d'un demi-siècle, des peintres verriers en renom ; à l'heure présente, à une ou deux exceptions près, la profession n'est plus exercée nominalement que par de simples metteurs en plomb, qui travaillent spécialement pour la campagne. Et, pourtant, la Bretagne, si religieuse, où l'on bâtit et restaure en grand nombre des églises et des chapelles, est une des provinces qui offrent encore le plus d'affaires à traiter avec un peu d'entregent, avec la recommandation de quelques œuvres de valeur. La direction de l'école rêve de restaurer l'art des vitraux. Actuellement, deux élèves, présentant des dispositions, qui savent dessiner et peindre sont poussés dans cette voie ; or, les locaux et le matériel font défaut pour un enseignement pratique. N'y a-t-il donc pas à la mairie, au palais de l'ancien Parlement, à la préfecture, dans les églises, quelques fenêtres à décorer ?

L'ancienne céramique de Rennes.

On a produit de la céramique à Rennes et dans les environs, à Fontenay, aux XVIe, XVIIe et XVIIIe siècles. Au moment où Hélène de Hangest, l'illustre femme d'Artus Gouffier, faisait fabriquer dans les dépendances de son château d'Oiron, près de Thouars, les fameuses faïences dites de Henri II, les sires de Fontenay, l'une des plus puissantes familles seigneuriales de la Haute-Bretagne, protégeaient une manufacture de terre cuite et de faïence installée près du manoir de La Josselinaye, dans un hameau dénommé La Poterie ; à la fin du XVIe siècle et au commencement du XVIIe, les Cossé-Brissac, qui succédèrent aux Fontenay dans ce fief, continuèrent leur protection à cette manufacture. En 1748, un faïencier florentin, Jean Forasassi, dit Barbarino, s'installa à Rennes, sur le pavé Saint-Laurent. Le succès de son entreprise provoqua vite la concurrence ; il se fonda deux ateliers, l'un paroisse Saint-Martin, l'autre paroisse Saint-Pierre, dont les patrons firent venir des artistes et des ouvriers de Rouen et de Marseille. La céramique rennaise prospéra jusqu'au moment où les trois ateliers abandonnèrent la production d'art, faute de peintres de valeur, pour ne plus faire que de la faïence ordinaire et de la poterie ; elle disparut définitivement au commencement du XIXe siècle. L'école aurait également l'ambition de tenter la restauration de cette industrie ; seuls les moyens matériels lui en manquent. Il faudrait pour cela que la municipalité y prît intérêt et consentît à dépenser quelque argent. Les Allemands ont bien réussi à ressusciter ainsi plusieurs anciens centres de céramique artistique, abandonnés pendant des siècles. Au cours de mon Rapport de mission dans la Prusse rhénane, j'en ai cité des exemples convaincants. (Rapports de missions, 3e volume, pages 45-98.)

Situation sociale de l'École régionale des beaux-arts.

Mais, ici, comme dans un grand nombre de villes, la municipalité et la population ne paraissent pas avoir de la fonction de l'École régionale des beaux-arts une perception bien précise, ni comprendre quel rôle immense elle pourrait jouer dans l'organisme municipal pour le développement de la prospérité de la ville et de la région. On ne lui a pas fait la part d'influence sociale et de situation administrative à laquelle lui donnent droit les services rendus. Quel contraste d'installation avec l'École d'agriculture, le Lycée, les Facultés ! Pour toutes ces institutions on a bâti des palais ; les futurs artistes et ouvriers d'art sont logés dans des greniers ! Les dix professeurs reçoivent en moyenne 2,000 fr. par an; le professeur du cours d'architecture touche 1,200 fr.! Au lieu d'être le centre naturel et logique de l'enseignement artistique, l'École des beaux-arts n'en constitue qu'une fraction restreinte; chaque établissement d'instruction publique, le Lycée, l'École normale, l'École d'industrie, etc., a son professeur de dessin particulier, auquel on ne peut ainsi assurer qu'un traitement insuffisant pour un artiste de valeur. Aucune des chambres syndicales n'accorde à l'école le moindre encouragement de subvention ou de prix. D'ailleurs, la municipalité ne leur a fait aucune place parmi les membres du conseil de perfectionnement qui compte, comme représentant les industries à titre purement privé, un menuisier et un constructeur mécanicien. Cette institution, pour laquelle la ville dépense annuellement 24,000 fr., et l'État 12,000 fr., que fréquentent plus de 300 élèves, mérite plus de bienveillance, de sollicitude et d'honneurs.

Influence de l'école sur la Haute-Bretagne.

Actuellement, l'école n'est régionale que sur le papier. Or, autour de Rennes gravitent plusieurs villes, dont les industries nouvelles ou anciennes se développent chaque jour Fougères, Vitré, Dinan, Dol, Saint-Malo, Saint-Servan et Redon. Du jour où son enseignement aura reçu une grande extension, aura acquis une légitime popularité, son influence rayonnera avec éclat et fécondité sur ces villes, dont les municipalités sans doute aucun créeront des bourses pour que leurs futurs artistes viennent s'y perfectionner. D'ores et déjà, en considération de l'absence de toute autre institution d'art dans cette partie de la Haute-Bretagne, ne serait-il pas opportun d'importer ici le système dont j'ai constaté l'application si pratique en Angleterre : celui des succursales? Par exemple, Derby est le centre d'une dizaine de villes industrielles, trop peu riches pour se donner le luxe d'une grande école avec des professeurs émérites; l'administration de l'école d'art de Derby a songé à les faire bénéficier d'une organisation exceptionnelle. A tour de rôle, chaque jour de la semaine, se succèdent dans toutes les succursales ses 10 professeurs donnant ici et là les mêmes leçons. Les municipalités ou les comités locaux n'ont à se préoccuper que de fournir les bâtiments et d'indemniser les professeurs de leur déplacement. Cette action s'exerce dans un cercle très vaste; on est allé jusqu'à Chesterfield, distant de 30 kilomètres, et dont l'école succursale n'a pas tardé à devenir une école autonome très prospère. Le système est aussi simple qu'ingénieux.

Au défaut de Nantes, Rennes, par une École d'art, vraiment régionale, richement dotée, organisée supérieurement, et complétée par un Musée industriel et artistique, dont le germe est dans les collections d'archéologie et de céramique du Palais des arts, pourrait aisément devenir la métropole artistique de la Bretagne, comme elle en est déjà, par son Université, la métropole scientifique.

QUIMPER.

La céramique. Résumé historique.

Quimper a recueilli la succession de la céramique de Rouen. Quand, à la fin du siècle dernier, l'unique fabrique de faïences qui existait encore, celle de Caussy, établie au quartier Saint-Séver, fut détruite par un incendie, le propriétaire émigra, avec tout son personnel, à Quimper, où il avait établi une succursale de sa maison. Quimper était déjà, depuis des siècles, un centre important de poteries. Le long de l'Odet, de nombreux potiers avaient installé leurs fours, pour cuire les vases rustiques et grossiers, jarres, cruches, pots, écuelles, etc., fabriqués avec l'argile brune et rouge, abondante dans les terrains baignés par la rivière. Aujourd'hui encore, des descendants de ces industriels continuent la même production, avec le même outillage et les mêmes procédés primitifs. Ce n'est qu'en 1690, disent les chroniqueurs, qu'un céramiste des environs de Brignoles, en Provence, du nom de Bousquet, importa à Lockmaria la fabrication de la faïence décorée ; il amenait plusieurs ouvriers de Marseille et de Moustiers. La prospérité de son usine, favorisée par la qualité de la terre, le bon marché du bois de chauffage et l'habileté de la main-d'œuvre, attira des ouvriers faïenciers de Nevers. L'un d'eux, Bellevaux, devint le gendre de Bousquet. Quelques années plus tard, le fils de Caussy, le faïencier rouennais, fut engagé par le propriétaire de la faïencerie de Lockmaria ; et, en 1748, il en épousait la petite-fille. Sous sa direction, Quimper conquit sa place parmi les grands centres de céramique, et réunit, à leur disparition, les ouvriers des fabriques de Nantes et du Croisic. Ce sont encore aujourd'hui les héritiers du gendre de Caussy, Antoine de la Hubaudière, qui possèdent ce vieil établissement, d'où sont sorties les faïenceries actuelles. Toutes ces immigrations d'artistes et d'ouvriers de Marseille, de Moustiers, de Nevers, etc., expliquent la physionomie multiple des formes et de la décoration des faïences anciennes et modernes de Quimper, qui les rend si difficiles à distinguer des produits de ces divers centres; sans compter qu'il s'est produit accidentellement d'autres influences, telles que celles de Delft, de Montmorency, de Strasbourg, etc., source de difficultés de classification pour les historiens et les amateurs. Cependant, la tradition de Rouen a toujours dominé; hier encore, elle caractérisait industriellement la production quimperoise. La curiosité, qui s'est si fort développée pendant cette seconde partie du siècle, avait maintenu cette tradition; ce qu'il y a, dans les collections publiques et privées, sur les murs des salles à manger des bourgeois bibelotteurs, de fausses vieilles faïences de Rouen, à la corne, aux décors rayonnants, ocrés, etc., provenant de Quimper, est prodigieux. On peut même dire, sans vouloir accuser les industriels de s'être associés à ce commerce par des procédés déloyaux de maquillage et d'apposition de fausses marques, que le brocantage a depuis trente ans constitué le plus clair des bénéfices de la fabrication. Aussi, faut-il chercher là exclusivement les causes de la stagnation dans laquelle s'est enlizé Quimper, et qui a empêché son évolution industrielle et artistique, alors que toutes les autres fabriques se transformaient et progressaient.

Etat actuel de l'industrie. Actuellement, l'industrie — poterie et faïencerie — occupe 150 ouvriers répartis en trois maisons, dont deux sont d'égale importance; la production annuelle s'élève à peine à un demi-million de francs. La Bretagne est le seul marché pour la poterie et la platerie ordinaire de faïence; mais déjà les industriels ont à lutter contre la concurrence de la demi-porcelaine blanche et imprimée du Centre, de l'Est et du Nord, que commencent à préférer, pour l'illusion du luxe, les paysannes, auxquelles les mœurs nouvelles importées par les chemins de fer, par les commis-voyageurs, font abandonner de plus en plus le culte du costume et du mobilier séculaires. La grande cruche à lait, que les laitières portaient autrefois si pittoresquement sur leurs têtes, avec des allures de canéphores grecques, dans les sentiers de chèvres, exclusives voies de communication entre les fermes et les villages, est remplacée aujourd'hui par des bidons de fer-blanc, juchés sur les carrioles qui ont accès partout. Elle est devenue une pièce archéologique de musée. Avec elle a disparu une branche importante de fabrication. Les importations anglaises s'infiltrent peu à peu dans la vieille province, par

Saint-Malo, Brest et Roscoff. Pendant un certain temps, Quimper a traité des affaires importantes en grès avec la Hollande et le Nord pour les liqueurs et les bières ; l'Angleterre et l'Allemagne l'ont presque supplanté dans cette spécialité, par suite de la facilité et du bon marché de leurs transports, et peut-être même plus par la supériorité conquise sur une fabrication qui se serait relâchée un instant, comme soins apportés au choix des matières premières et à leur transformation. Les stations balnéaires de Bretagne et de Vendée, les collectionneurs parisiens et anglais, absorbent la production artistique et de fantaisie. Là encore, se manifestent déjà, avec une timidité qui disparaîtra bien vite, si le succès y répond, des essais de concurrence étrangère par des industriels de Bohême, dont les agents récoltent soigneusement dans leurs tournées tout ce qu'ils peuvent trouver en fait de documents et d'informations : photographies, gravures, dessins de costumes, de types et de paysages bretons. Dans le Nord, Desvres et Fives-Lille font aussi du vieux Quimper. Pour cette partie, les industriels se sont livrés, pourtant, depuis quelques années, à de louables efforts en vue de renouveler la physionomie traditionnelle de leurs produits. Quelques-uns ont tenté de substituer aux motifs ressassés du vieux Rouen et du vieux Marseille un peu de naturalisme pittoresque et gracieux. En dépit d'une réelle originalité obtenue, ils ont échoué ; la curiosité qui constitue leur exclusive clientèle les enfermait dans le cercle de Popilius des copies et des imitations du passé. Aujourd'hui, cependant, une création assez heureuse a réussi à obtenir les faveurs capricieuses des touristes, à remplacer les thèmes anciens de décoration : ce sont des sujets de scènes de mœurs, de costumes et de paysages célèbres de la vieille Bretagne. Il faut en mettre partout, en petit et en grand, en accessoire et en principal, sur les potiches, les corbeilles, les cornets à fleurs, les salières, les pots à tabac, les porte-monnaie, les cendriers, etc. Tout est aux bretonneries. On a aussi lancé récemment des plats en relief, genre barbotine, avec ces mêmes sujets, des figurines et des groupes de paysans, de marins, etc., modelés et polychromés rustiquement comme les statuettes de vierges et de saints, qui ont constitué jadis une spécialité importante de la fabrication et qu'on produit encore pour les paysans religieux des Montagnes Noires et des monts d'Arée. A ses débuts, la faïencerie ne disposait, comme éléments de décoration, que de quatre couleurs : le noir manganèse, le brun, le bleu et le jaune. Par des recherches d'autant plus laborieuses et lentes qu'elles ne se basaient que sur l'empirisme, à défaut de science, les industriels sont arrivés à enrichir leurs palettes d'environ trente nuances ; en 1878, Salvetat, le chimiste de la manufacture de Sèvres, se déclarait étonné des résultats obtenus. On peut produire aujourd'hui, avec une uniformité absolue de tons, tous les services de table, ce qui autrefois était un problème insoluble.

Mais la bonne volonté et l'ambition de faire du nouveau et de l'art, de régénérer la faïence de Quimper, d'ajouter au privilège de posséder une terre exceptionnelle qui se modèle admirablement par sa rare finesse, par son moelleux délicat, et qui supporte, sans tressaillures ni coulages, les couvertes les plus légères, des qualités nouvelles de formes et de couleurs, de mettre l'industrie au niveau des progrès accomplis depuis une vingtaine d'années dans toutes les branches de la céramique, viennent se briser contre des difficultés de tous ordres, économiques et techniques : le manque de capitaux pour remplacer un outillage et des procédés antédiluviens par tout ce que la chimie et la mécanique ont inventé de plus perfectionné ; la cherté des frais de transport de certaines matières premières qu'on doit faire venir d'assez loin, terres de la Dordogne, sables de la Gironde ; les prix surélevés des produits chimiques pour les couvertes, le cobalt entre autres, que l'étranger peut se procurer à bien meilleur marché ; les tendances de plus en plus accentuées des consommateurs aux habitudes de bon marché et de pacotille — la vente des objets dits de bains de mer ne dépasse pas une moyenne de cent sous ; — l'ignorance du public en matière de céramique, qui ne lui permet pas de distinguer entre la faïence cuite au feu de moufle et la faïence grand feu ; l'impression et le travail à la main, etc., etc. La plus grave obstruction est le vice d'organisation de l'industrie au point de vue du personnel des artistes et des ouvriers. A l'exception de deux patrons, l'un peintre de son premier métier, et l'autre ayant appris en pension à peindre comme art d'agrément, il n'y a pas dans tous les ateliers une personne qui soit capable d'esquisser le plus mince des ornements. Où l'aurait-elle appris ? Quimper, en dehors du lycée et de l'École normale d'instituteurs, ne

L'enseignement artistique dans les faïenceries.

possède aucun cours de dessin et de peinture. Au siècle dernier, avait été créée une École des beaux-arts; la Révolution l'a supprimée. Depuis vingt-cinq ans, on parle annuellement, au conseil municipal, de la nécessité de la reconstituer; toujours, le rapporteur de la commission des finances objecte que la ville n'a pas assez d'argent pour cela; et le projet est réintégré dans les cartons administratifs. L'industrie a cependant besoin d'un personnel relativement d'élite pour les pièces à décorer; car, dans la faïence de Quimper tout se fait à la main; l'impression, si fort répandue dans les manufactures des autres centres, n'y est point employée. On forme pour ce travail des jeunes filles, qui, pendant leur temps d'apprentissage — sept à huit mois, — apprennent tant mal que bien à tracer à la pointe d'une aiguille un poncif, d'après un dessin colorié, à tenir un pinceau, à poser les couleurs sur le cru. Chacune a la spécialité d'une couleur; les différentes couleurs, paraît-il, exigeant en raison de leurs éléments chimiques une préparation et une pose qui varient de procédés et de tours de main; un peintre fait le bleu, une autre le rouge; ou, toute sa vie industrielle, se confinera dans le minium sinon le cobalt. L'ouvrière aurait intérêt à tout savoir faire — ce qui n'est pas fort difficile; — mais on ne lui apprend que cela pour lui donner moins d'ambition et de prétentions. Les tourneurs, les modeleurs n'ont pas la moindre notion de ce qu'est un croquis, un dessin, une maquette; ils font par routine, empiriquement, toute leur besogne, le fils ayant appris le métier, à la sortie de l'école primaire, sous les yeux de son père en le voyant travailler; la fille décorateur étant l'apprentie de sa mère; la nièce, de sa tante. Il n'est point rare de trouver dans un même atelier des familles entières de trois générations. Avant la loi sur le travail des enfants dans les manufactures et l'inspection fort sévère d'aujourd'hui, on les mettait au tour, au moule ou à l'enluminure, dès qu'ils pouvaient faire usage de leurs jambes et de leurs dix doigts. A la question posée à un chef d'atelier, où la production dite d'art et de fantaisie tient une grande place : si, une jeune fille, ayant reçu dans une école, comme celle de Limoges, par exemple, une instruction artistique complète, pourrait trouver dans cette branche de l'industrie une situation permanente et lucrative, il m'a été répondu sans hésitation qu'elle gagnerait de 5 à 6 fr. par jour, une simple poseuse de couleurs se faisant des semaines de 30 fr. Un autre, il est vrai, m'objecte que l'emploi d'une artiste pour exécuter les dessins dans les conditions actuelles ne serait point pratique industriellement, de simples copistes étant parfaitement suffisantes; le travail n'exigeant que la prestesse de mains et n'ayant rien à perdre, tout au contraire, à une certaine naïveté rustique, fort goûtée des clients. Néanmoins, celui-ci, comme celui-là, se déclare partisan d'une école de dessin et de peinture pour les faïenciers de Quimper; et cette opinion est partagée par leur troisième collègue qui n'emploie cependant dans ses ateliers qu'une demi-douzaine de peintres, alors que dans ceux des deux autres, il n'y en a pas moins de quinze et de vingt qui peignent des pièces dont le prix s'élève de 10 à 500 fr. J'ai tenu à avoir l'opinion des ouvrières peintres elles-mêmes. La proposition de la création de cette école a été accueillie par la promesse unanime et spontanée d'une fréquentation assidue, en considération des avantages considérables à en retirer, tout le travail étant payé aux pièces. On m'assure que cette école au début aurait à recevoir au moins une soixantaine d'ouvriers et d'ouvrières, et qu'elle pourrait compter normalement de trente à quarante élèves, car la profession de peintre sur faïence est fort estimée; les candidates à l'apprentissage dans les ateliers sont toujours très nombreuses.

Les industries bretonnes du bois.

Une autre industrie fournirait également un noyau d'élèves pour une école d'art : la menuiserie et l'ébénisterie. Il y a à Quimper plusieurs ateliers, contenant dans l'ensemble une cinquantaine d'ouvriers, et où il se fait, en outre des imitations et des copies de vieux meubles bretons, des travaux assez importants pour les églises : chaires, confessionnaux, boiseries, etc.

École spéciale des arts bretons.

Mais l'École d'art de Quimper, à côté des cours pour les céramistes et les ouvriers du bois, me semble appelée à recevoir une organisation d'un caractère spécial, justifiée par la situation particulière d'un certain nombre d'industries artistiques éparses dans la région, dont elle est la métropole administrative et ethnographique. A Lannilis, on fabrique des poteries grossières en terre vernissée — par les procédés les plus primitifs, du minium mélangé à de la bouse de vache, — que les industriels vont vendre eux-mêmes, dans des charrettes à bras ou à ânes, à Brest, et dans les cantons voisins. A Pont-l'Abbé, à Concarneau, à Plougastel et en Fouesnant, il se fait encore beaucoup de broderies, soit à l'usage des paysans et paysannes qui n'ont pas, sur ces points reculés de la Bretagne, complètement perdu le goût des vieux costumes nationaux, soit pour les magasins de curiosités de la province et de Paris. Scaer, entre le Faouet et Rosporden, le pays classique des lutteurs, est un centre d'ébénistes travaillant d'une façon originale le meuble breton, qui alimente toute la Cornouaille, les Montagnes Noires, l'ancien duché de Rohan, et dont l'exportation à Paris, pour les grands magasins, est importante. Les sculpteurs sur bois de Scaer ont un renom séculaire en Bretagne. En outre, Landerneau, Plouaret et Landivisiau possèdent des ateliers de quelque importance où l'on fabrique aussi des mobiliers anciens qui se vendent aux touristes français et étrangers, convaincus qu'il y a encore à faire, avec du flair et de l'argent, des trouvailles heureuses dans ce pays, que les brocanteurs ont depuis longtemps dévalisé des œuvres si belles de ses orfèvres, bijoutiers, huchiers et peintres verriers d'antan. Toutes ces industries sont menacées d'une ruine prochaine, par suite de la disparition des artisans, qui, à défaut d'une instruction artistique, avaient conservé par atavisme le goût, la fantaisie et l'habileté des vieux maîtres. Les nouveaux n'ont plus la tradition de la main-d'œuvre, ni l'enseignement des bons modèles; sont pervertis par l'ignorance et la cupidité des marchands et des faux amateurs. En recueillant ces informations, j'ai pensé immédiatement à tout ce qui a été fait si ingénieusement dans certains pays d'Europe pour le maintien ou la restauration d'anciennes industries rurales, aux résultats prodigieux obtenus. En Suède, ce sont les écoles de tissage, de broderies et de dentelles, organisées à Stockolhm par la Société d'enseignement professionnel des femmes, et réservées spécialement aux jeunes paysannes qu'on a fait venir des points les plus reculés du royaume pour y apprendre la pratique des procédés de tous les points connus, des métiers manuels les plus perfectionnés, et qui s'en retournent, au bout d'un an ou deux, enseigner tout cela dans les villages comme professeurs ambulants. En Allemagne, dans les provinces rhénanes, c'est le Central Gewerbe Museum qui envoie à Neroth, à Wallenborn, à Steinebach, etc., des missionnaires d'art pour instruire techniquement les menuisiers, les chaisiers, les quincailliers, qui régénère l'industrie des broderies d'or, d'argent et de cuivre de Gerolstein, en mettant

La restauration d'anciennes industries en Allemagne.

à la tête des ateliers des jeunes filles formées en vue de ce rôle dans les fabriques de Dusseldorf, aux frais de l'association ; qui restaure, en y faisant immigrer des ouvriers habiles et des contremaîtres spéciaux, de grands centres de céramique, les faïenceries et les poteries de grès jadis célèbres de Ræren et de Benrath ; qui crée à Gladbach des industries nouvelles de serrurerie artistique, de cuivrerie d'ameublement et de cuir ciselé à la façon de Stuttgard. Et je me suis demandé pourquoi on n'essayerait pas de donner à l'École d'art de Quimper un organisme spécial d'enseignement professionnel, pouvant, soit par des missions professorales temporaires, soit par des cours normaux à des ouvriers amenés des villages, à de futurs chefs d'ateliers, refaire pour les industries d'art de la région ce qui a été fait si admirablement en Suède et en Allemagne. (Rapports de missions, 3e volume, pages 45-98; 4e volume, pages 61-65.)

Un musée des industries d'art de la Bretagne.

Quel plus beau rôle, garantie certaine d'un développement immédiat par les encouragements de tous genres qui afflueraient, d'universelle renommée par les services publics qu'il rendrait, pourrait-on assigner à un musée, comme celui de Quimper, d'être le collaborateur de l'école dans cette œuvre sociale ? Il semble même que l'organisation de ses collections ait été inspirée par une idée analogue, qui, malheureusement, est restée en germe desséché par l'aridité de la routine et de l'ignorance. On y a déjà fait pourtant une chose point banale du tout : la Galerie des costumes bretons, avec figuration de personnages grandeur nature, au nombre de 44, représentant une scène de mariage ; pour laquelle il a été dépensé plus de 25,000 fr. Et le conservateur qui l'a créé rêve de lui donner prochainement un pendant dans une scène de baptême. Mais c'est encore là, dans sa réalisation inerte, une idée de musée, conservatoire de choses mortes, alors que l'autre est une conception vivante, ayant pour but de faire revivre le passé pour donner la vie au présent et assurer celle de l'avenir. Tous ces vieux meubles, recueillis pieusement par les archéologues, et que l'insouciance de l'administration laisse entasser, branlants et poudreux, pêle-mêle avec les objets les plus hétéroclites — des squelettes de crocodiles, des mâchoires de cachalots, à côté de moulages antiques, de la réduction en plâtre de la Bastille et des chapiteaux de l'ancienne abbaye de Sainte-Croix de Quimperlé —

La céramique et l'archéologie.

perdraient-ils de leur valeur ethnographique, de leur intérêt documentaire pour l'histoire de la Bretagne à servir de modèles de goût et d'exécution aux menuisiers de Scaer ? On a fait une section spéciale de la céramique de Quimper, qui, d'après le catalogue, contient 115 pièces, dont quelques-unes sont très remarquables ; la classification s'arrête au commencement de ce siècle. J'ai cru devoir objecter au conservateur qu'il y aurait, sans doute aucun, grand intérêt pour les industriels actuels à prouver aux visiteurs du musée, par une exposition d'œuvres contemporaines, que l'industrie est toujours vivante, qu'aujourd'hui elle ne fabrique pas moins bien et même mieux qu'autrefois, qu'elle a même fait des innovations fort curieuses de formes et de décors. Le conservateur m'a simplement répondu que ce n'était point là de l'archéologie, et que, dans cent ans, ses successeurs aviseraient. Il n'était point opportun de développer plus longuement l'idéal d'un Musée de céramique à Quimper, institué spécialement en vue de la prospérité et des progrès techniques de l'industrie, faisant connaître aux visiteurs les types caractéristiques de la production locale contemporaine, aux fabricants et aux ouvriers les procédés techniques nouveaux, l'évolution de la céramique en France et à l'étranger.

A la réalisation du projet d'un musée de ce genre il est fait, par des personnes qui paraissent, en raison de leurs fonctions, avoir bien étudié la situation sociale du pays, des objections en apparence plausibles, tirées de l'esprit particulariste qui anime toutes ces populations de Bretagne, fort différentes les unes des autres de tempérament, de caractère et d'idées, en raison de leur diversité d'origine, de traditions et de mœurs. Les monts d'Arée, les Montagnes Noires sont socialement de véritables Himalayas, en deçà et au delà desquels on ne parle plus le même dialecte, on ne porte plus les mêmes costumes, on n'a pas les mêmes opinions. L'unité de la Bretagne est un mythe de poètes, contredit sans cesse brutalement par les faits, à toutes les époques de l'histoire de la province, aujourd'hui encore autant sinon plus que dans le passé. Chaque ville, petite ou grande, riche ou pauvre, tient irréductiblement à une apparence d'autonomie, repousse avec énergie toute suprématie, politique, économique ou intellectuelle d'autres cités, qu'elles aient pour elles, comme Rennes, l'illusion de l'autorité de l'ancienne capitale parlementaire, comme Nantes, le privilège glorieux d'avoir été la résidence officielle des anciens souverains. Sur ce point encore, je crois de mon devoir d'infirmer ces théories négatives par l'exemple du succès obtenu par des institutions analogues, — organisées, il est vrai, avec la foi sociale qui soulève elle aussi des montagnes, — dans des pays où le passé avait créé des antagonismes non moins aigus de mœurs et de traditions. (Rapports de missions, 2e, 3e et 4e vol. *passim*.)

ROUEN.

Quand on monte le grand escalier du Musée de Rouen, une peinture, en manière de fresque, l'« Allégorie de la capitale de la Normandie », frappe immédiatement le regard; et l'on s'arrête ému et charmé, tant elle est simple et grandiose. Sur une terrasse, deux ouvriers dressent un fragment de monument ancien, pour le joindre à une série de pièces archéologiques : arcade de cloître roman, chapiteaux gothiques, fûts de colonnes, mosaïques gallo-romaines, etc. Une jeune fille, assise sur un banc de pierre, peint au centre d'un plat de faïence une tulipe, que tient devant elle une de ses compagnes, pendant qu'une autre prépare un bouquet de fleurs des champs, et qu'un petit garçon apporte une bottelée de plantes grimpantes : futurs modèles de décoration. A droite, sous un arbre, trois dessinateurs dissertent sur un problème de perspective et sur un effet de silhouette que soulève la figure élégante d'une femme debout à quelques pas. Au centre de la composition, une mère baisse une branche de pommier, chargée de fruits, vers la petite main impatiente de l'enfant qu'elle porte sur ses bras. Au bas de la terrasse coule la Seine, étalant son croissant superbe entre la plaine et les collines.

Sur le lointain brumeux des hauteurs, Rouen groupe au bord du fleuve la masse de ses maisons et de ses monuments entassés dans le vaste hémicycle, d'où s'élancent, légères et aériennes, les cheminées de ses usines, les flèches et tours de ses églises, que semble guider dans leur ascension hardie vers le ciel, la fusée de dentelles de fer de la cathédrale. Ainsi, le décorateur a résumé éloquemment, avec précision, le génie de la cité, riche, puissante et glorieuse par l'alliance étroite de l'art et de l'industrie; de même que dans la vaste province normande, il n'est pas une petite ville, un village même, qui ne puisse montrer, à côté d'un atelier florissant, une merveille artistique.

L'étude présente embrassera donc ici une série variée d'industries, les unes de création moderne, les autres héritages précieux du passé.

Dans cette dernière période du siècle, la plus importante de toutes les industries, celle qui est la fortune et la gloire de Rouen, le coton, a subi de grandes évolutions. Le nombre des broches dans la filature a diminué de moitié : 1,500,000 au lieu de 2,300,000 en 1869. Les statisticiens n'attribuent plus à la Normandie que le troisième rang, comme importance de production ; le Nord et l'Est occupent les deux premiers. Le tissage à la main tend de plus en plus à disparaître. Actuellement, le nombre des métiers mécaniques répartis en 105 établissements serait à peine du septième de celui des métiers à la main : 3,400 pour 22,500. Là encore, Rouen s'est laissé fort distancer par Roanne comme chiffre d'affaires. Dans l'impression, la branche de l'industrie qui doit m'occuper spécialement, en raison de son caractère particulier d'industrie d'art, il y a eu encore plus de changements techniques et économiques. Des 35 manufactures qu'on comptait vers 1870, dans la région rouennaise, on n'en trouve plus que 8. La production a proportionnellement augmenté par l'adoption de puissantes machines à imprimer ; mais, contrairement aux prévisions qui n'ont pas été entièrement étrangères à ces disparitions successives — tout récemment encore on achetait deux grandes usines pour les démolir, — les survivants n'y ont proportionnellement pas gagné comme chiffre d'affaires, et la fabrique y a perdu au point de vue de sa renommée. On constate, il est vrai, — ce qui est un grand progrès, — que la plupart des industriels font les plus sérieux efforts pour sortir de l'ornière de la production courante à bon marché sur le type de Manchester, et entrer en lutte avec la concurrence artistique de l'Alsace. L'Exposition de Rouen en a été un témoignage superbe. La galerie où étaient montrés les spécimens des manufactures de Darnétal, de Deville, de Maromme, du Houlme, de Malaunay et de Bolbec, produisait une sensation de surprise et d'enchantement, tant à ces étoffes de simple coton pour robes et ameublements on sait donner aujourd'hui prestigieusement, dans le coloris et dans la texture, toutes les illusions de la souplesse du satin, du vaporeux de la gaze, de l'éclat du taffetas et de la douceur du velours. On en est scientifiquement loin du temps où le tissage de l'antique rouennerie se bor-

L'impression sur tissus.

nait aux écrus et cretonnes en coton blanchi; où le rouge grand teint faisait la gloire des teinturiers de l'Eau-de-Robec; et qu'une machine à imprimer en quatre couleurs paraissait une merveille. En dépit des progrès artistiques, la situation économique actuelle ne serait rien moins que brillante. Rouen, qui aurait pu, après 1871, devenir le Mulhouse français, a laissé se créer dans l'Est, à Épinal et à Remiremont, une concurrence qui paraît devenir dangereuse; et, par l'importation de mœurs industrielles et commerciales nouvelles, elle se sent atteinte au plus profond de son organisme du même mal social dont souffre Calais. Quant à l'expansion extérieure de l'industrie, et à la concurrence étrangère, les rapports de la Commission des valeurs en douane, 1894, 1895 et 1896, signalent un état peu satisfaisant et font prévoir un avenir qui ne rassure guère : « En comparant le chiffre moyen des trois dernières années avec la moyenne des trois années précédentes, on est forcé de reconnaître que notre exportation est en diminution sensible. Pendant les trois années 1888 à 1890, nous avons exporté en moyenne 1,695,000 kilogr. de tissus de coton imprimés, et seulement 1,156,000 kilogr. en moyenne pendant les trois années 1891 à 1893.

On voit que l'industrie de l'impression sur étoffes n'a pas fait en France les progrès nécessaires pour entrer en lutte avec les fabriques de Mulhouse et de Manchester, et que nous avons perdu beaucoup de terrain à l'étranger.

L'exportation des tissus teints et imprimés de l'Allemagne est de 17,500,000 kilogr., tandis que la nôtre n'est que de 6,500,000 kilogr. ! Dans cette lutte pacifique sur les marchés d'exportation, nous ne sommes pas battus par les producteurs de tissus, mais par les chimistes, les teinturiers et les imprimeurs d'Allemagne et d'Alsace. C'est le résultat des efforts intelligents, persévérants et méthodiques qui ont été faits en Allemagne et en Alsace depuis près d'un demi-siècle, et plus particulièrement depuis les vingt-cinq dernières années. On peut dire que le succès de l'industrie allemande est dû, pour la plus grande part, à la forte instruction industrielle qui a été si largement et si intelligemment donnée dans les principaux centres producteurs, dans les écoles d'art et particulièrement dans les écoles de chimie, de teinture et d'apprêts.

Il y a certainement des efforts sérieux et persévérants à faire de ce côté.

Ils réussiront s'ils sont menés avec méthode. La sûreté du goût, la vivacité de l'imagination, qualités naturelles de notre race, nous rendent éminemment propres à cette industrie, qui, par plus d'un côté, est une industrie d'art.

« La plus grande partie des tissus importés sont d'un prix élevé, parce qu'ils représentent des articles de luxe. Les tissus ordinaires sont fournis par l'industrie nationale.

« L'augmentation de l'Allemagne tient de ce que l'Alsace et le duché de Bade nous ont envoyé, en plus grand nombre, des articles spéciaux qui ne sont pas produits en France; l'importation anglaise comprend moins d'articles courants et une certaine quantité de mousseline à dessins *genre Liberty*. »

Quelle organisation spéciale d'enseignement scientifique et artistique a-t-il été donné à cette industrie de l'impression sur étoffes? Les constatations et les craintes de la Commission des valeurs en douanes sont, hélas! bien justifiées. Il n'a rien été créé à Rouen; aucune comparaison, même approximative, ne peut être établie entre quoi que ce soit et les institutions de Mulhouse et de Manchester. La fabrique occupe 25 chimistes, dont les appointements varient de 10,000 à 20,000 fr. par an; ils seraient tous étrangers: Suisses, Allemands ou Autrichiens. Et, cependant, partout j'ai entendu des déclarations sur l'utilité incontestable de la création d'une institution pour fournir à l'industrie des chimistes français, avec ateliers et laboratoires, en vue de suivre le mouvement scientifique, comme cela se pratique dans la plupart des écoles d'art et d'industrie de l'étranger. Dans le programme des prix annuels de la Société industrielle, je ne trouve pas moins de 27 médailles d'or à décerner pour stimuler les recherches et les travaux en vue des applications de la chimie à la teinture, aux apprêts et à l'impression! L'École régionale des beaux-arts ne possède qu'un seul cours de dessin d'après la plante vivante, cours suivi par 9 élèves qui viennent là bien plutôt apprendre les éléments d'un art d'agrément que pour s'initier à l'art décoratif. Aussi, à l'exception d'une seule, toutes les maisons sont obligées d'acheter leurs dessins à Paris; elles n'ont que des « teneurs de crayons et de pinceaux » chargés d'adapter les compositions nouvelles ou anciennes aux conditions techniques de la fabrication ou aux demandes de la clientèle. Les entretiens que j'ai eus avec des chefs d'industrie sur cette question si grave de la création des modèles m'ont prouvé qu'il y a parmi eux, à cet égard, la plus grande divergence d'opinions et souvent les préjugés les plus inattendus. L'un d'eux — non le moins important, dont la marque industrielle est universellement réputée et jouit du bénéfice d'une plus-value en raison de sa valeur artistique — m'assure que sur les 800 dessins qu'il fait exécuter annuellement, à peine un dixième provient du dehors. Il tient pour fort dangereux le système de l'approvisionnement dans les cabinets de dessin, qui favorise surtout la contrefaçon. A son avis, « en envoyant mensuellement les dessinateurs faire un voyage à Paris pour s'y rafraîchir les idées et s'y aérer l'imagination, on peut obtenir d'eux, s'ils sont intelligents, des compositions originales et pittoresques, qui ont au moins le mérite d'échapper à la banalité du courant des fournisseurs généraux de l'industrie. Si Rouen, ajoute-t-il, n'a pas encore conquis sur les marchés du monde le renom de Mulhouse, c'est que les fabricants rouennais n'ont pas su, à l'exemple de leurs rivaux alsaciens, se constituer en autant d'individualités ayant leur genre spécial, leur clientèle personnelle, et ne se faisant entre eux concurrence que par la nouveauté de leurs créations. » Par contre, l'opinion d'un deuxième fabricant, moins ambitieux évidemment, est que, à l'heure présente, Rouen ne peut réussir qu'en suivant Roubaix pour l'ameublement et Lyon pour la robe, puisque le coton n'est guère, en ceci et cela, que le succédané de la soie — cette théorie sera vivement combattue par d'autres ; — et il déclare que fatalement un dessinateur provincial est condamné, même en ayant du talent, à tourner dans le même cercle d'idées décoratives, ce qui engendre la monotonie d'une marque; on a donc intérêt à s'assurer une variété constante de modèles en s'adressant aux cabinets de dessins. Néanmoins, après une constatation identique, accompagnée des regrets les plus vifs de l'absence de tout cours spécial à l'industrie, dans l'École des beaux-arts, la conclusion de ces deux fabricants sera unanime et très nette sur l'urgence de créer, à Rouen, un enseignement ayant pour but de former, comme à Mulhouse, d'excellents dessinateurs pour l'impression sur tissus.

Quant à la gravure sur rouleaux, autre branche de l'industrie, elle serait actuellement dans un état critique; sur ce point, je n'ai recueilli que des doléances douloureuses sur le présent et des craintes navrantes pour l'avenir. « Rouen est tributaire de l'Angleterre pour la gravure de soubassement (ou de fonds); il s'en importe pour plus du dixième de la consommation de la fabrique, et les prix sont de 50 p. 100 inférieurs, par suite de la facilité d'éteindre leurs frais de premier établissement qu'offre aux graveurs anglais le grand nombre de rouleaux qu'ils peuvent tirer de la même molette; les imprimeurs tiennent la gravure anglaise pour supérieure de qualité à la gravure rouennaise. » L'instruction artistique des graveurs laisserait fort à désirer. Sur les 150 ouvriers disséminés dans les ateliers et dans les usines qui produisent elles-mêmes leur matériel d'impression, il n'y en aurait pas le quart qui aient même des notions élémentaires d'art, quoique, de l'avis général, la connaissance du dessin soit sinon indispensable, du moins utile pour tous les travaux, et qu'un certain nombre, très délicats, l'exigent impérieusement. Des ouvriers, m'assure-t-on, ne peuvent plus trouver à se placer, pour cette raison, dans un grand nombre d'usines. Le recrutement des apprentis devient très difficile, à cause des exigences des parents qui ne veulent pas aujourd'hui faire de sacrifices pour doter leurs enfants d'un métier même lucratif; et les chefs d'ateliers renoncent à en former, par suite de la fréquence des débauchages avant la fin de l'apprentissage. On me prévient nettement que s'il n'est pas trouvé un moyen de restaurer l'apprentissage, l'industrie manquera bientôt des graveurs qui lui sont nécessaires. Déjà dans la gravure à la planche, employée pour les dessins à grands rapports des étoffes d'ameublement, il n'y a plus que des ouvriers fort âgés. La gravure à l'eau-forte et la galvanoplastie sont utilisées dans l'industrie; mais il m'a paru, aux réticences des patrons et des ouvriers, que les deux procédés sont loin d'avoir reçu toute l'extension désirable, en raison des difficultés techniques que leur crée l'absence d'une instruction spéciale, à la fois artistique et scientifique. Les patrons se font entre eux une concurrence cruelle qui provoque une dépression continuelle des prix, et par conséquent entraîne un abaissement de la valeur de la main-d'œuvre. Cette situation paraît fort préoccuper tout le monde; mais personne ne prend l'initiative d'y remédier. Seule encore, la Société industrielle, jusqu'ici, a tenté une réaction en insérant annuellement dans sa liste des prix la mention de deux médailles d'or à décerner à l'auteur d'une application industrielle de la photographie aux cylindres de cuivre, ou de toute autre méthode nouvelle de gravure servant à l'impression, et pour la découverte d'un procédé photographique dans la décoration des tissus.

En ce qui concerne l'industrie générale du coton, on a fait, il y a une dizaine d'années, l'essai d'une école spéciale; l'entreprise a échoué : au bout de deux ans de fonctionnement, il n'y avait plus un seul élève. On convient que cette école avait été fort mal comprise; et sa ruine n'a surpris personne. Il n'y a donc lieu de tenir compte de ce précédent fâcheux qu'à titre de leçon précieuse, afin d'en éviter les errements comme organisation administrative, installation matérielle et méthodes d'enseignement. Il est évident, de toutes les informations recueillies, qu'il y a urgence à reprendre sur des bases nouvelles cette création, à doter l'industrie d'un outillage complet d'enseignement technique et artistique. On dit toujours que Rouen est — toutes proportions gardées — le Manchester français; il est donc opportunément utile de signaler ce qui a été fait à ce point de vue, par la métropole anglaise du coton, en renvoyant pour les détails au 5e volume de mes Rapports de missions à l'étranger, pages 61-63 et 103-109. Une association d'industriels a fondé une École d'art, à la tête de laquelle, depuis un an, est un des plus grands artistes anglais, Walter Crane; on y instruit jusqu'à 50 élèves dessinateurs et graveurs pour le tissage et l'impression; à leur intention, il a été institué des cours particuliers de dessin et de peinture, avec ateliers d'applications industrielles, sous la direction permanente de maîtres spéciaux qui sont exclusivement attachés à l'école et y professent toute la journée, chaque élève recevant une instruction individuelle conforme à ses aptitudes et à ses goûts. En outre, une institution, également de fondation privée, fournit l'enseignement technique à près de 200 fils de patrons, futurs contremaîtres, employés supérieurs et apprentis, dans des ateliers de filature, de tissage, de teinture, de blanchiment, d'apprêts et d'impression où il n'y a pas moins de 44 métiers, tous de types différents.

L'enseignement à Manchester pour les industries du tissu.

Autrefois, après Paris, Rouen était la ville de France qui possédait le plus de sculpteurs sur pierre, statuaires et ornemanistes, d'une habileté univer-

La sculpture sur pierre.

sellement reconnue, surtout pour le gothique du XIIIe siècle et le style de la Renaissance française. Pendant longtemps — il y a vingt-cinq ans — les grands travaux de restauration des monuments civils et religieux de la vieille capitale de la Normandie et d'agrandissement du Palais de justice maintinrent hautement la tradition et le renom de l'école normande. Aujourd'hui, cet art superbe tombe en décadence; on ne compterait pas, dans tout Rouen, vingt artistes sur cinquante sculpteurs, et le chiffre annuel des affaires ne dépasserait pas 250,000 fr. Il ne se fait plus que fort difficilement des apprentis; les parents sont réfractaires à l'idée de s'imposer les moindres sacrifices pour leurs enfants dans ce but; et ceux-ci ne témoignent d'aucune ambition de devenir des artistes par l'étude et par le travail. L'enseignement professionnel et artistique n'est assuré nulle part. A l'École pratique d'industrie, il n'y a aucun cours de sculpture sur pierre et même de stéréotomie. Celui qui se donne dans les ateliers est tout empirique. Les neuf dixièmes des ouvriers ne savent ni modeler ni dessiner; et ceux — très rares — qui vont à l'École des beaux-arts, le soir, n'y trouvent rien de pratique ni de spécial pour leur métier; ils n'en suivent d'ailleurs les cours que d'une façon intermittente et peu longtemps. A cette décadence — sur laquelle il y a unanimité de déclarations parmi les industriels, à l'École des beaux-arts, dans la municipalité, chez les architectes et les entrepreneurs — on donne encore d'autres causes. A quatre ou cinq exceptions près, les architectes ne sont plus que des entrepreneurs, sans instruction professionnelle sérieuse, hostiles à tout ce qui touche à l'art et n'ayant qu'une préoccupation : construire au meilleur marché de façon à se créer une clientèle nombreuse dans le monde des propriétaires, que déjà ni l'éducation, ni les goûts, ni l'amour-propre ne poussent point aux dépenses somptuaires, jugées de nature à porter atteinte à la considération sociale que doivent assurer bien plutôt la simplicité et l'économie en matière d'habitation. Aussi compte-t-on par une douzaine environ le nombre des hôtels privés qui sortent du type uniforme de la bâtisse cubique en pierres et en briques, qui ont quelques motifs de décoration. A ce point de vue, le caractère rouennais présente une grande analogie avec le caractère lyonnais. Quant à la maison de rapport, j'en ai remarqué une dizaine environ dont les architectes se sont un peu émancipés de l'haussmannisme, mais sans avoir réussi à produire des œuvres bien originales et pittoresques. La plus grande part de responsabilité dans la situation précaire de l'art monumental incomberait aux administrations publiques. Je ne referai point ici le procès des actes innombrables de vandalisme accomplis depuis trente ans; il suffit de faire allusion aux œuvres contemporaines d'architecture: le Théâtre des arts, le Musée-bibliothèque, l'annexe de l'hôtel de ville, la gare de la Compagnie d'Orléans, l'église Saint-André qui forment une étrange antithèse aux merveilles léguées par les siècles précédents et à certains actes qui sont autant d'offenses graves à l'art et au bon goût. Dans la construction des Archives départementales, l'architecte avait projeté une façade sur le boulevard Cauchoise avec statues allégoriques et riche ornementation sculpturale, dont la dépense, qui s'élevait à 8,000 fr. environ, devait être compensée par une économie de 38,000 fr. réalisée sur les devis; l'administration, d'un trait de plume, supprima cette façade. Les travaux du monument de Jeanne d'Arc, à Bon-Secours, ont été donnés à un entrepreneur parisien, qui en a rétrocédé, avec bénéfice, la concession à un confrère rouennais; et les sculptures en ont été faites, en majeure partie, par des ouvriers du dehors. Il n'a rien moins fallu qu'une campagne énergique de presse pour venir à bout de l'opposition de l'administration départementale à l'utilisation, dans le nouveau presbytère de Saint-Maclou, des boiseries de la façade d'une vieille maison démolie pour le dégagement de l'église, et que le Musée d'antiquités avait recueillies. Les crédits pour la restauration des sculptures de la cathédrale, qui s'élevaient à plus de 100,000 fr. par an, ont été peu à peu réduits à moins de 10,000 fr. Il en est résulté un exode des plus habiles praticiens; et la pénurie des artistes est telle déjà qu'on a dû faire venir de Paris des ouvriers pour les travaux de l'Exposition. Dans les édifices publics comme dans les habitations privées, on décore les intérieurs avec du carton pâte et du plâtre moulé. Les églises et les chapelles sont envahies par les produits du quartier Saint-Sulpice. Si quelques propriétaires éclairés ne faisaient pas de temps à autre restaurer des châteaux de la Renaissance, tels que Bertheville, Fossé, etc., et quelques curés intelligents, leurs vieilles églises, il n'y aurait plus de besogne artistique pour les sculpteurs rouennais.

Les mêmes causes ont amené la dégénérescence d'une corporation voisine, celle des tailleurs de pierre. Autrefois, dans la Basse-Normandie, l'amour du métier était tel dans cette corporation qu'elle organisait de village à village des concours. Aujourd'hui, à peine sait-on le trait le plus élémentaire; toute ambition a disparu. Pour les travaux délicats on ne trouverait pas d'ouvriers.

La sculpture sur bois.

La sculpture sur bois ne serait guère plus prospère. On n'a plus le goût des belles cheminées, des lambris, des rampes d'escalier ornées; seul, le clergé fait exécuter, de temps en temps, quelques travaux pour les églises: chaires à prêcher, autels, stalles, tables de communion, confessionnaux; mais l'industrie locale est fortement concurrencée sur place par l'industrie lilloise qui lui a enlevé des commandes importantes à Saint-Sever, à Saint-Godard et même la supplante presque constamment dans la région. Les artistes ont beaucoup perdu, paraît-il, à la mort des cardinaux Bonnechose et Thomas qui aimaient les arts et les protégeaient. Il n'y aurait qu'une très restreinte fabrication de meubles sculptés anciens exercée par quelques pauvres diables qui travaillent en chambre pour des brocanteurs locaux. On est unanime dans la profession pour réclamer l'organisation, à l'École des beaux-arts, de cours pratiques d'ornementation et de sculpture sur bois.

L'ébénisterie a disparu à peu près complètement de Rouen; il ne s'y vend plus que la production extérieure.

La menuiserie.

La menuiserie d'art et de bâtiment compte encore de 600 à 700 ouvriers, répartis entre 70 ateliers. Il y aurait décadence comme quantité et qualité des ouvriers. L'industrie est tombée aux mains de simples entrepreneurs; on me certifie qu'il n'y a pas aujourd'hui un dixième des patrons qui connaissent le métier et possèdent quelques notions d'art. Les ateliers recrutent presque entièrement leur personnel dans le pays de Caux, où la tradition de l'ancienne industrie normande du meuble s'est conservée encore très vivace. L'École pratique d'industrie fournit quelques bons apprentis, grâce à l'instruction professionnelle très sévère qui y est donnée. A Rouen aussi, le système néfaste de l'adjudication publique a exercé de terribles ravages dans cette industrie. De l'aveu de chefs d'ateliers, la situation est arrivée à ce point de dépression des prix qu'un industriel honnête ne peut pas y prendre part, sans s'exposer à la faillite. On a maintes fois protesté auprès de la municipalité; elle se retranche impassiblement derrière les règlements administratifs.

La peinture décorative. La peinture décorative et la peinture en bâtiment sont dans un état encore plus précaire. Je résume les déclarations du président de la Chambre syndicale des industries du bâtiment : « On ne fait plus de peinture décorative ; il n'y a pas ici à proprement parler de peintres décorateurs. Quand il se présente — cas fort rare — des travaux spéciaux, on doit en faire venir de Paris. D'ailleurs, dans la population, le goût n'est pas à la décoration picturale. Ni les administrations dans les édifices publics, ni les particuliers dans les hôtels et les maisons de rapport n'en font exécuter. Le seul travail récent de quelque importance a été la décoration de la salle des fêtes de l'hôtel de ville, confiée au décorateur du théâtre dans des conditions tout à fait en dehors des habitudes de l'industrie. Pour des considérations d'économie, les entrepreneurs et les architectes ne poussent point leur clientèle à l'emploi de la peinture décorative. Quant à la peinture en bâtiment, le système des adjudications publiques est en train de la ruiner. Ainsi, les travaux de l'annexe de l'hôtel de ville ont été proposés à des prix tellement bas que tous les entrepreneurs rouennais ont refusé de prendre part à l'adjudication et que l'administration a dû traiter de gré à gré avec un chef d'atelier des environs. » Les ouvriers n'auraient plus l'habileté de ceux d'autrefois ; il n'y a nulle part pour eux d'enseignement professionnel et artistique public. A un moment, devant l'imminence de la disparition de l'industrie et sur des réclamations incessantes, la municipalité avait projeté d'organiser quelque part cet enseignement, tout au moins celui du faux bois et du faux marbre ; mais, me déclare le maire, on n'a pu s'entendre sur la désignation de l'institution — l'École des beaux-arts ou l'École pratique d'industrie — qui serait chargée de le donner. Les uns tenaient pour celle-ci, cet enseignement étant, à leur avis, d'ordre industriel ; les autres pour celle-là, la peinture décorative touchant à l'art. De leur côté, les conseils de perfectionnement des deux écoles se renvoyaient à la balle les cours nouveaux, pour les mêmes raisons. Cette querelle byzantine a abouti à l'ajournement indéfini de la question ; il n'en a pas été différemment pour un projet analogue relatif à l'enseignement pratique de la sculpture sur pierre et sur bois.

La ferronnerie d'art.

La ferronnerie d'art a été restaurée à Rouen, dans ce dernier quart de siècle; un maître nouveau a produit des œuvres importantes et d'une haute valeur artistique; mais, elle disparaîtra avec lui: elle n'a point trouvé ici un terrain propice au développement qui en aurait pu faire une grande industrie locale. Les architectes, en général, lui sont hostiles et les rares commandes d'amateurs sont insuffisantes pour entretenir un atelier qui d'ailleurs ne recrute point d'éléments nouveaux, le métier paraissant trop dur à la nouvelle génération ouvrière; même à l'École pratique d'industrie, on ne fait pas d'apprentis, en dépit des avantages pécuniaires qu'offre cette spécialité — un jeune homme ayant terminé ses études techniques et sachant un peu de dessin, serait assuré de gagner 4 et 5 fr. par jour —; et l'École des beaux-arts n'a aucun enseignement artistique spécial pour la ferronnerie.

Les vitraux d'art.

On compte à Rouen trois ateliers de peintres verriers qui occupent à peine une cinquantaine d'artistes et d'ouvriers, et dont la production annuelle ne serait pas supérieure à 150,000 fr. La situation artistique, économique et sociale, ici, est de tous points semblable à celle que j'ai signalée dans les autres villes ayant conservé quelques débris de cet art qui autrefois, dans toutes les provinces, fut si brillant et si prospère : absence de tout enseignement artistique et professionnel; ignorance de tous les progrès techniques tentés et réalisés, tant en France qu'à l'étranger; indifférence du public; hostilité des architectes; entre les chefs d'ateliers jalousie et concurrence acharnée qui ont conduit à un abaissement invraisemblable des prix de main-d'œuvre et qui menacent de ruiner irrémédiablement l'industrie.

L'École régionale des beaux-arts.

Rouen est dotée d'une École régionale des beaux-arts. Cette École a 280 élèves, ainsi classés professionnellement : jeunes filles, sans métier ou futures institutrices, 25; jeunes gens, élèves peintres, sculpteurs, architectes et graveurs, 43; dessinateurs, décorateurs, peintres verriers, 24; ouvriers du meuble, 30; ouvriers du bâtiment, 53; ouvriers mécaniciens, 37; employés d'administration, de bureau et de commerce, 36; étudiants et écoliers, 27; militaires, 9. Ces élèves sont répartis de cette façon dans les cours de l'école : Cours du jour : jeunes filles, dessin, 25; modelage, 16; jeunes gens, peinture et modelage, 5. Cours du soir : figure d'après nature, 16; figure et tête d'après la bosse, 29; plantes vivantes, 9; ornement, 12; cours moyen et élémentaire, 65; architecture, 23; dessin linéaire industriel, 53; géométrie élémentaire, 57; sculpture, 40. COURS ORAUX : anatomie, 31; perspective, 24; histoire de l'art, 26. L'analyse de ces deux statistiques fera connaître le caractère et l'objectif de l'enseignement donné dans cette école. Le nombre des inscriptions pour les cours du jour est insignifiant; le recrutement des élèves se fait donc exclusivement parmi des jeunes gens qui travaillent dans la journée pour vivre, et qui, en majorité, poursuivent le but de se perfectionner dans leur métier. Les futurs peintres et sculpteurs-statuaires ne représentent pas le dixième des élèves; or, l'enseignement — exclusivement général — paraît être organisé surtout pour eux. D'après les déclarations de la direction de l'école, cet enseignement est basé sur les études les plus sévères et les plus longues, et nul ne peut y échapper. Or, pour les trois ans qui constituent le cycle réglementaire des études, on constate une désertion de plus des deux tiers des élèves, et même, dès la première année, d'un tiers. On invoque, pour l'expliquer, toutes sortes de raisons d'ordres social, moral, industriel, etc. Sans aucune exception, les chefs d'ateliers — impression sur étoffes, sculpteurs sur pierre et sur bois, peintres décorateurs, peintres verriers — m'ont dit que leurs ouvriers et apprentis ne fréquentaient pas assidûment et longtemps les cours de l'École des beaux-arts parce que l'enseignement qui y est donné ne leur paraît pas d'une utilité immédiate dans leur métier, que la sévérité et la longueur des études générales les découragent; et les patrons partagent cette opinion, que résumait ainsi l'un d'eux nettement : « c'est vouloir faire apprendre le grec et le latin dans une école primaire; mais périssent les colonies plutôt qu'un principe. » Cette situation n'a pas de causes locales exceptionnelles, puisqu'elle a été observée depuis longtemps dans des écoles d'autres pays; je la signalais notamment, il y a huit ans, dans l'ancienne École des beaux-arts de Bruxelles, l'Académie : « On a pensé avec raison qu'une spécialisation précise était nécessaire dès la deuxième année, afin que l'élève pendant l'étude de l'application de l'art à son industrie fût encouragé constamment à persévérer, l'utilité pratique de l'enseignement lui en étant démontrée à chaque instant. L'expérience a prouvé que, si les deux tiers des élèves abandonnaient autrefois l'Académie, avant d'avoir appris quelque chose d'utile, la raison en était à ce fait qu'ils avaient eu le sentiment très net de l'inutilité pour leur métier du travail, long et difficile, auquel les règlements les condamnaient ; ils avaient, dans ces conditions, préféré se retirer. L'ancien système de la généralisation des études présentait en outre le grave inconvénient d'aveugler sur leur véritable vocation beaucoup de jeunes gens, égarés ensuite dans un enseignement d'art pur, sans application à l'industrie, et qui devenaient ainsi de fort mauvais peintres, sculpteurs ou architectes, alors qu'ils auraient fait sans aucun doute d'excellents menuisiers, charpentiers et décorateurs. » (Rapports de missions, 3e vol., Belgique, page 23.)

Il n'existe pas de relations directes entre les industriels et l'école ; on n'a jamais vu dans un atelier, dans une usine, un directeur, un professeur venant s'enquérir des besoins de l'industrie ; et réciproquement, l'école n'a jamais reçu la visite d'un chef d'atelier ou d'un maître d'usine, y apportant des conseils ou des encouragements. Le Comité de surveillance et de perfectionnement de l'école comprend 22 membres, divisés en quatre catégories : 1° membres de droit ; 2° membres délégués par le Conseil municipal ; 3° membres délégués par le Conseil général ; 4° membres nommés par le préfet. Les membres de droit sont le président de la Chambre de commerce, l'inspecteur d'académie, le directeur de l'École de médecine et de pharmacie, le directeur de l'École supérieure des sciences et des lettres. Le conseil municipal est représenté par un ancien instituteur, un typographe, un propriétaire rentier et un architecte. Le conseil général a délégué un agriculteur, un maire de village, un juge de paix et un conseiller sans profession ; et enfin, le choix du préfet s'est porté sur deux architectes, deux aquafortistes, le directeur du Musée d'antiquités, et un ingénieur. Ainsi, les deux grandes industries artistiques de la ville et de la région, le tissage et l'impression sur étoffes et celles qui comptent dans l'école le plus d'élèves — apprentis et ouvriers — les industries du bois, de la pierre et du fer, n'ont pas de représentants dans un comité chargé de surveiller l'application des programmes et de proposer les réformes destinées à rendre l'enseignement plus pratique et plus fécond. La plupart des membres de ce comité n'assistent point aux réunions. Il est vrai que les attributions du Comité de surveillance et de perfectionnement de l'École des beaux-arts sont bien platoniques : il siège, mais il ne gouverne pas. De son côté, l'administration municipale ne semble pas avoir pour l'institution toute la sollicitude qu'elle mérite. Après avoir obtenu, par dix années de réclamations incessantes, son transfert de l'enclos Sainte-Marie, où elle était misérablement installée, à l'ancien Palais des ducs de Normandie, l'école se voit aujourd'hui abandonnée dans de véritables greniers, aux murs à peine blanchis, aux poutres nues, aux croisées éborgnées par des pans de briques et de moellons; local d'entrepôt qui forme un étrange contraste avec les bâtiments de toutes les autres écoles de la ville pour lesquelles on n'a pas hésité à dépenser tout ce qui était nécessaire et même superflu.

Le titre de régionale qui a été donné à l'école est purement nominal; elle ne recrute que peu d'élèves hors de Rouen; et pourtant, il n'est pas en France de centre où une institution ayant exactement ce caractère pourrait mieux réussir. Combien de villes importantes gravitent dans sa sphère d'influence, villes toutes industrielles, où doivent éclore abondamment les ambitions juvéniles de futurs artistes, chefs d'ateliers, contremaîtres, ouvriers d'art : le Havre, Fécamp, Dieppe, Elbeuf, Louviers, Évreux, Bernay, Lisieux, Caen, Bayeux, Honfleur, Pont-Audemer, etc. ! Quel rôle à jouer pour Rouen : devenir la capitale artistique de la Normandie! En ce moment, on rêve d'un idéal qui semble même supérieur à celui-ci. Il est question d'obtenir la « nationalisation » de l'école. Le 5 août dernier, le conseil municipal a voté ce vœu : « L'École régionale des beaux-arts de Rouen sera transformée en une école de plein exercice, ayant le même enseignement, les mêmes cours, les mêmes droits que l'École des beaux-arts de Paris; en particulier, cette école délivrera les mêmes brevets, certificats et diplômes; les pouvoirs publics feront les diligences nécessaires pour obtenir du Parlement, en faveur de l'École des beaux-arts de Rouen, relativement aux lois militaires, les mêmes droits que l'école de Paris. » La réalisation de ce vœu constituera sans doute une étape importante vers la décentralisation; elle pourra produire un résultat appréciable en retenant en province un certain nombre de jeunes gens qui s'en vont à Paris. Mais, si cette « nationalisation » n'a d'autres conséquences que de diriger vers l'enseignement de la peinture et de la sculpture beaucoup plus d'élèves, séduits qu'ils seront par la perspective de l'exemption de deux années de services militaires — car c'est là l'objectif poursuivi — on aura simplement déplacé un mal social et on lui aura donné plus de développement par la dissémination de la contagion. Les industries d'art en souffriront encore. Au lieu de réclamer l'enseignement de l'École des beaux-arts de Paris, que n'a-t-on songé à constituer là une sorte d'Université normande d'art industriel, en mesure, par son organisation supérieure, par le recrutement de ses élèves dans toutes les classes de la société, de fournir aux grandes et petites industries artistiques de la région, des patrons, des contremaîtres, des dessinateurs, des chimistes, des ouvriers et des employés, armés d'une solide et pratique instruction artistique et technique — comme le sont à l'étranger les grandes écoles d'art industriel? — La réforme serait admirable; et l'on aurait le devoir d'en hâter, par l'agitation la plus active, la mise à exécution immédiate. Celle qu'on propose est de nature à inspirer plus d'inquiétude que d'enthousiasme.

Réforme de l'École des beaux-arts.

Après avoir signalé à la municipalité les doléances des chefs des industries artistiques sur l'organisation actuelle de l'École des beaux-arts, j'ai, à la demande du maire, exposé ainsi les réformes qui me paraissent devoir répondre aux vœux divers qui les ont suivies, et réaliser des progrès accomplis par des institutions analogues de l'étranger: Compléter la « nationalisation » par la réforme des programmes et des règlements en vue du développement de ces industries; créer des classes du jour avec ateliers d'applications pratiques, sous la direction permanente de professeurs attachés exclusivement à l'école; favoriser, au moyen de bourses, le recrutement pour les classes du jour des enfants des familles pauvres, concurremment avec celui des fils de fonctionnaires, d'industriels, de commerçants et de rentiers, assuré par la perspective de l'exemption des deux années de service militaire; annexer à l'École des beaux-arts une section spéciale pour les industries du tissage et de l'impression sur étoffes, avec cours d'art décoratif, cours de gravure sur métaux, cours de chimie industrielle, ateliers et laboratoires d'expériences scientifiques et artistiques, pour la teinture, les apprêts, l'impression, la gravure chimique, la galvanoplastie, etc. Et, enfin, par la transformation du conseil de surveillance de l'école en conseil d'administration, autonome, composé d'artistes et d'industriels; par l'organisation d'un corps professoral permanent, honoré et bien payé, ayant à sa tête un directeur énergique, actif, en relations constantes avec les industries, ayant droit à l'autorité, à l'initiative et à la responsabilité ; faire de cette institution nouvelle un organisme social supérieur, donnant la vie et le mouvement à l'art et aux industries de la cité et de la région.

Tout cela a paru agréer à la municipalité, qui n'a fait de réserves que sur l'accroissement du budget devant en résulter ; et il m'a été déclaré que les propositions éventuelles de la réalisation d'un projet de ce genre seraient étudiées avec le désir le plus sincère de donner complète satisfaction aux vœux des ouvriers et des chefs d'industries d'art rouennaises et normandes.

Un musée d'art industriel.

Lorsque, dans cette même conférence, a été abordée la question d'un musée d'art industriel à organiser comme complément indispensable de cette grande école, la municipalité s'est montrée moins décisive ; elle a invoqué, pour se soustraire à une déclaration d'aquiescement au principe même, la probabilité de la mise à exécution d'un projet de musée de ce genre par l'initiative de la Société libre d'émulation, et l'impossibilité, au point de vue financier, d'une entreprise impliquant de lourdes dépenses de construction, d'installation, d'aménagement et d'administration. Pour cette question, je trouve ici la même situation que j'ai eu déjà l'occasion de signaler ailleurs. Tous les éléments organiques d'un Musée d'art industriel existent, nombreux, importants, mais épars, disséminés dans tous les coins de la ville, aux mains d'administrations diverses qui n'en font pas grand'chose, parce que leur éparpillement les rend improductifs, tout en entraînant, pour leur conservation et l'entretien des locaux qui les abritent, des frais considérables dans leur addition. Le Musée départemental d'antiquités contient de riches collections de ferronnerie, de mobilier, de sculptures, de bijouterie, d'orfèvrerie, de céramique, etc., mêlées à des collections précieuses d'archéologie préhistorique et antique. Installé misérablement au rez-de-chaussée des bâtiments branlants et malsains de l'Enclos Sainte-Marie, sans catalogues, ce musée paraît presque abandonné. La Société industrielle possède des séries d'échantillons de tissus de tous genres ; mais l'exiguïté du Bureau des finances où elle vient de s'installer ne permet pas leur exposition. La Société libre d'émulation a obtenu la construction d'une annexe à l'hôtel des Sociétés savantes pour son musée de dessins, échantillons, machines et produits industriels; dans un an, si sa clientèle augmente un peu, ce local sera trop étroit. Or, tout cela réuni, classé scientifiquement, avec goût, constituerait un musée aussi utile qu'intéressant pour les ouvriers, les artistes et le public. Où le loger? Faudrait-il, comme la municipalité en fait sa principale objection, construire un édifice spécial? Nullement. A cette heure, dans les bâtiments du Musée-bibliothèque, il y a au deuxième étage 15 vastes salles vides et deux immenses cours inoccupées. Dans l'une de ces cours pourrait être installé le Musée lapidaire et monumental, les pièces insensibles aux intempéries servant à la décoration pittoresque du square Solférino; l'autre recevrait aisément un musée de moulages de sculpture ornementale. Les machines trouveraient place dans les salles du rez-de-chaussée sur la rue Restout et la rue Thiers. Toutes les collections du tissu, du métal, de la terre et du bois seraient au mieux dans les salles du deuxième étage, où elles formeraient, avec le beau Musée de céramique, un ensemble superbe. La sculpture et la peinture conserveraient, cela va de soi, les grandes galeries où elles sont actuellement. Ainsi constitué, le Musée d'art et d'industrie de Rouen rivaliserait fièrement avec les plus célèbres musées provinciaux de l'étranger. Mais, me dit-on, ce projet est irréalisable; le Musée d'antiquités appartient au Conseil général; le Musée de peinture et de céramique est une propriété municipale!!!

Les industries artistiques de la Normandie.

Quel rôle superbe, fécond, pourrait remplir pour le plus grand bien du pays une grande institution de ce genre, régionalisée, organisée pratiquement comme le sont tous les musées allemands (voir le Résumé des Rapports de missions, pages 30-46), mise en œuvre par quelque association puissante, missionnaire d'art et d'industrie, infatigable, — la Société industrielle et la Société libre d'émulation fusionnées, par exemple, celle-là apportant ses six cents membres, tous industriels, et son admirable outillage de propagande scientifique; celle-ci, ses cours gratuits populaires, si fréquentés par les artistes et les ouvriers, et l'expérience séculaire de la bienfaisance sociale!

La Normandie est la province artistique et industrielle par excellence. Elbeuf et Louviers ont conquis un renom universel; aujourd'hui encore, avec leurs 12,000 ouvriers, après plus de six cents ans de prospérité, ils produisent pour 76 millions de francs de draperies de tous genres, depuis le classique drap fin cardé, fondement de ces illustres fabriques, jusqu'à la « renaissance » faite avec les résidus des vieilles étoffes. En admirant à l'Exposition de Rouen l'ensemble de leurs collectivités, on ne savait, dans la diversité imprévue et la physionomie séduisante de ces beaux tissus, ce qui devait être le plus admiré, la texture ou le coloris, tant ils étaient tous une caresse délicieuse pour les yeux et pour les mains. Dans le Calvados, le travail de la laine donne encore du pain à environ 1,500 habitants de la vallée de l'Orbec, de Vire et de Lisieux. Les filatures, les tissages et les impressions du coton dans la Seine-Inférieure, l'Eure, la Manche et le Calvados, font vivre 40,000 hommes. Et, à côté de ces grandes industries textiles, combien il en est d'autres moins importantes, éparpillées sur tous les points de la région, mais dont la somme de travail se chiffre par de nombreux millions : Les droguets renommés de Saint-Lô et d'Avranches ; les ceintures, les haïcks et les burnous du canton de Saint-Valéry-en-Caux ; les toiles de lin de Lisieux et d'Orival ; le linge de table et de corps de Flers et de la Ferté-Macé ; les toiles de Vimoutiers, les rubans d'Orbec, de Thiberville et de Drucourt. Sur les plateaux que borde l'Eure, Saint-André, Ézy, Bois-le-Roi, Lhabit, Ivry-la-Bataille et la Couture fabriquent des peignes d'écaille, de corne et d'ivoire et des instruments de musique à vent. Dans les vallées de l'Iton et de la Rille, des forgerons primitifs font des mors, des gourmettes, des boucles d'harnachement, et mille ouvrages de cuivre et de laiton. Sur les rives de la Sienne et de la Sée, dans le Cotentin et le Bocage normand, Tinchebrai, Sourdeval et Villedieu sont des foyers industriels d'une rare vitalité, ici, de chaudronnerie de cuivre, là de quincaillerie et d'orfèvrerie de nickel et de métal blanc. Le pays de Caux possède un petit Jura horloger en Saint-Nicolas-d'Aliermont, Dampierre, Saint-Aubin-du-Caux et Envermeu. Blangy, Gravelle, Mortagne ont des fabriques de bouteilles, de verres et de flacons pour pharmaciens, liquoristes et parfumeurs, qui occupent près de 2,000 ouvriers.

Toutes ces industries, dans lesquelles l'art intervient peu ou prou, souvent même avec prépondérance, industries modestes, rustiques et familiales, n'ont point, en raison de ce caractère spécial, de protection ni d'encouragements, ne sont point soutenues dans leurs tentatives de progrès, dans leurs efforts contre la concurrence étrangère ou pour échapper à une crise imminente. A l'étranger, au contraire, ce ne sont pas celles qui reçoivent le moins de témoignages effectifs d'une sollicitude empressée et constante des associations privées et des pouvoirs publics. Mes Rapports de missions en contiennent les preuves nombreuses et éloquentes.

Les industries disparues. Et quelles industries artistiques disparues! Dieppe n'a-t-il pas été la ville des ivoiriers? Pendant deux siècles, la dentelle, dont Alençon est le berceau, n'a-t-elle pas fait la fortune et la gloire d'une partie de la Normandie? Il y a cinquante ans, encore, de Fécamp à Saint-Malo, de Falaise à Cherbourg, 70,000 paysannes, filles ou femmes de cultivateurs, de pêcheurs et de marins, tissaient ces belles aubes de lin, à points de champ et de raccroc, ces blondes de soie, d'or et d'argent, ces volants de Chantilly, parures merveilleuses de la grâce et de la beauté, ces mantilles espagnoles et havanaises, aux réseaux fins comme des fils de la Vierge, dont elles avaient reçu le nom charmant. Aujourd'hui, à peine compte-t-on, dans toute la région, 6,000 ouvrières, dont le travail intermittent et ingrat se borne à l'exécution de pièces de luxe, de nouveautés incertaines que la mode parisienne adopte subitement par fantaisie et rejette avec non moins de hâte par caprice. La Chambre de commerce de Caen signalait dernièrement ce fait « véritablement incroyable et navrant » que des dentellières de sa circonscription ne gagnaient parfois que 10 centimes par heure de travail. Et, cette décadence, de l'avis d'un des plus importants fabricants de la région, qui a fait personnellement les plus grands efforts et sacrifices pour maintenir l'industrie, peut être imputée principalement à l'absence de tout enseignement artistique.

Pendant deux siècles également, Rouen a été le centre d'une industrie de la céramique, aussi florissante que célèbre, et d'où avaient essaimé, dans la région normande, au Havre, à Sainte-Foy, à Chatel-la-Lière, à Infreville, au Pré-d'Auge, à la Banqueterie, à Saint-Denis-sur-Sarthon, des manufactures nombreuses et actives. Le Pré-d'Auge seul a survécu.

Des tentatives ont-elles jamais été faites pour empêcher la disparition de ces industries, ou pour les ressusciter? On s'est bien occupé un peu de la faïence de Rouen. Dans le livret des prix annuels de la Société industrielle, je trouve la mention d'une médaille d'or à décerner « à celui qui établira, à Rouen ou dans l'arrondissement, un atelier de fabrication de faïences artistiques comme il en existe dans un certain nombre de villes : Paris, Limoges (?), Blois, Nevers, etc. ». La municipalité entretient aussi un Musée de céramique, qui, en faïences de Rouen, est un des plus riches musées du monde ; mais, à son propos, on pourrait rééditer, en le modifiant, le vers ironique de Boileau :

Pour honorer les morts, *on laisse* mourir les vivants.

SAINT-QUENTIN-BOHAIN.

Les industries artistiques de la Picardie.

La Picardie est un centre important d'industries d'art, dont les unes remontent à une période déjà ancienne, et les autres sont de création ou d'importation relativement récente. A Saint-Quentin, on fait des guipures, des tulles, des dentelles, de la broderie suisse et de la lingerie ; Bohain produit des étoffes de soie et de laine, légères et de fantaisie, nouveautés pour robes, crêpes de Chine, gazes, grenadines, bengalines, popelines, barèges, etc.; Caudry s'est spécialisé dans la dentelle et le tulle ; Amiens a conquis une universelle renommée pour ses velours, ses étoffes d'ameublement; et, en Thiérache, la vannerie occupe de nombreux ouvriers. Dans toutes ces industries, le dessin joue un rôle prépondérant; la condition essentielle du succès est la fantaisie, le goût, l'originalité. Malheureusement, ce n'est point à armes égales qu'on y peut lutter avec l'étranger : les lois fiscales, les traités de commerce, les règlements des douanes, etc., leur créent une situation d'infériorité, cruelle, écrasante, dont la supériorité indiscutable dans la valeur artistique des produits peut seule atténuer les conséquences désastreuses. Aussi, s'est-on préoccupé instamment de fonder des institutions pour développer l'instruction artistique et technique chez les industriels et les ouvriers. Dans une notice publiée en 1889, le conseil d'administration de la Société industrielle de Saint-Quentin et de l'Aisne expose ainsi les circonstances dans lesquelles elle a été organisée en 1868; cette citation en fera connaître l'esprit et le but avec précision :

La Société industrielle de Saint-Quentin et de l'Aisne.

L'industrie qui fit la fortune de Saint-Quentin vers le commencement de ce siècle, l'industrie cotonnière, prospérait paisiblement, lorsque survinrent les décrets de 1860, qui, en la modifiant profondément, faillirent la faire disparaître de notre pays.

Ce fut un bouleversement général des anciens procédés de travail, et il fallut toute l'habileté de nos manufacturiers pour transformer presque instantanément un matériel aussi considérable et former une nouvelle instruction de toute une population ouvrière, qui, heureusement, est des plus industrieuses.

« Il y eut des regrets, chez d'aucuns, mais point d'hésitation ; car tous sentirent qu'il fallait, sous peine de briser l'avenir, modifier ses anciennes habitudes.

La concurrence étrangère était déjà à nos portes, prête à nous combattre.

Alors l'industrie locale se transforme, son domaine s'étend ; elle embrasse non seulement le tissage et la filature, qui prennent des proportions plus vastes, mais la broderie suisse avec ses magnifiques métiers ; la confection des vêtements, la lingerie, que de merveilleuses machines à coudre secondent puissamment, deviennent pour ainsi dire des industries saint-quentinoises et prennent des proportions dépassant toute prévision. Notre région voit, de plus, une jeune industrie, la sucrerie de betteraves, s'étendre et demander des bras et des aptitudes spéciales. Industriels et manufacturiers sont à peine en mesure de suffire à ce développement inattendu et, malgré la facilité bien connue avec laquelle nos ouvriers s'assimilent les méthodes nouvelles ou même changent de profession, les employés, les contremaîtres et les ouvriers deviennent rares et parfois apparaît dans nos ateliers l'ouvrier étranger. Il faut donc suppléer et songer à s'outiller à ce point de vue, non seulement pour les besoins du moment, mais encore pour l'avenir, qui apparaît plein d'imprévus et menace de se modifier chaque jour.

Il faut donc créer des écoles d'apprentissage, des cours pour toutes les professions, et surtout élever, le plus possible, le niveau moral et intellectuel de l'ouvrier en lui procurant, en outre de l'instruction, l'éducation et le bien-être.

Une société industrielle, seule, pouvait suffire à ce programme. Un exemple, qu'on a souvent cité depuis, était à suivre dans la société de Mulhouse, qui avait fait ses preuves, car on était en 1868.

De là, à établir une société industrielle, il n'y avait qu'un pas ; quoique plein d'écueils, il fut vite franchi et on peut dire qu'à partir de cet instant la Société industrielle de Saint-Quentin était fondée et que son but, ses moyens étaient déterminés.

La Société industrielle de Saint-Quentin et de l'Aisne compte aujourd'hui 300 membres ; et son dernier budget atteint 60,550 fr.

L'organisme principal de l'institution est l'École régionale professionnelle. Seule de toutes les villes industrielles de France, représentées devant la Commission d'enquête de 1883 sur les ouvriers et les industries d'art, Saint-Quentin a réalisé complètement les projets exposés par ses délégués. Moins de deux ans après, cette école, qui avait fait l'objet de discussions intéressantes, était fondée et fonctionnait parfaitement. D'après le programme officiel, on y reçoit, pour les instruire gratuitement, les jeunes gens de 13 ans sortant de l'école primaire, qui se destinent aux industries régionales. On exige d'eux, à leur entrée, le certificat d'études ou on leur fait subir un examen équivalent. Pendant les trois années qu'ils doivent passer à l'école, elle complète progressivement leur instruction, dans les cours primaires supérieurs de langues étrangères, de dessins divers, de chimie et de physique, de géographie commerciale, etc., etc., et même de gymnastique, et dans les conférences faites par les professeurs.

L'école leur donne surtout une instruction professionnelle en les initiant quotidiennement aux travaux, manuels et pratiques, des ateliers du bois et du fer. Ayant en vue toutes les industries du département, la direction fait visiter souvent, notamment aux élèves de troisième année, des ateliers de construction, de chemins de fer, de filature, de tissage, de broderies mécaniques, des fabriques de sucre; et leur demande, à la suite de ces excursions, des rapports détaillés sur les impressions, appréciations et enseignements qu'ils en ont tirés.

Le programme de l'institution répondait si exactement aux besoins et à l'organisation des industries locales et régionales que, dès les premières années, les jeunes gens ayant terminé leurs trois années d'études étaient sans exception placés. On estime que des 344 élèves de l'école, depuis qu'elle est fondée, le tiers au moins occupe des situations exceptionnelles, sont devenus d'excellents contremaîtres et chefs de maison. L'enseignement y a pris une telle extension, au point de vue technique, qu'on a dû songer l'année dernière à augmenter le nombre et les dimensions des ateliers, qu'il a été dépensé spécialement dans ce but une somme de 40,000 fr. Pendant l'exercice 1895-1896, l'école compte 70 élèves; malheureusement, les ressources financières de la société ne permettent pas, au grand regret des administrateurs, de recevoir tous les candidats qui se présentent. L'année dernière on a dû en refuser 31.

A côté de l'École régionale professionnelle fonctionne un autre organisme d'enseignement professionnel et artistique, qui n'est pas l'œuvre la moins intéressante et la moins utile de l'association : les seize cours publics et gratuits pour les apprentis et les ouvriers.

Le nombre des élèves pendant la dernière année scolaire atteignait le chiffre de 2,000. Là encore bien souvent l'exiguïté des locaux et la surcharge déjà imposée aux professeurs ne permettent pas de recevoir tous les candidats ; ainsi dans le cours de dessin industriel un tiers des inscrits a dû être refusé. Les cours ont donné lieu aux inscriptions suivantes : tissage théorique et pratique, 69 ; tissage mécanique, 44 ; cours de mise en carte pour tissus divers, 48 (soir), 59 (jour) ; cours de dessin et mise en carte pour broderie mécanique, 43 ; cours de broderie mécanique, 18 ; cours de chauffage, 22 ; cours de sucrerie, 38 ; cours de mécanique, 52 ; cours de physique élémentaire, 19 ; cours de chimie industrielle, 22 ; cours de langue allemande, 43 ; cours de langue anglaise, 45 ; cours de dessin industriel, 55 ; cours de lingerie, 1150. Parmi ces cours, il en est un qui devait me préoccuper plus particulièrement en raison de son utilité pour la principale industrie artistique de la région, le cours de mise en carte pour broderie. Dans le dernier rapport du comité qui en a la direction, se trouvent sur son fonctionnement les renseignements suivants : « Ce cours professé en 90 leçons a été suivi régulièrement par 28 élèves sur lesquels 16 ont pris part au concours de mise en carte et 5 aux compositions d'esquisses. Le concours de compositions et d'esquisses est de création récente. Si on tient compte de la difficulté de ce genre de travail et du peu de temps que ces élèves ont eu pour s'exercer à la composition, on ne peut que se féliciter des résultats obtenus. Le travail de composition, reconnu par tous comme très aride, était autrefois exercé par des spécialistes distincts des metteurs en carte. Désormais tous les élèves sortant de nos cours sauront également créer des dessins. Ils n'auront qu'à se perfectionner par la pratique et l'expérience dans les maisons où ils sont placés et formeront ainsi pour l'avenir d'excellents éléments pour le développement de la broderie dans notre pays..... Le cours spécial de broderie qui est fait l'été de 6 heures 1/2 à 8 heures du matin pour les jeunes gens suivant déjà les cours de mise en carte a été fréquenté par 7 élèves. Il est certain qu'en s'initiant ainsi aux difficultés de la fabrication, ces élèves produiront des mises en carte d'une exécution plus pratique que celles faites par ceux de leurs collègues n'ayant que des connaissances théoriques du travail sur métier. »

C'est là une indication excellente autant que précise de la voie où doit s'engager l'enseignement artistique de la société, et qui ne saurait être trop approuvée, réserves faites toutefois sur la qualification dangereuse appliquée par le rapporteur au travail de la composition. On fait résolument ici la réforme tentée avec tant de timidité et d'hésitation dans plusieurs autres écoles, sans grand succès d'ailleurs; mais, comment ne pas regretter les difficultés d'une organisation scolaire empêchant de consacrer plus d'une heure et demie en trois jours par semaine à des travaux et des études qui exigeraient, pour donner des résultats pratiques, un temps beaucoup plus long? Il m'a paru en outre, par l'examen de quelques compositions, que les ambitions des commissaires sont trop modestes; il y a mieux à désirer et à espérer. Une lacune dans le programme de ces cours populaires est évidente: on n'y trouve point de travaux de laboratoires pour les apprêts et la teinture, que les industriels demandent, il est vrai, à Reims, à Rouen, à Saint-Étienne et à Lyon; pour les opérations chimiques du brûlage des tissus qui se font toutes à Herisau. La Chambre de commerce, dans son dernier rapport, fait allusion aux conséquences de cette lacune: « Les brodeurs français auraient pu trouver dans la broderie chimique, imitation de dentelles, un élément d'affaires sérieux à la faveur de la mode; malheureusement, ils se sont heurtés à des difficultés de préparation. » Cette institution de Saint-Quentin doit devenir le véritable Conservatoire d'arts et métiers de la région, non seulement pour les apprentis et les ouvriers, mais pour les contremaîtres et les patrons. Quand une population intelligente a passé par les cours du soir de la Société industrielle, elle doit avoir de plus hautes ambitions, que l'organisation actuelle ne saurait satisfaire. A Saint-Gall, la ville suisse rivale de Saint-Quentin, on a procédé ainsi depuis de nombreuses années. Le Directoire commercial, qui a créé une école et un musée pour la broderie, complétait en 1885 son œuvre par l'organisation, à Herisau, d'un office de teinturerie et apprêts de tissus, où un chimiste allemand très habile fait constamment des expériences scientifiques gratuites pour les industriels et les aide de ses conseils: c'est là que le procédé si ingénieux du brûlage chimique des tissus a été perfectionné et porté au point où il devait révolutionner l'industrie de la broderie et de la dentelle. Toutes les écoles ouvrières anglaises du soir, notamment le « Birmingham and Midland Institute », le « George Heriot hospital School » et l'« Heriot Watt college » d'Édimbourg, l'École technique de Manchester, le Collège technique de Bradford, etc., ont été, dès leur fondation, pourvus de laboratoires et ateliers de physique, de chimie, de teinture, d'apprêts, etc., où les élèves adultes peuvent se livrer, sous la direction de maîtres habiles, à des expériences en vue de leur métier.

Le Musée industriel.

A l'école et aux cours de la Société industrielle est annexé un musée. Je relève, dans le catalogue publié en 1892, les indications et les chiffres suivants sur ses collections : produits des colonies françaises : 2,000 objets, minerais, échantillons d'étoffes, etc. ; produits d'importation dans nos colonies : 117 échantillons ; verreries : 27 pièces de Saint-Gobain ; combustibles : une vitrine remplie de morceaux de charbon d'Anzin ; métiers, appareils, outils : 14 pièces ; tissus anciens : 400 échantillons ; tissus modernes : 40 échantillons ; broderies, guipures, piqués : 200 échantillons ; une robe chinoise ; albums d'échantillons d'étoffes diverses : 23 ; bocaux de coton : 21 ; cartes commerciales : 22 ; collection Schriber de modèles pour l'enseignement du dessin et de la stéréotomie. Au budget de 1895-1896, le musée figure pour une somme de 2,418 fr. On me dit que, l'année dernière, 400 communications d'échantillons ont été faites à 7 ou 8 maisons. Quant à la bibliothèque, elle compte 310 ouvrages et albums et 139 mémoires, journaux, revues, etc. Ce musée et cette bibliothèque, en réalité, n'existent pas. C'est une bien grande lacune dans l'organisme de la société. Il m'apparaît que son conseil d'administration est loin d'avoir pour ces services spéciaux la sollicitude profonde dont il témoigne si hautement pour les cours, pour l'école ; et sur leur utilité les mêmes opinions. Dans tous les documents, discours, rapports, mémoires, dépositions d'enquêtes officielles, notices, etc., que j'ai consultés, le plus souvent il n'en est pas question ou il n'y est fait que de courtes et discrètes allusions. A l'étranger, les musées et les bibliothèques ont une tout autre importance, et sont considérés comme un outillage nécessaire, indispensable pour l'enseignement des ouvriers, des artistes et des patrons et pour le développement industriel et commercial du pays. Je bornerai ici le parallèle à Saint-Gall, en raison de la similitude des industries. Dans cette métropole suisse de la broderie et de la dentelle, il y a un musée qui leur est exclusivement consacré, musée fondé par le Directoire commercial. Le dernier rapport — 1895-1896 — fait mention qu'il a été acheté 67 pièces d'étoffes et 5,154 coupons de tissus, broderies et dentelles; pour la bibliothèque, 64 ouvrages tous parus pendant les années 1894-1895. En 1884, la Société de commerce et de géographie de la Suisse orientale avait en outre pris l'initiative de la création d'un autre musée du même genre, pour lequel il était demandé à la Confédération un subside de 10,000 fr., et dont le Directoire commercial avait approuvé chaleureusement le projet, en considération de l'utilité qu'il présentait pour le progrès des industries par son caractère spécial d'informations sur l'étranger.

Les industries de Saint-Quentin et de la région trouvent donc dans l'école et dans les cours fondés par la Société industrielle un enseignement professionnel technique, bien organisé, pour les apprentis, les ouvriers et les futurs chefs d'ateliers.

L'École Quentin de La Tour.

Quant à la mission spéciale de former des dessinateurs et des artistes, elle a été réservée à l'École de dessin et d'art décoratif, dite École Quentin de La Tour. Cette école fut fondée, en 1782, par le célèbre peintre pastelliste, qui, après y avoir dépensé plus de 90,000 livres, de son vivant, appliquait à son entretien une partie des revenus de sommes importantes que la ville lui devait, l'autre consacrée à une œuvre en faveur des artisans infirmes et des femmes en couches. A la Révolution, l'institution, qui portait le titre d'École royale gratuite de dessin, était fermée. Quand on voulut la rouvrir en 1804, l'État, qui avait pris la place de la ville dans la gestion des établissements de charité et d'instruction publique, refusa le payement des rentes. En 1807, Jean-François de La Tour, frère du pastelliste, héritier des tableaux qui garnissaient son atelier, léguait tous ces tableaux à la ville, à la condition d'en faire une vente publique dont le produit serait partagé entre les trois fondations ci-dessus; il donnait en outre à l'école « pour rester à demeure dans la salle d'étude », une seconde collection de pastels. L'année suivante, un ami des deux de La Tour, Bellot, l'instituait sa légataire universelle. C'est à l'aide de ses ressources financières — environ 2,000 fr. de rente — que la fondation a pu fonctionner jusqu'en 1885. A cette date, l'École gratuite de dessin fut réorganisée; on la divisa en deux sections : l'école de dessin dite de La Tour et l'école supérieure, avec deux budgets distincts; celui de la première constitué par le revenu des legs de La Tour et Bellot, 2,260 fr., auquel s'ajoute une subvention municipale de 850 fr.; et celui de la seconde s'élevant à la somme de 8,800 fr. ainsi formée: 3,500 fr. de subvention de l'État; 3,350 fr. de subvention de la ville; 850 fr. de subsides volontaires d'industriels; 200 fr. de subvention de la Chambre de commerce, et 900 fr. de rentes provenant des legs Lecuyer, Ch. Picard et Coutant. Le programme de l'école, qui n'a que deux professeurs, comprend : 1° un cours de dessin élémentaire et un cours de dessin supérieur; 2° un cours de géométrie; 3° un cours de perspective; 4° un cours de composition de style; 5° un cours d'histoire de l'art et 6° un cours d'anatomie. On y compte 107 élèves, ainsi classés professionnellement : 34 dessinateurs; 3 employés d'architectes ou d'entrepreneurs; 1 peintre en bâtiment; 1 lithographe; 1 instituteur; 46 écoliers; 4 employés de commerce, et le reste sans métier déterminé.

L'opinion des industriels et des artistes dessinateurs sur les résultats de l'institution au point de vue de l'art décoratif appliqué aux industries paraît unanimement négative. On en critique avec vivacité à la fois l'organisation administrative, les programmes, l'esprit et les tendances : conseil d'administration oligarchique, divisé en deux courants d'opinions et de doctrines artistiques, par suite de l'antagonisme des deux groupes, très distincts de recrutement, qui le composent, un groupe de membres nommés à vie, en vertu des statuts faits par Quentin de La Tour lui-même : anciens magistrats, amateurs et rentiers; un groupe élu temporairement pour la durée de leurs fonctions publiques : représentants de la municipalité (anciennement le mayeur et les échevins), de la Chambre de commerce, du tribunal de commerce et de la Société industrielle. Ceux-ci se plaignent que l'école ne produit que des peintres, des sculpteurs et ne rend pas de services aux industries artistiques de la ville; ceux-là objectent qu'elle maintient ainsi ses traditions séculaires et se conforme aux intentions de son fondateur. Les règlements impliquent l'annulation complète, comme autorité et responsabilité, de la direction de l'école, réduite à la fonction infime d'un employé chargé de tenir à jour les livrets scolaires et de vendre aux élèves des crayons et du papier à dessin. L'absence d'organisation de classes du jour, avec ateliers d'application, ne permet point l'étude peinte de la fleur, base de l'enseignement décoratif pour la broderie et les dentelles, ni les travaux des ornemanistes et des peintres décorateurs. La plupart des chefs d'industrie se désintéressent de l'école; ils ne la visitent point, et ne s'enquièrent jamais auprès de la direction — qui de son côté ne s'en préoccupe pas davantage — des jeunes gens qui présentent des aptitudes et pourraient être utilisés dans les cabinets de dessins, dont les artistes, il est vrai, semblent hostiles à l'institution, par crainte d'une concurrence future. Ils n'en favorisent point, par des règlements spéciaux d'entrée et de sortie, par des primes d'assiduité, la fréquentation. Bien dignes de sollicitude et de protection sont pourtant tous ces jeunes gens, qui suivent les cours, été et hiver, le matin de 6 à 8 heures, le soir de 7 heures et demie à 10 heures, dans des locaux fort mal installés, prenant à peine le temps de manger et réclamant, comme une faveur et une récompense, l'autorisation de travailler le dimanche. A Saint-Quentin, ainsi que dans la plupart des grandes villes industrielles, on tourne dans un cercle vicieux pour ces questions artistiques. Sans trop de réticences, les fabricants, dont les déclarations sur le rôle du dessin dans leur métier, sur la nécessité de toujours chercher de l'originalité, de l'imprévu, du pittoresque, de l'inédit sont fort éloquentes, avouent que la majorité d'entre eux achètent leurs esquisses au dehors, à Paris, à Saint-Gall, à Calais, les dessinateurs locaux, disent-ils, n'étant point capables de produire des compositions d'une réelle valeur d'art; et, de leur côté, ces dessinateurs se désolent d'être à perpétuité condamnés à la mise en cartes, à l'adaptation de vieux modèles et d'esquisses étrangères, après avoir fait preuve à l'école de talents reconnus officiellement dans les distributions de prix.

Cette situation grave, si nuisible aux industries, appelle une réforme immédiate et radicale. Comme le disait fort justement un des délégués de Saint-Quentin à la Commission d'enquête de 1883, ce qui fait défaut aux différentes institutions d'enseignement artistique de la ville : c'est la cohésion et l'unité. Un grand progrès a déjà été réalisé par la création de l'École professionnelle régionale; aujourd'hui, on doit tenter de mettre en harmonie l'école Quentin de La Tour et celle de la Société industrielle, tout en conservant à la première son autonomie imposée par la convention intervenue entre son fondateur et la municipalité. Il y a unanimité d'opinions et de vœux à cet égard chez les industriels et les artistes, même dans la municipalité et dans les conseils d'administration de ces écoles. Des jeunes gens se présentent à l'école Quentin de La Tour pour apprendre le métier de peintre ou de sculpteur ; d'autres pour obtenir le diplôme d'enseignement du dessin ; des écoliers sans profession déterminée, qui deviendront sans doute plus tard des commis ou des employés d'administrations publiques, de banques, de magasins, des clercs de notaires ou d'avoués, désirent savoir dessiner, faire un peu d'aquarelle, de peinture à l'huile. Que l'école leur fournisse cet enseignement général de l'art : elle remplira son but et satisfera aux intentions de son fondateur. Et il ne sera point nécessaire de toucher ni aux statuts, ni aux programmes, ni aux règlements de l'antique institution dont les Saint-Quentinois sont traditionnellement fiers. Mais, veut-on former des dessinateurs spéciaux pour les industries d'art locales et régionales : tissus, broderies, dentelles, sculpture sur pierre et sur bois, peinture décorative ? Que ce rôle soit attribué à la Société industrielle, où à l'enseignement théorique pourra venir s'annexer l'enseignement pratique dans ses ateliers spéciaux d'applications de tous genres. Les cours professionnels de la société s'en compléteront, et, de cette fusion des deux éléments artistiques et industriels, recevront plus de puissance, d'éclat et de notoriété.

C'est cette organisation qui a prévalu à Saint-Gall, dont l'École de dessin pour l'industrie et les métiers, fondée en 1867, réformée en 1883, a pour but, d'après les règlements officiels, d' « offrir aux élèves une éducation générale artistique suffisante et en même temps une préparation directe et spéciale pour l'industrie à laquelle ils se destinent ». Tout en formant des brodeurs dans ses ateliers de broderie mécanique annexés aux cours de théorie, l'école a produit d'excellents dessinateurs ; et, en 1885, deux ans après sa réorganisation, les commissionnaires et les fabricants déclaraient que « la production artistique de l'industrie s'en était sensiblement développée et que Saint-Gall pourrait être en mesure prochainement de faire concurrence à l'étranger pour les beaux dessins ». (Rapports de missions, 2e volume, pages 38-43.)

La petite région dont Bohain est le centre ne produisait aux XVIIe et XVIIIe siècles que des tissus de soie légers, principalement des gazes ; elle a conservé cette spécialité, mais elle y a joint en ce siècle celle des crêpes et de

Bohain.

nombreux articles de nouveautés, faits de soie pure ou de schappe mélangée de laine peignée, de lin, chanvre et jute, et des tissus d'ameublement. On y compte 10,000 ouvriers, dont la production, en 1895, a dépassé 30 millions de francs.

Une évolution économique s'est opérée dans l'industrie en ces temps derniers. Il y a trente ans, les métiers pour la plupart étaient dispersés dans les villages de la Picardie et de l'Artois, et appartenaient aux ouvriers, les fabricants ne fournissant que le « harnais », les peignes et les mécaniques Jacquard. Le travail était trop divisé, les articles se renouvelaient trop fréquemment et par petites quantités pour que le tissage mécanique pût prendre une grande extension. Aujourd'hui, on évalue à peine à 3,000 le nombre des métiers à la main, et celui des métiers mécaniques à plus de 6,000, répartis en une cinquantaine d'ateliers. Cette évolution a plusieurs causes économiques et sociales. Pendant une longue période, les ouvriers de la campagne ont tellement été exploités par le commissionnaire de façons et par l'entrepreneur de fabrication servant d'intermédiaires, ont eu à subir des chômages si fréquents et de si grandes fluctuations de prix de main-d'œuvre, qu'en dépit des avantages de l'indépendance, ils ont préféré entrer dans une usine ; d'autre part, les maisons de vente ayant voulu voir de près l'organisation de la fabrique se sont aperçus que le fabricant n'était le plus souvent qu'un simple commissionnaire faisant travailler à façon et ont jugé utile à leurs intérêts de s'adresser à de vrais industriels, qui, pour répondre aux commandes, ont dû monter de grands établissements.

La draperie et la nouveauté.

La Picardie, par Bohain, est l'initiatrice de la nouveauté en France, et même dans le monde entier. Sa fabrication justifie cette qualification de nouveauté par une variété prodigieuse, par une originalité inépuisable, par des innovations incessantes, qui en modifient à chaque instant la physionomie. Et, ce n'est point seulement dans les multiples combinaisons de couleurs, de trames et de chaînes que s'exerce l'ingéniosité des fabricants ; elle y joint les effets prestigieux des apprêts les plus variés et les plus imprévus. Des ateliers qui se contentaient hier de trois ou quatre métiers d'échantillons en ont aujourd'hui soixante et quatre-vingts ; il se fait annuellement pour plus de 200,000 fr. de dessins nouveaux ; et l'on estime qu'il s'emploie, tant à

Paris qu'à Bohain, comme esquisseurs, metteurs en carte et adaptateurs, environ 100 artistes. Cette fabrique si active, si mouvante d'idées nouvelles, si hardie de conceptions, trouve dans l'ouvrier picard un collaborateur exceptionnel; cet ouvrier est très laborieux, a une atavique habileté de main — on a fait là autrefois les plus beaux châles des Indes, — la passion de son métier, le goût des recherches et des innovations techniques. C'est grâce à cet ouvrier que Bohain a pu, il y a vingt ans, résister à l'invasion allemande qui mit l'industrie picarde à deux doigts de sa perte.

L'organisation du travail industriel présente ici un caractère très particulier. Bohain et la région qui l'entoure forment une vaste agglomération d'ateliers, dont les bureaux de direction et les magasins de vente sont à Paris; l'élément patronal n'y est représenté que par des chefs de fabrication. On envoie de Paris les esquisses; Bohain met en carte et échantillonne. De ces échantillons Paris fait la sélection en conformité des pronostics sur le goût futur de la clientèle; Bohain tisse les pièces commissionnées; et Paris les apprête. Cette organisation enlève à la Picardie le personnel des esquisseurs, les cabinets de dessins; mais elle n'en exige pas moins sur place, près de l'atelier, d'ingénieux adaptateurs d'esquisses et metteurs en cartes, dans l'atelier, des ouvriers d'une rare intelligence, à l'esprit ouvert et à la main très habile. C'est pour assurer à la fabrique ce double personnel que la Société industrielle, qui a Bohain dans sa sphère d'action, a pris l'initiative de la création d'une succursale de ses cours concernant les tissus, le dessin et le tissage, sous l'administration et avec les ressources d'un comité spécial dont les membres paient une cotisation annuelle de 4 fr.

Les cours de dessin et de tissage.

L'organisation de cette école de Bohain est précaire, peu digne d'un centre industriel aussi important, et ne répond point aux besoins des ouvriers. Les cours professés par des maîtres de Saint-Quentin n'ont lieu qu'une fois par semaine, dans deux salles de la mairie mises à la disposition de la société; ils sont suivis dans la section de dessin par 58 élèves, et dans celle de tissage par 19, pour la plupart des employés. Il n'y a pas de cours de mise en cartes; on ne trouverait pas à Bohain un professeur, la corporation étant hostile aux cours par esprit de routine et par jalousie; — le comité parmi ses 80 membres compte 3 dessinateurs et 2 piqueurs de cartons! — Il y a un atelier de quelques métiers à la mairie ; faute de pouvoir payer un contremaître, les métiers ne fonctionnent pas ; le cours de dessin est à la veille de sa suppression, le professeur actuel ne voulant plus continuer à faire, pour la somme dérisoire de 300 fr., un service très pénible et très absorbant. Les chefs d'ateliers de Bohain et les membres du comité sont d'avis qu'il y aurait lieu à la création d'une école d'art industriel, d'un degré supérieur d'enseignement, pour laquelle un recrutement annuel d'environ 30 élèves serait assuré, et à la sortie de laquelle les jeunes gens trouveraient tous à se caser avantageusement dans les ateliers de Bohain et dans les bureaux de Paris, où les employés connaissant le métier sont beaucoup recherchés. Pour la réalisation de ce projet, il se présente des difficultés qui paraissent insurmontables, ou qui, tout au moins, sont très peu suggestives d'efforts, en raison de leurs causes spéciales. Bien que la Société industrielle ait toujours eu la haute intelligence et la générosité d'éviter toute apparence de dualisme entre les deux centres industriels par une abstention d'initiative, qu'elle porte beaucoup d'intérêt à cette succursale, elle paraît craindre qu'une création de ce genre l'entraîne à des frais qui grèveraient fort son budget, sans qu'elle puisse espérer trouver parmi les industriels et dans la municipalité de Bohain une coopération sérieuse ; et elle justifie ses craintes par ces faits que la société ne compte que quatre sociétaires parmi les industriels de cette ville, que le comité des cours ne comprend que huit fabricants, que jamais, jusqu'ici, une donation quelconque n'a été faite pour ces cours par aucun d'eux. La situation n'est ainsi rien moins que satisfaisante pour le présent et surtout rassurante pour l'avenir. Les bons ouvriers, élevés par l'apprentissage familial dans les traditions de la fabrication supérieure et de l'amour du métier, disparaissent peu à peu ; dans les ateliers, on ne forme plus que des surveillants de métiers mécaniques ; les metteurs en carte ne reçoivent qu'une instruction empirique qui n'est point à la hauteur des travaux délicats et compliqués que réclame la nouveauté pour ses créations audacieuses.

Il y a donc urgence à aviser, en haut lieu, à l'étude des moyens de conserver à Bohain sa prééminence artistique, qui pourrait être atteinte fortement au profit de la concurrence allemande, dont l'ambition est de renouveler le plus tôt possible la campagne de 1875-1880. Il n'est pas possible qu'un grand centre industriel comme celui-là, qui compte plus de 10,000 ouvriers, produisant exclusivement des tissus où l'art et le goût sont les éléments essentiels du succès, reste dépourvu de l'institution d'enseignement professionnel, dont toutes les villes de l'étranger rivales sont dotées, depuis longtemps, dans des conditions d'organisation et de fonctionnement qui ne laissent rien à désirer.

LILLE.

Transformations industrielles et artistiques de Lille.

Au point de vue industriel et artistique, il s'est fait à Lille depuis un demi-siècle une curieuse évolution. Cette ville possédait autrefois plusieurs industries d'art très prospères : la dentelle, la tapisserie, l'impression sur tissus. Les traditions artistiques flamandes leur avaient conservé une grande originalité. A la fin du siècle dernier, on comptait environ 16,000 dentellières produisant le « point de Lille », avec une perfection dont aucune autre fabrique ne pouvait approcher ; en 1857, il n'y en avait déjà plus que 2,000 environ, mais leurs fines dentelles étaient toujours fort estimées. Quand le peignage, la filature et le tissage, par suite du perfectionnement de l'outillage mécanique, donnèrent des bénéfices énormes, tout le monde se porta vers ces industries, et les autres furent peu à peu abandonnées. La modicité des prix de main d'œuvre — d'origine belge généralement, — l'abaissement de la valeur marchande des matières premières et du charbon, poussèrent rapidement les chefs d'usine à la production intensive et à bon marché. Bientôt la concurrence ne pouvait plus s'exercer sur les prix et sur la façon, tant ils étaient tombés bas. On se mit en quête de moyens nouveaux de lutter ; l'art seul pouvait les fournir. Mais, quand les industriels se décidèrent à faire de l'art, il n'y avait plus d'artistes ; ou ils étaient morts de misère, ou ils s'étaient gâté la main et le cerveau à des besognes infimes et déprimantes. C'est ainsi qu'il a été impossible de restaurer à Lille les anciennes impressions sur toile ; la société qui l'a entrepris a dû s'installer... à Puteaux. Quel est le genre de décoration qui a dominé pendant une période de temps fort longue dans le linge ouvré et damassé, que deux maisons produisent encore ? Celui des copies de peintures, simple retour en arrière vers la plus mauvaise époque de l'art décoratif français, celle de la Restauration et du règne de Louis-Philippe. La ville s'est étendue, a fait craquer sur tous les points sa vieille enceinte ; on a créé des quartiers nouveaux. Il ne s'est plus trouvé d'ornemanistes sur pierre et sur bois pour décorer les constructions nouvelles ; et, malgré tout ce qu'on a pu faire en ce sens, le Lille moderne n'a pu recevoir encore une parure artistique qui dépasse de beaucoup celle qu'ont su donner au Lille ancien les artistes du passé.

Actuellement, Lille ne peut soumettre à une enquête d'art qu'une demi-douzaine d'industries : l'ébénisterie et la menuiserie, la ferronnerie, la céramique, les vitraux et l'imprimerie.

La menuiserie et l'ébénisterie occupent environ 200 ouvriers, répartis en deux établissements de quelque importance ; bon nombre d'industriels qui s'intitulent fabricants ne sont que des marchands. Sur ce chiffre d'ouvriers, la moitié au moins est de nationalité belge, surtout dans les branches qui touchent le plus à l'art ; on paraît beaucoup les apprécier pour leur discipline, leur sobriété, leur intelligence, leurs connaissances techniques et artistiques, acquises, sans doute aucun, dans les excellentes écoles professionnelles que la Belgique a créées. L'apprentissage est presque nul ; le développement de l'instruction des ouvriers rencontre des obstacles dans l'organisation défectueuse des cours municipaux d'adultes, de l'École des Beaux-arts, des bibliothèques et des musées. Malgré cela, il est fait, dans ces deux établissements, par les œuvres fort remarquables qui en sortent, la démonstration de la puissance d'une organisation industrielle, basée sur la direction de chefs actifs, ayant reçu une sérieuse instruction professionnelle et artistique dans une véritable école d'art ou à l'atelier, par une tradition familiale de travail, de science et de passion pour le métier. Là se manifestent malheureusement l'hostilité sinon l'indifférence des architectes qui, à très peu d'exceptions, ne donnent à l'industrie ni encouragement, ni collaboration ; l'insouciance des administrations publiques qui se déchargent sur le système de l'adjudication de tout soin d'assurer aux édifices de la ville le confort et le luxe, dont leurs prédécesseurs lointains ont laissé tant d'exemples superbes. Dans le mobilier religieux seul on trouverait quelques témoignages d'habitudes moins étrangères à tout idéal d'art ; mais cette dernière branche de l'industrie a une grande concurrente dans la menuiserie belge. On m'assure que depuis quelques années, dans toutes les villes de la

La menuiserie et l'ébénisterie.

frontière, il a été exécuté par des ateliers de Tournay, de Courtrai, de Gand, de Bruges, de Malines, etc., pour un demi-million de travaux religieux ; je citerai entre autres : à Lille, église Sainte-Catherine, l'autel de la chapelle du Sacré-Cœur et la table de communion ; église Saint-Sauveur, le maître-autel du prix de 30,000 fr., trois autels de chapelle pour 24,000 fr. ; à Roubaix, églises Saint-Martin, Saint-Joseph, du Sacré-Cœur et du Rédempteur, des autels et des chaires ; à Tourcoing, un mobilier tout entier, maître-autel, chaires, stalles, tables de communion, buffet d'orgues et autels latéraux ; à Armentières, église du Sacré-Cœur, le maître-autel, les autels latéraux et la chaire, etc. Et les fabriques aussi bien que les architectes ne pourraient objecter qu'on n'est pas capable de produire à Lille des pièces de cette importance : un des ateliers de cette ville a conquis un grand renom d'habileté et de goût, et a fourni pour de nombreuses cathédrales des œuvres de haute valeur d'art.

Quant à la menuiserie de bâtiment, le président de la Chambre syndicale des entrepreneurs me déclare nettement que la question des apprentis et celle des ouvriers habiles y sont devenues d'une extrême gravité ; on doit créer immédiatement une institution spéciale pour former les uns et les autres, sinon, dans quinze à vingt ans, il n'y aura plus d'industrie ; déjà, à cette heure, par suite du petit nombre de ces derniers, on ne peut exécuter tous les travaux un peu soignés qui se présentent. La Chambre syndicale, ajoute-t-il, apportera un concours financier et matériel sérieux à qui la créera, État ou municipalité. Pour parer, dans la mesure de ses moyens, aux conséquences désastreuses de cette situation, le chef du plus important atelier de la ville, qui occupe près de deux cents ouvriers, a organisé une école privée d'apprentissage, avec primes de travail et d'assiduité ; mais, il y existe une lacune de nature à compromettre le succès de cette œuvre intéressante : celle de l'enseignement des mathématiques et du dessin. La municipalité précédente avait songé un instant à faire suivre cet exemple dans tous les ateliers, en instituant une série de bourses d'apprentissage sur le fonds de 40,000 fr. légué par M. Boggio ; il n'a pas été encore donné suite à ce projet.

La ferronnerie.

La ferronnerie d'art occupe à Lille plus de 400 ouvriers — dont 100 artisans de grand mérite — répartis dans une quarantaine d'ateliers. La majorité est d'origine belge. Les chefs d'ateliers forment eux-mêmes leurs apprentis et leurs ouvriers, par des méthodes empiriques d'enseignement, le plus grand nombre ignorant les éléments du dessin. Le recrutement normal des apprentis présente de grandes difficultés, en raison de l'opposition des parents à accepter les longs délais qu'exige une instruction professionnelle sérieuse, ainsi que de l'hostilité des ouvriers à se créer par là de futurs concurrents. Les cours de travail manuel du soir ne sont pas dirigés par des maîtres compétents. L'Institut industriel ne fournit que des candidats aux Écoles d'arts et métiers et à l'École centrale ; et l'enseignement de l'École des beaux-arts n'a aucune portée pratique. Aussi, les doléances et les craintes sur l'avenir de l'industrie, sur la disparition prochaine des bons ouvriers, sont-elles unanimes, et se résument nettement en la réclamation énergique d'une École spéciale d'apprentissage et dans la réforme de l'École des beaux-arts. On se plaint également, avec non moins de regrets, de l'absence, dans les bibliothèques publiques et dans tous les musées, tant au Palais des arts que dans le Musée industriel et le Musée Gauche, de toute organisation de collections de documents et pièces d'art et de technologie, alors qu'il ne serait rien moins que facile de les créer immédiatement avec tout ce que contient, sans méthode aucune, la section d'archéologie du Palais des arts, avec l'adjonction de moulages d'œuvres célèbres que possèdent les grands musées de Paris et de l'étranger, et la bibliothèque de l'École des beaux-arts, comptant plus de 1,500 volumes, ouverte exclusivement aux élèves qui ne la fréquentent point. Personne jusqu'ici ne s'est préoccupé encore de donner satisfaction aux désirs et aux bonnes volontés de tant de braves chefs d'ateliers et ouvriers, avides de s'instruire et de se perfectionner. A ces doléances visant des questions d'enseignement viennent s'ajouter celles qui concernent : le peu de concours et d'encouragements que la corporation rencontre auprès des architectes, indisposés en général contre la ferronnerie ; le système des adjudications publiques auxquelles sont admis tous les corps de métiers du bâtiment à l'exception de la serrurerie ; et les règlements de la voirie municipale interdisant pour ainsi dire la construction des vérandas, des enseignes et des potences, tant les dimensions concédées sont réduites. On estime à deux millions et demi la consommation locale de la ferronnerie d'art ; sur ce chiffre la moitié est fournie par la Belgique et l'Allemagne. Et cependant, me disent de nombreux chefs d'ateliers, il y a dans le public un mouvement très prononcé en faveur du fer forgé pour la décoration intérieure et extérieure, qui a pour origine l'Exposition internationale du palais Rameau, en 1882, où il n'y avait pas moins de dix industriels très importants dans cette section, venus de Paris et de Bruxelles, et dont les travaux fort remarquables furent très goûtés et achetés ; exposition du plus grand intérêt qui n'a pas été renouvelée.

Les vitraux d'art. Depuis 1878, l'industrie des vitraux d'art a pris à Lille une certaine extension. Il travaillait, vers la fin de l'Empire, dans cette ville un unique peintre verrier qui produisait en grandes quantités de mauvais vitraux pour les églises modestes de la région ; un artiste rémois, ayant reçu une commande que ce peintre n'avait pu exécuter, vint sur place et constata qu'il y avait de la besogne assurée pour de nombreuses années ; il monta un atelier, rapidement prospère ; et son exemple ne tarda pas à être suivi. Actuellement, il y a à Lille quatre maisons et deux dans la banlieue, occupant une cinquantaine d'artistes, dont la production annuelle est d'environ un demi-million, et qui n'ont guère d'autres concurrences que celles des ateliers de Paris, de Mesnil-sur-l'Oise et Beauvais. L'industrie s'alimente presque exclusivement de commandes pour les églises. Le goût du vitrail d'appartement ne s'est point répandu dans le Nord ; on le trouve trop cher ; et les architectes sont généralement réfractaires à son emploi. Les chefs d'ateliers se plaignent unanimement d'être dépourvus de tous moyens d'études et de propagande, de ne recevoir des administrations publiques aucun encouragement, de ne pouvoir recruter des ouvriers habiles. Le programme de l'École des beaux-arts, au point de vue de l'enseignement du style gothique employé exclusivement dans les vitraux religieux, ne répondrait point à leurs besoins ; les musées et les bibliothèques ne contiennent aucun des documents qui leur seraient utiles ; il n'a point été organisé depuis 1882 d'expositions locales ou régionales qui leur auraient permis de montrer au public leurs travaux. C'est que les bonnes volontés, le grand désir d'apprendre sont incontestables ; j'en ai eu de nombreux témoignages, bien touchants. Seule, une grande association d'art et d'industrie pourra changer cet état précaire, en faisant sortir les patrons et les artistes de leur isolement, en leur créant une atmosphère d'idées nouvelles, d'ambitions généreuses et d'émulation, en leur faisant connaître, par des œuvres et par des informations, ce qui se fait à Paris et à l'étranger.

La céramique.

La région du Nord est un grand centre de céramique, faïences et carreaux, qui n'occupe pas moins de 5,000 ouvriers répartis entre une quarantaine d'usines, groupées ou disséminées à Saint-Amand, Marchiennes, Onain, Fives-Lille, Canteleu, Orchies, Feignies, Le Cateau, Anglefontaine, Sars-Poteries, Ferrières-la-Grande et Boulogne. Depuis vingt-cinq ans, l'industrie est devenue fort importante ; la plupart des fabriques de carreaux, qui ne produisaient qu'en vue des fourneaux de cuisine et des carrelages à très bon marché, ont abordé les genres décoratifs les plus délicats et les plus pittoresques pour façades de maisons, salles de cafés, salles de bains, atriums d'hôtels, garnitures de vérandas, de jardinières, etc. Plusieurs maisons s'adonnent à la mosaïque de céramique avec succès et exécutent aujourd'hui de grands travaux d'ornementation. A l'exception de quelques usines, qui ont créé des ateliers de dessinateurs spéciaux, l'organisation artistique est généralement fort en retard sur l'organisation industrielle. La majeure partie des ouvriers et des artistes est de nationalité belge ; et le recrutement en est si facile qu'on ne se soucie plus guère de faire des apprentis. La dissémination des établissements dans la campagne ou dans des agglomérations peu importantes ne permet point de donner aux uns et aux autres une instruction professionnelle et artistique sérieuse. Des patrons en sont réduits à faire appel à la bonne volonté des instituteurs pour enseigner les premiers éléments de dessin et de mathématiques. Les modeleurs et les décorateurs même, le plus souvent, n'apprennent et ne pratiquent qu'empiriquement leur métier. Il y a donc lieu de créer dans un centre aussi important une institution qui fournisse libéralement à l'industrie les éléments de développement artistique, dont actuellement, à l'opinion unanime des chefs d'ateliers, elle est tout à fait dépourvue.

L'imprimerie.

Le nombre des imprimeries dans la région du Nord, à Lille, Armentières, Haubourdin, Comines, Tourcoing, Roubaix, Halluin, Seclin, Cambrai, Douai, Dunkerque, Hazebrouck, Valenciennes et Saint-Amand, est de 115, dont

57 typographies, 20 lithographies et 32 litho-typographies. Lille seul possède 49 établissements : 14 typographies, 14 lithographies et 21 typo-lithographies. Les ouvriers divers employés dans cette industrie sont environ 2,500, dont les deux tiers travaillent à Lille et dans sa banlieue. On les répartit professionnellement ainsi : dessinateurs, graveurs, chromistes et plumistes de 45 à 50 ; reporteurs, 45 ; pressiers à bras, 65 ; typographes, 600 ; lithographes pressiers et conducteurs, 80 ; imprimeurs (conducteurs et margeurs), 300 ; papetiers et relieurs, 300 ; stéréotypeurs, clicheurs, fondeurs, photograveurs, 40 ; satineurs, trempeurs, ponceurs, 25. La production générale atteindrait annuellement de 5 à 6 millions de francs. L'imprimerie de la région du Nord, à l'exception de la taille-douce, fait tous les genres ; et trois maisons lilloises se sont créé une spécialité, qui ne se rencontre point ailleurs aussi florissante : l'impression à la Congrève, importée vers 1840, par deux ouvriers de Francfort.

Depuis les nouveaux tarifs de douanes, la concurrence étrangère a diminué ; néanmoins, les Allemands introduisent encore, dans des conditions de prix inabordables par les industriels français — à leur déclaration, — des chromos en assez grande quantité. En outre, il s'est installé sur la frontière des maisons belges et allemandes qui, par leur bas prix, ont conquis une certaine clientèle dans l'industrie de la chicorée pour les étiquettes illustrées.

Relativement à l'organisation professionnelle, l'imprimerie lilloise et régionale réclame non moins énergiquement des réformes. A l'exception d'une maison qui a fondé chez elle une école d'apprentissage, dans tous les ateliers le recrutement des jeunes ouvriers présente de grandes difficultés. Les patrons et les familles n'étant plus liés par aucun contrat, l'ambition de gagner immédiatement quelque chose à faire n'importe quoi hantant l'esprit de tous les apprentis, l'instruction technique, base de l'ancien apprentissage, a presque complètement disparu. Et il n'y a actuellement aucune institution publique ou privée ou corporative qui puisse donner cette instruction. Pour les parties artistiques de l'industrie, sur les pétitions de la Chambre des imprimeurs du Nord, qui témoigne d'une louable sollicitude pour les questions d'enseignement, il a bien été créé à l'École des beaux-arts et à l'École primaire supérieure des cours de gravure et de lithographie ; les résultats en ont été nuls ; ici, en raison du peu de temps consacré à l'enseignement : une heure par semaine ; là, parce qu'on y forme exclusivement des candidats à l'École des beaux-arts de Paris. Cette même association a maintes fois demandé l'organisation d'une institution municipale d'apprentissage et d'art décoratif; elle en renouvelle aujourd'hui le vœu avec une vive insistance. On me déclare que, dès la première année, un cours d'art décoratif pratique serait suivi par au moins 50 élèves ; et que l'annexion à ce cours d'une classe préparatoire, ouverte aux élèves des écoles primaires (jeunes garçons et jeunes filles), avec faculté de fréquentation à certaines heures spéciales de la journée, assurerait, dès la deuxième année, un recrutement du double de ce chiffre.

Les graveurs, les plumistes, les dessinateurs et les chromistes, qui pour la plupart travaillent en chambre, aux pièces, seraient, me dit-on, incapables d'autre travail que la copie d'un dessin ou l'adaptation d'une esquisse. Pour les compositions originales, les ornements et la lettre soignée, on doit s'adresser à des spécialistes de Bruxelles ou de Paris. Or, les industries de la chicorée et de la fileterie (fils à coudre) ont fréquemment besoin de compositions décoratives, pittoresques et originales, pour les enveloppes des boîtes et des paquets.

L'organisation dans un musée d'une section des arts graphiques, avec communication de documents et renseignements constamment tenus à jour, est considérée aussi comme devant rendre de grands services aux industriels et aux dessinateurs.

Il est de toute évidence qu'il y a beaucoup à faire, aux points de vue de ce double enseignement technique et artistique — école et musée —, des encouragements, aide et protection à accorder pour les tentatives qui se produisent dans les ateliers — par exemple, en ce moment, pour l'impression sur plaques de métal, pour la fabrication des cartes à jouer, pour les tableaux-annonces —, et qui souvent ne peuvent recevoir le développement que leur donnerait une association dans le genre de celles dont j'ai signalé le fonctionnement en Allemagne et en Autriche, grâce à la solidarité active des industriels, à la coopération puissante de tous ceux qui peuvent être utiles par leurs talents et leurs goûts artistiques et par leur autorité pour provoquer de ces mouvements d'opinion publique, qui viennent aisément à bout de toutes les indifférences et de toutes les mauvaises volontés.

La peinture et la sculpture décoratives.

Dans la décoration immobilière qui emploie environ 200 peintres et sculpteurs, la situation ne serait point brillante. Le système de l'adjudication, par les rabais invraisemblables auxquels elle donne lieu, rendrait les travaux dans les édifices et bâtiments publics inabordables pour les industriels locaux soucieux de l'honneur et de la réputation de leurs maisons, et leur crée une concurrence désastreuse par l'admission de soumissionnaires étrangers ne présentant généralement aucune garantie financière ni professionnelle. Les rapports entre les architectes et les décorateurs à qui sont faites directement les commandes par le client en vertu des coutumes lilloises, et qui donnent personnellement les projets et devis, ne sont rien moins que favorables au développement des travaux décoratifs dans les constructions nouvelles et dans les restaurations d'anciens bâtiments. L'exécution de plafonds à lambris ornés de peintures et de sculptures dans les hôtels privés devient de plus en plus rare, tant parce que le goût s'en perd que par des raisons d'économie.

Dans les cafés et les établissements publics, les revêtements en céramique et les imitations de vieilles tapisseries ont pris la place des allégories et des sujets de fantaisie qui s'y voyaient autrefois ; les marchands ne luttent point entre eux de devantures et d'installations de magasins luxueux, où l'on puisse prodiguer les festons, les guirlandes et les rinceaux, les faux bois et marbres précieux. Le président de la Chambre syndicale des entrepreneurs me déclare que l'industrie ne pourrait vivre, si les grands fabricants et négociants de Roubaix, de Tourcoing et d'Armentières, qui font bâtir des hôtels, ne donnaient plus de travail aux décorateurs lillois. Au point de vue de l'enseignement professionnel et artistique, la corporation se trouve actuellement dépourvue de ce qui lui est nécessaire : une école d'art avec ateliers d'application, des collections de modèles et une bibliothèque. Vient ensuite l'urgence de la fondation d'une association qui établisse des relations permanentes entre tous les membres de la corporation, patrons et ouvriers, et entre les autres corps de métiers, les architectes et les artistes, ainsi qu'entre les amateurs riches de la ville et de la région, de façon à faire tomber les antagonismes, les préventions et les préjugés, et qui fournisse aux décorateurs par des expositions fréquentes, même permanentes, les moyens de se faire connaître et d'entretenir entre eux une féconde émulation.

L'organisme de l'enseignement pour les industries d'art consiste en six institutions : l'École des beaux-arts (anciennement les Écoles académiques), l'École Saint-Luc, le Musée du Palais des beaux-arts, le Musée industriel, le Musée technologique, et l'Union artistique du Nord.

L'École des beaux-arts, création municipale, dont le budget annuel est de 41,500 fr., comprend deux séries de cours : les cours municipaux et les cours normaux subventionnés par l'État et spécialement destinés à la formation de professeurs pour l'enseignement du dessin. Les cours municipaux, au nombre de onze, embrassent les matières suivantes: 1° dessin linéaire, dessin élémentaire, dessin géométrique et lavis à l'effet de dessins d'architecture et de machines ; 2° dessin de la figure d'après le modèle vivant et d'après la bosse ; 3° peinture d'après la nature morte et le modèle vivant ; 4° aquarelle ; 5° gravure artistique et industrielle ; 6° sculpture, modelage d'après le plâtre et le modèle vivant ; 7° anatomie ; 8° géométrie et mécanique ; 9° ornement dessiné et modelé ; 10° architecture, cours pratiques pour adultes ; 11° perspective linéaire et aérienne ; 12° histoire de l'art. 650 élèves se sont fait inscrire pour l'année scolaire 1895-1896 ; et les cours ont été suivis par 487 ; cette diminution provenant des ouvriers qui par leurs occupations nouvelles se trouvent dans l'impossibilité de continuer leurs études. Les élèves appartiennent aux professions suivantes : 38 architectes ; 37 peintres artistes ; 19 peintres décorateurs ; 21 décorateurs ; 9 sculpteurs statuaires ; 20 ornemanistes ; 22 graveurs lithographes ; 12 graveurs sur métaux et sur verre ; 5 dessinateurs pour tissus ; 34 dessinateurs en tous genres ; 25 employés de commerce ; 39 menuisiers ; 7 ébénistes ; 27 ajusteurs mécaniciens ; 8 serruriers ; 4 traceurs ; 5 maçons ; 2 métreurs ; 7 modeleurs ; 5 tailleurs de pierre ; 6 élèves-professeurs de dessin ; 5 amateurs ; 102 écoliers, 13 professions diverses ; 15 demoiselles, élèves-professeurs de dessin. Les inscriptions se répartissent ainsi par cours : cours de peinture, 26 ; cours de dessin, modèle vivant, 20 ; cours de sculpture, 27 ; cours de bosse, 55 ; cours d'architecture élémentaire, 50 ; cours d'architecture supérieure, 26 ; cours

L'École des beaux-arts.

d'ornement, 69 ; cours de géométrie, mécanique et statique, 53 ; cours de dessin géométrique, 60 ; cours de dessin à main levée, 122 ; cours de gravure, 22 ; cours d'aquarelle, 30 ; cours d'histoire de l'art, 74 ; cours d'anatomie, 42 ; cours de perspective, 64 ; cours d'arithmétique, algèbre et trigonométrie, 40. On évalue à une moyenne de 20 p. 100 le nombre des inscrits qui suivent les cours jusqu'au bout de l'année scolaire. Si l'on analyse, au point de vue spécial de l'enseignement des industries d'art, ces deux statistiques, le peu de fréquentation des cours d'application de l'art à l'industrie frappe immédiatement. Sur 140 élèves décorateurs, ornemanistes, graveurs et dessinateurs, 91 seulement s'y sont fait inscrire ; et le chiffre de ceux qui le suivent plus ou moins assidûment représente le septième des inscriptions totales. C'est que l'École des beaux-arts n'est rien moins en effet qu'une école d'application de l'art à l'industrie ; l'enseignement spécial pour former des peintres, des sculpteurs, des architectes (84 élèves), et l'enseignement général élémentaire du dessin en constitue la base. Le programme de l'école présente même cette étrange et fort imprévue particularité : c'est que le cours d'ornement n'est pas un cours organique, qu'il est professé généreusement par un maître de cours de dessin qui, s'étant passionné pour cet enseignement, a obtenu l'autorisation d'en entreprendre l'essai à ses frais, et le poursuit depuis plusieurs années sans qu'il soit inscrit au budget.

La genèse de ce cours est intéressante ; elle constitue la démonstration la plus frappante de cette vérité, qui semble une vérité de la Palisse, bien qu'elle ne soit guère mise en pratique : c'est que l'utilité d'un enseignement en assure la progression constante. En 1869, il était créé à l'école un cours d'adultes pour ouvriers du bâtiment (maçons, menuisiers, peintres, plafonneurs, etc.), auquel trois heures par semaine étaient consacrées. L'année suivante, on devait y ajouter deux heures, plus tard, progressivement, jusqu'à dix. Le nombre des inscriptions fit bientôt dédoubler le cours une première fois, puis une seconde. Quelques-uns des élèves furent envoyés au cours de géométrie ; d'autres formèrent une classe annexée à celle d'architecture ; et l'on réunissait en un cours dit d'ornement les peintres décorateurs, les sculpteurs ornemanistes, les dessinateurs en tissus, les jardiniers paysagistes et les graveurs, dont une partie entra plus tard au cours de gravure artistique et industrielle lorsqu'il fut fondé. En 1892, le professeur, constatant que ce cours recrutait de plus en plus des élèves, signalait à la commission administrative la nécessité de l'organiser avec un professeur spécial et une dotation d'outillage spécial et de collections de modèles, d'en fixer l'horaire à la fois dans le jour et dans la soirée pour que les élèves puissent faire des études de peinture; la proposition fut ajournée.

Il y a eu autrefois aux Écoles académiques un commencement d'organisation de cet enseignement; un professeur d'architecture, M. Bouvignat, ancien élève et ami intime de Desplechin, avait créé un cours d'art décoratif pratique qui ne comptait pas moins en moyenne d'une vingtaine d'ornemanistes et de décorateurs, et d'où sont sortis les meilleurs chefs d'atelier d'aujourd'hui. Ce cours a fonctionné pendant trente ans. Actuellement, à deux ou trois exceptions près, on ne trouverait pas, m'assure-t-on, un peintre capable de faire une composition originale.

Sur les réclamations de la Chambre des imprimeurs, il a été fondé, il y a quelques années, en annexe à l'École des beaux-arts, avec un budget spécial de 1,400 fr., un cours de gravure industrielle, confié au professeur de gravure artistique. Peu à peu, par suite de son installation dans un local très éloigné de l'école, de l'indifférence de l'administration, ce cours a conquis une véritable autonomie, qui a amené la fusion des deux sections. On n'y fait plus aujourd'hui que des candidats à l'École des beaux-arts de Paris. Les jeunes gens, non plus que leurs parents, ne veulent pas entendre parler d'études en vue de l'industrie; tous burinent patiemment et avec entrain pour conquérir, un jour, le prix de Rome en gravure. On a essayé d'organiser des cours du soir pour les apprentis et les ouvriers des lithographies lilloises; ils ne sont point venus. Aucunes relations sérieuses n'existent entre les ateliers et cette école; le professeur, âgé et infirme, ne pourrait d'ailleurs les cultiver, s'il en avait le goût sinon l'obligation. Les théories adoptées ne sont en outre rien moins que favorables au développement d'un enseignement industriel; elles peuvent se résumer en cette déclaration qui m'a été faite et renouvelée plusieurs fois : « ce sont les élèves ayant échoué dans les concours pour les bourses de l'Ecole nationale des beaux-arts qui doivent entrer dans l'industrie ».

Aussi, l'École des beaux-arts n'est point tenue par les chefs d'industrie artistiques, sans aucune exception parmi les très nombreux que j'ai vus, pour une institution qui puisse leur fournir les artistes et les ouvriers supérieurs dont ils ont besoin. Ils réclament unanimement sa transformation radicale ou la création d'une École spéciale des arts décoratifs. Actuellement, les jeunes gens qui veulent entrer dans ces industries comme dessinateurs ou futurs contremaîtres et chefs d'ateliers s'en vont chercher à l'École nationale des arts industriels de Roubaix l'enseignement qui leur est nécessaire ; et, par réciprocité, Roubaix envoie à Lille de nombreux étudiants de peinture et de sculpture, ambitieux d'aller à Paris comme boursiers ou à Rome comme pensionnaires de l'Académie de France. Les conséquences de cette lacune et l'infériorité de l'enseignement des arts décoratifs ont maintes fois préoccupé les corporations et provoqué des projets d'une institution nouvelle. En 1891, la Société des architectes du nord de la France mettait à l'étude l'organisation d'une École nationale et régionale d'architecture, en vue de fournir à l'architecture et à toutes les industries qui en dérivent ou s'y rattachent l'enseignement artistique complet que ne leur donne point l'École des beaux-arts ; elle nommait une commission de quelques membres qui, le 10 octobre de la même année, déposait un rapport sur cette organisation. Dans l'exposé des motifs il est dit : « Aux Écoles académiques de Lille (l'institution ne porte le titre d'École des beaux-arts que depuis 1893), presque tous les cours se font le soir, pendant toute l'année, sauf deux mois de vacances. Les cours d'architecture (construction et composition) et un certain nombre d'autres cours : géométrie, dessin, modelage, s'appliquent à tous ceux, comme on dit, du bâtiment et qui désirent acquérir l'instruction qui leur est nécessaire pour exercer honorablement leur profession. On y trouve des ouvriers, des contremaîtres, des fils d'entrepreneurs, des employés d'architecture, des fils d'architectes, menuisiers, plafonneurs, etc. Les ouvriers se présentent pour suivre les cours de construction pratique sans aucune notion de géométrie, ni même de dessin ; ils arrivent à lire un plan, à relever complètement un bâtiment, à le mettre à l'échelle (plan, coupes et élévations), à en faire le métrage ; ils sont même, après quelques années, en mesure de rédiger un petit projet (plans et devis), et enfin on leur

Projet d'une École régionale d'architecture.

apprend à tracer les épreuves grandeur d'exécution. Il n'est pas rare de voir ces élèves ouvriers devenir contremaîtres et patrons. Quelques-uns d'entre eux, chaque année, arrivent à suivre le cours de construction qui s'adresse aux élèves-architectes. Ceux-ci, après avoir suivi régulièrement pendant quatre années les cours d'architecture sont à même d'aider efficacement leurs patrons. Chacun d'eux a le désir de fonder un bureau, s'il ne s'associe pas avec son maître et, le plus souvent, il réussit. La plupart des architectes de Lille ont suivi ce système d'enseignement double : théorique autant que possible à l'école et complètement pratique chez un patron architecte. Il est bon d'insister sur ce point que l'apprentissage a une grande part ; l'initiation à la pratique est sans doute très lente, surtout au début, mais elle est complète. » Après avoir constaté que l'enseignement actuel de l'architecture à l'École des beaux-arts rend des services, le rapport ajoute : « Ce qui précède ne veut pas dire qu'on ne peut pas faire davantage pour répondre à des aspirations plus élevées et plus étendues. Dans cette intention, la création à Lille d'une Ecole régionale d'architecture est possible et même facile, sans nuire à l'enseignement communal... » Sont énumérées ensuite les conditions de succès, parmi lesquelles il convient de reproduire celles-ci, qui donnent bien l'idée exacte des dispositions générales du programme à intervenir : « Les travaux nombreux et complexes détaillés ci-après dans le programme ne peuvent être suivis efficacement que par des élèves disposant de leur journée entière ou tout au moins de la moitié... Il y a lieu de prévoir les difficultés de recrutement en donnant des récompenses et des encouragements, disons le mot, des indemnités sous forme de bourses, particulièrement aux élèves qui n'habitent pas Lille. Chacune des autres écoles de la région peut continuer à rendre des services plus ou moins grands, soit en formant à elle seule des architectes ou des employés, soit en présentant des candidats à l'École des beaux-arts, soit encore en préparant des jeunes gens à suivre l'enseignement de l'École régionale de Lille. Pour que le nouvel enseignement ne soit pas originalement défectueux, il faut trouver un sérieux moyen de ne pas priver les élèves d'une pratique effective ; on peut constituer et soutenir un système d'ateliers très libéralement compris, par lequel l'enseignement de l'école se trouve renforcé, même contrôlé si l'on veut. » En conséquence de ces théories et considérations, le projet propose que l'école comprenne : des études, des exercices, des concours, des examens qui sont à la fois théoriques et pratiques ; des ateliers libres (tout architecte de la ville ou de la région, qui consentirait à remplir les devoirs que comporte la direction d'un élève de l'école dans le sens des programmes et en conformité avec l'enseignement donné, peut être reconnu officiellement chef d'atelier) ; des cours nombreux : histoire de l'art, histoire de l'ornement, anatomie, perspective, mathématiques, mécanique, géométrie, stéréotomie, dessin ornemental, dessin de la figure, construction ; des collections et une bibliothèque augmentée par les dons de l'État et par les allocations départementales et communales. La sanction définitive de cet enseignement consiste en un certificat d'études, précédé de médailles, bourses, grand prix, prix d'honneur, etc.

En résumé, ce projet d'organisation d'une École régionale d'architecture n'était rien moins que la refonte de l'École des beaux-arts sous un autre titre, avec la prédominance accordée à l'architecture dans les programmes, et la mise à part, sans doute pour en constituer une école spéciale, de la peinture, de la sculpture et de la gravure. L'originalité — je ne veux point dire le mérite — de l'institution nouvelle consistait surtout à en faire bien plutôt une faculté d'université qu'une école, avec la liberté la plus complète laissée à la fois aux professeurs et aux élèves d'enseigner et de suivre les cours suivant leur tempérament particulier et leur fantaisie ; innovation qui n'était d'ailleurs qu'une application définitive des idées singulières par lesquelles une partie du corps professoral et la majorité des élèves de l'école et surtout ceux des anciennes Écoles académiques, ont toujours tenté de justifier jusqu'ici de trop fréquents conflits, parfois très violents, avec les programmes et les règlements. Ce qu'il y a à retenir de ce projet curieux, qui, après avoir été adopté par la Société des architectes du Nord, dort aujourd'hui d'un profond sommeil dans les archives : c'est que l'École des beaux-arts laisse fort à désirer, et que sa réorganisation est non seulement souhaitée, mais proposée publiquement, par des associations très sérieuses et fort puissantes. L'administration municipale doit y trouver la preuve de l'urgence de la réformer.

L'École Saint-Luc.

Des frères de la Doctrine chrétienne, élèves de l'École Saint-Luc de Gand, en ont importé le type à Lille, avec le concours d'une association d'industriels catholiques. L'école compte environ 100 élèves, appartenant exclusivement à des familles pauvres, et qui doivent payer une cotisation mensuelle de 2 fr.; mais la moitié à peine achèvent le cours des études qui est de deux ans, la cotisation d'une part, de l'autre l'obligation de gagner quelque chose y faisant obstacle. L'enseignement de l'école d'ailleurs paraît fort médiocre; les méthodes sont empiriques, basées sur la copie de modèles graphiques, sur l'adaptation par pièces et morceaux de motifs anciens, de décorations empruntés indifféremment à la peinture, à la sculpture, à l'architecture; il n'y a pas d'atelier d'application. L'école de Lille n'a avec l'école de Gand d'autres points de ressemblance que le titre et le principe de la culture exclusive de l'art du Moyen âge; et elle est loin des résultats obtenus en Belgique. Aussi est-elle constamment menacée de disparition. Les patrons ne lui témoignent qu'indifférence; l'Institut des frères même n'en est rien moins que partisan; et ses administrateurs ont toutes les peines du monde à constituer annuellement le budget de 6,000 fr. qui lui est nécessaire pour payer son loyer dans l'immeuble de l'Institut et pour assurer la subsistance de son corps professoral.

L'Œuvre de dom Bosco a créé à Lille un établissement analogue à celui de Marseille, où sont recueillis 300 enfants pauvres ou abandonnés auxquels on apprend un métier à partir de l'âge de 14 ans. Il comprend actuellement des ateliers de cordonniers, tailleurs, menuisiers, serruriers, chauffeurs, imprimeurs, relieurs et graveurs. L'enseignement du dessin n'y existe pas; il y a eu un professeur qui en apprenait les éléments aux apprentis menuisiers et graveurs; il est mort; faute de ressources pour payer les appointements, on n'a pu le remplacer, bien que la direction tienne cet enseignement pour indispensable. Cette école est l'unique institution d'apprentissage que possède la ville de Lille. On n'y trouve point non plus de cours d'enseignement professionnel pour les ouvriers jeunes ou vieux. Cette lacune invraisemblable dans une ville aussi importante avait vivement ému un adjoint au maire d'une des précédentes municipalités, M. Boggio, qui légua 50,000 fr. pour faire les premiers frais d'une école spéciale pour l'instruction des ouvriers. On a écrit de nombreux projets, on a entamé des négociations avec le

L'Œuvre de dom Bosco.

ministère de l'instruction publique et des beaux-arts, avec celui du commerce et de l'industrie; mais les préoccupations d'autonomie municipale dans l'administration de l'école en ont fait ajourner la réalisation. Il a même été question un instant de l'organiser avec le concours des chambres syndicales patronales et ouvrières; la politique y a fait obstacle. Le dernier projet remonte à 1893; il y était dit fort justement, en exposé des motifs: « L'enseignement spécial professionnel supérieur est doté de facultés formant un faisceau homogène. L'enseignement technique supérieur est représenté par l'Institut commercial et industriel où l'on prépare de futurs chefs d'industrie et des ingénieurs. L'enseignement technique secondaire va être pourvu d'une école modèle dite des arts et métiers. L'enseignement technique primaire ne figure pas d'une façon bien caractérisée et ne possède pas l'établissement type connu sous le nom d'école manuelle d'apprentissage. » Le projet prévoyait 150 élèves, trois années d'enseignement théorique et pratique dans des ateliers de serrurerie, de forge, d'ajustage, de menuiserie, d'ébénisterie, de sculpture et de gravure; un crédit de construction et d'outillage de 400,000 fr., un budget annuel de 44,000 fr. et l'installation de l'institution dans le quartier populaire de Wazemmes. Rien n'a été fait. L'administration municipale avait inscrit l'organisation de cet enseignement dans son programme électoral; le maire et l'adjoint délégué à l'instruction publique m'ont déclaré qu'elle figurait au premier rang des projets à réaliser immédiatement. L'occasion est donc exceptionnellement propice pour doter Lille d'une institution d'enseignement industriel et artistique pour les apprentis et pour les ouvriers.

Le Musée d'art décoratif du Palais des arts.

En 1892, sous la pression du mouvement en faveur de l'enseignement pour les industries artistiques, il fut créé, au Palais des arts, un Musée d'art décoratif. Ce musée occupait une des grandes galeries du rez-de-chaussée; il comprenait des collections diverses, tant anciennes que modernes, et de nombreux spécimens de la production des industries d'art de Lille et de la région. La municipalité avait inscrit au budget un crédit annuel de 1,200 fr. pour acquisitions. Depuis deux ans, le Musée d'art décoratif n'existe plus que sur le papier. La nouvelle direction du Palais des arts, résolument hostile à son organisation et à son développement, a réussi avec facilité à le supprimer sous le prétexte illusoire d'installation de collections d'ethnographie données à la ville, à condition qu'elles fussent placées dans le nouvel édifice. Tout ce qui est moderne a été envoyé au Musée industriel, et le reste distribué dans les sections du Musée rétrospectif. La commission dite du Musée d'art décoratif fonctionne toujours, dans le but de ne point laisser tomber en annulation le crédit annuel; mais elle ne fait rien; son président, un numismate très âgé, qui n'a d'yeux et d'oreilles que pour les médailles anciennes, déclare ne pas vouloir s'en occuper et d'ailleurs n'y rien entendre; un de ses quatre membres est un professeur à la Faculté des sciences; un autre, un relieur qui s'en désintéresse; seul, un architecte tente vainement de lutter en faveur de ce pauvre musée mort-né. L'idée générale qui paraît dominer dans le conseil d'administration du Palais des arts et dans sa direction est la constitution d'un musée analogue au Musée de Cluny, s'arrêtant à la fin du XVIIIe siècle, comme recrutement de collections, et sans autre objectif que celui de la curiosité pure et simple, classée chronologiquement; on n'y poursuivrait même point spécialement le côté historique, local ou provincial. Des conversations que j'ai eues sur le Musée d'art décoratif avec bon nombre de personnes, artistes, industriels et administrateurs publics, il ne m'a pas été possible de dégager un principe quelconque ou des vues positives, ayant inspiré sa création. *Quot capita, tot sensus*; vraiment dans de pareilles conditions, on ne peut guère s'étonner du sort misérable qui lui a été fait.

Le Musée technologique et industriel.

Il y a quelques années, un négociant lillois, retiré des affaires, M. Gauche, conçut le projet, très hardi, d'organiser un musée industriel; il voyagea dans tous les centres d'industries, visita toutes les expositions internationales, nationales, provinciales et locales, et obtint de l'État, de sociétés et de particuliers, des échantillons de leurs produits, dans les branches les plus diverses des industries du bois, du tissu, du verre, de la terre, de la pierre et du métal. Quand son hôtel fut rempli, il proposa au comité du Musée technologique dont il faisait partie d'annexer ses collections; le comité refusa. Alors, il s'adressa à la municipalité et obtint d'elle la concession d'une grande salle contiguë au musée. En peu de temps, la salle fut remplie d'une infinité d'objets de tous genres, installés avec un certain goût du pittoresque dans des très belles vitrines, murales et mobiles, dont l'aménagement a dû coûter une somme fort respectable, mais sans qu'aucun ordre ou groupement ait été suivi. Il y a là des soieries de Lyon à côté de produits chimiques; des plumes à écrire près de plumes d'autruches; des cirages et des vernis côtoient de la verrerie et de la céramique; après avoir vu des chapeaux en cours de fabrication, on admire des séries de pierres précieuses artificielles, des bronzes, de l'orfèvrerie en galvanoplastie et des émaux façon de Limoges. Puis, ce sont des spécimens de travaux d'élèves des Gobelins, une collection technologique de la Manufacture nationale de Sèvres; des gravures, des cartes, des boîtes de conserves, des souliers, des nappes brochées, et de la tréfilerie, etc., etc. L'énumération complète exigerait de trop longues écritures : tout cela sans étiquettes qui contiennent des renseignements de nature à instruire le visiteur, fort rare il est vrai, car le local, l'hiver, est une glacière; l'été, un four. Un crédit annuel de 2,000 fr. était mis à la disposition de M. Gauche — décédé il y a six mois, — exclusif organisateur et directeur de ce musée, pour lequel il a dépensé évidemment une activité et un dévouement peu communs, en même temps que beaucoup d'argent.

Dans le même bâtiment, situé sur le quai de la Deule, la halle au sucre, est installé le Musée technologique, qui se compose de réductions d'outillages et installations mécaniques pour les houillères, les raffineries, les constructions métallurgiques, etc.; d'échantillons de matières premières et de produits manufacturés divers. Les conditions d'installation matérielle de ce musée ne sont pas meilleures que celles du Musée industriel. La municipalité accorde un crédit de 3,200 fr. au Musée technologique qui est administré par un conseil composé de savants et d'industriels.

En les étudiant d'un peu près, on constate aisément qu'aucune de ces deux institutions, dans leur état actuel, ne rend de services aux artistes et aux industriels et n'en peut rendre; même le public d'amateurs, de désœuvrés et de voyageurs, ne les visite pas, en raison de leur peu de notoriété, et surtout de leur éloignement des quartiers vivants de la ville. Mais il est non moins évident qu'une réforme générale de leur organisation, ainsi que la reconstitution du Musée d'art décoratif pourraient aboutir à la création d'un musée nouveau, qui serait, pour Lille et pour la région, un centre superbe d'enseignement artistique et industriel. Les meilleurs modèles de ce musée à l'étranger sont le Bethnal Green Museum de Londres et le Musée de science et art d'Édimbourg, en raison de la similitude du but et de l'analogie des collections. Je résume l'organisation de ce dernier comme le plus complet et le plus intéressant. Le bâtiment a été construit sur le type du palais de l'Exposition universelle de 1867, dont les galeries étaient divisées en zones concentriques et en secteurs rayonnants. La plus éloignée des zones concentriques contient dans tout son développement la série des matières premières de toutes les industries; et la plus rapprochée du centre, les œuvres d'art. Par contre, en cheminant du centre à la périphérie par un secteur, on peut suivre toutes les transformations industrielles de cette matière première jusqu'à la dernière et définitive. Ainsi, dans la section des minéraux, la série des vitrines met sous les yeux des visiteurs toute l'histoire technologique de la céramique, depuis le bloc de kaolin brut jusqu'à la coupe de Sèvres décorée par un Aloncle ou un Leguay. Les produits chimiques qui aident à la transformation de la matière, les outils de l'ouvrier, des représentations graphiques ou en réduction des tours, des fours à cuisson, complètent cette merveilleuse leçon de choses. Autant qu'il est possible, dans la zone d'art, on montre, par des œuvres choisies avec le plus grand soin, les applications de l'art à l'industrie, et les caractères généraux de cette application successive, suivant les pays, les races et les temps. Dans cette partie, il est possible d'étudier comment, dans l'Antiquité, au Moyen âge, à la Renaissance et dans les Temps modernes, dans les civilisations grecque, romaine, française, orientale, à toutes leurs époques, on a compris et pratiqué l'industrie. Le conservateur a pour mission de se tenir avec précision très au courant de la transformation de l'outillage, de la création de nouveaux agents chimiques, de l'utilisation de nouvelles matières, de la découverte de nouveaux procédés et outillages manuels ou mécaniques. Aussi, ce musée est fréquenté non seulement par le public, mais par les élèves de toutes les écoles d'Édimbourg, depuis l'Université jusqu'à l'école primaire, et surtout par ceux des nombreuses institutions d'enseignement industriel et artistique. En 1887, lors de mon enquête, on avait enregistré 400,000 visiteurs. Rien ne serait plus facile que d'organiser à Lille un

Le Musée d'art et d'industrie d'Édimbourg.

musée analogue : tous les éléments constitutifs en sont disséminés, sans utilité, sans intérêt, dans les collections abandonnées du Musée technologique, du Musée Gauche et du Palais des arts. Du jour où il fonctionnerait comme celui d'Édimbourg, musée vivant de science, de technologie et d'art, l'Université de Lille, les Facultés catholiques, l'École des arts et métiers, les écoles secondaires et primaires trouveraient là les documents les plus précieux pour leurs études et leurs travaux. Quant aux artistes et aux industriels, non seulement de Lille, mais de toute la région, il n'est pas douteux que leur abstention actuelle de tout musée disparaîtrait immédiatement devant la constatation des services que pourrait leur rendre une institution de ce genre, qui à une organisation aussi suggestive joindrait le système de communications hardiment innové par les musées allemands, notamment par celui de la Société centrale des provinces du Rhin à Dusseldorf. Missionnaire d'art infatigable, cette société va porter les modèles de son musée et son enseignement industriel, non seulement aux sièges des associations locales, qui sont ses succursales, mais à domicile, sur le bureau ou la table de travail de l'artiste et du patron, sur l'établi de l'ouvrier. Chaque membre de la Société a le droit, moyennant une cotisation annuelle minime, d'emprunter et de se faire envoyer tous les objets du musée, — quels qu'ils soient, — tous les livres de sa bibliothèque. Il circule annuellement ainsi 20,000 pièces dans un rayon de plus de 100 kilomètres. La Société organise également des expositions locales, suivant les besoins collectifs des industries. (Rapports de missions, 3e volume, pages 45-98.)

Le Musée de Dusseldorf. La Société centrale des pays rhénans.

Le Palais des arts possède une collection de céramique assez importante : environ 500 pièces ; il y a là des types intéressants, de tous les grands centres historiques : Paris, Sèvres, Saint-Cloud, Limoges, Dresde, Rouen, Delft, Marseille, Nevers, Strasbourg, etc. ; et de la production régionale — ancienne — Lille, Valenciennes, Saint-Amand, Arras, etc. Le classement chronologique s'arrête à la fin du XVIIIe siècle. Si la direction du palais et la commission de conservation consentaient à faire de cette collection une œuvre vivante, et non plus une entreprise d'archéologie, pour la joie de quelques amateurs et la satisfaction platonique des classificateurs ; à y faire entrer les témoignages de cette merveilleuse poussée de l'art contemporain, en France et dans tous les pays, qui a porté si haut la céramique du XIXe siècle, les créations de Deck, de Leibnitz, de Lauth, de Delaherche, de Chaplet, de Carriès, les pièces originales de Minton, de Copenhague, etc., il pourrait y avoir là déjà pour tous les chefs des fabriques de faïences et de carrelages une source très précieuse de renseignements, qu'ils viendraient consulter avec fruit. Et si, rompant avec des mœurs de pur dilettantisme, d'hostilité contre les industriels et les ouvriers d'art, ceux qui s'occupent administrativement de cette institution faisaient un petit peu, au point de vue de la propagande pour la prospérité artistique du pays, de ce qui se fait en très grand à l'étranger, dans tous les musées d'Autriche-Hongrie, des Pays scandinaves, d'Allemagne et d'Angleterre, on constaterait immédiatement des progrès sensibles dans la production de l'industrie de Lille et de la région du Nord. Tous les céramistes, patrons, artistes et ouvriers, à qui j'ai fait part de la possibilité de créer dans le département un organisme d'instruction et de renseignements professionnels et artistiques, analogue à celui qui fonctionne si admirablement à Dusseldorf pour toutes les provinces du Rhin, ont accueilli l'idée avec enthousiasme, assurant d'une reconnaissance effective toute municipalité ou association qui la réaliserait.

L'Union artistique du Nord.

En 1887, il se fondait à Lille une association sous le titre d'Union artistique du Nord, dont le programme est ainsi résumé dans ses statuts : « L'association, pour atteindre le but qu'elle s'est proposé, groupera autour d'elle les artistes en facilitant l'exposition de leurs œuvres ; les amateurs, en exposant les objets d'art par eux recueillis ; les industriels, en faisant connaître par ses expositions leurs productions artistiques ; les artisans, dont elle facilitera les études et encouragera les progrès par tous les moyens qui sont en son pouvoir. Les principaux moyens par lesquels la Société s'efforcera d'atteindre le but de son institution sont les suivants : 1° ouverture d'expositions de toute nature ; 2° organisation de bibliothèques avec prêts de livres ; 3° prêts de modèles et de compositions d'ornements ; 4° conférences ; 5° bourses d'études et de voyages ; 6° publications d'études, de mémoires, de documents relatifs à l'art ; 7° fondation et accroissement de collections ouvertes au public ; 8° dispositions spéciales dans le but de veiller à la conservation des monuments de l'histoire ou de l'art ; 9° organisation d'un bureau de renseignements pour toutes les questions régionales ou d'importation ou d'exportation, relatives aux industries et aux travaux d'art que la Société se propose d'encourager. » C'était là un bien vaste programme, dont la lecture devait faire venir à la mémoire le proverbe : « Qui trop embrasse mal étreint. » Dès ses débuts, la Société obtenait un certain succès. L'annuaire de 1890 fait déjà mention de 400 adhérents payant une cotisation annuelle de 10 fr. Elle commençait sa mission par une exposition, qui réussit ; et, encouragée, elle en organisa six autres. C'est la seule partie de son programme qu'elle ait abordée jusqu'ici ; et encore de ces sept expositions une seule a été consacrée aux industries d'art.

L'Union artistique du Nord, aujourd'hui, paraît être entrée dans une période de décadence ; le chiffre de ses membres tend constamment à diminuer ; et plusieurs fois son conseil d'administration a agité la question de la dissolution de la Société. Les causes de cette situation, très fâcheuse, sont nombreuses et d'ordres divers ; elles tiennent à la fois à l'organisation de l'association, à son programme, au recrutement de ses membres et aux conditions sociales de son existence. La Société se compose surtout d'artistes peintres et sculpteurs, de collectionneurs et d'amateurs ; elle n'a fait aucune part à l'élément ouvrier. Elle n'exerce qu'une action intermittente, bornée à des expositions qui durent à peine deux mois ; et, le reste du temps, elle se fait oublier, alors qu'elle affirmait par son programme l'ambition d'utiliser d'une façon constante le dévouement et l'activité de ses membres dans des entreprises successives, de nature à favoriser le développement progressif de l'art et des industries, et à lui assurer l'attention et la reconnaissance du public. Or, il y a déception. Par les quelques concours qu'elle a tenté d'organiser, elle a semblé vouloir se mettre en antagonisme avec la Société des architectes du Nord et l'Académie des sciences, lettres et arts de Lille, qui en font, depuis longtemps, avec succès et périodiquement. Se confiant en ses propres forces morales et ressources financières, qu'une inaction prolongée devait forcément affaiblir et restreindre d'année en année, elle n'a fait appel à aucun concours, à aucune collaboration du dehors. Par tout cela, il s'est créé insensiblement autour d'elle une atmosphère de défiance et même d'hostilité qui l'anémie et la paralyse; et elle ne paraît pas assez aimer la lutte pour réagir avec énergie.

Cette association est l'exemple du sort inévitable réservé à toute institution qui n'a point pour but, précis et irréductible, la protection active et incessante des industries, et dont l'organisation, indécise et précaire autant qu'intermittente, n'a pour éléments, sans cohésion, que des amours-propres et des velléités d'ambitions de dilettanti et d'amateurs, au lieu d'intérêts, positifs, évidents, d'industriels, d'artistes et d'ouvriers, indissolublement solidarisés dans la volonté d'assurer le perfectionnement de leur production. Dans ces conditions, loin d'être une occasion de jeter aussitôt le manche après la cognée, les difficultés, la lutte, les échecs même sont autant de précieuses leçons d'expérience et d'énergiques stimulants pour poursuivre avec persévérance un but qui n'en apparaît que plus utile et plus glorieux. Souvent, on accuse les industriels d'indifférence, d'hostilité à l'égard des associations de ce genre; ils n'ont pas toujours tort : Pourquoi s'intéresseraient-ils à des entreprises qui ne répondent en rien à leurs instincts pratiques, à leur habitude de ne point gaspiller le temps et l'argent? Un des vices originels de l'organisation de ces institutions est l'ostracisme des ouvriers. Qui peut le justifier? Tout paraît devoir plaider pour le contraire. Ce n'est point ainsi qu'en Allemagne sont constituées les associations d'art et d'industrie. Toutes, sans exception, grandes et petites, comptent parmi leurs membres autant, sinon plus, d'ouvriers que de patrons. Aussi le nombre de leurs adhérents se chiffre-t-il parfois, comme dans la « Société centrale du pays rhénan », dans « l'Association générale bavaroise », par plus de 10,000; et ces associations peuvent posséder d'immenses bibliothèques et musées, subventionner des écoles, organiser des expositions périodiques et permanentes; en un mot, faire puissamment tout ce qui est nécessaire pour le progrès et la prospérité de la région où elles sont installées. (Résumé de rapports de missions, p. 17-29.)

La mission de créer dans le Nord le mouvement d'idées et de propagande, nécessaire pour donner, à tant d'industries qui en ont grand besoin, les moyens de développement et l'outillage de défense contre la concurrence étrangère, paraît pouvoir bien plutôt être remplie par une autre association, la Société industrielle du nord de la France.

La Société industrielle du nord de la France.

La Société industrielle du nord de la France, fondée en 1873 sur l'initiative de la Chambre de commerce de Lille, a été reconnue d'utilité publique le 12 août 1874. Elle a pour but d'encourager et aider au progrès du commerce et de l'industrie; de créer un lien utile entre tous les établissements industriels de la région par la communication des découvertes et faits économiques centralisés. La Société se compose de 300 membres titulaires payant une cotisation annuelle de 50 fr. et de 150 membres fondateurs ayant fait un versement unique de 500 fr.

La Société comprend six comités: comités du génie civil, des arts mécaniques, de construction, de filature, de tissage, des mines, de métallurgie et appareils de combustion, des arts chimiques et agronomiques, du commerce et de la banque, de l'utilité publique. Les comités se réunissent une fois par mois en assemblée générale, et publient un bulletin de leurs travaux par période trimestrielle.

La Société industrielle patronne l'Association des propriétaires d'appareils à vapeur du nord de la France, décerne chaque année des prix aux chauffeurs les plus méritants qui lui sont signalés. Elle a subventionné, dès le principe, l'Institut industriel du Nord, en lui accordant une somme de 5,000 fr. pour perfectionnement d'outillage. Elle encourage les Cours municipaux de filature et tissage en attribuant aux élèves, à la suite de concours, des diplômes et certificats de capacité. Elle décerne des prix pour les langues vivantes aux employés de commerce et aux élèves des écoles et lycées de la région. Son comité du commerce récompense spécialement les comptables les plus méritants.

Enfin, chaque année, elle distribue des prix et des médailles aux lauréats d'un programme élaboré par ses comités. Il y a cinq prix de la fondation Kuhlmann, de 500 fr. chaque; deux prix de 1,000 fr., un de 2,000 fr. pour l'industrie linière, auquel M. Agache ajoute 1,000 fr. et M. Ed. Faucheur, 1,000 fr.; les prix Roussel et Danel, de 500 fr. chacun; enfin d'autres récompenses spéciales variant de valeur, mais nombreuses. On y organise des conférences sur les questions ou les besoins à l'ordre du jour, qui obtiennent toujours un grand succès et sont fort suivies. La Société, en vue de ces conférences, a fait construire dans son hôtel une grande salle de réunion qui peut contenir plus de mille auditeurs. Mais une grande lacune existe dans l'organisme de cette Société : celle d'un comité d'art. Ses administrateurs l'ont constatée et le déplorent. Déjà, on a agité la question de constituer ce comité ; il ne s'est trouvé personne parmi les 450 sociétaires qui ait paru avoir les goûts et les aptitudes spéciales pour en faire partie.

Cet incident n'est-il pas une éclatante, mais bien triste, démonstration à la fois de l'abaissement social où sont tombées dans l'opinion publique les industries d'art, de l'indifférence et de l'incurie de tous ceux qui appartiennent à ces industries? A la suite d'un long entretien avec le président et le secrétaire général de la Société, j'ai emporté la promesse qu'il serait fait très prochainement une nouvelle tentative fort sérieuse pour recruter des artistes, des industriels d'art, pour grouper vigoureusement cet élément spécial, de nature à apporter à la Société industrielle du Nord l'occasion d'étendre encore son influence et de rendre de nouveaux services à la ville et à la région. Demain, si ces artistes et ces industriels le veulent, la véritable Société d'art et d'industrie, dont ils reconnaissent et même proclament l'urgence, sera créée là, et pourra commencer immédiatement son œuvre de propagande, de protection et d'encouragement. Mais le voudront-ils ?...

De cette enquête, qui n'a pas absorbé moins de trois semaines d'un travail incessant par le grand nombre des corporations et des chefs d'ateliers interrogés et consultés, il me paraît résulter que l'organisme d'enseignement public et de propagande pour les industries d'art lilloises est tout entier à reconstituer sur des bases nouvelles. Les parties diverses de cet organisme existent déjà ; mais détachées, éparpillées, presque abandonnées pour la plupart ; et celles qui ont une apparence de fonctionnement condamnées à ne rendre que peu de services, par suite d'une déviation du but pour lequel elles ont été créées. La municipalité a le désir de réaliser les réformes de tous ordres que l'on réclame unanimement ; quelques-unes même ont été insérées dans les programmes et professions de foi, sur lesquels elle a été élue récemment. Elle peut conquérir une popularité et marquer d'une façon inoubliable son passage aux affaires, en dotant la ville de ce qui lui fait actuellement si grand défaut : une école et un musée pour ses industries d'art.

Lille ambitionne d'être la métropole du nord de la France. Ces deux institutions compléteront ses titres à ce rôle superbe. Et, ainsi, elle continuera les fières traditions de la vieille capitale des Flandres, qui, pendant tant de siècles, a été un vaste foyer d'art rayonnant du plus vif éclat sur toute la région.

ROUBAIX.

Développement de l'industrie roubaisienne.

Roubaix n'a point d'aussi nombreux quartiers de noblesse que Tourcoing. En 1762, le petit bourg de ce nom, relevant de la châtellenie de Lille, réclamait du roi un arrêt l'autorisant « à établir la fabrication de toutes les étoffes de soie, poil et laine ou lin que fabriquaient les Anglais ». Il l'obtint; mais, la ville de Lille protesta avec tant d'énergie contre cette atteinte à ses droits historiques, mit en jeu tant de hauts protecteurs, fit valoir si habilement le péril qu'il y avait à laisser dépeupler de ses artisans une place forte de la frontière, que l'arrêt, dix ans après, fut rapporté ; et les Roubaisiens durent, comme par le passé, se contenter de fabriquer des draps grossiers. Alors, la fabrique de Roubaix s'ingénia avec une habileté merveilleuse à tourner les règlements en inventant constamment des genres que ne produisait point la fabrique lilloise. Celle-ci protestait, entassait procès sur procès, pendant que celle-là, par la renommée qui s'attachait à sa production supérieure, s'enrichissait et attirait à elle les ouvriers et les négociants. Il fallut Turgot pour émanciper définitivement Roubaix de la métropole flamande, qui l'entravait dans son initiative et dans son action, par crainte de cette concurrence, qui devait devenir, en effet, bientôt assez puissante pour lui arracher successivement toutes les manufactures lainières. Cette longue période de lutte industrielle explique, par les lois de l'atavisme et de la sélection, l'amour du travail, le sens des affaires, l'esprit novateur et hardi, qui caractérisent si typiquement la population industrielle de Roubaix et justifient le développement prodigieux de ce grand centre manufacturier. En 1810, il ne possédait que 10,000 habitants; aujourd'hui, d'après le dernier recensement, il en a 114,917. Sur sa puissance ce jugement impartial a été porté par l'historien de la fabrique lyonnaise, M. Natalis Rondot : « Ce qui n'est pas contestable, c'est que la fabrication des étoffes de soie pure et mélangée, de formation relativement récente, placée dans le milieu le plus favorable pour l'art du mélange des fils, est importante, qu'elle est organisée de la façon la plus habile, et que les fabricants de Roubaix sont pour ceux de Lyon de redoutables concurrents en plusieurs articles. Ils se sont fait des spécialités dans lesquelles ils excellent. »

En 1896, Roubaix compte 129 chefs d'industrie de tissage, 43 filateurs, 34 teinturiers, chineurs et imprimeurs, 16 apprêteurs, et environ 50,000 ouvriers de tous genres, dont la production annuelle dépasse 500 millions de francs. On y emploie, pures ou mélangées, avec une rare habileté de tissage et d'apprêts, toutes les matières textiles : la soie, la schappe, la laine, le coton, le jute et le lin; on y fait à la fois les tissus de vêtement et les tissus d'ameublement. Roubaix a toujours été universellement réputé pour savoir approprier merveilleusement à la consommation des masses les riches étoffes de Paris et de Lyon, tout en leur conservant le cachet primitif de bon goût, et pour créer aussi, à côté des étoffes à bas prix, des étoffes de nouveauté et de haute fantaisie. Les rapporteurs des Expositions de 1834, 1849 et 1851 signalent déjà fièrement ses circassiennes, ses stoffs brochés, ses minorques, ses damassés, ses satins de Chine, Bonpour, Chambord, etc., qui provoquent une admiration générale ; et celui de l'Exposition de 1889 résume ainsi l'opinion du jury : « Roubaix et Tourcoing produisent toutes les variétés de tissus, depuis l'étoffe pour robes à 0 fr. 50 le mètre, jusqu'aux tissus d'ameublement à 60 et 80 fr. le mètre, lainages, cachemires, draperies nouveautés pour robes, tissus pour ameublements, tapis, etc. La hardiesse de conception des fabricants leur a permis de suivre tous les changements de la mode, et il n'est aucun article que la nécessité ne leur ait fait tour à tour aborder et qu'ils n'aient produit en première ligne à cause des conditions les plus avantageuses de la large fabrication qu'ils ont toujours recherchée. Disons que la division du travail et les divers établissements à façon de peignage, de filature, de teintures et d'apprêt ont considérablement aidé ces fabricants dans la voie du progrès où ils sont entrés. »

Caractère de l'industrie. A Roubaix, domine le travail mécanique; on évalue à plus de 20,000 le nombre des métiers mus par la vapeur, et à moins de 5,000 celui des métiers à la main. La fabrication des tissus pour vêtement en reçoit un caractère très spécial, qui la différencie sensiblement de celle de la Picardie; il est utile de le faire connaître, en vue de l'étude ultérieure des institutions d'enseignement créées pour son développement. Tandis que les fabricants de Picardie recherchent la création d'étoffes riches, d'effets nouveaux, parfois excentriques, susceptibles de renouveler la mode, tandis qu'ils emploient indifféremment toutes les matières textiles, depuis les plus délicates, jusqu'aux plus grossières et qu'ils se préoccupent beaucoup moins du prix de revient que de la recherche d'effets imprévus et attrayants, les fabricants de Roubaix échantillonnent des tissus de prix modérés, d'effets modestes, susceptibles d'être adoptés par une clientèle très étendue. Les genres principaux de tissus de fantaisie fabriqués à Roubaix peuvent se diviser en deux catégories principales : les petits genres en laine mélangée de schappe, et les articles en laine et coton, mélangés de fils de fantaisie, chinés ou boutonneux; quelques-uns de ces derniers sont tramés en laine cardée et légèrement foulée. Cette fabrication suit naturellement les évolutions de la mode, qui sont, peut-être encore plus que dans la soierie, rapides et radicales, en raison de la multiplicité des matières premières employées et de la diversité inépuisable des dispositions de contexture et de coloris. De l'analyse de la situation générale de 1895, il semble résulter qu'il y a eu, pendant cette période, des tendances décisives vers une production encore plus élevée; que Roubaix a fait des progrès marqués dans les belles sortes de nouveau recherchées par la clientèle riche, et a réussi en bien des cas à faire adopter ses étoffes à l'exclusion des anglaises, alors que les sortes ordinaires se sont fabriquées en petites quantités et se sont généralement très mal vendues. Quelques industriels ont même entrepris sinon d'entrer en lutte avec la Picardie pour la haute nouveauté et la fantaisie mais d'aborder parallèlement les mêmes genres dans un caractère spécial, avec l'objectif d'une clientèle extérieure, moins raffinée, et désireuse pourtant de suivre la mode parisienne adaptée à son tempérament. L'entreprise hardie a réussi. Les marchés d'Angleterre et des États-Unis ont fait, les années précédentes, bon accueil à des créations qui étaient en effet fort gracieuses, originales et pittoresques. Toutes ces conditions de production sont donc favorables au développement de l'art dans l'industrie.

De son côté, la fabrication des tissus d'ameublement et des tapis a suivi une marche progressive, tant au point de vue industriel qu'au point de vue commercial. Elle a bénéficié, en 1895, d'une reprise d'affaires très sérieuse, due en grande partie au marché des États-Unis, où l'augmentation du chiffre des exportations n'a pas été moindre de 52 p. 100 : 5,847,000 fr. contre 3,900,000 fr. en 1894. Par la variété extraordinaire des genres, les industriels peuvent satisfaire tous les besoins et tous les goûts. La carte d'échantillons qui, il y a dix ans, comptait à peine une cinquantaine de types, en offre actuellement plus de 300. Par suite des bas prix de la matière — le coton, le lin, le jute, la schappe, la laine, purs ou mélangés, — la valeur de l'étoffe est faite surtout du mérite du dessin et de la perfection du tissu; et, comme la fabrication mécanique impose le tissage de nombreuses pièces pour couvrir les frais de composition et de mise en carte, ainsi que pour compenser par le chiffre d'affaires la minime différence entre les prix de vente et les prix de revient, imposée par une concurrence acharnée intérieure et extérieure, et par la centralisation des commandes dans les grands magasins, la question d'art dans cette branche d'industrie est, plus encore que dans la précédente, d'une importance prépondérante.

La concurrence allemande.

Roubaix, comme la Picardie, a un concurrent redoutable dans la fabrique allemande, qui, de jour en jour, fait de très grands progrès, non point, comme l'opinion en est encore malheureusement trop répandue, exclusivement bornés à la contrefaçon grossière de nos modèles, à la production de la camelote, mais bien au point de vue de la création de types originaux dans le domaine de la nouveauté et de la fantaisie, et de leur exécution parfaite tant par les métiers mécaniques que par les métiers à la main. Elle a l'ambition d'imposer ses produits nouveaux au monde entier par son organisation commerciale si puissante. Un fabricant me déclare que des industriels allemands, qui, depuis plusieurs années, assiégeaient vainement la place de Paris, ont réussi aujourd'hui, par une diplomatie aussi insinuante que tenace, à vaincre l'hostilité qui, jusqu'ici, avait fait obstacle à leur succès. L'industrie allemande, par les écoles et par les musées, a été dotée du personnel de fabricants, d'artistes et d'ouvriers d'art qui lui était nécessaire pour cette production nouvelle; elle trouve, pour la conquête des marchés de l'Angleterre et des États-Unis, des auxiliaires dévoués dans ses innombrables nationaux émigrés.

Qu'on ne m'accuse point de pessimisme. La Commission des valeurs en douanes, dans son dernier rapport général, a estimé de son devoir de signaler hautement ce péril nouveau :

Il ne faut pas perdre de vue que nos fabriques de nouveautés ont à lutter avec une industrie puissante, active, elle aussi, et ingénieuse dans l'emploi des procédés, servie par une main-d'œuvre à bon marché et par des relations commerciales qui s'étendent au monde entier : nous voulons parler de l'industrie allemande. C'est elle qui est notre adversaire le plus redoutable sur les marchés étrangers. Tandis que l'Angleterre se renferme dans le travail d'un certain genre de laines toujours les mêmes, à l'aide desquelles elle produit à la perfection des variétés de types bien définis et pour ainsi dire classiques, l'Allemagne aborde tous les genres de fabrication, emploie successivement toutes les matières, et met une rapidité et une souplesse extrêmes à varier sa production selon le goût de sa clientèle et le changement des modes. Nos fabricants, nos dessinateurs ont toutes les qualités nécessaires pour rester maîtres du terrain, mais à la condition de bien mesurer le danger et de ne rien négliger pour s'assurer la victoire.

La fabrique de Roubaix traverse, en ce moment, une période de crise. Le rapport de la Chambre de commerce, relatif aux opérations du second semestre de 1896, résume ainsi la situation : « La production, active au début du semestre, s'est bien ralentie depuis ; et actuellement pas mal de métiers sont arrêtés. La vente est moins satisfaisante qu'elle n'avait été depuis un certain temps. Les prix se sont effondrés spécialement dans la 2e partie du semestre. On a produit à travers tout, et encombré le marché. La demande des tissus qui s'est maintenue dans certains pays, notamment en Angleterre, n'a pas suffi à compenser le déficit de nos relations commerciales avec d'autres contrées, spécialement avec l'Amérique du Nord. » Tous les genres de production sont atteints : les tissus à bas prix, les tissus classiques, les tissus de haute fantaisie. Le chef d'une des plus importantes maisons de cette dernière catégorie me déclare qu'il ne fait pas actuellement dans ce pays le septième des affaires de 1895, que les prix ont baissé de plus de 40 p. 100. Les causes de la crise seraient la surproduction et le développement de la concurrence étrangère. Quelque grave qu'elle puisse être, pour cette dernière cause, Roubaix a témoigné, dans des circonstances analogues, d'une telle puissance d'énergie, d'activité et d'ingéniosité, de telles ressources industrielles et artistiques, qu'on s'attend à une réaction imminente, aussi vigoureuse que féconde, contre des difficultés économiques qui préoccupent certainement tout le monde, mais sans décourager personne et moins encore désespérer qui que ce soit.

L'École nationale des arts industriels.

A une grande industrie, telle que celle de Roubaix, dont la production très diverse, à la fois classique, de fantaisie et de haute nouveauté, est basée sur le tissage mécanique, et qui exige un incessant renouvellement d'idées décoratives, pour satisfaire une clientèle immense, impatiente de suivre les évolutions rapides de la mode, était indispensable une institution spéciale d'enseignement, simultanément artistique et scientifique, formant des tisseurs habiles, des dessinateurs ingénieux, des teinturiers savants, des contre-maîtres et des patrons à l'esprit ouvert à toutes les hardiesses, à l'imagination fertile en innovations. Cette institution lui a été fournie dans l'École nationale des arts industriels, fondée, en 1881, par la ville de Roubaix et par l'État. Cette création honore ceux qui en ont eu l'initiative; elle est un témoignage éclatant de ce qu'on peut arriver à faire dans notre pays, quand un objectif patriotique, très précis, est poursuivi avec décision et énergie. En 1876, le conseil municipal, désireux de donner satisfaction aux vœux de la population industrielle, votait à l'unanimité la délibération suivante : « 1° Le conseil décide la création immédiate d'un enseignement du tissage et de la teinture; 2° le conseil adopte la création, sur un point central autant que possible, d'un établissement destiné à réunir les cours publics actuellement existant à Roubaix, avec leurs collections, le Musée artistique et industriel, la bibliothèque, ainsi que tous les autres cours. » En conséquence de cette décision, on étudia divers projets que la commission des Écoles académiques fit ajourner. Alors, le président de la commission municipale se mit en relations avec l'administration des beaux-arts, dans le but de rapprocher l'*enseignement artistique* de l'École de Roubaix de celui de l'École nationale des arts décoratifs de Paris. Il rédigea dans ce sens un rapport que la municipalité adopta à l'unanimité. La question fut portée devant le conseil supérieur des beaux-arts, qui donna son approbation et ses encouragements au projet de la municipalité, et surtout à la préoccupation instante, manifestée nettement, de compléter les cours purement scientifiques de tissage et de teinture par un enseignement artistique élevé :

1° au moyen de la création d'un cours de composition de dessins pour tissus faisant suite au dessin de la fleur d'après nature, aux cours d'ornement et d'histoire de l'art; 2° en développant l'enseignement du tissage dans ses applications à la nouveauté, et à l'ameublement.

Prenant en considération les sacrifices déjà faits, ceux qu'elle se proposait de faire, et reconnaissant à l'institution projetée un caractère d'utilité extra-locale, l'administration des beaux-arts proposait au Gouvernement d'aider la municipalité de Roubaix dans l'exécution de son projet, de demander au Parlement la création de l'école à titre d'institution nationale. Le 26 mars 1881, les premières bases d'un traité étaient élaborées par l'inspecteur de l'enseignement du dessin pour la région du Nord; et le conseil municipal de Roubaix adoptait les propositions suivantes :

Le Conseil, sur le rapport de la commission des Écoles académiques, confirmant et complétant les votes de ses prédécesseurs, relatifs à la construction d'une école pour l'enseignement artistique et industriel avec bibliothèque et musée; considérant que cet établissement, pour répondre aux besoins de l'enseignement, devra présenter une surface totale utilisable, non compris les dégagements, d'environ 6,000 mètres carrés, que la dépense peut être estimée approximativement à la somme de 1,500,000 fr., que le budget annuel de cette école devra s'élever de 40,000 à 60,000 fr. et plus, estime qu'il y a lieu de solliciter le concours de l'État, conformément aux propositions de la commission des Écoles académiques, pour la construction de cette école à frais communs, comme École nationale des arts industriels, dirigée par une commission locale, et autorise la ville de Roubaix à traiter avec l'État sur les bases suivantes :

La ville de Roubaix offre à l'État :

1° Un terrain de 13,200 mètres, sur lequel l'édifice pourra être établi. Cette construction avec ses abords occupera une surface d'environ 2,500 mètres, estimés à raison de 160 fr. le mètre, ci	400,000 fr.
2° Pour la construction de l'édifice, une somme de	600,000
3° Le mobilier scolaire, les collections de modèles et instruments, et les métiers des cours publics actuels, évalués à	50,000
4° La collection du Musée pour mémoire	. . . .
5° Une collection importante de carnets d'échantillons pour tissus, estimée .	100,000
6° La bibliothèque actuelle (8,000 volumes et manuscrits)	50,000
Ensemble	1,200,000 fr.

7° Une subvention annuelle de 40,000 fr. pour l'entretien de l'école.

Le tout est offert aux conditions suivantes :

1° La construction à établir actuellement ne comprendra pas moins de 6,000 mètres de surface utilisable, dégagements non compris.

2° L'État se chargera du développement ultérieur à mesure des besoins.

3° Les objets relevés aux articles 3, 4, 5, 6 des offres de la ville resteront à perpétuité dans la ville de Roubaix pour l'instruction des élèves et des habitants.

4° L'école sera dirigée par une commission locale et conduite par un administrateur placé sous l'autorité de celle-ci.

Cette commission sera composée : 1° du préfet du Nord, président ; 2° du maire de Roubaix, vice-président ; 3° de neuf membres nommés par le ministre, trois sur la présentation du conseil municipal, choisis ou non dans son sein, trois sur la présentation de la Chambre de commerce et choisis de même, trois sur la présentation du préfet, choisis dans Roubaix ou ses environs ; 4° de l'administrateur qui sera le secrétaire de la commission. La commission nommera dans son sein un deuxième vice-président. La commission réunira les attributions d'une commission administrative et d'un conseil de perfectionnement. Elle sera donc chargée de toutes les propositions à faire pour l'enseignement, les programmes, le choix des professeurs et du personnel, les règlements et le budget.

Le 5 juillet 1881, un projet de loi était déposé à la Chambre des députés par le ministre de l'instruction publique et des beaux-arts pour la création, à Roubaix, d'une École nationale des arts industriels, qui comprendrait un musée et une bibliothèque des beaux-arts et des arts industriels, une école de dessin, de tissage, de teinture et de tapisserie. On évaluait la dépense totale à 2,460,000 fr., sur lesquels la part de l'État serait de 900,000 fr. Le 5 août, la Chambre votait cette loi. Le 21 juin 1884, le conseil municipal de Roubaix, désireux de mettre l'État en mesure de commencer et de pousser avec activité les travaux, décida qu'il verserait au Trésor, en une seule fois, les 600,000 fr. d'apports, fractionnés en six années ; en 1885, dans le même but, il faisait une nouvelle proposition consistant à avancer à l'État une somme de 1,388,453 fr., représentant le montant entier du devis de construction de l'école, et qui serait remboursée, capital et intérêts, en trente ans ; et il abandonnait la totalité du terrain formant le square Notre-Dame, soit 13,595 mètres, au lieu de 6,000, augmentant ainsi de près d'un million sa contribution personnelle. Une nouvelle loi approuvant cette convention fut votée par le Parlement. L'architecte chargé de dresser les plans de l'école se mit à l'œuvre ; et, en 1890, les travaux étaient achevés.

Les bâtiments comprennent quatre groupes, dont le développement couvre une surface de plus de 6,000 mètres. Le groupe principal, en bordure de l'avenue de la gare, bâti en pierre de taille et en brique, contient le musée et la bibliothèque, une galerie d'exposition et un amphithéâtre pour conférences et lectures; dans le fond se trouvent les salles de cours de dessin, de sculpture et d'architecture. Sur la rue latérale, sont réunis, dans un bâtiment spécial en brique, d'une belle architecture : l'atelier de tissage d'une longueur de 32 mètres sur 13, pouvant contenir une cinquantaine de métiers; l'atelier de mécanique de 20 mètres de longueur; les laboratoires de chimie et de physique où quarante élèves peuvent travailler à l'aise; les ateliers de teinture et d'impression sur tissus. Un bâtiment isolé renferme les générateurs et la machine motrice. L'architecte a disposé ingénieusement les constructions et les installations pour être en mesure de doubler et même tripler, sans frais considérables, les ateliers et les laboratoires, le jour où le besoin s'en fera sentir. On peut offrir l'École des arts industriels de Roubaix comme un modèle de construction scolaire, aussi bien au point de vue du confort et de l'utilitarisme que de l'originalité et du goût architectural. C'est que l'architecte n'a pas cru déroger à sa dignité d'artiste, mais au contraire a estimé qu'il remplissait son devoir le plus strict, en se faisant l'habile exécuteur des décisions et des vœux du conseil d'administration de l'institution, composé d'industriels, de négociants et de chefs d'atelier; il a visité et étudié sur place tout ce qui avait été bâti pour la même destination, et il a su y prendre ce qu'il y trouvait de pratique et d'excellent.

Installation immobilière de l'École.

Le programme de l'école est celui d'une sorte de petite Université artistique et industrielle. Il ne comprend pas moins de 22 cours :

Programme de l'École.

1. Cours préparatoire de dessin à main levée, tous les jours, le lundi excepté, de 6 heures à 8 heures du soir; 2. Cours élémentaire de dessin et de perspective, id., 6 heures à 8 heures du soir; 3. Cours moyen de dessin et de perspective, id., 8 heures à 9 heures 1/2 du soir; 4. Cours supérieur de dessin et d'anatomie artistique, id., 6 heures à 8 heures du soir; 5. Cours de peinture à l'huile et à l'eau, id., midi à 2 heures du soir; 6. Cours d'histoire et de composition décorative, id., 8 heures à 10 heures du matin; 7. Cours d'histoire de l'art, lundi, 6 heures à 8 heures du soir; 8. Cours de modelage et de sculpture sur bois, sur pierre, etc., tous les jours, le lundi excepté, 7 heures à 10 heures du soir; 9. Cours de dessin linéaire et de géométrie plane, mardi, mercredi, vendredi, samedi, 6 heures à 7 heures 1/2 du soir;

10. Cours d'arithmétique, d'algèbre et de géométrie dans l'espace, id., 8 heures à 9 heures du soir; 11. Cours de géométrie descriptive, de mécanique appliquée et de croquis de machines, tous les jours, le lundi excepté, 6 heures à 9 heures 1/2 du soir; 12. Cours de construction générale et d'architecture, id., 6 heures à 8 heures du soir, de la rentrée à Pâques; et de 6 heures à 8 heures du matin, de Pâques à la fin de l'année scolaire; 13. Cours de chimie industrielle, 3 jours par quinzaine, un mercredi, deux vendredis, 8 heures à 9 heures du soir; 14. Cours de physique industrielle, 1 jour par quinzaine, un mercredi, 8 heures à 9 heures du soir; 15. Cours de manipulation de chimie industrielle, mercredi et vendredi, de 8 heures 1/2 à 11 heures 1/2 du matin; 16. Cours de teinture (1re et 2me année), cours théoriques, tous les jours, le lundi excepté, 8 heures 1/2 à 11 heures 1/2 du matin; 17. Cours de teinture (1re et 2me année), exercices pratiques, id., 2 heures à 5 heures du soir; 18. Cours de tissage (1re et 2me année), cours théoriques, id., 10 heures du matin à midi; 19. Cours de tissage (1re et 2me année), exercices pratiques, id., 2 heures à 4 heures du soir; 20. Cours de tissage, cours spécial (1re et 2me année), id., 8 heures à 9 heures 1/2 du soir; 21. Cours de travaux pratiques de remettage (1re et 2me année), dimanche, 10 heures à 11 heures 1/2 du matin; 22. Cours de chauffeurs, id., 10 heures à 11 heures 1/2 du matin.

Un cours de peignage et de filature de la laine et du coton est en voie d'organisation. Pour les démonstrations techniques, les expériences scientifiques et l'initiation à toutes les connaissances professionnelles des industries artistiques locales, l'administration dispose de l'outillage suivant, dans ses laboratoires et ateliers :

Cours de tissage : 1 ourdissoir à la main, 1 ourdissoir automatique, 10 métiers à tissu, dits scolaires, 6 métiers pour robes et draperie ; 4 métiers à gaze ; 10 métiers Jacquard pour grands façonnés ; 3 métiers pour velours ; 1 métier pour robe, automatique ; 1 métier pour draperie, automatique ; 1 métier à la barre pour rubans ; 6 métiers à la marche ; 6 tableaux organes opérateurs des métiers à tisser ; 1 compositeur avec machines à imprimer les cartes ; 71 tableaux pour l'étude des velours ; 1 lissage accéléré ; 10 souples à lire ; 1 table à couper les cartons ; 2 tables à piquer les cartons ; 29 mécaniques Jacquard et armures.

Cours de teinture : 30 tables en cuivre ; 3 barques en cuivre double fond pouvant contenir 5 kilogr. pour soie ; 9 bacs en bois pour bouillissage, graissage, teinture en pièces ; 3 cuves à indigo ; série de cuvelots pour coton ; 1 gigger pour teinture pièces coton ; 1 appareil épurateur d'eau ; 1 appareil à vaporiser ; 1 turbine mécanique ; 1 turbine à la main ; 1 presse hydraulique ; 1 foulon ; 1 grilleuse ; 1 manique ; 1 élargisseur Palmer ; 1 machine à cartonner ; 2 tables à plier et botteler ; 1 presse ; 1 séchoir pour sécher 20 kilogr. ; 2 appareils pour teindre en rouge alizarine et ponceau cochenille, etc.

Impression et chinage : 1 machine à imprimer en 3 nuances ; 2 machines à chiner multicolore avec godets, et avec 4 paires de rouleaux ; 1 chambre d'oxydation ; 73 jeux de planches de 2 à 14 nuances, pour peluche, velours, mouchoirs, châles, tapisseries, etc.

Matières colorantes : 30 tables en cuivre ; 8 hottes en verre ; 1 machine à air ; 1 filtre presse à vapeur; 1 appareil à distiller le goudron; 1 appareil à fractionnement; 1 batterie de cuves en fonte avec agitateurs pour la fabrication; 3 filtres presse automatique et à pompe; 2 matelas d'air, etc., etc.

Laboratoire : 1 grand alambic à eau distillée; 9 balances de précision à cavalier, Roberval; 1 cuve à mercure tubulaire pour démonstration; 1 ozonisateur; 3 piles au bichromate; 1 grille à gaz; 3 fourneaux en terre réfractaire chauffés au gaz; 2 étuves; 1 microscope; 1 spectroscope; collections de cocons de toutes provenances, de matières premières textiles; de bois de teinture en bûches de 50 à 100 kilogr., etc.

Depuis son organisation, l'école a reçu 9,332 élèves, ainsi répartis annuellement :

1883-84 : 694; 1884-85 : 481; 1885-86 : 466; 1886-87 : 461; 1887-88 : 520; 1888-89 : 714; 1889-90 : 754; 1890-91 : 823; 1891-92 : 834; 1892-93 : 804; 1893-94 : 819; 1894-95 : 711; 1895-96 : 662; 1896-97 : 589.

L'analyse des inscriptions de cette dernière année donne les professions suivantes parmi les élèves : 90 employés de commerce; 116 écoliers; 48 dessinateurs; 16 tourneurs; 20 menuisiers; 34 rentreurs; 5 sculpteurs; 15 tisserands; 20 architectes; 3 industriels; 9 chauffeurs; 5 monteurs; 5 marbriers; 3 trieurs; 4 teinturiers; 4 lireurs; 1 horloger; 2 mouleurs; 6 lamiers; 5 modeleurs; 1 maçon; 2 ajusteurs; 1 chimiste; 1 graveur; 9 ferblantiers; 8 zingueurs; 41 mécaniciens; 14 peintres; 2 ébénistes; 4 échantillonneurs; 16 serruriers; 79 élèves sans profession. La proportion entre ce dernier chiffre et celui du total des inscriptions, le 8e, prouve la valeur de l'enseignement pratique de l'école et les services qu'elle rend à la population industrielle. Voilà enfin une école d'art industriel où l'administration n'a point la préoccupation obsédante de faire avant tout des peintres et des sculpteurs qui auront plus tard de la peine à gagner leur vie, où l'on forme en grande majorité des artisans et des ouvriers. Pour en acquérir la certitude, j'ai voulu savoir ce que sont devenus les principaux lauréats de l'école depuis 12 ans. N'est-ce point le criterium le plus sûr des résultats obtenus? Dans les cours de peinture et de composition décorative, sur 40 lauréats, je trouve seuls 2 artistes peintres qui ont quitté Roubaix pour Paris; 1 élève de l'École nationale des beaux-arts; 6 peintres décorateurs à Roubaix; 1 peintre décorateur à Lille; 9 dessinateurs industriels à Roubaix; 3 dessinateurs industriels à Tourcoing et à Croix; 21 dessinateurs industriels, associés, à Paris; 2 professeurs de dessin et de peinture décorative à l'École nationale des arts industriels de Roubaix; 1 chef d'atelier de sculpture à Roubaix; 1 graveur lithographe à Roubaix; 1 serrurier d'art à Roubaix; 1 photographe à Roubaix; 1 tapissier décorateur à Roubaix; 1 peintre tapissier à Paris; 3 entrepreneurs de peinture à Tourcoing et à Roubaix; 1 professeur de dessin libre. Le cours de sculpture et de modelage a fourni, parmi ses lauréats, 3 sculpteurs sur bois, devenus patrons; un contremaître chez un entrepreneur de sculpture; un gérant d'une maison de travaux de sculpture; un entrepreneur de menuiserie et de sculpture sur bois; un architecte; un directeur d'école primaire qui se prépare aux examens de directeur d'école professionnelle. Des 27 lauréats des cours d'architecture et de construction, 17 sont entrepreneurs de construction, de menuiserie et de plomberie à Roubaix, Croix, Tourcoing, Wasquehal; 2 sont architectes à Roubaix; 1 à Paris; 1 à Vevey; 1 est architecte du Gouvernement; 1 architecte de la ville du Puy, 1 ingénieur à Tourcoing, et 1 directeur d'école à Reims. Du cours de mécanique sont sortis, aux premiers rangs, 13 patrons constructeurs mécaniciens et chaudronniers à Roubaix; 1 patron constructeur de charpentes métalliques à Tourcoing; 5 contremaîtres mécaniciens à Roubaix et à Watrelos; 1 ingénieur chimiste en Russie; 1 sous-directeur de filature à Roubaix; 1 contremaître de filature à Roubaix; 1 fabricant de caoutchouc à Roubaix; et 1 patron horloger à Roubaix. Parmi les lauréats du cours de teinture figurent 8 directeurs de teinture dans des établissements importants de Roubaix, de Roanne, de Troyes, de Valenciennes, d'Alost (Belgique); 4 échantillonneurs à Roubaix; 1 préparateur de teinture à l'École nationale des arts industriels de Roubaix; 1 associé d'une des premières fabriques de tissus de Roubaix; 4 teinturiers à Roubaix; 1 teinturier à Renaix (Belgique); 6 chimistes industriels à Flers, Roubaix et Wasquehal. Un grand nombre de lauréats des cours de tissage dirigent aujourd'hui des ateliers à Roubaix. L'un d'entre eux a été désigné, en 1895, par la Chambre de commerce de Roubaix, pour faire partie de la mission d'études envoyée en Chine par la Chambre de commerce de Lyon. Cette statistique — encore qu'incomplète — a par elle-même assez d'éloquence pour qu'il soit inutile de la commenter.

Alliance de l'art et de la science dans l'École.

La grande originalité de la constitution organique de l'École de Roubaix est l'alliance étroite de l'art et de la science. On s'y est évidemment inspiré des principes d'éducation sociale que Duruy a résumés si magistralement dans ses *Lettres sur les ouvriers :* « L'enseignement qu'il faut créer pour eux ne devra pas être purement technique ni étroitement préparatoire au métier, mais se dirigera vers le métier. L'industrie moderne vit autant de science et d'art que de procédés traditionnels : Travaillons donc à développer l'esprit, à épurer le goût de nos futurs industriels. » Le dessin a été rendu obligatoire, aux degrés divers de l'enseignement, pour tous les cours de tissage, de mécanique, de sculpture sur pierre et sur bois; et les élèves qui se destinent aux professions de dessinateurs industriels, de metteurs en cartes, peuvent, au cours de leurs études, voir se réaliser sur le métier leurs compositions décoratives, afin qu'ils se rendent compte pratiquement des conditions techniques de la collaboration intime de la science et de l'art dans la fabrication des tissus. On estime avec raison — malheureusement encore en luttant contre l'opinion de la grande majorité des industriels — que l'idée doit précéder l'expérience au lieu de s'y assujettir servilement; une théorie sévère, longue et patiente, la pratique. C'est ainsi seulement qu'on fera disparaître de l'apprentissage et du métier des industries artistiques cet empirisme, qui le déprime et le discrédite auprès des nouvelles générations, alors que les industries scientifiques, par l'enseignement rationnel des écoles professionnelles, des écoles pratiques d'industrie et des écoles d'arts et métiers, basé sur la science, progressent et attirent irrésistiblement la jeunesse de ce temps. Or, à Roubaix, cet empirisme existe encore dans les ateliers de tissage; on m'en fait partout l'aveu. Le plus grand nombre des contremaîtres n'ont reçu aucune instruction théorique; aussi, se montrent-ils souvent réfractaires à l'emploi de métiers nouveaux, au montage de dispositions nouvelles de tissus. Cette situation a motivé des vœux qu'on trouvera plus loin résumés.

L'enseignement artistique.

La création d'un enseignement artistique très élevé, destiné à former des dessinateurs habiles et des chefs d'ateliers, patrons, et employés de fabrique et de commerce, capables de maintenir la fabrication à un niveau d'art élevé, a été la préoccupation des organisateurs de l'école, en vue de remédier aux conséquences très graves de la modification d'habitudes et de méthodes industrielles qui s'est produite, depuis un quart de siècle, dans le fonctionnement de la fabrique de Roubaix. Autrefois, les fabricants avaient presque tous des cabinets de dessin attachés à leurs manufactures; ceux qui n'en possédaient point trouvaient dans la ville des cabinets publics très bien montés. Roubaix même fournissait des dessins à la Belgique, à l'Angleterre et à Paris. Les industriels s'étaient évidemment rendus aux objurgations pressantes adressées à ce sujet par les rapporteurs de la fameuse Exposition universelle de 1851, à la suite d'un mot d'ordre donné sur l'avis de l'illustre promoteur du mouvement d'enseignement du dessin dans les industries, le marquis de Laborde. L'auteur du rapport sur les tissus de laine, M. Bernoville, un des grands manufacturiers de France, écrivait ceci: « Il serait à désirer que les fabricants français eussent tous des cabinets de dessin chez eux: ce commerce (des dessins) n'aurait pas pris une pareille extension; leurs produits auraient eu un cachet spécial et original; ils auraient, en réalisant ce conseil, une plus grande variété de genres qui ne se rencontreraient pas avec les idées anglaises ou allemandes. Il est telle maison qui consomme pour 20,000, 40,000 et jusqu'à 60,000 fr. de dessins par an; avec de telles sommes on formerait des cabinets, et, dussent-ils coûter un peu plus cher, nos industriels recouvreraient la différence par la vente de choses plus originales et moins connues: on s'emparerait des crayons de premier et de deuxième ordre, et il ne resterait à l'étranger que les crayons de troisième ordre. Les étrangers se trouvent trop bien de l'achat des idées françaises pour que ce commerce ne s'accroisse pas. »

Les considérations que faisait valoir, en 1851, M. Bernoville ne sont pas moins opportunes à cette heure, si même elles ne le sont plus encore. La fabrique de Roubaix s'est à cet égard radicalement transformée. Aujourd'hui, me déclare-t-on unanimement, toutes les compositions, toutes les esquisses, aussi bien pour la nouveauté en robes, que pour l'ameublement, sont demandées aux cabinets de dessin de Paris. Quelques maisons ont bien monté des cabinets personnels, mais à Paris, à côté de leurs succursales de vente. A l'exception de deux ou trois, tous les cabinets roubaisiens, — qui d'après l'Annuaire ne sont d'ailleurs qu'au nombre de 20 — s'occupent exclusivement d'adaptations d'esquisses parisiennes et de mises en cartes. Les nombreux industriels que j'ai interrogés sur cette question si importante justifient cette transformation par les mêmes raisons qui ont été invoquées par les indienneurs de Rouen, tout en convenant, comme eux, d'ailleurs, du danger pour Roubaix à aliéner ainsi son autonomie artistique; ils ajoutent comme objections les évolutions de la mode, telles que, du jour au lendemain, on passe de dessins à grands rapports de fleurs, d'entrelacs et de rayures, à des minuscules semis de fleurettes ou de pois, pour en arriver ensuite, instantanément comme aujourd'hui, à des combinaisons à la japonaise de nuages, de vagues, de flocons de neige, qui se mueront, la saison prochaine, en symphonies de bleu, de blanc, de rose dans le genre des créations de Wisthler. — « Nos dessins, à cette heure, me disait un grand industriel à la tête de la fabrication roubaisienne de haute nouveauté, se font au marc de café. » — En conséquence, à leur opinion, l'organisation dans chaque manufacture d'un cabinet de dessin est devenue impossible. Les artistes le composant ne pourraient point assurer la grande diversité de compositions qui est nécessaire; souvent, même comme dans la campagne présente et celle de l'année dernière, leur collaboration serait devenue inutile, par conséquent fort onéreuse. Ces raisons sont spécieuses. Elles ont bien plutôt leur origine dans une situation nouvelle, ou tout au moins très imprévue, en un temps où les écoles d'art provinciales se sont multipliées partout et paraissaient avoir pris un développement de nature à assurer le recrutement incessant d'un nombreux personnel de patrons et chefs d'ateliers capables, par leurs connaissances artistiques, de diriger et inspirer leurs cabinets de dessins. Elles démontrent le vice du système actuel de la spécialisation professionnelle à outrance qui cantonne, dès leur sortie de l'école, les jeunes dessinateurs dans des genres déterminés, dont ils ne pourront plus jamais s'évader, et qui en font de véritables manœuvres dans les cabinets parisiens transformés en usines de dessins pour l'industrie. Dans les critiques qui accompagnent ces raisons, et dont le plus grand nombre visent l'absence en province d'éléments d'instruction et d'éducation artistiques, de documents et d'informations pour se tenir au courant des exigences de la mode et des transformations du goût public, il faut évidemment faire une grande part à la routine et aux préjugés; on doit cependant en retenir des renseignements fort précieux sur les conséquences désastreuses de l'ajournement d'organisation, dans nos grands centres d'industries d'art, de l'institution qui constitue le complément indispensable de l'école : le musée. Il en résulte pour l'École des arts industriels de Roubaix ce fait déplorable : que la plupart des élèves des classes d'art, instruits à grands frais en vue de leur utilisation pour l'industrie locale, dans le but de lui assurer une originalité particulière, sont obligés, faute de travail, de partir pour Paris d'où ils ne reviennent plus. Un membre du conseil d'administration de l'école n'a pas hésité à me déclarer qu'il croyait de son devoir d'en donner le conseil à tous les jeunes gens lui paraissant présenter des dispositions exceptionnelles pour les compositions décoratives, dispositions dont ils ne trouveraient point l'emploi sur la place de Roubaix.

L'enseignement technique et scientifique.

L'enseignement technique et scientifique est fourni à l'École nationale des arts industriels par les cours suivants : cours de chimie industrielle, avec manipulations; cours de teinture, théoriques et pratiques; cours de tissage, théoriques et pratiques; cours de travaux pratiques de remettage; cours de chauffeurs. Ces cours sont suivis par 207 élèves, répartis comme suit : cours de chimie industrielle, 11 ; cours de teinture, 7 ; cours de tissage, 22 ; cours de tissage spécial du soir, 102 ; cours de travaux pratiques de remettage, 37 ; cours de chauffeurs, 28.

Le chiffre peu élevé des élèves du jour — quarante — ne laissera pas, sans aucun doute, de beaucoup surprendre dans l'école d'une grande ville industrielle comme Roubaix, surtout si on le compare avec celui des élèves d'écoles analogues de l'étranger, celles de Bradford et Crefeld, par exemple, qui en comptaient, il y a dix ans, la première plus de 300, la deuxième 100. L'analyse de cette statistique explique surabondamment l'infériorité numérique de notre école. Le recrutement des élèves des cours du jour se fait exclusivement dans les familles de fortunes très modestes : chefs d'ateliers, petits marchands, fonctionnaires, petits rentiers et ouvriers aisés. Il y a abstention complète de fils d'industriels et de négociants. Double question sociale : la gratuité d'une part; de l'autre, la fréquentation des ouvriers. En l'absence ici du système des bourses d'études — qui fonctionne dans toutes les autres écoles de l'étranger précitées, par suite de fondations nombreuses des municipalités, des associations corporatives, des particuliers, auxquelles, à Bradford et à

Manchester viennent s'ajouter les primes annuelles du South Kensington pour l'art et du City and Guilds of London Institute pour la science, s'élevant dans chacune de ces écoles à une moyenne annuelle d'environ 20,000 fr., — les enfants d'ouvriers ne peuvent suivre ces cours, étant dans l'obligation de gagner leur vie à l'atelier; ils fréquentent simplement les cours du soir, dont la gratuité est également tenue pour une source inépuisable d'indifférence de la plupart des parents, et d'indiscipline chez un grand nombre d'enfants. Sur ce point, à Roubaix, comme dans toutes les villes d'industries que j'ai visitées, il y a unanimité d'opinions et de vœux pour en réclamer la suppression. L'étude des tableaux des présences dans les cours de l'école, depuis la rentrée des classes, accuse, en trois mois, une diminution de plus d'un 10e sur l'ensemble; certains cours techniques, très importants, les cours de chimie industrielle et de tissage (cours du jour), ont déjà perdu la moitié de leurs élèves, pendant cette courte période de temps. Il en résulte de grandes fluctuations numériques dans les statistiques de l'établissement.

A l'étranger, le but statutaire, ainsi que le résultat des écoles du genre de celle de Roubaix, les écoles de Crefeld, Bradford, Manchester, Mulhouse, etc., est de former des fabricants, des contremaîtres, des négociants, des employés supérieurs de fabrique, en même temps que des dessinateurs. C'est la réalisation d'un but analogue que désirent les industriels que j'ai vus; ils font à l'école la critique de ne point les leur fournir, tout au moins en nombre suffisant pour répondre aux besoins des manufactures, son enseignement, disent-ils, n'étant point assez dirigé vers ce but. Quelques-uns même en ont pris prétexte pour justifier la création d'une école nouvelle, l'Institut technique de Roubaix, qui se propose de suppléer ainsi à une apparente lacune de l'École nationale.

Dans son dernier rapport, la Commission des valeurs en douanes s'est faite officiellement, et avec une grande netteté d'expression, l'interprète des vœux de ces industriels, en écrivant ceci : « L'industrie textile s'est répandue et perfectionnée partout, elle n'est plus l'apanage de deux ou trois peuples. Son organisation a changé de nature; la production par la machine s'est substituée presque partout à la fabrication à la main. C'est le métier mécanique qui est aujourd'hui chargé de produire l'effort matériel, ce qu'on appelait autrefois *le travail servile*. Celui qui sera le plus ingénieux à diriger la machine, à en rendre le travail plus souple, plus apte à satisfaire rapidement aux exigences d'une mode toujours changeante, celui-là seul pourra prétendre à la victoire dans la grande lutte des nations. C'est pourquoi il faut attacher tant de prix à former en France des chefs d'industrie, des directeurs d'usine, des contremaîtres, des ouvriers aussi de plus en plus instruits et habiles. »

Il ne tient pas exclusivement à l'école de réaliser ces vœux. Par son programme et par son organisation elle est en mesure de former des contremaîtres, des directeurs d'usine et des chefs d'industrie ; mais à la condition qu'on lui en envoie les candidats, qu'on assure la permanence scolaire des élèves au moyen des mesures administratives et financières employées dans les écoles de l'étranger. Et, même, déjà en forme-t-elle, dans la catégorie des rares jeunes gens auxquels les ressources de leurs familles permettent de suivre les cours du jour, ainsi que parmi ceux qui fréquentent assidument les cours du soir. La statistique, publiée plus haut, page 353, en est un témoignage incontestable. Encore, en ce moment ne prouve-t-elle pas, de la façon la plus évidente, qu'elle n'hésite jamais à adapter son enseignement aux besoins des industries locales, quand ils se manifestent ? Il y fonctionnera, dès le mois d'avril, deux nouveaux cours de peignage et de filature, pourvus d'un outillage complet pour les démonstrations de technologie. Les critiques, à ce propos, ne sont donc point justifiées.

Ici, se présente de nouveau, en effet, une particularité, qui, par les nombreux exemples, devient peu à peu une règle générale : c'est que, dans les grandes et dans les petites villes, le recrutement des écoles créées pour le développement des industries d'art se fait presque exclusivement parmi les enfants des ouvriers, de même qu'il est facile d'observer que celui des écoles de peinture et de sculpture, à Paris et en province, se fait également en grande partie dans la même catégorie sociale et dans les familles de paysans. Il semble que le travail manuel, celui de l'atelier, comme celui des champs, où domine l'idée de loi et de régularité, qui donne l'orgueil de la création, accomplisse toute son œuvre de haute moralisation ; et que, dans ce milieu seulement, l'art soit considéré sous sa vraie mission sociale, alors qu'on le tient encore ailleurs pour une distraction mondaine, pour une occupation d'agrément, de même que la science y est toujours de la physique amusante. Il y a cent ans, et même plus, un des inconvénients, purement scolaire, il est vrai, de ce recrutement était déjà signalé. « Plaignons nos arts, qui, par l'effet d'opinions fausses, écrivait Watelet dans son *Dictionnaire des arts*, n'ont de ressources pour recruter leur jeune milice que les classes où généralement le besoin et l'ignorance se font le plus apercevoir; car par l'inconséquence des préjugés qui subsistent parmi nous, tandis que la voix publique élève le nom des artistes devenus célèbres au rang des noms les plus distingués, une infinité d'hommes qui n'ont aucune véritable distinction ne permettraient pas à ceux de leurs enfants qu'un penchant marqué entraînerait au talent de la peinture de s'y consacrer. Il résulte de ce préjugé que le plus grand nombre des jeunes artistes n'apportent pas dans les arts l'éducation préparatoire qui leur serait nécessaire. » Évidemment, le recrutement des écoles d'art industriel les maintient dans un programme immédiat d'enseignement artistique et scientifique fort élémentaire, en même temps qu'il s'oppose à l'extension de la fréquentation des cours du jour, où les jeunes gens pourraient recevoir un enseignement plus élevé. A Roubaix, comme dans toutes les écoles d'art des départements, devrait donc intervenir, au moyen de fondations de municipalités, d'associations ou de particuliers, le système des bourses facilitant aux élèves de familles pauvres l'accession aux cours du jour, pendant le temps nécessaire à l'acquisition des connaissances artistiques et scientifiques, en vue de devenir d'habiles contremaîtres et chefs d'ateliers, et plus tard, sans aucun doute, des patrons dotés ainsi de cette instruction générale, qui paraît devenir de plus en plus une condition absolue de succès dans la direction d'une industrie artistique. Une direction n'implique-t-elle pas un goût sûr, une opinion décisive, dans les questions si délicates et si complexes de l'art et du métier, autant que la mise en action méthodique et rapide de toutes les parties si diverses qui concourent à l'œuvre commune du dessinateur et de l'ouvrier ?

Le Musée de l'École.

Aux termes de la convention précitée, la ville de Roubaix a cédé à l'État ses musées de tableaux, d'œuvres d'art et d'histoire naturelle, sa bibliothèque et les collections d'échantillons de l'ancienne école. Actuellement, la bibliothèque contient 9,502 volumes; le musée d'art 85 peintures, 79 dessins, 12 photographies et 70 moulages, don de la direction des beaux-arts; les collections d'échantillons comprennent 296 carnets. Quant au Musée industriel, installé dans la grande galerie du premier étage du palais, son organisation n'est encore qu'embryonnaire. Le premier fonds se compose de travaux d'élèves des cours de chimie, de teinture et de tissage : tableaux chromatiques, tissus d'ameublement, étoffes pour robes, tapisseries, etc. Pour remplir l'immense surface disponible, la direction des beaux-arts a envoyé quelques pièces des Gobelins et de Beauvais, des vases de Sèvres, des cartons de tapisseries, de tapis, de mosaïques; on a disséminé avec habileté des vitrines d'ethnographie, de curiosités, de numismatique, d'histoire naturelle, des miniatures de métiers à tisser divers; mais tout cela ne constitue point un vrai musée qui puisse attirer les artistes, les ouvriers, les chefs d'industrie, et leur être utile pratiquement. Cependant, la nécessité de cet enseignement public est incontestable et, d'ailleurs, n'est point contestée. Tous les délégués du ministère de l'instruction publique et des beaux-arts aux distributions de prix en constatent avec regrets annuellement l'absence à Roubaix; et, hier, les membres de la section des tissus de la Commission des valeurs en douanes signalaient énergiquement, dans leur rapport officiel, les services que les musées industriels et artistiques sont appelés à rendre à l'industrie : « A côté des écoles d'industrie où se forment les fabricants, il ne faut pas négliger les écoles et les musées d'art décoratif et industriel. C'est en effet dans l'Art que nos industries textiles doivent constamment venir puiser, comme dans leur source, de nouveaux éléments de rajeunissement et de succès. En France, plus que partout, c'est à la pureté et à la fantaisie du dessin, au style de la composition, à la beauté de la forme et à l'harmonie des couleurs que la fabrication des tissus doit s'attacher avant tout si elle veut conserver cette supériorité incontestée qui vient du goût et qui détermine les grandes directions de la mode. » Plusieurs fabricants roubaisiens m'ont signalé cette lacune d'un musée de ce genre dans l'École des arts industriels comme une des raisons qui s'opposent le plus au fonctionnement normal des cabinets de dessins à Roubaix, et qui ont provoqué l'habitude prise par les industriels de s'adresser à des dessinateurs parisiens, ayant à leur dispositions tous les documents et renseignements utiles, toutes les sources d'inspiration les plus abondantes, dans les musées nombreux de Paris.

Sous ce rapport, l'école de Roubaix s'est laissé devancer par l'école de Crefeld, sa rivale allemande. En 1886 — il y a dix ans, — le musée annexé à cette école comprenait déjà une collection d'étoffes anciennes de plus de 5,000 pièces, constituant une histoire du tissu depuis le dixième siècle jusqu'à nos jours; une collection d'étoffes modernes, d'échantillons de matières premières dans leurs différentes transformations par l'industrie générale du tissage, collection constamment alimentée par les industriels et les négociants. (Rapports de missions, 2e vol., pages 85-87.) En 1891, une tentative d'organisation de ce musée a été faite, sur mon initiative, par l'Union centrale des arts décoratifs, au moyen d'une exposition temporaire composée d'œuvres de son musée et de quelques cabinets privés. Il y fut envoyé, à l'intention des industries textiles, une collection de soieries modernes pour ameublements des fabriques lyonnaises, italiennes et russes; une collection de plus de cent dessins de décoration d'étoffes, de tapisseries, de broderies, etc. Cette tentative, qui obtint un certain succès, n'a pas été renouvelée depuis cinq ans. Ainsi, à l'heure présente, ce qui paraîtra presque invraisemblable, Roubaix n'a pas le moindre musée d'art industriel, alors que toutes les villes manufacturières de l'étranger en possèdent, depuis longtemps, de fort riches et de très puissants, par leur organisation en agences de renseignements artistiques, techniques et commerciaux.

L'organisme administratif de l'École.

Afin de maintenir l'École nationale des arts industriels dans son caractère spécial d'enseignement pratique, l'État a institué un conseil supérieur qui comprend actuellement comme membres : le préfet du Nord, le maire de Roubaix, le président de la Chambre de commerce, un membre du Sénat, trois fabricants de tissus pour robes, un filateur de soie, un ingénieur manufacturier, deux ingénieurs constructeurs et un architecte. Ce conseil a les doubles attributions d'une commission administrative et d'un comité de perfectionnement. L'art, l'industrie et le commerce ont ainsi constitutionnellement une part collective importante d'administration, que leurs représentants peuvent exercer d'un commun accord avec l'État, pour le plus grand bien de la ville de Roubaix. Mais, en fait, le rôle de ce conseil ne serait-il point un peu platonique par suite de l'absence, ici comme dans la plupart des autres écoles du même genre en France, du cerveau dirigeant, du chef investi d'autorité et de responsabilité, de la responsabilité qui donne l'initiative et provoque à l'action, de l'autorité, qui, suivant la vraie étymologie du mot, augmente et fait progresser? L'école est-elle un véritable organisme social? Comme tout organisme, a-t-elle une vie interne, active, une vie externe, féconde; c'est-à-dire, pour employer une comparaison physiologique, une vie de nutrition, de sensibilité, d'influence et d'impulsion sur le milieu industriel où elle a été créée? Les écoles d'art et d'industrie ne sauraient être assimilées d'aucune façon aux autres institutions d'instruction publique. Elles ne peuvent vivre et prospérer, recruter des élèves et les former, faire sortir de leur enseignement toutes les conséquences économiques qui y sont enfermées, qu'à la condition absolue d'être en relations intimes et constantes avec les industries, d'en connaître parfaitement la situation, les désirs et les besoins. Ce que d'illustres savants ont écrit éloquemment, dans des circonstances récentes[1] sur la collaboration restreinte qui existe, en France, entre la Science et l'Industrie, et sur les dangers qui en résultent pour la prospérité économique du pays; alors qu'en Allemagne, en Suisse, etc., l'une et l'autre sont étroitement alliées en vue de la conquête incessante de progrès nouveaux dans les méthodes et les procédés de fabrication, peut s'appliquer, avec non moins d'opportunité, aux questions d'art et d'industrie. L'indifférence ou l'insouciance réciproque, qui, d'une façon à peu près générale, caractérise les rapports entre les industriels et les artistes, est une des plus tristes constatations que j'ai eu à faire, au cours de cette enquête. Aucune passion pour le développement de l'industrie ne pousse les artistes à rechercher la société des industriels, à fréquenter les usines et les ateliers; et, de leur côté, les industriels n'ont pas la préoccupation de tenir les artistes au courant de leurs besoins, de leurs essais et de leurs innovations. Pour les artistes attachés aux écoles, l'enseignement est une fonction exclusive, qui ne s'étend point au delà des programmes et des règlements; leur action extérieure se

(1) Discours de M. Berthelot au deuxième congrès international de chimie. Compte rendu par M. Moissan du Rapport de M. Haller sur l'Exposition de Chicago. Rapport de M. Joubert sur l'Exposition de Genève. (*Science pure et Science appliquée*, par M. Lauth.)

confine en l'utilisation de leurs connaissances par un enseignement privé ou dans le placement de leurs œuvres; et les industriels ne voient en eux que des professeurs ou des fournisseurs intermittents, dont la situation sociale, presque toujours fort modeste, sinon parfois précaire, est un obstacle infranchissable à des relations intimes et suivies. Il y a là, évidemment, un malentendu, infiniment regrettable, dont les conséquences sont funestes, et qu'il est urgent de faire disparaître, comme on en a actuellement le souci, dans le monde scientifique, par l'organisation dans quelques grands centres — Lyon, Nancy, Lille — de laboratoires d'application confiés à des hommes d'une haute autorité, qui s'intéressent activement aux industries et se donnent pour mission de les faire bénéficier directement de leurs recherches et de leurs travaux. Cela revient à dire, en résumé, que les écoles d'art provinciales, de ce qu'elles sont actuellement, de simples institutions d'enseignement élémentaire pour les apprentis et pour les ouvriers, pourraient devenir, elles aussi, simultanément, des laboratoires artistiques, où les industriels viendraient se renseigner sur le mouvement des idées en matière de décoration, étudier, en commun avec les artistes, les moyens pratiques pour renouveler constamment leur production. De même qu'au point de vue scientifique, à l'opinion des savants, cette organisation, qui existe à l'étranger depuis longtemps, doit être tenue pour l'origine du développement extraordinaire, imprévu, qu'y ont pris les industries dans lesquelles intervient la science; au point de vue artistique, le fonctionnement et les résultats d'une organisation analogue, déjà ancienne, ne sont point différents. Les dernières statistiques sur le commerce extérieur de l'Allemagne en offrent, hélas! un témoignage irrécusable.

Urgence d'une association d'art et d'industrie à Roubaix.

Cette situation de l'École nationale des arts industriels fait craindre que toutes les conditions essentielles du fonctionnement d'un organisme social, bien constitué et très vivant, ne soient pas remplies. N'y manquerait-il point, surtout, pour préciser, ce qui a contribué à rendre si puissantes les institutions du même genre à l'étranger, surtout en Allemagne, — dont l'enseignement n'est pas supérieur à celui de l'école, puisque beaucoup de nos voisins et de nos concurrents n'ont pas hésité à s'en inspirer comme programmes et méthodes — : l'application directe et complète du principe de de l'association? Il existe à Roubaix, sur cette question, bien des préjugés et des préventions. Sous prétexte de ne point porter atteinte à l'individualisme — un individualisme que les traditions et les mœurs ont développé plus que partout ailleurs et qui fait que chacun travaille dans son coin, non sans mystère, — on se montre réfractaire à l'association. C'est une erreur qui doit être combattue avec la plus vigoureuse énergie, car elle constitue un grand péril industriel et social. Comme le prouve aujourd'hui irréfutablement la science, en tout l'individu est fin, l'association est moyen. Tout, qu'il s'agisse de chimie, de biologie, de sociologie, est association, groupement, combinaison ou synthèse, aboutit au développement de l'individu, sans qu'il perde une parcelle de sa personnalité et de son indépendance, alors que l'isolement n'est pour lui que misère, détresse, atrophie et mort.

Mais, rien, en argumentation, ne vaut mieux qu'un exemple. Je vais citer celui de l'École impériale d'art et d'industrie de Vienne. (Rapports de missions, 1er vol., pages 109-116.)

La direction de l'école et du musée qui lui est annexé a pris l'initiative de la création d'une société, comprenant les chefs des grandes et petites maisons d'industries, des artistes, des dessinateurs, des décorateurs et les membres des comités d'administration de toutes les institutions qui ont pour but le développement des industries. Cette société a pour programme d'établir entre l'école, le musée, les industriels et les artistes, des relations intimes et constantes, par des publications périodiques, par des réunions fréquentes, par la communication permanente de tout ce qui peut intéresser les associés, informations, documents d'études, œuvres nouvelles, etc. ; de tenir incessamment, avec précision, l'école, le musée et les fabricants au courant de tous les outillages et procédés nouveaux de production, des méthodes artistiques et industrielles nouvelles, des progrès en tous genres de la concurrence étrangère ; d'assurer enfin des débouchés de travail et des places industrielles aux élèves anciens et nouveaux. Et à la tête de cette société a été mis le directeur de l'école lui-même. L'institution, — aujourd'hui à la fois école, musée, exposition permanente, conservatoire d'arts et métiers, laboratoire d'expériences, etc., — est devenue ainsi le centre de tout le mouvement artistique, le cœur et le cerveau des industries de la cité.

Tous ceux à qui j'ai fait part de cette organisation superbe — chefs d'industrie, artistes, ouvriers et administrateurs publics — ont été unanimes à me déclarer, malgré leur goût pour l'individualisme, que, le jour où l'École nationale des arts industriels de Roubaix aura pour annexe une association analogue, avec le même but et les mêmes résultats, toutes les hostilités, toutes les préventions, tous les préjugés qui ont fait jusqu'ici obstruction au développement de son action et de son influence, disparaîtront. A défaut d'autre motif, l'intérêt attirera les indifférents et convertira les réfractaires.

Je n'ai pas une autre conclusion, plus logique et plus pratique, à donner à mon étude sur Roubaix.

TOURCOING.

Le travail de la laine, de temps presque immémorial, a été la grande industrie de Tourcoing. Un traité passé en 1173 par Philippe d'Alsace, pour la vente en Allemagne des draps et étoffes, fait mention de ses « serges, tripes, camelots ». Cette fabrication avait pris une extension telle, en 1491, que Maximilien d'Autriche accordait à la ville le privilège d'une foire franche. L'acte constatait que « les draps qui y sont faits et ouvrés sont connus, renommés et requis en plusieurs royaumes, pays et lieux étrangers et lointains », que « ledit lieu de Tourcoing est journellement fort hanté et fréquenté de plusieurs marchands étrangers et autres personnes ». La Chambre de commerce de Tourcoing, qui a l'orgueil, bien légitime, de sa haute et lointaine noblesse industrielle, a fait frapper en jeton de présence et d'honneur une plaquette d'argent qui rappelle cet événement fameux.

Un acte de Philippe II, en 1563, établit que « la ville de Tourcoing est fort haulte habitée à cause de la manufacture y exercée ». Le 13 mars 1609, le conseil de l'archiduc d'Autriche réglementait les ouvrages de bourregeterie dans la châtellenie de Lille et réservait la fabrication des tripes, bourras et futaines aux bourgs de Roubaix et de Tourcoing. Une ordonnance de Colbert, de 1673, désignait les villes de Lille et Tournai pour être le dépôt et l'intermédiaire des produits de la fabrication de damas-laine de Tourcoing. En 1789, 360 métiers avaient fourni environ 1,500 pièces de molletons. On fabriquait également les calmandes, les camelots, les serges de Nîmes ou bourras, les satins-laine, les prunelles, les ras ou tricots calmouks. Une statistique du commerce accuse comme valeur de fabrication des tissus de laine : 1,845,275 fr. en 1813 ; 1,685,640 fr. en 1814 ; 1,892,525 fr. en 1815.

La manufacture de tapis est l'une des branches les plus importantes de l'industrie de Tourcoing. Bien que d'origine ancienne, elle ne se révèle, dans les documents publics, qu'à l'époque de l'Exposition de 1827 où figurèrent, pour la première fois, les tapis moquettes. En 1839, on évaluait la production de Tourcoing, en ce genre, à 600,000 fr. En 1858, Tourcoing produisait pour deux millions de francs de tapis, avec 1,100 ouvriers qui gagnaient : 3 fr. les hommes et 1 fr. 25 c. les femmes. Un rapport sur l'Exposition de 1862 s'exprime ainsi : « Immédiatement après Aubusson, c'est Tourcoing, Beauvais et Nîmes qui sont à présent les lieux principaux de la fabrication des tapis français, et ce sont les villes de Nîmes et de Tourcoing qui ont envoyé à l'exposition les plus beaux produits en moquette, en chenille et en velouté. La moquette surtout est fabriquée en grand à Tourcoing. Il est vrai que rien n'a coûté pour faire réussir en France une fabrication si intéressante. Le progrès industriel ne s'y est pas ralenti un seul jour et toutes les ressources d'un lieu si bien choisi ont été concentrées pour obtenir les résultats les plus avantageux. » Il y a quelques années, une véritable innovation a été apportée dans cette branche d'industrie par l'adjonction de la fabrication du tapis d'Orient qui ne se produisait pas encore en France.

La plus récente statistique de la Chambre de commerce donne les chiffres suivants pour l'industrie de la laine :

Peignage : 12 établissements ; 449 peigneuses ; valeur industrielle : 23 millions de francs ; 4,800 ouvriers ; 6 millions et demi de salaires ; production annuelle : 18,500,000 kilogr. pour 9 millions et demi de francs de façons. Filature de laine : 69 établissements ; 417,000 broches à filer et 118 à retordre ; valeur industrielle : 18 millions et demi de francs ; 6,200 ouvriers ; 620,000 fr. de salaires ; production : 17 millions de kilogrammes valant 71 millions de francs.

Fabrication de tissus ; tissus pure laine pour robes, draperie, satin de Chine, tissus fantaisie mélangés, draps molleton, tissus Jerseys, confections pour dames ; 4,090 métiers mécaniques, 2,140 métiers à la main ; 4,649 ouvriers ; production : 60 millions de francs. Fabrique de tapis et d'ameublement : 350 métiers mécaniques et 340 métiers à la main, dont un certain nombre de haute lisse pour le tapis d'Orient dit à points noués ; 1,000 ouvriers ; production : 13 millions. Au lainage, il faut ajouter la filature de coton, qui n'occupe pas moins de 4,200 ouvriers et donne lieu à un mouvement d'affaires de plus de 25 millions de francs. Une industrie aussi importante par le nombre des ouvriers et par le chiffre de ses opérations commerciales fait supposer l'existence d'un vaste ensemble d'institutions de tous genres, puissantes, riches, pour l'instruction professionnelle et artistique des patrons, contremaîtres, ouvriers et apprentis : école d'art, école industrielle, école d'apprentissage, cours du soir, musée d'art et d'industrie, bibliothèques, association de propagande et de développement. De tout cet organisme normal pour une ville comme Tourcoing, il ne fonctionne que les deux premières parties, l'école d'art et l'école industrielle, l'une privée, l'autre municipale, installées dans de vieux bâtiments qui n'ont pas été faits pour leur destination actuelle, et qui ensemble ne réunissent pas plus de 400 élèves. En venant de Roubaix, la ville sœur, mais ennemie de Tourcoing, après avoir visité l'École nationale des arts industriels, on est péniblement surpris du contraste ; et l'on regrette que la lutte si ardente d'amour-propre et d'intérêt qui existe entre les deux villes n'ait point encore inspiré à celle-ci l'ambition de surpasser ou tout au moins d'égaler celle-là sur le terrain de l'instruction. On a souvent moins bien appliqué cet antagonisme traditionnel.

Les Écoles académiques. L'institution pour l'enseignement de l'art porte, comme hier celle de Lille, le titre d'Écoles académiques ; le programme d'études et les règlements n'en sont pas différents. Il y a quatre ans, le fonctionnement et les résultats étaient identiques ici et là : même anarchie, même indiscipline, même dédain pour les carrières industrielles, même exode perpétuel vers Paris. Tout à coup, sur l'initiative et les conseils de l'inspecteur de l'enseignement du dessin dans la région du Nord, le comité d'administration de l'institution, reconnaissant les préjudices considérables causés à la ville par une pareille situation, change purement et simplement le personnel professoral de l'établissement ; aujourd'hui, tout marche à la satisfaction générale, et donne d'excellents résultats. Tant il est vrai que les programmes, les méthodes et les règlements ne valent que par l'application qu'en font avec énergie et sincérité des hommes intelligents, actifs, dévoués, bien pénétrés de leur haute mission sociale. Le professeur de la classe de peinture fait suivre rigoureusement à ses élèves des cours très sévères et très longs de dessin d'après l'antique, d'études d'après nature, fleurs et modèles vivants ; exige des connaissances sérieuses d'anatomie, l'assiduité absolue aux leçons d'histoire de l'art ; et, combinant ingénieusement l'enseignement simultané de la peinture de portraits, de la peinture de paysage et de la peinture décorative, arrive à former des ornemanistes habiles. Dans la classe de sculpture, où l'on travaille pratiquement le marbre, la pierre et le bois, où l'on produit déjà des pièces décoratives remarquables, d'un emploi usuel, telles que panneaux de porte, piédestaux de statue, frontons de meubles, monuments funéraires, cariatides de balcons, etc., maîtres et élèves réclament avec instance l'organisation d'un cours d'après le modèle vivant. Les lauréats des concours ne s'en vont point à Paris, pas même à Lille ; ils restent à Tourcoing, dans le pays, et y font leur situation comme esquisseurs pour les tissus, peintres décorateurs, et sculpteurs ornemanistes pour l'ébénisterie et pour le bâtiment. Aussi, la municipalité s'est-elle prise d'un vif intérêt pour cette institution qu'elle avait jusqu'à ce moment pour ainsi dire abandonnée, lui concédant, même avec regret, un budget dérisoire et des locaux délabrés, dans les bâtiments d'un ancien hôpital. Elle a voté tous les crédits réclamés pour les nouveaux cours ; et elle vient de décider la construction d'un édifice spécial qui ne coûtera pas moins de 300,000 fr. Malheureusement, l'école n'a point encore réussi à conquérir les industriels ni le public. Les chefs de cabinet de dessin, les architectes, les décorateurs lui sont même hostiles par la crainte de la concurrence future des élèves qui en sortiront désormais fort outillés pour le « strugle for life » ; et, loin de favoriser la fréquentation des cours par les jeunes gens employés ou apprentis, ils font ce qu'ils peuvent pour les en détourner. Aux doléances touchantes du président du comité d'administration et des professeurs de l'école sur l'absence de visites d'industriels, je n'ai pu que répondre ce que je disais la veille aux administrateurs de l'École nationale des arts industriels de Roubaix : « Il faut aller à la montagne puisque la montagne ne vient pas à vous. »

Actuellement, l'école compte 176 élèves. Les cours de peinture et composition décorative en ont 53, classés ainsi corporativement : 18 peintres décorateurs ou peintres en bâtiment ; 11 dessinateurs pour tissus, 7 écoliers,

5 employés de commerce, 3 sculpteurs ornemanistes, 2 ouvriers tisseurs, 2 employés d'architecte, 1 peintre verrier, 1 ébéniste, 1 mécanicien et 1 chromolithographe.

Les cours de sculpture et de modelage sont suivis par 8 élèves seulement : 2 sculpteurs sur pierre et sur bois, 2 marbriers, 1 ébéniste, 1 menuisier et 2 élèves-architectes. Dans la classe d'architecture, il y a 3 ébénistes, 1 mouleur, 2 employés de commerce, 2 écoliers, 1 maçon, 1 tailleur de pierre et 1 horloger.

L'École de tissage et de filature.

En 1887, il se constituait, sous le patronage de la Chambre de commerce, une société civile, dans le but de fonder à Tourcoing une école spéciale pour les industries de la filature et du tissage. Le fonds social était de 1,800 fr. divisé en 18 parts de 100 fr. Aussitôt constituée, la Société faisait appel au concours des industriels et des négociants pour former par des souscriptions individuelles et libres le capital nécessaire au fonctionnement de l'institution. Jusqu'ici, ce capital, essentiellement variable, s'est élevé à 200,000 fr. Le conseil d'administration expose ainsi le programme de l'école dans ses statuts :

La pensée qui a présidé à la création de l'école a été de vulgariser, dans le sens le plus large, les bienfaits d'un enseignement technique et professionnel. Pour ce motif, l'école comprend deux séries de cours pour chacune des trois spécialités : filature de coton ; peignage et filature de laine ; tissage mécanique.

Cours du jour.
Cours du soir.

Les cours du jour s'adressent plus particulièrement aux jeunes gens qui ont fait les études scientifiques classiques et qui voudraient étudier à fond l'industrie textile et les sciences qui s'y rattachent immédiatement. Ces cours sont distribués de façon à permettre l'étude simultanée de plusieurs spécialités.

Les matières faisant l'objet de l'enseignement des cours du soir sont limitées au seul enseignement technique. Ces cours ont pour but de faciliter aux ouvriers la connaissance approfondie des machines dont ils se servent dans l'usine. Ils sont donc essentiellement pratiques.

Une année d'études suffit en général pour se familiariser avec les principes et la pratique des machines pour le travail du coton ou de la laine ; mais les élèves qui le désireraient peuvent reprendre soit l'ensemble, soit une partie du cours de technologie pour se perfectionner davantage dans leur spécialité.

Deux années sont indispensables pour compléter les cours de fabrication.

Le conseil, dès le début, décidait que l'école serait organisée sur un pied manufacturier, avec l'outillage le plus perfectionné, dans toutes les parties de l'enseignement technique pratique. Les cours du soir devaient être gratuits; une rétribution pour les cours du jour était fixée à 300 fr. pour une spécialité et à 400 fr. pour deux ou plusieurs.

L'école a été installée dans une ancienne usine, dont les dimensions — plus de 600 mètres superficiels et deux étages avec rez-de-chaussée — ont permis l'aménagement de vastes ateliers et salles de cours. Le programme primitif a été complété par des cours de chauffage et d'électricité. Les ateliers comprennent, dans la section du peignage, deux peigneuses Offerman-Ziegler et Lister, un chargeur Lister, un gill-box Skène et Devallée et une cardeuse Delctombe; dans la section de la filature de laine, 3 machines de préparation pour dix passages et un renvideur de 240 broches, dernier modèle; dans la section de la filature du coton, une carde à chapeaux tournants, système Platt, une carde à rouleaux, un banc d'étirage, deux bancs à broches en gros et en fin, un continu à filer de 48 broches et un renvideur de 120 broches. Pour le tissage, il n'y a pas moins de 12 métiers à la main, anciens ou Jacquard et 3 métiers mécaniques. Une partie de cet outillage a été offert gracieusement à l'école par leurs constructeurs ou par des industriels : la Société alsacienne de constructions mécaniques de Mulhouse, MM. Tiberghien frères, Nuyts, Lorthiois frères, Dobson et Barlow de Bolton, John Mason de Rochdale, Platt d'Oldham, Deletombe, Skène et Devallée, Tampleu de Lille. Sans doute aucun, si la société disposait de plus grands ateliers et d'une installation moins modeste, les dons seraient encore plus nombreux de la part des constructeurs, et seraient complétés par des prêts temporaires importants; ils constitueraient bien vite un véritable conservatoire de mécanique pour les industries du tissu, comme cela s'est produit à l'école de Crefeld. Tout l'outillage mécanique est mis en action par des moteurs à électricité. Le directeur, qui professe le cours de tissage, a fait ses études aux écoles de Mulhouse et de Crefeld.

Le chiffre des élèves des cours du jour est de 22. Dans ce nombre, le conseil de l'école a la vive satisfaction de compter plusieurs jeunes gens appartenant à des familles de grands industriels. Le jour de ma visite, le président de la Chambre de commerce annonça au directeur la présentation, en 1897, de son second fils, le premier est déjà élève depuis deux ans; et le secrétaire général de la société, celle, à la même époque, de ses deux garçons.

En ce qui concerne l'enseignement technique, l'école donne d'excellents résultats ; le conseil peut citer avec fierté deux anciens élèves chefs de fabrication dans des tissages de Tourcoing et de Roubaix ; cinq contremaîtres dans des filatures ; un mécanicien en chef dans une grande usine, et un grand nombre d'élèves des cours du soir devenus des ouvriers et des employés fort habiles, qui malgré leur jeune âge gagnent des appointements et des salaires élevés. L'enseignement artistique a tous les soins du conseil et de la direction ; ils ont rendu obligatoires le dessin et la composition pour l'obtention du diplôme de tissage ; et le professeur doit en pousser assez loin les cours pour que les lauréats puissent devenir esquisseurs et chefs d'ateliers d'échantillonnage. D'ailleurs, la plupart des élèves des classes du jour suivent les cours du soir des Écoles académiques. Le conseil de l'École industrielle désire même qu'il puisse, pour cet enseignement, s'établir une plus grande connexité entre les deux institutions.

De la réalisation de ce désir à l'idée d'un établissement public, il n'y a qu'un pas, qui ne serait point difficile à franchir ; et l'on aurait à peu de frais, immédiatement, une École des arts industriels analogue à celle de Roubaix, si malheureusement des circonstances particulières, d'un ordre étranger aux questions d'instruction, n'y venaient faire obstacle. La municipalité et la Chambre de commerce sont en état de conflit. La municipalité est propriétaire de la Condition des laines de Tourcoing, et en tire annuellement un revenu d'environ 300,000 fr. La Chambre de commerce reproche à la municipalité de ne point consacrer spécialement, tout ou partie au moins de cette somme, au développement de l'industrie textile qui la fournit entièrement, puisqu'elle est constituée par les seules redevances des fabricants; elle cite notamment, comme exemples de cet exclusivisme, le refus de la municipalité, en 1886, de fonder l'École industrielle de filature et de tissage, dont l'idée lui avait été soumise plusieurs fois, et aujourd'hui encore celui d'accorder à la société qui a créé l'école la moindre subvention. La municipalité ne veut rien entendre, paraît-il, aux propositions de cession ou de rachat de la Condition. Alors, à l'instigation de la Chambre de commerce, les fabricants de lainages ont manifesté l'intention de fonder une Condition libre; et, de ce fait, la municipalité serait dépossédée de son monopole ; car ni la loi ni aucun règlement public ne peut contraindre les fabricants à s'adresser à la Condition municipale. La situation en est là. Un haut arbitrage mettant les parties d'accord, au mieux des intérêts de l'industrie textile de Tourcoing, qui, en somme, est la source de la fortune de la ville, serait opportun et bien accueilli. La reconstruction des bâtiments des Écoles académiques, l'urgence d'un nouveau local pour les ateliers de l'École industrielle, pour les laboratoires qui lui manquent, pour les collections technologiques et artistiques à organiser, la création d'un Musée d'art industriel, dont la Chambre de commerce, les industriels et les négociants reconnaissent l'utilité immédiate, sont autant de bases de conventions pour arriver à une solution rapide du conflit.

Proposition d'un Musée d'art, d'industrie et de commerce à Tourcoing.

La municipalité, en la personne du maire, est déjà conquise au projet de ce musée, qui, en attendant une construction spéciale, trouverait dans l'hôtel de ville, près du Musée de peinture, nouveau et fort intéressant, une large hospitalité : une immense galerie, avec salles annexes, étant actuellement sans emploi. Sur le principe des collections artistiques et technologiques, la Chambre de commerce et les industriels sont unanimes de vues et d'opinions ; leur création est inscrite dans les statuts de la Société industrielle ; il n'y avait jusqu'ici de divergences que sur l'opportunité de l'organisation du service de renseignements universels et internationaux, de consultations techniques, et d'expériences collectives de laboratoires, qui doit en être le complément. Mais, après avoir exposé, à la réunion du conseil de l'école à la tête duquel est le président de la Chambre de commerce, le fonctionnement normal, consacré par bientôt vingt années d'expériences, d'institutions étrangères analogues, notamment du Musée oriental et commercial de Vienne, où l'art, l'industrie et le commerce sont unis étroitement, indissolublement même, et qui sont devenus de véritables services publics auxquels les représentants de l'État dans tous les pays du monde doivent une collaboration officielle, effective et permanente, j'ai pu constater, avec une grande joie, que les préventions qui servent généralement à juger en France ces questions avaient fait place à une unanime approbation, suivie de l'expression très nette d'un vœu tendant à ce que Tourcoing puisse être prochainement doté d'un musée rendant les mêmes services à ses grandes industries.

CALAIS.

L'industrie de la dentelle mécanique.

Depuis quelques années, Calais traverse une crise industrielle terrible. La production des tulles et dentelles, qui avait atteint, en 1881, 110 millions de francs, est tombée à 40 millions en 1888; après s'être relevée un peu en 1894 — d'une vingtaine de millions, — elle a subi, en 1895, une dépression nouvelle qui n'a fait que s'accentuer dans l'année présente. Si l'on songe que, en temps normal, la fabrique, avec ses 1,800 métiers répartis dans une cinquantaine d'usines, et par toutes les opérations qui précèdent et suivent le tissage mécanique, occupe 3,500 ouvriers, aidés par 4,500 femmes et 1,500 enfants, 1,800 metteurs en carte, dessinateurs, mécaniciens et employés, 15,000 ouvrières, effileuses, découpeuses et écailleuses, soit plus de 26,000 personnes, il est aisé de se rendre compte de la gravité d'une situation où le travail et par conséquent les salaires sont diminués de moitié. Les causes de cette crise sont multiples et d'ordres divers : économiques, industrielles et sociales. En vendant à vil prix, au lieu de les détruire, les métiers bobins et autres qui précédèrent les « leavers » actuels, Calais s'est créé à lui-même la concurrence de certains centres, en France, Caudry, à l'étranger, Varsovie, etc., de production inférieure sans doute, mais intensive et à bon marché. Malgré les avertissements, par suite de l'esprit invétéré de misonéisme et de présomption qu'une longue période de prospérité inouïe n'avait que renforcé, les industriels se sont laissé distancer par l'Allemagne et par la Suisse dans la fabrication de certains articles, tels que la broderie sur tissu brûlé chimiquement, qui ont conquis la faveur féminine pendant plusieurs années, faisant abandonner les genres par lesquels s'alimentaient régulièrement la plus grande partie des métiers calaisiens. L'invasion de l'industrie par des mœurs nouvelles, importées du dehors, d'Allemagne notamment, a détraqué son organisme. Les fabricants qui créent à grands frais des modèles les voient, sans pouvoir se faire protéger judiciairement, mettre au pillage par la concurrence étrangère et par les petits façonniers que l'usure étrangle, et qui sont condamnés par elle à une perpétuelle contrefaçon. Calais combat avec une certaine énergie la mauvaise fortune, quoique les folies carnavalesques des récentes années de prospérité aient détendu le ressort moral de la population industrielle, autant en surexcitant subitement les ambitions malsaines qu'en brisant en une nuit les situations qui paraissaient le mieux assises. La fabrique semble vouloir entrer très résolument en lutte contre l'Allemagne et la Suisse, rivaliser avec elles de goût et d'originalité. Pour se défendre contre les pillards, intérieurs et extérieurs, rompant avec les traditions d'égoïsme et d'indifférence, elle organise une association de mutualité dans le respect de la propriété individuelle des dessins et l'émancipation des intermédiaires de tous genres qui la ruinent actuellement, par la dépression incessante des prix et la mise en concurrence constante des industriels les uns contre les autres. Les réformes économiques ne sont point du domaine de cette étude. Je ne dois m'occuper que de celles qui ont pour but le développement artistique de l'industrie. La plus importante est celle de l'École municipale d'art décoratif, sur l'insuffisance de laquelle pour donner à la fabrique calaisienne un renouveau d'originalité et de fantaisie, il y a unanimité d'opinions.

L'École d'art décoratif. Un résumé historique de cette institution est nécessaire. En 1878, pour la première fois, il est question, dans les délibérations du Conseil municipal de Saint-Pierre-lès-Calais, de créer un cours professionnel pour les dentelles et les tulles; il vote un crédit de 4,000 fr. — La rivale de Calais, Nottingham, avait créé une école d'art complète pour la dentelle dès 1842. — Mais ce cours ne donne pas des résultats bien appréciables, en raison de ses lacunes nombreuses. Alors, le 20 décembre de l'année suivante, la Chambre consultative des arts et manufactures se réunit à ce propos et déclare qu'il est urgent de le remplacer par une véritable école professionnelle. Dans cette séance, le président donne lecture d'une lettre du maire sur ce sujet, dont il convient de citer le passage suivant : « Il est important que le dessin soit enseigné en vue de la fabrication des tulles, et nous ne pouvons y arriver que si notre école reçoit de suite la direction que les industriels expérimentés de Saint-

Pierre voudront bien lui donner. Dans ce but, je vous prie de faire appel à leur concours pour élaborer un programme que de suite je ferai mettre en pratique. Qu'ils se réunissent et se forment en commission, qu'ils s'adjoignent à la commission municipale déjà nommée et de cette réunion des idées qui seront émises résultera la création d'une école de dessin industriel. Je fais l'application de vos idées, vous me permettrez de collaborer ainsi à votre œuvre. » Le 20 juillet 1880, plus de six mois après, la commission, composée de huit industriels, se réunissait pour la première fois; et, le 14 février 1881, elle tenait une séance définitive où il était donné lecture d'un programme d'organisation de l'école. Un représentant du Ministère de l'instruction publique et des beaux-arts, M. Dutert, inspecteur de l'enseignement du dessin, qui assistait à cette séance, annonçait que le ministère accordait une subvention de 6,000 fr. à la nouvelle institution; et il prononçait un discours que le procès-verbal analyse ainsi : « M. Dutert exprime son étonnement que Saint-Pierre n'ait pas cherché à s'exonérer plus tôt du lourd tribut qu'il paye annuellement à Paris d'où il tire ses esquisses; avec une école de dessin bien organisée, il pourrait avoir des dessinateurs et des esquisseurs sous la main. A l'appui de ce qu'il avance, il cite l'école de Nottingham qui offre à la jeunesse qui se destine à l'industrie une éducation complète dont ce pays tire les plus grands avantages. Il est temps que Saint-Pierre se mette à l'œuvre s'il veut conserver sa réputation et soutenir la concurrence. » Dans les discussions auxquelles donne lieu le programme, il est reconnu, dit le procès-verbal, « que le succès de l'école dépend de la méthode, du talent et du zèle des professeurs, mais qu'il est subordonné aussi à la manière dont les membres du conseil de surveillance et de perfectionnement rempliront leurs fonctions. Le comité de patronage, formé des plus grands industriels de la localité choisis par le maire, a surtout pour objet d'assurer aux élèves dignes d'encouragement des protecteurs éclairés. » Dans une autre séance, le maire demande même que ce comité soit composé non de vingt industriels les plus importants, mais de tous ceux, grands et petits, qui désireront en faire partie, afin de grouper toutes les sympathies autour du nouvel établissement et de créer ainsi des protecteurs aux jeunes élèves qui en sortiront. L'école de dessin fonctionna sous ce régime pendant quatre ans. En 1885, intervint une proposition pour sa transformation en École nationale d'art décoratif et industriel, et le 4 mai, le Conseil municipal nomma pour l'étudier une commission qui adoptait cette proposition, en motivant ainsi sa délibération : « Depuis longtemps, la ville de Saint-Pierre-lès-Calais, berceau et siège de l'industrie des dentelles mécaniques françaises, sentant que par suite de l'absence complète d'institutions techniques, son ancienne réputation et surtout son avenir se trouveraient sérieusement menacés, sinon compromis par la concurrence étrangère, avait, avec raison, considéré l'enseignement des arts du dessin sérieusement organisé et tel qu'il est pratiqué dans les villes d'Angleterre et d'Allemagne, ses rivales, comme la seule planche de salut pour la sauvegarde de ses intérêts... Depuis 1883, la concurrence étrangère toujours grandissante et les caprices de la mode semblent placer Saint-Pierre, malgré tous ses efforts, dans une situation de plus en plus inférieure à celle de ses rivales de l'étranger ; c'est pourquoi, profitant de l'ère de transformation et d'émancipation qui s'opère actuellement pour elle, par sa réunion à Calais, sa voisine, la nouvelle cité qui s'appelle aujourd'hui Calais, avant de tracer le programme des deux écoles fusionnées, croit le moment opportun pour faire de nouveau appel à l'État. » On rappelait dans le rapport le projet de convention qui avait déjà été élaboré deux ans avant : offre d'un terrain de 2,000 mètres carrés ; matériel scolaire, livres, instruments appartenant à l'école municipale actuelle ; versement par la ville d'une somme de 350,000 fr., à titre de subvention pour la construction des bâtiments et une somme annuelle de 10,000 fr. à titre de participation aux dépenses du fonctionnement de l'école. L'état des frais de construction des bâtiments devait s'élever à un million de francs. Le Conseil municipal n'adopta pas ce projet ; c'était un malheur pour Calais. L'école resta une institution municipale, administrée par une commission de onze membres, neuf choisis par le maire et deux nommés par l'inspecteur régional de l'enseignement du dessin, et simplement soumise à la surveillance des délégués du Ministère de l'instruction publique et des beaux-arts qui accorde une subvention.

L'école ne prospère point. Les cours les plus indispensables pour l'industrie locale sont négligés ou abandonnés ; l'indiscipline règne parmi les élèves, qui font à peu près ce qu'ils veulent comme fréquentation des cours. J'en trouve les témoignages dans les rapports mêmes de la direction et du président du conseil d'administration. En avril 1886, il est dit : « Le président, se basant sur les résultats qu'en retour des sacrifices qu'il s'impose, le ministère est en droit d'attendre de notre école au point de vue de l'art, invite M. le directeur à faire enfin commencer l'étude de la fleur d'après nature aux plus forts d'entre ses élèves afin de les amener bientôt à la composition et enfin à l'esquisse de la dentelle. Sur la réponse qui lui est faite par le directeur qu'aucun de ses élèves n'y consentira, le président invite le comité à vouloir bien se rendre à bref délai au cours du soir, afin de faire connaître aux intéressés sa décision relative au but de l'école et aux moyens pour y arriver. La fleur formant la base du dessin de dentelles, il n'y aurait plus lieu de laisser participer à l'école les élèves ne voulant pas répondre au but pour lequel elle a été principalement créée. » Le cours de mise en cartes n'étant plus fréquenté que par six jeunes gens, on ouvre un concours pour l'admission de nouveaux élèves ; le concours, faute de candidats sérieux, ne put avoir lieu. En 1887, le directeur signale un fait étrange : « Le chiffre des présences réelles accuse une diminution légère dans les cours supérieurs de dessin d'imitation et de dessin linéaire. Dans mon désir de pousser les élèves vers la composition, j'ai exercé une pression considérable en ce sens ; j'ai fait savoir que la commission était décidée à réserver les plus hautes récompenses à la composition décorative ; l'effet de cet avertissement a été immédiat : les rangs se sont éclaircis. De plus, l'appel fait à toutes les écoles par l'Union centrale des arts décoratifs arrivant à l'improviste et nécessitant un effort de la part des élèves, faillit vider l'école. » Dans le procès-verbal d'une séance, en date d'octobre 1887, où il est procédé à l'installation du conseil d'administration de l'école qui vient d'être renouvelé, on lit ceci : « Le président croit, dans l'intérêt des nouveaux membres, devoir faire une revue rétrospective des travaux et des décisions du conseil depuis la création de l'école pour bien leur faire comprendre les difficultés auxquelles il a été aux prises et qui consistent en majeure partie dans les moyens d'action qui leur manquent à l'égard des élèves dont se désintéressent les parents et les patrons. Il explique qu'il attribue cette situation fâcheuse à deux causes principales : d'abord au trop grand bien-être de notre population qui se désintéresse de tout ce qui touche à l'éducation, c'est-à-dire à l'avenir; ensuite à l'opposition systématique et intéressée des dessinateurs en chef des fabriques qui, jusqu'ici, ont monopolisé, en quelque sorte, la mise en cartes et menacent de renvoyer de leurs bureaux ceux qui auraient l'intention de suivre ces cours, redoutant pour eux la vulgarisation de l'art, c'est-à-dire la concurrence. » Ce n'est point tout. Sous la pression de la corporation des dessinateurs, le Conseil municipal votait, le 23 décembre 1887, la suppression du crédit de 2,000 fr. pour le cours de mise en cartes, sous le prétexte que ses résultats ne répondent pas aux dépenses qu'il entraîne. Le sous-préfet de Boulogne rétablissait d'office le crédit, en vertu de la convention intervenue entre la municipalité et l'État; mais en 1892, une deuxième tentative — également infructueuse — est faite par le Conseil municipal au moyen de la substitution au cours de mise en cartes « d'un cours de dessin appliqué à l'histoire de l'âge des peuples »; et elle se renouvellera bientôt, les membres du Conseil municipal actuel ayant inscrit cette suppression dans leur programme électoral, à la suite d'un compromis avec les délégués de la corporation. L'influence des chefs d'ateliers et des chefs de cabinets de dessin sur les patrons est considérable et joue un grand rôle dans le fonctionnement de la fabrique, parce que sur les 70 patrons, il y en a à peine une dizaine qui soient des techniciens ou des artistes capables de diriger eux-mêmes leurs ateliers. Ce n'est point tout encore. En 1890, le président du conseil d'administration de l'école déplore tristement l'apathie de la plupart de ses collègues qui n'assistent pas aux séances en dépit des convocations multipliées; et, dans son discours à la distribution des récompenses de l'année 1892, il n'hésite pas à blâmer publiquement l'hostilité, sinon l'indifférence pour l'institution de ceux mêmes que leur situation désigne comme des collaborateurs.

Hostilité des dessinateurs contre l'école.

La situation actuelle n'est point différente, si même elle n'a empiré. Des 300 élèves inscrits sur les registres de l'école, la moitié à peine appartiennent à l'industrie; le cours de composition appliquée à la dentelle comprend 10 inscriptions et celui de la mise en cartes, 12 : chiffres, de toute évidence, insuffisants pour les besoins de la fabrique. La plupart des élèves n'achèvent point les trois années d'études imposées par le règlement; aussitôt qu'ils paraissent avoir appris quelque chose, ils restent ou on les retient dans les ateliers. Ils en savent assez pour être utilisés à des travaux d'adaptation et gagner ainsi quelque chose; ils en sauraient trop et constitueraient une concurrence aux dessinateurs et aux metteurs en cartes, s'ils continuaient à fréquenter les cours. L'incurie des parents et des jeunes gens est inconcevable. D'après les renseignements qui m'ont été fournis par des chefs d'ateliers, un jeune homme, ne sortant de l'école que ses études achevées, sachant « esquisser » proprement et faire la mise en cartes, gagnerait tout de suite 100 fr. par semaine, malgré l'état de crise de la dentelle. Aujourd'hui que les salaires des artistes employés dans l'industrie sont tombés de 20,000 fr. par an à 4,000 et 5,000 fr.; que la moitié au moins n'a plus de travail, que chaque année de grandes usines licencient leur personnel et se ferment; l'hostilité contre l'école est devenue encore plus aiguë et plus active. Cependant, il y a nécessité absolue à ce qu'une institution puisse donner aux ateliers qui en manquent des dessinateurs capables de composer et non de simples adaptateurs d'esquisses parisiennes et étrangères. Les informations recueillies au sujet de la provenance de ces esquisses sont très curieuses. Deux patrons, avec force réticences et hésitations, m'avouent qu'ils commandent toutes leurs esquisses à Paris; le principal fournisseur est un artiste très réputé. Ils reconnaissent que ce système ne laisse pas d'être très dangereux au point de vue de la contrefaçon; mais son adoption leur est imposée, l'école ne pouvant fournir actuellement des esquisseurs assez habiles. Un autre me déclare qu'il fait exécuter tous ses dessins à Calais par un bureau particulier de dessinateurs, dans le but d'échapper aux conséquences de la contrefaçon et pour assurer à sa production un caractère très personnel, ce en quoi il a parfaitement réussi; or l'école, ajoute-t-il, n'est pas en mesure de lui offrir les éléments de ce cabinet. Beaucoup d'industriels qui font de la valenciennes et des articles à « barres indépendantes » ont dû faire venir de Nottingham des metteurs en cartes pour cette spécialité, Calais n'en possédant qu'une dizaine, chiffre très insuffisant pour la place, et l'école n'en formant point de capables de rendre des services sérieux. Sur ma requête instante, un fabricant des plus renommés m'explique ingénument le

Organisation artistique de la fabrique calaisienne.

procédé employé par lui pour la création de ses dessins. Une série de modèles anciens se rapprochant, comme style et dispositions, de la composition désirée est communiquée au dessinateur, qui prend ici, là et ailleurs, cinq, dix morceaux et en fait une macédoine, sous l'inspiration d'un hasard plus audacieux que fécond. Le dessin est tout, pourtant, dans l'industrie du tulle et de la dentelle; c'est exclusivement par le goût, l'originalité et la grâce des compositions que les fabriques rivales peuvent établir entre elles une prééminence. « Les produits de Nottingham, écrivait le rapporteur de la Commission des valeurs en douanes, dans le dernier compte rendu officiel de ses travaux, paraissent s'imposer à la consommation par leur bas prix et par le grand choix de leurs dessins. Ils diffèrent du reste tellement des nôtres par la qualité et le style qu'ils ne nous font pas une concurrence directe. » Et là, peut-être plus encore qu'ailleurs, en raison des habitudes commerciales, s'impose la nécessité d'artistes ayant acquis, par une haute instruction, une sûreté et une fécondité d'imagination exceptionnelles. La mode ne se crée point dans l'industrie calaisienne de la même façon qu'à Saint-Étienne, à Lyon, à Roubaix, à Bohain, etc. Après s'être informé aussi bien que possible de l'éventualité de succès de tel ou tel genre, de la direction probable du goût féminin pour la saison prochaine, le fabricant commande à ses « esquisseurs » de Paris ou de Calais une série de dessins; s'ils paraissent conformes à ses prévisions, il les fait mettre immédiatement en cartes — très souvent à fort grands frais; tel volant exigera jusqu'à 10,000 cartons qui reviennent à 1 fr. pièce —, et il les donne ensuite à tisser, définitivement, sans aucun échantillonnage. Si les dessins n'ont pas plu, l'opération est désastreuse; les coupes nombreuses de toutes les séries doivent gagner les placards ou être soldées à rabais énormes. Si, au contraire, la clientèle les a adoptés et que des réassortiments en soient demandés au cours de la saison, il y a de beaux bénéfices. Aussi la propriété des dessins est-elle pour la fabrique une question de vie ou de mort. S'il est loisible au commissionnaire, chez qui les cartes de fabricants soumises aux acheteurs ne portent qu'un numéro d'ordre, de faire exécuter, après un léger tripatouillage, par des façonniers à sa discrétion, les dessins qui ont eu du succès, il frustre le propriétaire de tout le bénéfice de son ingéniosité et de son talent. Il s'agit donc de trouver les moyens de rendre cette propriété définitive et indiscutable. C'est le problème dont la Chambre syndicale des dentelles poursuit en ce moment la solution par l'organisation d'une société mutuelle de protection de la propriété artistique.

Depuis longtemps le problème a été résolu à Saint-Gall. La Fédération des brodeurs de cette ville et de la région a constitué, pour la protection de la propriété artistique, une cour arbitrale. Toute plainte en contrefaçon ou contestation entre fabricants sur la propriété d'un dessin est soumise à cette cour, qui, après avoir examiné l'affaire, adresse un rapport technique au comité central de la Fédération; celui-ci prononce alors une amende proportionnelle à la gravité de la contrefaçon. Il y a quelques années un fabricant condamné à une amende de 5,500 fr. en appela au tribunal supérieur cantonal; ce tribunal maintint l'amende et le fabricant n'ayant pas payé fut exclu de la fédération. Les conséquences de cette exclusion furent pour lui si désastreuses que peu de temps après il était mis en faillite et devait quitter le pays.

Les patrons, à très peu d'exceptions, se désintéressent de l'École d'art décoratif, par indifférence pour ces questions d'enseignement professionnel et artistique. Les associations coopératives sont dans le même cas. La Chambre syndicale des tullistes (ouvriers) et la Chambre syndicale des fabricants de tulles et dentelles (patrons) ne s'occupent que de questions de salaires, de tarifs, de droits de douane, de transports maritimes ou par chemins de fer, de grèves, etc. Ainsi, dans le compte rendu officiel des travaux de cette dernière association pour l'exercice 1894-1895, sur 32 questions d'intérêt collectif, agitées, et étudiées avec le plus grand soin, ayant donné lieu parfois à des enquêtes spéciales minutieuses, il n'en est pas une seule qui ait trait à l'enseignement technique et artistique de l'industrie.

Le conseil d'administration de l'école se réunit réglementairement tous les trois mois; il vient deux ou trois membres aux séances; le conseil a institué un roulement par quinzaine de deux membres chargés de suivre les travaux dans chaque section; souvent, l'inspection ne peut avoir lieu faute d'inspecteurs. L'enseignement des deux cours spéciaux à l'industrie locale a subi des modifications très graves du fait de l'absence d'une discipline sévère.

Le président du conseil d'administration avait fait inscrire dans le règlement un concours de dessin pour l'admission au cours de mise en cartes; le concours a été supprimé à la requête du professeur redoutant de n'avoir plus d'élèves; le règlement imposait l'enseignement supérieur simultané de la composition décorative et de la mise en cartes; cet enseignement a disparu pour les mêmes raisons. L'administration municipale n'a jamais témoigné d'une grande sollicitude pour cet enseignement. Dans les rapports des anciens directeurs, je trouve constamment des doléances sur le peu d'empressement à fournir à l'école les documents d'études les plus indispensables. Le service des plantations de la ville n'envoie que des fleurs fanées et des plantes mortes. Lassé de renouveler d'infructueuses réclamations, le président du conseil de l'école prend le parti d'acheter de ses deniers personnels une collection de plantes et de fleurs artificielles! L'école a été ainsi amenée peu à peu à un degré secondaire qui ne lui permet pas d'atteindre le but assigné à l'institution dans l'esprit de ses fondateurs et conformément au traité de la ville avec l'État qui la subventionne: former des dessinateurs pour l'industrie des tulles et des dentelles. L'école créée en vue de la fabrique calaisienne n'a même pas d'outillage industriel pour les démonstrations théoriques et pratiques, soit dans le cours de mise en cartes, soit dans le cours de mécanique. Quand on veut faire exécuter quelques dessins, on doit recourir à l'obligeance d'un patron. Le président du conseil d'administration avait fait don à l'école, il y a quelques années, de deux métiers à échantillons en réduction; on ne s'en est servi que pour une cavalcade, à la suite de laquelle ils ont été brisés; on ne sait même plus ce qu'en sont devenus les morceaux. Et, cependant, l'urgence d'un enseignement pratique sur le métier est unanimement reconnu par les patrons et par les ouvriers. Le maire de Calais, chef du parti ouvrier socialiste, qui est en outre président de l'Association des tullistes, m'avoue nettement que l'ouvrier actuel n'est plus l'ouvrier d'autrefois: il est descendu à la profession de simple rattacheur de fils, incapable de remédier à un accident. Quand quelque chose casse ou s'embrouille dans son « leaver's », il fait appel au contremaître, s'assoit et attend indolemment, en lisant un journal, que le métier puisse reprendre sa marche régulière. Il n'en était pas ainsi il y a vingt ans. L'ouvrier tenait à honneur de savoir régler et au besoin réparer son métier; tous les organes, malgré leur complication, lui en étaient familiers. L'école seule, par des cours de mécanique très bien professés, par des démonstrations scientifiques intelligentes, peut refaire cette éducation technique. L'opinion des chefs d'ateliers est la même. Les conditions économiques actuelles, d'ailleurs, ont rendu l'apprentissage presque impossible sinon très difficile. L'ouvrier gagne trop peu en une journée très longue et très dure pour pouvoir former un apprenti avec la patience et la sollicitude qui sont nécessaires. Le père de famille prend auprès de lui son fils, le fait travailler sous ses yeux, vaille que vaille, afin d'augmenter les maigres ressources familiales. Les mœurs nouvelles font aussi obstacle à la propagation de l'instruction. Un industriel me conte avec tristesse qu'il chargea un jour ses jeunes employés de recruter des camarades ouvriers pour l'école avec la promesse d'une prime d'encouragement; au bout de quinze jours, leur mission était terminée; ils n'avaient trouvé personne qui n'eût préféré à l'école le bar ou la brasserie.

L'organisation matérielle et administrative de l'école n'est point non plus ce qu'elle devrait être dans un établissement créé en vue d'une grande industrie, dont la production exclusivement artistique est soumise à des variations incessantes de mode, de goût, et exige un renouvellement incessant d'idées et de sujets. Son installation plus que modeste dans un local temporaire — depuis 19 ans — ancien établissement de bains et lavoirs, où elle cohabite avec quatre autres services publics : école primaire, bibliothèque populaire, école de chant et école de musique instrumentale, — il n'y manque qu'un cirque, disait un jour, spirituellement, à un maire, l'inspecteur régional de l'enseignement du dessin —, n'est rien moins que faite pour lui donner aux yeux des élèves, des parents et des industriels, cette physionomie et ce caractère d'une grande institution, qui sont déjà un élément de succès social. Le budget est de 20,000 fr., dont 8,000 fr. fournis par l'État. Les professeurs touchent une moyenne de 2,500 fr.; le directeur, qui fait en même temps les trois cours supérieurs de dessin, de peinture et de composition, a un appointement général de 5,000 fr. Dans une ville industrielle où en temps de travail normal un ouvrier ordinaire gagne 100 fr. par semaine, un médiocre dessinateur au moins 6,000 fr. par an, ces rétributions n'assurent point le rang, la respectabilité, l'indépendance et l'autorité indispensables à des fonctionnaires publics de cette catégorie.

Les relations entre l'administration et les industriels, qui devraient exclusivement régler la marche des études, provoquer constamment des travaux nouveaux, servir d'éléments d'enquêtes incessantes sur les évolutions du goût, se bornent à celles, fort intermittentes et hiérarchiques, qui sont amenées par les réunions du conseil de perfectionnement de l'école, et aux invitations annuelles à venir voir, lors des distributions de prix, les dessins des élèves, qui sont ensuite enfermés dans des archives.

L'École de Nottingham.

Ce n'est point ainsi qu'est organisée et que fonctionne l'École d'art créée depuis un demi-siècle par la rivale anglaise de Calais, Nottingham. On a installé cette école dans un vaste et superbe bâtiment en fer et briques, qui a coûté près d'un million, entouré de jardins, au centre d'un des plus beaux quartiers neufs. Le budget fourni par la municipalité depuis 1890, est de 40,000 fr., auquel vient s'adjoindre une somme moyenne de 8,000 fr. de primes du South Kensington. 400 ouvriers et apprentis suivent les cours du soir, divisés en deux sections : cours pour ceux qui se destinent à la profession de dessinateurs, cours pour ceux qui veulent simplement se perfectionner dans le métier. Dans la majorité des fabriques, la fréquentation de l'école est imposée aux apprentis. L'enseignement du dessin d'ornement et de la fleur y est très développé. Une serre, toujours abondamment garnie de plantes et de fleurs, est annexée à l'école ; le South Kensington de Londres et le Midland counties art Museum alimentent l'établissement de modèles de broderies et de dentelles anciennes et modernes. Le comité d'administration est exclusivement composé d'industriels qui font de fréquentes visites à l'école, examinent attentivement les travaux des élèves, et constamment confèrent avec le directeur et les professeurs. On a dégagé l'école de toute la partie de l'instruction élémentaire, afin de donner aux cours d'art une plus grande extension ; pour cela, il a été créé dans toutes les écoles primaires et secondaires de la ville des cours de dessin ; en 1889, on en comptait déjà 11 recevant 300 élèves. (Rapports de missions, 5e volume, pages 57-60.)

Il n'existe pas de musée technique et artistique de la dentelle à Calais. Au Musée municipal installé dans les bâtiments du Beffroi, sur la grand'place, se trouve une vitrine de six mètres de large, contenant une cinquantaine de pièces ayant figuré aux Expositions de 1878 et 1889, données par des fabricants, une dizaine d'échantillons d'anciennes dentelles et quelques vieilles mises en cartes. C'est là tout le musée de la fabrique calaisienne. Lors de la déposition des délégués de Calais devant la Commission d'enquête de 1883, l'un d'eux fit l'offre publique de donner, pour fonder un vrai musée, une centaine de mille d'échantillons, représentant toute l'histoire de l'industrie, recueillis par lui et par son père, importateur du négoce spécial de la dentelle et du tulle; il l'a renouvelée maintes fois, sans pouvoir obtenir une acceptation formelle de ce don; de son côté, la Chambre syndicale des dentelles a manifesté à diverses reprises l'intention d'organiser dans ses bureaux un musée spécial d'échantillons; le projet n'est point encore réalisé.

Le Musée de la dentelle à Nottingham.

A Nottingham, le Musée municipal du château contient une section spéciale consacrée à la dentelle et à la broderie, et installée dans une grande galerie particulière. Cette section possède actuellement plus de 1,500 pièces de toutes provenances et de toutes époques, dentelles et broderies de Venise, d'Espagne, des Flandres, de Belgique, de France, de Russie, d'Extrême-Orient, etc. En outre, le musée organise fréquemment des expositions temporaires, au moyen de collections prêtées par des amateurs. En 1878, il y en eut une organisée sous le patronage de la princesse Christian, qui ne compta pas moins de 250 pièces de tout premier ordre et du plus grand prix, provenant des collections de la marquise de Westminster, du duc de Devonshire, de la marquise d'Exeter, de Mme Alfred Morrison, de la comtesse Brownslow, du duc de Westminster, de la marquise de Waterford, du collège de Sainte-Mary d'Oscott, de la comtesse de Charlemont, de la duchesse de Marlborough, du marquis de Bute, de la Compagnie des Poissonniers de Londres, etc. (Rapports de missions, 5e volume, pages 173-174.)

Institution à créer pour l'industrie.

Ce qu'il y aurait à créer à Calais, immédiatement et avec une énergique résolution de faire bien et largement les choses, pour lutter victorieusement contre la concurrence d'une école pareille, c'est un Institut de la dentelle — école et musée, — avec ce programme :

« Au premier degré de l'école, organisation de cours professionnels du soir pour les apprentis et pour les ouvriers, où on leur apprendrait les éléments du dessin et le mécanisme du « leaver's », de façon à en refaire les habiles et complets artisans d'hier.

« Au second degré, organisation, à l'intention des futurs chefs d'industrie et des futurs dessinateurs, de cours diurnes d'art décoratif et de mise en cartes, avec ateliers d'application.

« Un cours supérieur de mécanique, pour former des ouvriers, des contremaîtres et des chefs d'ateliers, capables d'émanciper Calais de Nottingham pour la construction des métiers. Actuellement il n'y a qu'un atelier de mécaniciens qui, depuis peu de temps, a entrepris cette construction.

« Un laboratoire de chimie pour les apprêts, le blanchiment, la teinture et les procédés de brûlage chimique des tissus.

« Un musée contenant à la fois des collections de broderies et de dentelles anciennes pouvant servir de modèles techniques et artistiques aux dessinateurs et aux fabricants ; des collections des produits des centres de la concurrence étrangère : Nottingham, Plauen, Saint-Gall, etc., comme documents d'informations commerciales et industrielles ; et des collections constituant l'historique de la fabrique calaisienne. »

La démolition des remparts entre Saint-Pierre et Calais laisse aujourd'hui des terrains disponibles sur lesquels serait merveilleusement installé cet Institut entre les deux villes, de façon à attirer au musée les étrangers, les voyageurs et les habitants, et à permettre la réunion en un seul établissement des deux écoles actuelles, qui fractionnent inutilement et le personnel et le budget.

Restent les moyens d'exécution d'un projet de ce genre.

En 1880, quand on résolut, à Crefeld, de réformer l'École d'art et d'industrie, qui ne marchait plus, au plus grand détriment de la fabrique de soieries, la Chambre de commerce se réunit et décida de faire appel aux industriels. Le président dressa une liste de souscripteurs, s'inscrivit en tête, recueillit les signatures de ses collègues et fit porter, par le secrétaire de la chambre, la liste chez tous les fabricants et négociants de la place. Le lendemain, à midi, un million était souscrit. L'État prussien donna 500,000 fr.; la municipalité de Crefeld, une somme égale. Un an après, l'école était reconstruite, réorganisée; et de 20 élèves qu'elle comptait en 1879, elle en recevait 120; aujourd'hui il y en a 250.

Je livre aux méditations des industriels de Calais cet exemple, suggestif, d'énergique résolution.

Quelque graves, profondes et nombreuses que soient les causes de la crise qui frappe cruellement Calais, il n'est pas possible qu'une industrie aussi française, puisque sa production est toute faite de grâce, d'élégance, d'originalité et de fantaisie, que le goût en est l'élément essentiel, puisse tomber définitivement en décadence et que l'étranger s'en empare. Un puissant et irrésistible effort doit être tenté, avec une volonté inébranlable de réussir, en vue du relèvement complet de la fabrique des tulles et des dentelles. L'étude de l'histoire industrielle générale nous fait connaître que c'est exclusivement par la création d'organismes nouveaux, artistiques et professionnels, par la mise en pratique des principes de l'association, sous toutes ses formes, que se sont opérées jusqu'ici les résurrections à la vie et à l'activité des industries en péril de mort. Bradford et Saint-Gall, pour citer toujours ces deux exemples contemporains, parce qu'ils sont les plus frappants, n'ont pas employé des moyens différents de se tirer avec rapidité de situations peut-être encore plus critiques; et une prospérité nouvelle, immédiate, a justifié les prévisions de succès basées sur une coopération générale de dévouements et d'énergies pour doter de suite les industries d'un outillage d'école, de musée, de laboratoire, de tribunal d'arbitrage, d'assurances mutuelles, etc., dont l'absence avait été considérée comme l'origine d'un désastre qui ne s'est plus renouvelé.

Cette étude sur Calais, qui révèle les mêmes faits et les mêmes causes, ne pouvait pas aboutir à une autre conclusion.

REIMS.

La laine.

L'industrie rémoise de la laine traverse en ce moment une période d'évolution. Autrefois, Reims avait conquis une universelle renommée par sa production de lainages et draperies de haute nouveauté en laine peignée et cardée, dans ses nombreux ateliers de famille qui possédaient des ouvriers de premier ordre comme habileté et comme goût. Le régime de l'usine à vapeur développa ensuite la fabrication exclusive des articles classiques, unis, qui permettait de faire de gros chiffres d'affaires. Mais la concurrence étrangère s'outilla mécaniquement, elle aussi; et ne tardait pas à devenir formidable, à provoquer un avilissement général des prix en unifiant partout les conditions et les résultats de cette transformation industrielle et économique.

Le rapporteur du jury de la classe de la laine, à l'Exposition universelle de 1889, constatait ainsi cette situation nouvelle : « L'on ne retrouve plus cette fabrication propre à chaque pays en particulier, qui était encore remarquable en 1878. Tissus anglais, autrichiens, russes, belges, français, espagnols, pourraient presque sortir d'une seule et même usine. Le second fait important qu'a produit la vulgarisation du métier mécanique, est une grande tendance à équilibrer les prix de vente. » Concurrencés de partout, les fabricants rémois ont dû rechercher de nouveaux moyens de reconquérir les marchés intérieurs et extérieurs des lainages, en revenant à la fantaisie et à la haute nouveauté, où le goût, l'originalité et la perfection de la main-d'œuvre constituent les éléments essentiels de succès; et, actuellement, ils ne font plus seulement le mérinos, le cachemire, la flanelle et les tissus blancs pour confections, anciens articles classiques de la région, mais aussi la draperie légère pour dames, la draperie laine peignée pour hommes, la nouveauté pour robes, l'écru teint en pièces et le jacquart, etc. Cette évolution s'est opérée si habilement que Reims a l'ambition de faire concurrence à

Roubaix; et même y prétend-on déjà avec orgueil que, pendant la dernière campagne, c'est Roubaix qui aurait copié Reims. Trois maisons des plus importantes se livrent aujourd'hui presque exclusivement à la production régulière du façonné. Pour cela, l'on a dû faire venir des tisseurs et des contremaîtres du Cambrésis, où la tradition du métier d'art s'est conservée; Reims avait perdu tous les ouvriers capables d'exécuter ces nouvelles spécialités; et il y a unanimité de déclarations parmi les industriels sur ce point que, si l'évolution s'étend — ce qui est à prévoir et à espérer — on ne pourra trouver sur place le personnel nécessaire, qu'il y a donc urgence à se préoccuper de le créer.

Dans l'organisation sociale et économique de la fabrique rémoise, on remarque des particularités qu'il est nécessaire de faire connaître pour apprécier exactement la situation actuelle, et pour justifier les propositions ultérieures des réformes ayant pour but de remédier aux inconvénients et même aux dangers qu'elle présente. Autrefois, chaque maison de la rue du Barbâtre contenait un fabricant de draperies; on en comptait près de 200, qui se succédaient de père en fils, d'oncle en neveu; aujourd'hui, l'Annuaire de la ville enregistre sous cette rubrique une vingtaine de noms, dont le plus grand nombre étaient inconnus il y a un quart de siècle; car généralement les chefs de maisons font suivre à leurs héritiers des carrières libérales, et, fortune faite, se retirent des affaires. L'industrie se centralise de plus en plus en quelques établissements à grands capitaux; et le régime de l'usine se substitue à celui de l'atelier familial; le nombre des métiers mécaniques qui, en 1887, était de 8,145, dépasse, en 1896, le chiffre de 15,000.

Actuellement, les ouvriers se forment empiriquement par un apprentissage qui a conservé son caractère d'autrefois, même dans l'usine, grâce aux mœurs patronales rémoises. Les pères prennent avec eux leurs enfants, les exercent au métier progressivement; et, au bout d'un an, peuvent les rendre aptes à gagner un petit salaire; les filles travaillent avec leurs mères dans des conditions analogues. C'est là une particularité si locale qu'elle surprend tout le monde. En visitant récemment une usine, le Président de la République fut tellement frappé de la quantité d'enfants qui s'y trouvaient réunis, qu'il crut devoir remercier son hôte de lui avoir procuré le plaisir d'être fêté non seulement par les ouvriers mais par leurs familles entières, admises aimablement dans les ateliers. On ne croit pas que cette coutume puisse se maintenir longtemps; les nouveaux chefs de maisons ne paraissent déjà plus partisans d'un système d'apprentissage qui crée constamment des difficultés de toutes natures, depuis les lois récentes sur le travail des enfants dans les manufactures et l'extension de l'outillage mécanique. On a bien créé à l'École pratique de commerce et d'industrie un cours de tissage, parallèle à ceux du travail du fer et du bois. Il compte 5 élèves! L'organisation de ce cours, il est vrai, n'est rien moins que favorable à son succès. On n'y donne qu'une *instruction technique primaire*; les parents estiment qu'ils n'ont aucun intérêt à y envoyer onéreusement, pendant deux ou trois ans, leurs enfants pour en faire de simples ouvriers. Tiraillés par les programmes d'enseignement général, les élèves n'ont pas le temps de se livrer aux travaux pratiques qui pourraient leur apprendre le métier. Il y a donc là une anomalie qui explique, s'il ne la justifie, l'indifférence que tout le monde, jusqu'à l'administration de l'école, témoigne à l'égard de ce cours, inutile, sinon dangereux, dans les conditions où il fonctionne; car l'échec complet, évident, indiscutable, qu'on a obtenu peut, dans l'esprit de la population ouvrière, ruiner définitivement une idée dont l'application, conçue et réalisée différemment, donnerait, sans doute aucun, de tout autres résultats. Une concurrence sérieuse au cours de l'École pratique de commerce et d'industrie organisée par une institution privée, en est déjà un témoignage irrécusable.

Pendant ou après l'apprentissage, des jeunes gens ont l'ambition de se perfectionner dans le métier par des connaissances techniques et scientifiques spéciales. La Société industrielle a ouvert des cours dans ce but; ces cours actuellement sont suivis par une centaine d'apprentis et de jeunes ouvriers; l'enseignement, purement théorique, qu'on y reçoit est également insuffisant, par son caractère primaire, pour promouvoir à une situation de contremaîtres, d'employés de fabrique, de chefs d'échantillonnage, etc. Le professeur des cours de tissage de l'École pratique de commerce et d'industrie, qui est très dévoué à l'enseignement industriel, a obtenu l'autorisation d'organiser un cours spécial supérieur, à l'intention de ceux qui veulent pousser plus loin leurs études professionnelles. 6 jeunes gens seuls se sont présentés! Cette organisation, d'ailleurs, ne pourrait recevoir de développement : l'école ne possède qu'un outillage suranné et incomplet.

Devant la Commission d'enquête sur les ouvriers et les industries d'art, le délégué des industriels rémois, M. Bipper, déclarait ceci : « Il faudrait un enseignement spécial qui manque absolument : le dessin appliqué à notre industrie... Nous avons besoin de dessinateurs et de contremaîtres; nous formons ces derniers, mais les dessinateurs ayant le goût artistique nous manquent... Les employés chargés de composer les dessins des étoffes doivent se former le goût; le plus souvent on est obligé d'avoir recours à des dessinateurs de Paris. » Cette déposition était faite en 1883. Depuis ce temps, la situation de la fabrique ne s'est point modifiée sensiblement à ce point de vue. Il y a deux ans seulement, on a créé à l'École régionale des beaux-arts un cours de dessin de fabrique et de mise en carte; et ce cours n'a même pas encore été doté d'un métier d'application. On y compte 25 élèves.

Toutes ces institutions, par leur organisation rudimentaire, incomplète, sont évidemment impuissantes à fournir à la fabrique rémoise le personnel d'artistes et d'ouvriers qui lui est immédiatement nécessaire par suite de son évolution industrielle de l'uni vers le façonné. Une école spéciale, technique et artistique, seule, peut donner satisfaction à ses besoins et à ses vœux. Il n'y a pas dissentiment d'opinions à cet égard parmi les fabricants. Et ce n'est pas d'aujourd'hui qu'on en a la préoccupation. En 1885, la Société industrielle entama des négociations avec le Gouvernement pour obtenir l'autorisation d'une loterie, destinée à fournir les fonds nécessaires pour la fondation d'une école de ce genre; elle fit des propositions de coopération à la municipalité. Ayant en vue à ce moment une École des arts industriels, la municipalité repoussa ces propositions. L'idée fut abandonnée. Dans ces conditions, il m'a paru qu'il serait intéressant et utile d'avoir un entretien avec la municipalité, le Conseil de perfectionnement de l'Ecole régionale des arts industriels et la Commission spéciale de l'industrie des tissus, instituée il y a deux ans par ce conseil — l'une et l'autre ne comprenant pas moins de 12 grands manufacturiers, parmi lesquels le président de la Chambre de commerce et le président de la Société industrielle, — pour recueillir

La question de l'École de tissage et le conseil de l'École régionale des arts industriels.

les renseignements les plus précis sur l'institution actuelle et sur les projets de réforme qu'on pourrait y avoir élaborés. Voici les passages du procès-verbal de la réunion, qui concernent la discussion engagée sur ce sujet :

...... Le premier point qui paraît contestable à M. Marius Vachon, c'est que l'École régionale des arts industriels d'une ville où le travail de la laine prime toutes les autres industries ne semble pas avoir donné place, dans ses cours, à cette spécialité; et il cite à ce propos une école semblable, à Roubaix, où, au contraire, presque tous les cours roulent sur l'étude aussi complète que possible de tous les organismes de l'industrie de la laine.

M. Maillet-Valser répond à ce sujet que cette étude forme la base d'un des cours de l'École, professé par M. Huguenу. Il a été, dès la fondation de l'École, au-devant des désirs que les industriels auraient pu témoigner à ce sujet. Il a fondé un comité spécial d'industriels pour l'aider dans cette tâche; mais un cours semblable, appelé à donner à l'ouvrier ce qu'il ne trouve pas dans l'atelier, à en faire un ouvrier d'art, ne paraît pas avoir été encouragé par l'industrie locale. Tous les cours de l'École peuvent pourtant être mis à contribution par les élèves avides de science; dans tous, ils peuvent trouver les éléments pour parfaire leur instruction artistique; aussi est-il étonné, aussi bien que M. Marius Vachon, de voir que l'École régionale ne compte que 21 élèves suivant assidûment ce cours; le même fait se reproduit à l'École professionnelle, aujourd'hui École pratique de commerce et d'industrie, où le même cours avec applications pratiques ne comporte que 5 élèves. La Société industrielle compte bien un plus grand nombre d'élèves pour ses cours spéciaux, mais ce ne sont que des cours complémentaires de pratique, et non des cours pouvant former des ouvriers de choix ou des contremaîtres. Et c'est pourtant ce qui manque le plus aujourd'hui à l'industrie rémoise. Les industriels de Reims reconnaissent tous les avantages que l'industrie pourrait retirer de ces cours, mais ils n'engagent pas assez leurs ouvriers à en profiter.

M. Ch. Marteau fait remarquer que, depuis le démembrement de 1871, Mulhouse ne faisant plus partie de la France, il n'y a plus dans notre contrée d'enseignement spécial pour l'industrie de la laine; Roubaix l'a bien rétabli pour son usage, mais il semble que cela ne peut suffire pour toute la région de l'Est. Reims, centre industriel de cette région, est forcément appelé à en faire de même; et on ne peut que féliciter l'administration municipale de son désir d'encourager ce mouvement, en autorisant les fils d'industriels à suivre ces cours spéciaux exceptionnellement. Il est regrettable que cette faculté ne soit pas mieux connue, car au lieu de 5, ces élèves deviendraient forcément plus nombreux, toute la région de l'Est devant forcément en profiter. M. Marius Vachon dit que ce qui fait le succès des écoles de Manchester, de Bradford particulièrement, c'est ce que ces écoles joignent à leurs cours théoriques des cours pratiques qui lui semblent manquer absolument à Reims. On aurait ainsi une école où toutes les nouvelles découvertes intéressant l'industrie locale seraient étudiées, mises en pratique et à la disposition des industriels eux-mêmes. A côté de l'École industrielle serait le Laboratoire et aussi le Conservatoire; chaque producteur d'une invention nouvelle, d'un perfectionnement, se ferait un devoir de l'apporter à cet établissement, comme étant celui qui devra le plus faciliter sa connaissance dans le public. C'est à Reims évidemment que doit être l'École complète de tissage. A M. Marteau qui interrompt pour demander : Qui en fera les fonds?

M. Marius Vachon répond qu'il faut poser d'abord la question de principe ; les moyens d'exécution seront l'objet d'études ultérieures sur lesquelles il n'a pas à se prononcer. M. Maillet-Valser revient sur cette question d'exécution qui a certes son importance à côté de la question de principe. A Bradford, ce sont les industriels eux-mêmes qui ont fait les frais de leur École de tissage. Peut-on compter sur un pareil concours à Reims ? Cela semble tout au moins douteux à en juger d'après les appréciations des membres présents. A Roubaix, l'État a contribué pour 600,000 fr. aux frais de l'École régionale ; aujourd'hui, en serait-il de même pour Reims ? M. Marius Vachon répond qu'il n'a pas qualité pour répondre.

. . . .

. . . .

M. Maillet-Valser tient à faire constater que l'École régionale des arts industriels de Reims, régie par une convention arrêtée entre l'État et la ville, avec un programme bien déterminé et un budget bien arrêté en commun entre ces deux autorités, a rempli toutes les conditions de ce programme et que les ressources de ce budget, conçu pour un enseignement théorique approprié aux diverses industries locales, ne sauraient suffire à la création de cours pratiques nécessitant des ateliers, un outillage et des professeurs spéciaux.

La discussion s'engage ensuite sur la manière dont ces cours pourraient être suivis, sur le mode de recrutement des élèves. Si c'est sur la classe ouvrière seule que l'on compte, il faudra que les patrons assurent aux élèves de cette provenance, par des bourses ou tout autre genre de subsides, le moyen de suivre ces cours. Les ouvriers, aujourd'hui, veulent gagner de suite ; il leur est donc impossible de s'astreindre à suivre les cours d'une école pendant 2 ou 3 ans. Les plus zélés seuls, après leur journée finie, peuvent suivre des cours du soir, et c'est absolument insuffisant pour en arriver au but que l'on se propose en fondant ces écoles industrielles.

M. Portevin fait remarquer, dans un autre sens, que l'État en reprenant pour son compte l'École professionnelle de Reims, a rendu les cours gratuits, et par cela même en a écarté la classe bourgeoise sur laquelle les industriels comptaient pour recruter leurs contremaîtres et employés. L'État a été ainsi à l'encontre du but de cette école, but dont il reconnaissait l'utilité, puisqu'il en approuvait le principe et le programme des cours, laissant même à l'administration toute liberté pour l'organisation de ces derniers. En agissant ainsi, il a facilité la tendance qu'a cette école d'être une école préparatoire aux arts industriels ou à proprement parler à l'École des arts et métiers de Châlons et non plus une école professionnelle spéciale pour l'industrie de Reims.

M. Albert Benoist, de son côté, envisageant ce qui se passe à l'École régionale, dit que, dans l'industrie de la laine, la question artistique doit être mise au second plan. M. Marius Vachon proteste contre un point de vue aussi exclusif. Sans en faire rien que des dessinateurs, il faut que les futurs contremaîtres aient pourtant une instruction artistique. Le dessin, le rapport des couleurs entre elles, sont autant de questions qui doivent leur être familières ; et, revenant à l'École de Bradford, il rappelle que c'est à la suite d'une crise industrielle absolument analogue à celle qui sévit sur l'industrie de Reims, en ce moment, que les industriels alarmés se sont réunis et, après avoir examiné la situation sous toutes ses formes, sont tombés d'accord pour fonder une école de tissage, devant leur assurer un personnel nouveau. Ils ont même fait un versement de plus de 500,000 fr. comme premier appoint, pour cette institution. Les résultats obtenus au delà de leurs espérances indiquent la conduite à suivre en semblable occurrence. M. Noirot admet très bien cet ordre d'idées; et la transformation qui s'est faite depuis quelques années dans ce genre de fabrication rémois se serait faite, dit-il, beaucoup plus promptement et au grand avantage des industriels, si on avait eu devant soi un noyau de contremaîtres et d'employés instruits qui manquent absolument sur la place.

Ainsi, premier point admis : l'École régionale doit comprendre des cours spéciaux de fabrique et de tissage avec tous leurs accessoires.

Deuxième point : des cours spéciaux et complets de tissage ne peuvent se faire dans des cours du soir seuls. Ce ne sont pas les ouvriers sans instruction qu'il faut y appeler; ces cours doivent durer 2 ou 3 ans, se faire pendant le jour. Et cette école, n'étant pas une école primaire, mais une école spéciale de tissage, elle sera largement alimentée par tous les jeunes gens de toute la région de l'Est qui ont le légitime orgueil d'arriver à être des contremaîtres habiles, instruits, en un mot dignes de ce titre. Cette école, ayant ainsi des cours pour ouvriers, pour contremaîtres, pour fils de patrons, pourra remplacer largement tous les cours ouverts à droite et à gauche; et un aperçu des diverses sommes affectées tant aux cours spéciaux de l'École régionale des arts industriels, de l'École pratique de commerce et d'industrie, de la Société industrielle, etc., fait voir qu'on pourrait ainsi compter sur un budget annuel d'environ 80,000 fr.

Les cours du soir spéciaux aux ouvriers et employés, désireux d'augmenter leurs connaissances pratiques ne seraient pas supprimés. Bien plus, profitant des professeurs, des locaux, des ressources en métiers, modèles, appareils, de la nouvelle école, ils seraient, tout en étant moins coûteux, beaucoup plus à même de rendre des services que les cours actuels. Ils pourraient servir de pépinière pour l'alimentation de la nouvelle école; d'un autre côté, la question d'art pourrait y être traitée plus exclusivement que dans l'école réellement pratique de tissage.

Un troisième point était de fixer l'emplacement de la nouvelle école. Bien que M. Portevin insistât sur les avantages qu'il y aurait à l'adjoindre à l'École professionnelle, où des ateliers, des laboratoires et de la place seraient déjà tout préparés, M. Marius Vachon a penché pour qu'elle restât à l'École régionale, agrandie, modifiée, mais qui, par ses principes, son titre, son emplacement central, paraît bien mieux indiquée pour remplir ce rôle. Du reste, l'École régionale a actuellement 400 élèves susceptibles d'alimenter la nouvelle école et il paraît plus naturel d'y faire venir les 5 élèves de l'École professionnelle que de forcer les 400 élèves ci-dessus à se déplacer, dans le cas de l'acceptation de la proposition de M. Portevin. Il est bien entendu que des combinaisons à étudier permettront d'y établir les laboratoires et les ateliers nécessaires à l'étude complète de la fabrication, c'est-à-dire du tissage, de la teinture, de l'apprêt, etc.

Au cours de la discussion, j'ai signalé à la Commission de perfectionnement, comme type intéressant à étudier, l'école créée par les industriels de Bradford, en insistant sur la coïncidence de circonstances que présente cette fondation anglaise. Quelques renseignements à ce propos — dont on trouvera le complément dans le 5e volume de mes Rapports de missions, pages 109-116 — ne seront point ici inutiles

L'École de Bradford.

Une crise commerciale intense sévissait à Bradford; elle avait été causée par un subit changement de mode : le façonné remplaçait l'uni. Les industriels anglais se trouvèrent surpris et nullement en mesure de renouveler leur personnel technique et leur outillage, avec lesquels il ne leur était pas possible de produire les nouveaux articles en faveur. Ils reconnurent que la machine n'est pas tout dans une industrie, que des connaissances techniques et artistiques, sérieuses, ne sont pas inutiles pour la développer et la rendre apte à satisfaire toutes les exigences des consommateurs. L'urgence d'une institution, où l'on enseignerait la science et l'art, appliqués à la draperie, parut à tous indiscutable. On se mit immédiatement à l'œuvre pour la fonder. Une école de tissage fut installée dans le Mechanic institute de Bradford; 340 élèves se présentèrent à l'ouverture des cours. Dès le premier jour, il fallut songer à construire un édifice correspondant au chiffre d'élèves, qui paraissait devoir s'augmenter d'année en année. 109 industriels et négociants se réunirent et firent un fonds social de 672,000 fr. On éleva dans le quartier industriel un bâtiment de 4,000 mètres carrés, qui recevait, en 1889, plus de 1,500 élèves. Chaque année, la plupart des industriels, qui ont contribué à la fondation, souscrivent une somme variant pour chacun de 10,000 à 35,000 fr. Cette somme, les recettes scolaires et les primes obtenues aux concours nationaux du South Kensington, constituent le budget de l'institution, qui est de près de 200,000 fr.

Le Collège technique de Bradford comprend 6 départements : 1° l'École scientifique et technique du jour; 2° le Département de l'art; 3° le Département des industries textiles; 4° le Département de la chimie et de la teinture; 5° le Département des ingénieurs mécaniciens; 6° le Département des classes du soir. C'est donc une sorte d'Université industrielle.

Le Département des industries textiles est le plus important de l'école, celui sur lequel a porté évidemment la sollicitude particulière des organisateurs, en raison de l'utilité qu'il présente pour l'industrie locale prépondérante, la draperie, et dont l'analyse, en conséquence, doit le plus intéresser les Rémois, avec celle du Département de la chimie et de la teinture. L'enseignement y est théorique et pratique, se donne dans des classes du jour et du soir. 180 élèves ont suivi les cours en 1889. Les jeunes gens sont invités à acquérir, avant d'y entrer, des connaissances sérieuses en dessin, en mathématiques, en construction mécanique, qui leur rendront l'enseignement plus rapide et plus fécond. Ce n'est point cependant une condition absolue; on combine les études entre les trois départements, pour ceux qui désirent suivre les cours précités. On leur accorde même, pour les y engager, des diminutions importantes de contribution scolaire. L'école possède deux ateliers de tissage : l'un, avec métiers d'échantillons pour les démonstrations techniques, qui sont faites aux dessinateurs et aux metteurs en carte; l'autre, avec des métiers ordinaires, au nombre de 40, sur lesquels travaillent les élèves, pour s'initier pratiquement à la fabrication des tissus.

Le Département de la chimie et de la teinture a pour but de former des jeunes gens dotés d'une instruction scientifique, pratique et théorique, complète, pour les teintureries de draps, pour l'industrie des colorants extraits de la houille et pour l'industrie des mordants, deux industries nouvelles qui, depuis quelques années, ont pris une très grande extension à Bradford et dans ses environs. L'école possède deux laboratoires, dans chacun desquels 70 élèves peuvent évoluer à l'aise, avec amphithéâtre et cabinet de préparation. Toutes les opérations et manipulations de teinture se font en réductions dans ces laboratoires; mais il était question, en 1889, de créer un grand atelier spécial, dans le genre de celui de Crefeld. Les matières premières et les produits chimiques sont livrés gratuitement aux élèves, grâce à des souscriptions d'industriels qui ont atteint, en 1889, près de 10,000 fr. Le chiffre des élèves de ce département était, cette année-là, de 249. A ses débuts, le Département de chimie et de teinture avait été accueilli avec hostilité par les teinturiers et les chimistes de Bradford, voyant jalousement s'y former des jeunes gens qui apporteraient, sans doute aucun, dans les ateliers, des idées nouvelles destinées à provoquer des transformations dans les méthodes de travail et dans l'outillage. La plupart des élèves devaient alors se placer à l'étranger. Aujourd'hui les préventions sont tombées; et les jeunes chimistes du Collège technique sont employés avec empressement dans les industries locales.

Dans le dernier rapport de la Commission des valeurs en douanes, se trouvent les déclarations suivantes, qui justifient la création de cours spéciaux de teinture et d'apprêt à Reims : « Les genres auxquels la mode a donné la préférence sont des draps de fantaisie, fort bien fabriqués en Angleterre et en Écosse; ils ont formé la majeure partie de l'importation. M. Dormeuil fait observer que c'est par la supériorité de la teinture et des apprêts que les Anglais l'emportent dans la fabrication des draps de nouveauté. C'est du côté de la teinture des peignés et des filés et des opérations de finissage que les efforts de nos fabricants de draps de fantaisie doivent être dirigés. »

Sur toutes les questions de principe discutées à l'École régionale des arts industriels : nécessité de la création d'une École de tissage; organisation de cours du jour pour les futurs contremaîtres, employés de fabrique et patrons; organisation de cours du soir, théoriques et pratiques, pour les apprentis et les ouvriers, les uns et les autres avec un outillage complet; intérêt social et économie à annexer cette école à l'École régionale des arts industriels : il y a eu ainsi unanimité d'opinions et de vœux parmi les représentants officiels de la municipalité, de la Chambre de commerce et de la Société industrielle. Les circonstances sont donc on ne peut plus favorables pour provoquer, par des propositions formelles, une réalisation rapide et définitive du projet de création d'une institution destinée à assurer la prospérité de la ville de Reims et de la région de l'Est.

BESANÇON.

Le centenaire de l'horlogerie franc-comtoise.

Il y a trois ans, à l'occasion du centenaire de l'introduction de l'horlogerie en Franche-Comté par Mégevand, Besançon organisa une exposition des produits de cette grande industrie. Je la visitais avec soin, assuré de trouver là les éléments les plus complets d'une étude spéciale, en vue de la réalisation prochaine de l'enquête actuelle. Le comité de l'Exposition s'était plus préoccupé de l'intérieur que de l'extérieur, dans la construction du bâtiment qui lui était affecté : — c'est bien du caractère de l'horloger bisontin qui, même aujourd'hui, se complaît encore à donner plus de soin à la parure des mouvements d'une montre, fût-elle d'un très bon marché, qu'à la décoration de sa boîte, cela par atavisme de goût du beau et du fini de l'ancienne école française d'établissage —; le comité avait pensé sans doute aucun que les ombrages de la promenade Micaud et la fraîcheur des rives du Doubs lui formeraient un cadre suffisamment pittoresque et attractif. Peut-être, tomba-t-il d'un excès dans un autre ? De simples baraquements en planches brutes parurent d'une rusticité vraiment par trop primitive pour renfermer les produits artistiques d'un département qui est loin d'être misérable et ignoré. Sans se lancer dans des frais considérables, il y avait mieux à faire dans l'intérêt même de l'œuvre et pour l'honneur d'une ville telle que Besançon. Dans un discours prononcé à l'inauguration officielle de l'Exposition, le président du comité lui-même n'hésitait pas à dire à ses compatriotes et aux représentants des autorités cette vérité : « Vous savez avec quelle timidité fut lancée l'idée d'une Exposition nationale et régionale d'horlogerie. La fabrique bisontine — qui montre une fois de plus sa valeur et sa vitalité — n'a pas toujours confiance en ses propres forces ; et elle hésite souvent à marcher de l'avant, craignant un échec, alors que la victoire lui est d'avance acquise. Cette inexplicable défiance d'elle-même s'est montrée au début de l'organisation de l'Exposition... » Combien l'orateur avait raison! Les témoignages de cette défiance — un gracieux euphémisme — sont trop fréquents. A l'Exposition des arts de la femme, en 1892, malgré toutes mes instances basées sur l'intérêt qu'elle présentait pour les fabricants et les décorateurs de montres de luxe féminines, aucune adhésion ne put être obtenue. Dans un des derniers comptes rendus de la Chambre de commerce, je lis que les subventions votées aux fabricants d'horlogerie par cette institution et par la municipalité, pour organiser une participation collective à l'Exposition de Lyon, ont été annulées, aucun comité n'ayant pu se constituer.

Si l'extérieur et l'aménagement de l'Exposition de 1893 prêtaient à la critique, l'intérieur ou plutôt le contenu ne provoquait que l'admiration. « Il y a là, écrivais-je à ce moment, des chefs-d'œuvre et des merveilles, dont le spectacle est à la fois une joie pour les yeux et un enchantement pour l'esprit. Trois cent vingt-cinq industriels ont pris part à l'Exposition; et le bâtiment, de 57 mètres de long sur 11 de large, est trop étroit pour contenir tout ce qu'ils ont envoyé. De l'étude de cette revue de l'industrie de l'horlogerie en Franche-Comté — car le comité organisateur en a restreint, pour le gros volume réglementairement et en fait pour toute la production, la participation à la région de l'Est, — il résulte une série de constatations qui ne sont point pour déplaire à notre amour-propre national. Six centres de production figurent là avec ce qu'ils produisent de plus nouveau et de plus parfait dans leurs branches diverses et spéciales: Besançon, le pays de Montbéliard, le plateau de Maîche, le vallon de Morteau, Verrières-de-Joux et la Haute-Savoie. L'horlogerie de ce dernier centre, qui compte à Besançon dix exposants, est en progrès considérable, tant dans la fabrication des finissages que pour le plantage. Quand les Savoyards le voudront, sans grands efforts, ils affranchiront la France de la Suisse pour les ébauches de mouvement: ce sont les Bisontins qui disent cela avec la plus énergique loyauté. Verrières-de-Joux produit la qualité courante dans des conditions d'exécution qui assurent sa prospérité. Quant au vallon de Morteau, comprenant Morteau, Villers-au-Lac, Grand-Combe, Montlebon et les Gras, dont la production annuelle dépasse 200,000 montres, il préoccupe visiblement tout le canton de Neuchâtel, par un développement de jour en jour croissant. On y fait complètement la grosse montre, et on y aborde déjà fort crânement le quantième et le chronographe de qualité courante. Le plateau de Maiche, avec le Russey et Charquemont, exposent des montres à bon marché — 5 fr. la pièce — qu'on apprécie de plus en plus en France et même à l'étranger. La section du pays de Montbéliard constitue une exposition complète de l'horlogerie, depuis la petite montre jusqu'à la pendule et à la boîte à musique, fabriquées dans des usines à puissant outillage mû hydrauliquement ou par la vapeur. L'exportation de ce centre est considérable et la concurrence étrangère peut fort difficilement lutter avec lui pour les produits à très bas prix. Besançon surtout triomphe. La fabrique bisontine a réservé des surprises même aux industriels de la région, par la diversité nouvelle et imprévue d'une production qui embrasse toute la montre, du minuscule bijou qu'on sertit dans un bracelet ou dans une bague, à la pièce la plus compliquée et au chronomètre de grand prix. À l'Exposition universelle de 1889, la montre de dix lignes ($0^{m},022$), large comme une pièce de cent sous, était une spécialité réservée à quelques fabricants qui s'en montraient très fiers. On en trouve aujourd'hui dans toutes les vitrines. La montre de huit lignes ($0^{m},018$) est une grandeur courante, à cette heure, dans l'industrie bisontine. Celle de sept lignes ($0^{m},015$) ne passe plus pour exceptionnelle; il s'en fait facilement de six lignes ($0^{m},013$); et, pour la solennité présente, deux maisons en ont présenté une de cinq lignes — (la surface d'une pièce de dix sous). — Les Bisontins mettent hardiment les Genevois au défi de faire mieux. Aussi la plupart de ces merveilles d'art et de science sont-elles acquises par ces derniers, qui les revendent imperturbablement sous le nom d'horlogerie fine de Genève. »

La production de l'horlogerie de Besançon.

Au point de vue purement commercial, si l'on établit une comparaison entre les chiffres de la production pendant la dernière période décennale, la fabrique de Besançon apparaît en décadence. En 1885, le relevé des opérations du Bureau de garantie donne les chiffres suivants : nombre de montres revêtues du poinçon de consommation : or, 156,505; argent, 342,760. En 1890, il y a une diminution pour la première catégorie de 46,046; pour la seconde de 31,869. Les chiffres, pendant 1896, se relèvent un peu : on compte 113,418 montres en or et 345,706 en argent. Quant au poinçon d'exportation, le nombre des montres en or oscille, de 1885 à 1895, entre

2,371 et 2,527, après avoir atteint 5,743 en 1892; pour le nombre des montres en argent, de 943 (1885) à 12,388 (1889) et ensuite (1895) à 2,145. Mais si, pour la consommation intérieure, le nombre des montres ne présente pas, dans ces dernières années, de bien grandes variations, — ainsi, pendant l'année 1896, la production, comparée à celle de 1895, a augmenté de 1,448 montres or, a diminué de 3,433 montres argent, — les poids ont baissé constamment. Un relevé des excédents de droits d'essai perçus par le trésorier de la Chambre de Besançon de 1875 à 1895, et versés par lui à la caisse municipale, donne les chiffres suivants : 1875, 24,652 fr. 56 c.; 1882, 32,541 fr. 70 c.; 1887, 8,968 fr. 53 c.; 1892, 3,530 fr. 94 c. C'est la preuve officielle qu'on produit aujourd'hui beaucoup moins de grosses montres que de petites, et surtout qu'on se lance de plus en plus dans les genres légers.

Cette évolution a favorisé le développement de la décoration des boîtes de montre, tendant à en faire un bijou, un objet de luxe et de prix. C'est à ce point de vue que j'étudierai la situation de l'horlogerie bisontine, n'ayant point qualité pour traiter ici, en dépit de toutes les requêtes instantes qui m'en ont été adressées, certaines questions qui préoccupent fort en ce moment les industriels, par la répercussion qu'elles ont sur les affaires : la révision de la loi de brumaire, les traités de commerce et l'arrangement franco-suisse, le contrôle, la garantie, l'abaissement du titre légal de l'or de 18 à 14 carats, les transports postaux, etc.

Les horlogers bisontins devant la Commission d'enquête sur les ouvriers et les industries d'art.

Dans leur déposition devant la Commission d'enquête sur les ouvriers et les industries d'art, les représentants des horlogers de Besançon, MM. Benoist et Bossy, firent les déclarations suivantes relativement aux réformes à apporter dans le fonctionnement de l'École d'horlogerie pour développer la production artistique : « On n'enseignait à l'École d'horlogerie jusqu'ici que ce qui se rattache à la fabrication du mouvement de la montre et des divers échappements proprement dits. Nous avons pensé qu'il serait peut-être utile d'ajouter à cet enseignement l'enseignement des autres branches de notre industrie, et qu'ainsi on pourrait retenir les ouvriers que nous avons actuellement, en attirer d'autres et les empêcher d'aller travailler en Suisse, où ils sont facilement attirés par nos concurrents. Bref, nous espérons créer, dans l'école, des cours d'art décoratif pour l'horlogerie, c'est-à-dire des cours de gravure, de dessin, d'incrustation de pierres fines, de peinture sur émail et d'émaillage, car nous sommes obligés quelquefois, quand on nous demande un émaillage artistique, de le faire faire à Paris ou à Genève. Nos produits ne sont pas inférieurs à ceux de Paris pour le bon goût, ils sont même très recherchés; mais pour que nous nous soutenions, il faut que nous ayons à la tête de notre école, de nos ateliers, des professeurs, des hommes spéciaux, capables de les diriger dans le progrès. Nous voudrions avoir des professeurs enseignant la décoration relative à l'horlogerie, c'est-à-dire la gravure et l'émaillage, qui sont très en faveur aujourd'hui et qui prendront un développement nouveau, le jour où nous aurons trouvé des débouchés, surtout dans les contrées du Sud où les objets de couleur, les peintures sont beaucoup plus recherchés que chez nous...... Ces jours-ci, nous avons entretenu M. le maire de Besançon et la Chambre de commerce de ces désirs, et nous pouvons dire que la ville de Besançon nous paraît disposée à les satisfaire. »

On sait que la Commission d'enquête n'a point donné tous les résultats que le Ministère de l'instruction publique et des beaux-arts pouvait en espérer. Peu de temps après, le Syndicat des ouvriers graveurs et guillocheurs et la Chambre syndicale patronale de la même corporation se réunissaient et adressaient à la municipalité une pétition pour la création d'une école de gravure, peinture et émaillage. Il ne fut donné aucune suite à cette pétition, dont les signataires, m'assure-t-on, ne reçurent même point d'accusé de réception de leur lettre. Cependant, le mouvement d'opinion publique que provoquèrent ces deux manifestations ne laissa pas d'émouvoir la municipalité.

L'art à l'École d'horlogerie.

Elle se décida, en 1888, à organiser à l'École d'horlogerie, nationalisée, un cours spécial de décoration, pour lequel l'État fournit une subvention annuelle de 3,000 fr.; malheureusement, cette organisation fut faite dans des conditions si précaires, avec une telle absence de toute méthode rationnelle d'enseignement et d'objectif précis, que, certainement, il eût mieux valu ne rien entreprendre, pour éviter aux réformes futures les difficultés de tous genres soulevées par un échec dont les responsabilités sont illusoires.

Le programme de l'École d'horlogerie comprend un article ainsi conçu :

« Le dessin appliqué à l'horlogerie, le dessin industriel et la décoration des boîtes de montres. » De ce programme, il n'a été réalisé qu'une partie : la gravure. Son enseignement a été confié à un spécialiste, habile sans doute, mais d'une éducation artistique peu développée, qui a dû se borner à apprendre simplement la pratique manuelle du métier. Les élèves ne sont pas plus de deux ou trois; même l'année scolaire 1894-1895 s'est terminée la classe vide. Et pourtant, on me déclare très nettement qu'avec un enseignement sérieux et complet, ce cours devrait compter en moyenne, annuellement, au moins vingt élèves. A voir les quelques travaux exposés dans les vitrines de l'école, on s'aperçoit immédiatement que l'enseignement tourne régulièrement dans le même cercle étroit d'écussons, cartels, guirlandes, fleurons, rosaces, chiffres, monogrammes héraldiques, sans goût ni grâce, interprétés au hasard du caprice d'adaptateurs ignorants des premiers principes de la décoration. A peine, sur une centaine de pièces, en découvre-t-on une demi-douzaine où il y a l'intention timide d'une recherche de quelque motif n'ayant pas traîné partout. Évidemment, ce n'est point de cette institution que peut partir un mouvement de renaissance de la gravure artistique. L'administration en a, d'ailleurs, tellement le sentiment qu'elle a autorisé, en 1892, sur l'offre spontanée d'un professeur, l'organisation à l'École des beaux-arts d'un cours de décoration pour « la gravure en horlogerie ». Ce cours a duré deux ans; on l'a supprimé, un jour, sous le prétexte qu'il faisait concurrence à l'enseignement de l'École d'horlogerie.

Initiative privée.

L'initiative privée suppléait, toutefois, dans une certaine mesure, à cette lacune de l'École d'horlogerie. Quelques membres de l'ancien Syndicat des ouvriers graveurs et guillocheurs s'étaient réunis, sur la proposition du chef d'une des principales maisons de décoration, pour réaliser privément le projet, soumis sans succès à la municipalité, de la création d'un enseignement de la gravure, théorique dans les cours, pratique dans les ateliers. Il a été constitué là une sorte d'école mutuelle; on y fait des apprentis, qui ont l'obligation de suivre les classes de dessin de l'École des beaux-arts; les plus habiles ont été envoyés à Paris ou à Genève, pour se perfectionner, aux frais de la maison ou au moyen des prêts industriels de la fondation Klein. Le tribunal et la Chambre de commerce, chargés, aux termes du testament de

P. Klein, ancien membre du Tribunal de commerce de Paris, de la répartition des arrérages du legs fait par cet homme de bien, né à Besançon, pour aider, sous forme de prix d'honneur, aux études commerciales et industrielles de jeunes gens bisontins n'ayant pas des ressources suffisantes, ont décidé de créer deux prix de 500 fr. chacun en faveur de deux apprentis graveurs ou décorateurs de boîtes de montre, qui, arrivés au bout de leur apprentissage, et ayant des aptitudes sérieuses, prendraient l'engagement de se rendre à Paris ou à Genève pour apprendre l'émaillage ou le sertissage des joyaux pendant au moins quatre mois, à la condition formelle de revenir à Besançon pour y pratiquer les connaissances acquises. Le rapporteur de l'Exposition du centenaire, M. Félix Japy, appréciait ainsi les résultats déjà obtenus et portait sur la situation des ateliers de décoration bisontins le jugement suivant, utile à citer pour les critiques et les observations très justes qu'il contient :

Les ateliers de décoration.

Pour la montre de dame, la décoration des boîtiers prend chaque jour une place de plus en plus importante. Besançon est très avantagé par sa bonne décoration au burin. Ses nombreux et habiles ouvriers, s'ils pouvaient recevoir une instruction artistique, arriveraient à d'exceptionnels résultats; ils exécutent parfaitement les gravures diverses en taille-douce, les incrustations, la ciselure, les chiffres rapportés.

Pour tout ce qui touche à la décoration bon courant, Besançon passe en première ligne. Il n'en est malheureusement pas de même pour la décoration de luxe, émail, peinture, joaillerie.

Genève est arrivé, pour ce genre de décoration, à des procédés presque industriels. A défaut de valeur artistique, sa décoration, faite en parties brisées, revient à un bon marché relatif. Le prix des peintures sur émail a beaucoup baissé.

Paris fait la décoration réellement artistique, beaucoup plus chère que celle de Genève, mais empreinte d'un excellent style.

Ces rares qualités, cette supériorité que Paris aura toujours, tiennent non seulement au milieu artistique, au voisinage des musées, des collections sans nombre que nous possédons, aux expositions, mais aussi à ce fait que la bijouterie parisienne a formé de nombreux décorateurs, dont quelques-uns ont atteint une valeur exceptionnelle.

Le jury a décerné une médaille d'or à l'un de ces décorateurs parisiens, M. Marchand, qui présentait une belle collection de peintures sur émail et émaux peints en relief pour fonds de montres.

Besançon doit continuer à faire de grands efforts pour s'affranchir, le plus tôt possible, de Genève. Le travail accompli dans ce sens est déjà notable ; deux ateliers de décoration bisontins exposaient des fonds avec peinture et joaillerie. L'un d'eux, celui de MM. Cattin et Heiniger, est à citer tout particulièrement, pour les progrès accomplis, qui sont d'un bon augure pour l'avenir. Notons aussi les progrès remarquables d'un miniaturiste-émailleur, M. Bellat.

Les Bisontins ne sauraient trop se préoccuper de cette question de la décoration; ils doivent à tout prix attirer dans leur ville les éléments qui leur font défaut, créer au besoin une école de décoration artistique, où les élèves des deux sexes pourraient, par l'étude des œuvres de maîtres, acquérir le style indispensable aux industries d'art.

En Suisse, les montres métal reçoivent une décoration très bon marché par l'estampage des fonds. Il serait préférable d'user de ce procédé de gravure pour les montres courantes en argent, plutôt que d'y faire, pour arriver aux bas prix nécessaires, de mauvaises gravures au burin.

Ces fonds estampés dans une matrice très bien gravée, seraient bien plus jolis, coûteraient moins que ceux gravés à la main à bas prix.

Les boîtes d'acier se décorent avec chiffres, écussons rapportés ou avec de légères incrustations, imitation or de diverses couleurs.

Depuis 1893, il s'est fait encore des progrès. Aujourd'hui, on exécute à Besançon l'émaillage, la peinture sur émail, la joaillerie, le nielle, dans la décoration bon courant, aussi bien, même mieux, qu'à Genève et surtout que dans les montagnes neuchâtelloises, dont les graveurs et peintres ont l'ambition hardie de faire concurrence aux artistes genevois. La boîte de montre devient de plus en plus légère, élégante, solide; et, dans les imitations et les inspirations des styles des XVIIe et XVIIIe siècles, elle a acquis une supériorité de goût et de grâce incontestée. On cherche du nouveau et de l'original. Le bisontin est bien doué pour l'art; il a l'amour du travail. Malheureusement, aucune institution publique ne vient, comme à Genève, comme à Vienne, comme en Allemagne, mettre à la disposition de ces décorateurs, pleins de bonne volonté et d'entrain, les renseignements, les documents, les conseils techniques et artistiques, qui leur éviteraient bien des dépenses, des expériences, des travaux, inutiles ou stériles faute de cela, qui les initieraient rapidement et sans frais à tous les progrès, à toutes les innovations, à toutes les découvertes, dont ils pourraient tirer parti, et qu'ils ignorent aujourd'hui. J'ai eu la stupéfaction des mines ahuries d'un groupe de chefs d'ateliers à qui je parlais des incrustations galvanoplastiques, des impressions à la presse hydraulique de plantes et de fleurs, avec rehauts de teintes par les acides, obtenues par la maison Christofle, de la photogravure appliquée à la décoration des métaux, des vernis laqués américains de Gorham, des incrustations de Zuolaga, des émaux translucides et de basse taille de Falize, des médailles de Chaplain et de Roty, etc., qui pourraient leur fournir de précieux et féconds éléments d'études pour renouveler leurs formes et leurs procédés de décoration. Il est de toute évidence que c'est par là que pèche l'industrie bisontine. Elle crée ses nouveautés — ou tout au moins ce qu'elle croit être tel — de la façon la plus empirique, sur les indications, aussi vagues qu'incohérentes, le plus souvent, de marchands et de commis-voyageurs, qui ne voient qu'une clientèle provinciale, arriérée, routinière, sans éducation artistique, ne connaissant que le bon marché et ce qui se vend à tout le monde. Elle n'est pas informée, par des relations constantes avec les grandes maisons de Paris, de Londres, de Vienne, etc., des idées nouvelles, des goûts du jour, des évolutions de la mode, etc.; et cette incertitude — douce excuse de la nonchalance, combinée avec une timidité constitutionnelle, source intarissable d'apathie — fait qu'elle hésite à marcher hardiment à la conquête rapide de la fabrication de luxe qui guide et soutient la fabrication courante. La boîte de montre, qui, elle-même, tout unie, sans ornements, peut être une œuvre d'art, par une forme fine, originale, élégante, gracieuse, se trouve dans les mêmes conditions de création. Les innovations récentes auxquelles a été fait un certain succès, les boîtes godronnées entre autres, ne sont-elles pas venues de Paris, de clients dont l'obstination seule a pu avoir raison de l'objection de difficultés techniques tenues tout d'abord pour insurmontables? Là aussi, par exemple, dans le même ordre d'idées artistiques que celles esquissées ci-dessus, l'étude des mokumés japonais et parisiens, à alliages d'or, d'argent, de cuivre et autres métaux brasés, repliés, forgés et laminés ensemble, de façon à imiter les veines des marbres, des bois précieux, n'apporterait-elle pas des éléments nouveaux de production spéciale? Il m'est permis de douter qu'on les connaisse même théoriquement.

L'École d'horlogerie et l'École des beaux-arts sont restées jusqu'à ce jour étrangères à tout le mouvement qui s'est fait dans les ateliers bisontins. Ici, on n'a même pas pu me renseigner sur le nombre des apprentis et des ouvriers de ces ateliers, qui fréquentent les cours; c'est dire si on s'y préoccupe d'un enseignement artistique en vue de l'industrie. Là, on paraît ignorer complètement toutes les branches de la décoration des montres, en dehors de la gravure au burin; n'y connaître ni l'émaillage, ni la peinture sur émail, ni le nielle, ni l'incrustation, etc. Or, tout au moins à ce point de vue, l'École d'horlogerie de Besançon est restée inférieure aux écoles de la Suisse. Ce n'est point seulement à Genève qu'il existe depuis de nombreuses années un enseignement d'art spécial à l'horlogerie dans trois institutions publiques : l'École d'horlogerie, l'École municipale d'art appliqué à l'industrie, et l'École des arts industriels (Rapports de missions, 2e volume, pages 10-42). La Chaux-de-Fonds a créé une École d'art et de gravure, dont le budget annuel n'est pas moindre de 25,567 fr.; et l'on enseigne la décoration dans les écoles professionnelles de Bienne, de Neuchâtel et de Saint-Imier.

Projets de réforme de l'École d'horlogerie.

Justement émue d'une situation dont les conséquences graves pour la prospérité de l'industrie bisontine apparaissent clairement à tout le monde; d'ailleurs, mise en demeure par l'Etat de tenir les engagements qu'elle a contractés avec lui lors de la nationalisation de l'institution, la municipalité de Besançon a entrepris de réformer l'École d'horlogerie, à la fois, dans ses programmes d'enseignement théorique et pratique; au point de vue de son installation défectueuse dans un bâtiment du temps de Louis XIV, que sa destination primitive — des greniers d'abondance — ne rendait guère propre à servir d'école; et au point de vue de son organisation administrative, à laquelle est due cette particularité étrange d'un directeur, choisi en raison de ses travaux exceptionnels dans le domaine de la haute précision, — Grand Prix à l'Exposition universelle de 1889, — qui, réglementairement passe son temps à dresser des états de comptabilité, à inspecter un internat. Au moment de mon étude, la municipalité avait nommé une délégation, composée de conseillers municipaux, de membres de la Chambre syndicale des fabricants horlogers et du directeur de l'École, pour faire une enquête approfondie sur les institutions créées à Genève, au Locle, à La Chaux-de-Fonds, à Bienne et à Neuchâtel en vue de l'enseignement de l'horlogerie. On paraît disposé à dépenser les sommes nécessaires à la construction d'un bâtiment spécial réunissant toutes les conditions matérielles d'installation, d'aménagement, d'éclairage, indispensables dans un établissement de ce genre, avec ateliers vastes et confortables, salles et amphithéâtres d'études, etc., salles de collections, etc.[1].

1. L'administration municipale me communique le rapport de la délégation, qui conclut ainsi : « Nous demandons que notre école prenne la dénomination suivante : École nationale de mécanique

Un Musée d'art et d'industrie pour l'horlogerie.

La réorganisation des cours artistiques de l'École d'horlogerie appelle la création d'un Musée d'art et d'industrie. Actuellement, il n'y a rien à Besançon en ce genre d'institution. Le Musée de peinture et d'archéologie possède bien une petite collection d'horlogerie, comprenant 42 pièces; mais ce ne sont là que des bibelots et des curiosités historiques, telles que la montre de Vergniaud, une montre du prince impérial, fils de Napoléon III, l'horloge du cardinal de Granvelle, sans aucune valeur d'enseignement artistique ou technologique. Aussitôt qu'il est question d'une création de ce genre, on soulève l'objection des dépenses considérables qu'elle entraînerait. Cette objection est facilement réfutable par l'application régulière du système des prêts qui suffirait à assurer immédiatement le recrutement constant de séries importantes en ce qui concerne les œuvres anciennes. A l'Exposition du Centenaire, n'avait-on pas réussi à organiser une fort belle section rétrospective, avec les envois de plusieurs collectionneurs parisiens? Pour un musée, bien organisé, administré avec soin, présentant toutes les garanties de bonne conservation, d'assurances contre l'incendie, etc., on ne rencontrerait pas moins de bienveillance et, sans doute aucun, même de générosité.

D'ailleurs, aujourd'hui, avec la galvanoplastie et avec les procédés nouveaux de moulage à la gélatine, à la gutta-percha, brevets Pellecat et autres, rien ne serait plus aisé que de constituer des séries de reproductions de pièces originales, qui présenteraient un grand intérêt pour l'étude des formes et de la décoration. Dans ce musée, devraient être recueillis avec soin tout ce qui concerne l'ornementation des métaux précieux; tous les échantillons d'alliages, anciens et modernes, européens et orientaux de ces métaux; tous les spécimens de travaux obtenus par de nouveaux procédés de gravure, d'incrustation, etc., manuels, mécaniques ou chimiques, etc., etc. Complétées

et d'horlogerie de Besançon. Elle devra comprendre : 1° un cours complet de mécanique d'une durée de 3 ans; 2° un cours de fabrication mécanique de la montre d'une durée de 2 ans; 3° un cours d'horlogerie manuelle de 2 ans; 4° un cours de réglage d'un an; 5° un cours de rhabillage d'un an. La délégation, en outre, émet le vœu que l'enseignement de l'École des beaux-arts soit dirigé dans un sens industriel, et que le cours de gravure, en ce moment professé à l'École d'horlogerie, soit rattaché à l'École des beaux-arts. » Proposition et vœu ont été adoptés par le conseil municipal le 21 décembre 1896. La séparation administrative et locale de l'enseignement artistique et de l'enseignement technique, dans la réorganisation de l'École d'horlogerie, me paraît à tous les points de vue une très grande faute. Dans une industrie telle que l'horlogerie bisontine, la science et l'art sont indissolubles; ils doivent marcher de pair.

par des photogravures, dessins et aquarelles des œuvres que possèdent les musées français et étrangers et les grandes collections privées, les séries de moulages et de galvanoplasties auraient bien vite constitué un premier fonds, qui donnerait une idée évidente, précise et palpable, de ce que serait le Musée, et permettrait d'y attirer, par la démonstration de leur utilité, les artistes, les ouvriers et le public. Il va de soi qu'à côté de la partie artistique ce musée contiendrait une partie industrielle où figureraient tous les types de production des fabriques du monde entier, dans toutes les branches de l'industrie de l'horlogerie; tous les spécimens d'outillage manuel ou mécanique, etc. Et il y serait annexé, comme dans les Musées d'art et d'industrie de l'étranger, un laboratoire d'essais des procédés de fabrication et de décoration, et un office de renseignements industriels et commerciaux. Il ne devrait pas se faire, sur un point quelconque, une invention, une découverte, concernant de près ou de loin l'horlogerie, qui ne soit, le lendemain de sa divulgation ou de la surprise de son secret, expérimentée dans l'institution en question, et que les résultats de l'expérience ne soient transmis à tous les fabricants, avec les renseignements techniques, scientifiques, etc., de nature à leur permettre d'en tirer immédiatement parti.

Quand j'ai parlé de la création de ce Musée d'art et d'industrie pour l'horlogerie, il m'a été aussitôt fait cette objection — dont je n'ai eu aucun étonnement, l'ayant déjà entendue bien souvent à Saint-Étienne, la veille et même le lendemain de l'inauguration du Musée de l'armurerie: — « Du moment que cela servira à tout le monde, cela ne servira à personne. Pourquoi ne pas laisser à chaque fabricant l'initiative, le soin et les frais de toutes ces enquêtes, de toutes ces recherches, de toutes ces expériences? C'est la concurrence et l'émulation. » Sous le régime de l'individualisme à outrance, les industriels ne sont point différents ici ou là; il unifie l'esprit, le tempérament et les idées, favorise la contagion des sentiments instinctifs d'égoïsme et de jalousie qui font une si énergique obstruction au développement des principes de solidarité et d'association. Aussi, à Besançon, comme ailleurs, les syndicats vivent ce que vivent les roses, mais sans en avoir ni l'éclat ni la beauté. Les décorateurs, depuis 15 ans, en sont à leur cinquième ou sixième; celui des fabricants, me dit-on, depuis quelques mois ne bat que d'une aile.

Tout cela, évidemment, ne devait pas être fort sérieux, ni très utile industriellement et socialement. Aujourd'hui, à Saint-Étienne, les pires détracteurs du Musée de l'armurerie en sont devenus les partisans les plus ardents et les protecteurs les plus généreux. Il en serait de même à Besançon.

Que l'institution nouvelle soit donc à la fois une École technique et artistique, un Musée d'art et d'industrie, un Conservatoire scientifique; que, dans son organisation d'enseignement et d'administration, elle réponde à tous les besoins de la région horlogère de l'Est tout entière, de Montbéliard à Thonon. Il y a là, d'après les plus récentes statistiques, plus de 30,000 ouvriers, dont le travail atteint annuellement une valeur de 40 millions de francs. Ces chiffres justifient l'ambition de devenir un centre d'action et de propagande pour la défense des intérêts et le développement de la prospérité d'une industrie, qui a aujourd'hui à lutter, sans trêve ni merci, contre l'Allemagne pour la grosse horlogerie qu'elle oppose, malgré les nouveaux droits de douane, à la pendulerie de Baucourt et du pays de Montbéliard; contre l'Amérique, de plus en plus audacieuse dans ses entreprises pour conquérir les marchés européens; et surtout contre la concurrence de la Suisse, si puissamment outillée de science, d'initiative, d'activité et d'énergie, dont la production annuelle en montres d'or et d'argent est numériquement le quintuple de celle de la fabrique de Besançon.

NANCY. — LA LORRAINE.

Depuis quelques années, Nancy fait beaucoup de bruit dans le monde artistique, et semble ambitionner de reprendre le rôle superbe et fécond des anciennes capitales provinciales, foyers d'intelligence, d'action, de propagande rayonnant sur toute une région et même sur la France entière. Il s'y est formé une école d'art industriel, dont les manifestations, dès le début, ont pris nettement le caractère d'une réaction contre le passé. Si, généralement, la province a de ces lenteurs qui sont de la sagesse, elle a aussi parfois de ces audaces, énergiques, impétueuses, qui sont de la fécondité. De nombreuses branches d'industries d'art ont été entraînées irrésistiblement dans ce mouvement, et en ont reçu une transformation radicale qui a séduit immédiatement par une fantaisie nouvelle, par une originalité imprévue. L'artiste qui a l'honneur d'en être l'initiateur, ardent et convaincu, s'est résolument attaqué à la routine, à la copie, à l'imitation, dans l'industrie où elles paraissaient le plus définitivement souveraines : le Meuble. Ce fut une surprise et un enchantement, à l'Exposition universelle de 1889, quand on vit, pour la première fois, dans un ensemble magnifique, ces tables, ces buffets, ces vitrines, ces crédences, ces consoles, ces bonheurs du jour, etc., de bois rustiques, aux formes architecturales inspirées de celles que la nature a données aux plantes des champs, aux arbustes des haies, aux arbres des forêts; décorés de motifs tirés de la grâce des feuilles et des fleurs, avec des marqueteries pittoresques traduisant en allégories ingénieuses, en emblèmes spirituels, des sentiments, des pensées et des rêves. Le maître a fait des élèves qui d'abord ont marché dans sa voie, imitateurs respectueux; puis, peu après, se sont essayés à des adaptations moins étroites de ses découvertes, pour bientôt conquérir une personnalité indépendante. Presque chaque année, le Salon des Champs-Élysées montre des œuvres aux tendances individuelles, parallèlement aux créa-

Le meuble.

tions qui sont exposées au Salon du Champ de Mars. D'autres, plus timides, poursuivent sur place, avec une foi non moins active, avec une conviction aussi profonde, la recherche patiente et obstinée de formes décoratives inédites, autant que le soleil peut éclairer du nouveau sur cette terre.

Et ce ne sont point là ce que par analogie à la fois de longues méditations, d'expériences incessantes et d'utilisation habile des caprices féeriques de la matière, on pourrait appeler de simples travaux de laboratoires, des innovations de cabinet, restant à l'état de merveilles uniques ; c'est bel et bien de l'industrie d'art, logique, raisonnée, où le hasard lui-même s'assouplit à une discipline sévère. Dans les trois ateliers principaux d'ébénisterie, dont les chefs sont entrés définitivement dans le mouvement actuel de renaissance artistique, il n'y a pas moins d'un demi-cent d'ouvriers occupés d'une façon permanente à la fabrication de mobiliers d'art. Il s'opère même à ce propos une intéressante évolution. Jusqu'ici, entre la pièce exceptionnelle, très coûteuse, inabordable par ceux à qui ne manque ni le goût ni l'ambition des belles choses, mais l'argent suffisant pour les acquérir, et le produit à bon marché, le laid et prétentieux pastiche d'œuvres classiques, il n'y avait guère de juste milieu. On a voulu combler le fossé profond qui séparait deux clientèles qui doivent marcher de compagnie, en raison de la similitude de leurs préférences, et qui sont indispensables à une maison qui veut faire fructueusement et avec honneur de l'industrie.

La menuiserie d'art. La même évolution est rêvée pour la menuiserie d'art civile et religieuse, dans laquelle travaillent normalement plus de 400 ouvriers, en vue de substituer à la perpétuelle réédition du gothique, du Louis XV, du Louis XVI et de l'Empire des éléments décoratifs nouveaux, qui, sans rompre trop révolutionnairement avec des types consacrés par la tradition, et relativement en harmonie avec les styles classiques habituels des édifices, des hôtels et des maisons, apportent cependant à l'ameublement fixe, aux lambris, aux plafonds, une physionomie originale, révélant une personnalité dans la conception de l'artiste et dans le travail de l'ouvrier. On ne peut espérer rien de plus favorable au développement de la renaissance présente. Au lieu de la déformation abominable des idées nouvelles opérée par de sinistres contrefacteurs, incapables de les comprendre — conséquence fatale de l'ignorance alliée à la cupidité, — c'est la simplification logique de la forme et du décor faite par le créateur lui-même, qui choisit les matières premières moins précieuses, et les adapte avec habileté à des besoins nouveaux, faisant ainsi œuvre à la fois de démocratisation intelligente, de goût et de loyauté.

J'ai causé longuement avec ces artistes ouvriers, dans leurs ateliers, les coudes sur l'établi, au milieu des dessins, des croquis et des épures, devant leurs créations encore enchrysalidées; quelle passion! quel enthousiasme! quelle foi! et surtout quel amour du travail! Celui-ci, au milieu de ses collections de plantes et de fleurs, étudie sans cesse la nature, l'analyse, la dissèque, pour surprendre les secrets de sa grâce, de sa beauté, dans les lignes et les décors d'une variété infinie qu'offrent à l'observateur intelligent la moindre brindille, la tige la plus modeste, une pétale, une corolle, un fruit. Celui-là, ambitieux de ressusciter, sous des aspects nouveaux, les chefs-d'œuvre des grands ébénistes d'autrefois par le mariage des bois précieux, des fers, des émaux, des bronzes et des cuivres ciselés, s'initie patiemment à la technique de vingts métiers divers, tour à tour forgeron, orfèvre, émailleur, marqueteur, intarsiatore et céramiste. Cet autre groupe autour de lui les artistes locaux; et, dans une collaboration fraternelle, peintres, sculpteurs, architectes, menuisiers, créent des meubles d'une rare harmonie d'éléments divers, bâtissent et décorent une maison moderne, pittoresque, élégante, où l'ornementation traditionnelle a fait place à des fantaisies du goût le plus délicat, du charme le plus imprévu, et qui devra être un jour, suivant les intentions de son propriétaire, un phalanstère de tous les corps de métiers d'art du bâtiment. Mais, là aussi, combien, devant les aveux touchants de déceptions, de désespérances, à la suite d'essais avortés, de projets ruinés, j'ai regretté les institutions de l'étranger où tous ceux qui cherchent sont assurés de trouver renseignements, conseils et encouragements! (Rapports de missions, 1er volume, pages 93-101; 2e volume, pages 88-101.) La province actuelle est pour ces braves et courageux artistes l'île de Robinson Crusoé. Heureusement, eux-mêmes sont de vrais Robinsons. Si, dans ce roman d'une haute philosophie sociale sous son apparence d'œuvre de pure fantaisie amusante, le héros de Daniel de Foë, après son naufrage, se trouve, sur une île inconnue et abandonnée, tout nu et les mains vides, il a la tête pleine; et sa richesse cérébrale fait rapidement éclore autour de lui une richesse matérielle merveilleuse. C'est que la pensée est l'outil des outils, et que l'outillage intellectuel a bien plus d'importance encore que l'outillage industriel. Or, dans cette corporation des ébénistes, si vivante, si active, si hardie, ils ont des idées, des idées personnelles, ingénieuses, pittoresques; et ils savent les mettre en pratique avec décision.

La verrerie d'art.

Dans la plupart des autres industries d'art, c'est la même fièvre de recherches, la même ambition d'originalité. Sans doute, Nancy a été précédé par Paris dans la restauration de l'art de la verrerie; mais, ici, il a été porté moins rapidement que là au degré de perfection technique et de valeur artistique, qui assurent au maître nancéien, — auquel revient la gloire d'avoir donné au mouvement la plus puissante impulsion, — le premier rang parmi les artistes verriers de tous les temps. Dans sa déposition devant les membres de la Commission d'enquête sur les ouvriers et les industries d'art, M. Gallé a magistralement esquissé l'histoire de la première période de cette renaissance française de la verrerie :

Voulez-vous vous souvenir, leur disait-il, qu'il y a peu de temps encore la Bohême avait le monopole industriel de ces applications d'art décoratif. Nos verriers ne décoraient guère que ces verres *opale*, imitation authentique de la porcelaine, et nos cristalliers cherchaient à relever par la dorure une matière déjà brillante par elle-même. Les cristalliers lorrains, à l'exemple de leurs confrères de Paris, se bornaient, pour décorer leurs produits, à pratiquer des intailles, rosaces, côtes étoiles, dans l'épiderme coloré des cristaux à deux couches ; ou bien ils ornaient des verres *mousseline* de semis et d'initiales gravées au touret. Mais c'est à la Bohême qu'il fallait demander des figurations plus intéressantes, et d'abord ces gravures traditionnelles.

La Commission d'enquête n'ignore pas que, il y a une quinzaine d'années, les expositions de l'Union centrale attirèrent l'attention sur les verreries émaillées des Arabes. Quelques chercheurs en France, à commencer par M. Brocard, ne tardèrent pas à retrouver le secret perdu de ces émaux. Jusqu'en 1878, cette petite industrie resta à la France. La Bohême, en effet, ne produisait que des peintures fixées au feu de cristal, mais non pas *vitrifiées*. D'autre part, le goût toujours plus marqué du public pour les ouvrages d'art décoratif porta quelques industriels français à confectionner des pièces en couleurs, aux formes pittoresques, tantôt empruntées aux répertoires de Venise, de l'Inde et de la Perse, tantôt puisées à la source pure de la Renaissance française.

Aujourd'hui, Messieurs, tout juge éclairé qui a pu visiter à la fois les ateliers trop peu nombreux de nos verriers d'art et cette foire de Leipsick, où la Bohême étale les produits de ses trois cents fabriques, vous affirmera en parfaite connaissance de cause que depuis l'Exposition de 1878 nos producteurs de cristaux décoratifs ont laissé, artistiquement, sinon industriellement parlant, leurs concurrents étrangers bien loin derrière eux, par des applications décoratives nouvelles et un emploi rationnel des procédés de leur art, par une exécution précieuse, par des recherches savantes, une meilleure entente du coloris, une richesse légère et de bon goût, parfois même des tentatives d'affranchissement dans la composition toute moderne de l'ornementation. Il est incontestable que cet art est bien dans le mouvement et qu'il compte parmi les industries les plus avancées.

Dans la verrerie de Nancy, autant, peut-être plus, que dans le mobilier, à l'Exposition universelle de 1889, les artistes, les amateurs, les lettrés, le public même, furent irrésistiblement séduits par cet art nouveau, où une conception personnelle du décor, un symbolisme poétique original, un objectif constant, imprévu, de sensations délicates, d'émotions discrètes pour l'œil et pour l'esprit, se trouvaient réalisés fèeriquement par la technique la plus hardie, qui avait employé, avec la fantaisie, spontanée, prodigieuse, de l'empirisme, et avec la méthode patiente, sévère, de la science, des incorporations inconnues de métaux, des combinaisons et malaxages ignorés de matières, des façonnages inédits, enfermant dans le cristal tout ce que l'imagination peut rêver d'effets prestigieux de coloris, de tons et de nuances, d'irisations, de fulgurations et de reflets de lumière. Rien à l'étranger, ni Stourbridge, ni Vienne, ni Bohême, ni Murano, ni Venise, ne pouvait être comparé un instant à cela, qui, avec les soieries de Lyon, les orfèvreries et les bijouteries parisiennes, fut la joie, l'orgueil et l'honneur de la section française des industries d'art.

Dans la verrerie se manifeste aussi l'évolution signalée dans le meuble. Les recherches de décorations originales et pittoresques, d'effets nouveaux de formes et de coloris, réservées jusqu'ici au bibelot précieux, à l'œuvre d'un prix élevé, vont être appliquées désormais à une production accessible à une nombreuse clientèle, et même aux services de table et de toilette relativement bon marché. Les conséquences de cette évolution ne seront pas moins favorables au développement de l'industrie, et feront pénétrer l'art dans des milieux alimentés exclusivement par la cristallerie ordinaire, que l'étranger peut aisément nous fournir, en raison de la facilité d'imitation de modèles banaux, médiocres et surannés.

L'orfèvrerie, la bijouterie et le bronze

Les industries d'art du métal, qui occupent ici encore trois ateliers, ne pouvaient rester indifférentes à un mouvement artistique aussi vigoureux et aussi expansif. Dans le catalogue de l'Exposition d'art décoratif de Nancy, en 1894, je ne trouve pas moins de 300 pièces de tous genres, statuettes, groupes, flambeaux, garnitures de cheminée, pendulettes, cartels, appliques, fontaines, coupes, plateaux, médailles, montres, bracelets, broches, épingles, signets, croix, etc., dont les motifs de décoration sont inspirés des œuvres des vieux maîtres lorrains, Callot, Bagard, Lamour, Cyfflé, Adam, etc.; ont été trouvés dans les ornements héraldiques de la province, croix de Lorraine, figures de saint Georges, lions, chimères, alérions, chardons, etc.; ou tirés de la flore du pays, à l'exemple des ornements de verreries, et de meubles, roseaux, bruyères, orchis, muguets, marguerites, etc.; le tout exclusivement composé, dessiné, modelé, ciselé, gravé et repoussé par des artistes nancéiens. Malheureusement, tous ces efforts superbes, toutes ces tentatives hardies pour la création d'un art vraiment lorrain du métal précieux, n'auraient pas trouvé dans la population de Nancy et de la région une clientèle et des encouragements suffisants pour que l'impulsion première ait pu s'étendre ou au moins se maintenir; ce n'est guère qu'au dehors que tous ces bijoux et toutes ces orfèvreries d'une grâce charmante et d'une exquise originalité, ont obtenu un peu de succès; et, quand le choc en retour de la faveur publique s'est produit sur place, le marché était envahi par les contrefaçons abominables, par la pacotille de mauvais goût, que ce succès avait provoquées. Les bijoutiers et les orfèvres s'en découragèrent; et, peu à peu, revinrent au pur et simple commerce de vente des produits ordinaires fabriqués par les ateliers parisiens.

La reliure.

Depuis quelques années, les Salons de Paris ont montré, aux amateurs de reliures d'art, des œuvres en cuir ciselé et mosaïqué, pyrogravé et émaillé d'après des compositions d'artistes lorrains, d'une belle exécution et d'un grand sentiment décoratif, où la recherche ingénieuse et hardie d'effets nouveaux excuse aisément des fantaisies exubérantes, parfois même excentriques. Après une production exceptionnelle de pures pièces d'amateur, il semble qu'on soit à la veille d'une production industrielle courante, qui a été retardée simplement par les hésitations à entreprendre dans des ateliers intimes, familiaux, l'organisation d'un outillage et d'un personnel très coûteux. Déjà, une grande maison d'imprimerie, qui était jusqu'ici tributaire de Paris pour l'ornementation de la reliure polychrome de ses volumes de luxe, s'en est résolument affranchie, et crée elle-même tous les éléments de gravure et d'impression, obtenues par les procédés mécaniques les plus perfectionnés, pour un atelier qui ne compte pas moins de 30 artistes et ouvriers.

La décoration.

A cette même Exposition, le catalogue mentionne 94 œuvres décoratives : panneaux, trumeaux, paravents, tapisseries, céramiques et maquettes de plafonds, de dessus de portes, de lambris pour des théâtres, des hôtels, et des établissements publics. Il y a donc un certain mouvement de retour du goût public à la décoration.

L'imprimerie.

L'imprimerie constitue à Nancy une grande industrie locale, par suite de l'immigration d'une puissante maison de Strasbourg, créée depuis deux siècles, qui n'a pas voulu devenir allemande, et dont le personnel atteint le chiffre de 500 artistes et ouvriers. On compterait, en outre, dans divers établissements, environ la moitié de ce chiffre. L'ensemble de tout ce qui vit directement de l'imprimerie ne serait donc guère moindre d'un millier de personnes. Les branches de l'industrie touchant à l'art, la lithographie et la photogravure, occuperaient 100 imprimeurs, reporteurs, graveurs, croquisies, retoucheurs et photographes. On produit aujourd'hui, à Nancy, toutes les spécialités artistiques, depuis l'affiche polychrome de grand format, en 8 ou 10 couleurs, jusqu'à la lettre de facture à vignettes en taille-douce et à l'eau-forte, sans craindre, pour la perfection et la rapidité du travail, aucune concurrence parisienne ou étrangère. L'Allemagne ne tente point de s'aventurer dans cette région, où les souvenirs de la guerre de 1870-1871 sont aussi douloureux et vivaces qu'aux premiers jours de nos malheurs; au contraire, l'industrie lorraine exporte en Alsace pour un chiffre assez élevé d'impressions de tous genres.

Grâce à l'édition de luxe, Nancy peut s'enorgueillir d'ouvrages importants, d'une exécution irréprochable comme typographie, tirage de planches d'illustration, qui continuent ici fièrement la grande tradition de l'imprimerie strasbourgeoise : le *Nouveau Testament de Notre-Seigneur Jésus-Christ*, en caractère Baskerville du XVIIIe siècle, la *Monographie de la cathédrale de*

Nancy, qui ne contient pas moins de 21 planches hors texte, en photochromie, photogravure, chromolithographie, et lithogravure; la *Lorraine illustrée*; les *Tapisseries de la cathédrale de Reims*, etc. L'imprimerie nancéienne offre même une spécialité presque exclusive en France : celle de l'impression de la musique en caractères mobiles. Les ouvriers qui exécutent ces travaux peuvent être considérés comme de véritables artistes, en raison de l'ingéniosité et du goût qu'exigent les combinaisons multiples et variées de la typographie musicale.

Industries artistiques régionales.

La Lorraine possède en outre, disséminées sur divers points de la région, un certain nombre d'industries artistiques importantes, dont quelques-unes ont conquis une universelle renommée. A Baccarat, c'est la cristallerie, fondée, en 1765, sous le nom de verrerie de Sainte-Anne, par un évêque de Metz, M. de Montmorency-Laval, et par un avocat au Parlement, receveur des domaines à Nancy, Antoine Renault. A Saint-Louis, la grande manufacture, sœur cadette de deux ans de la cristallerie, qui appartient aujourd'hui à la même compagnie, se livre à la même production de cristaux de luxe, de table et de luminaire. A Lunéville, une faïencerie occupe 1,720 ouvriers et fait annuellement, avec l'établissement annexe de Saint-Clément, un chiffre d'affaires de près de 3 millions, en services de table et pièces de décoration, dont une grande partie atteint le caractère de l'œuvre d'art, originale et de haute fantaisie; par son extension dans le domaine artistique, elle a même absorbé les ateliers de décoration sur céramique, qui, dans la première partie du siècle, employaient à Nancy des artistes très nombreux. Toul-Bellevue possède une manufacture qui produit des potiches, des vases de jardin, des jardinières, décorés sur émail stannifère dans le genre de Delft principalement. A Longwy, on fabrique en grand de la faïence artistique. A Saint-Dié, à Baccarat, des maîtres ferronniers se montrent habiles à forger des impostes et des balcons, à repousser la tôle en ornements de grilles, de lanternes et de chandeliers, à estamper des rosaces, à composer des guirlandes et des bouquets de fleurs pour chenêts, cadres de glaces et écrans. Bar-le-Duc s'honore de ses vitraux d'art.

La dentelle et la broderie.

L'industrie des dentelles aux fuseaux en Lorraine est une des plus anciennes de France. A partir de la réunion de cette province à la France —

1766 — surtout, elle prit une très grande importance comme chiffre d'affaires et comme qualité de travail. Elle a pour sphère d'action les Vosges, avec un grand centre, Mirecourt, et une partie du département de Meurthe-et-Moselle. On a constaté, depuis un demi-siècle, une diminution de près de moitié du nombre des ouvrières : 13,000 au lieu de 25,000; cependant la fabrication n'a pas subi la décadence que semble impliquer cette dépopulation. « Dans leur ensemble, écrivait en 1895 le rapporteur du Comité des dentelles à l'Exposition universelle de Chicago, M. Warée, les produits sont plus fins, plus riches et plus soignés que ceux de la Haute-Loire; on les distingue par leur blancheur et la netteté des grillés et des toilés. Mirecourt s'est toujours signalé par la création de genres nouveaux et artistiques; on lui doit la vogue des guipures de Cluny, reproduction des anciennes guipures rosacées aux fuseaux, et celle des guipures antiques dites seize fuseaux. C'est le berceau des guipures russes fabriquées par les mêmes procédés que celles de Russie, mais avec des perfectionnements d'exécution et de dessin. Il en est dérivé un genre particulier, appelé guipure arabe, dont Mirecourt a, pour ainsi dire, gardé le monopole. L'ouvrière des Vosges est habile et malléable; elle se prête facilement à des changements d'ouvrage fréquents et les réussit tous avec une égale perfection; elle affectionne le travail du morceau, fleurs d'application, cols, mouchoirs, cravates, etc. » On observe dans la fabrique lorraine, au point de vue de son organisation industrielle, une évolution radicale, qui ne s'est point encore produite en Auvergne. Les maisons indigènes disparaissent successivement et sont remplacées par de simples entrepreneurs, façonniers et commissionnaires, au sens le plus réduit de l'expression, servant d'intermédiaires — distributeurs et collecteurs de commandes — entre les dentellières et les négociants parisiens qui fournissent les matières premières et les cartons de dessins. Un seul de ces négociants possède sur place une agence de dessinateurs et employés qui adaptent et mettent en œuvre les projets et les compositions envoyés de sa maison de Paris. La fabrique lorraine a perdu ainsi peu à peu son autonomie artistique. Si la main-d'œuvre n'a point diminué de valeur et reste toujours apte aux travaux les plus délicats, les plus difficiles, elle se raréfie dans des proportions imprévues qui inquiètent fort les industriels sur la possibilité de trouver bientôt les mains nécessaires pour exécuter ces travaux. La dentelle ne peut être pratiquée dans les campagnes qu'en complément des occupations agricoles ou réciproquement, suivant l'importance de l'une et l'autre production locale. On estime que, pendant l'été, du 15 juin au 15 octobre, les deux tiers environ des ouvrières s'en vont aux champs; le nombre des journées consacrées à la dentelle serait de 230 par an. Or, le salaire quotidien moyen des dentellières ne dépasse pas 1 fr.; par suite de la crise persistante de l'agriculture, les recettes du fait des travaux de la terre sont de moins en moins élevées. Pour vivre, les ouvrières doivent donc se rejeter sur les commandes de courant très ordinaire, qui exigent moins de soins et s'exécutent rapidement. Ce n'est pas cette fabrication hâtive qui peut leur permettre d'acquérir de l'habileté et du goût, les mettre à même de faire de la belle dentelle rémunératrice. On tourne ainsi perpétuellement dans un cercle vicieux. Il en résulte même une transformation sociale. La dentelle et la broderie, comme la couture et tous les autres travaux féminins industriels, tendent à émigrer des champs vers les grands centres manufacturiers, tels que le Creusot, Decazeville, où il s'est créé des œuvres philanthropiques pour les développer. Les optimistes voient là un progrès. Puisse l'avenir, demain peut-être, ne pas leur donner un trop cruel démenti par la substitution rapide à ces œuvres fort louables d'entreprises néfastes qui importeront les mêmes procédés d'exploitation impitoyable des ouvrières, d'avilissement de la main-d'œuvre, de dépression des salaires: causes exclusives de la situation précaire actuelle des industries rurales!

La broderie nouvelle de perles au crochet, inventée, il y a vingt-cinq ans, par une maison de Lunéville, a jeté une certaine perturbation dans la dentelle lorraine. De 1880 à 1890, cette industrie a été très florissante; on a évalué jusqu'à 40,000 (??) le nombre des ouvrières, anciennes dentellières pour la plupart, qu'elle occupait dans les départements des Vosges et de Meurthe-et-Moselle. Aujourd'hui, elle souffre dans son exportation de la concurrence de l'Allemagne, dont les agents viennent périodiquement se renseigner sur les nouveaux genres, copier les modèles, et font exécuter ensuite les commissions en Saxe et dans d'autres régions qui ont importé cette fabrication. L'Allemagne bénéficie d'une différence considérable sur les prix des matières premières. Les perles de Bohême payent en France un droit d'entrée de 20 fr. par 100 kilogr.; en Allemagne, ce droit n'est que de 5 fr.

La Franche-Comté possède, depuis moins d'un demi-siècle, une industrie dentellière assez importante. L'école primaire d'un petit village près de Luxeuil, Fontaine, a été, en 1861, son berceau. Les premières ouvrières en broderies sur filets qui y furent formées s'essaimèrent, créant à leur tour de nouveaux centres d'instruction professionnelle dans les villages voisins; et ainsi, l'industrie gagna rapidement la Haute-Saône, le Sud des Vosges et le département du Doubs. A cette heure, on compte plus de 12,000 dentellières dans la région. N'est-ce pas la preuve la plus indiscutable, la plus éloquente que par l'enseignement non seulement on peut maintenir les industries d'art, mais en créer de nouvelles, qui, pourvues d'un personnel instruit, ne tardent pas à devenir florissantes? « Aux filets brodés primitifs, un peu délaissés, lit-on dans le document officiel précité, ont succédé une foule d'autres guipures à l'aiguille : la guipure Renaissance, le point coupé, le lacis, le point de Venise à rosaces, le point de France à hauts reliefs et presque toutes les dentelles de caractère destinées aux rideaux, à l'ameublement et à la décoration. En progrès constants, la fabrication s'est, pour ainsi dire, transformée depuis une quinzaine d'années; elle aborde maintenant les genres les plus difficiles à produire et les plus artistiques. » Relativement à la diminution de la main-d'œuvre supérieure, aux difficultés de son recrutement, à l'absence d'un enseignement professionnel spécial, la situation de l'industrie en Franche-Comté n'est point différente de celle de la fabrique lorraine; et les causes en sont les mêmes.

La Lorraine est un pays où la broderie à la main a toujours constitué une grande industrie rurale; Nancy, pendant longtemps, a été le centre commercial vers lequel convergeait toute la production, depuis Lorquin, Saint-Mihiel jusqu'à Mirecourt et Luxeuil. Au XVIIIe siècle, on brodait principalement pour châles, cravates et fichus, pour ornements d'église et devants d'autels. Après une longue période de décadence, de 1790 à 1805, pendant laquelle il n'y eut plus un seul fabricant à Nancy, la Cour de Napoléon Ier fit renaître l'industrie. En 1814, on comptait déjà de 4,000 à 5,000 ouvrières nouvelles. C'est surtout à partir de 1829 que la broderie prit, dans la région de l'Est, un développement prodigieux. Des maisons de Paris et de Nancy se mirent en rapport avec des entrepreneurs qui propagèrent dans tous les villages des Vosges, limitrophes de la Franche-Comté, cette profession si facile à s'associer aux travaux des champs. On évaluait bientôt à plus de 50,000 le nombre des brodeuses lorraines et vosgiennes, produisant toutes sortes de broderies, au crochet, à l'aiguille, au *métier* et à la main (sur le doigt), pour voiles, écharpes, robes, cols, lingerie de corps et de table, etc. Jusqu'en 1860, l'industrie fut très prospère. Vers le milieu du second Empire, soit que la mode se montrât subitement réfractaire à cette branche du luxe féminin, ou que la concurrence étrangère, mécanique et manuelle, fût devenue formidable, elle subit une crise si terrible que le Gouvernement, sur les réclamations pressantes de l'administration préfectorale de la Moselle, dut, pour atténuer un peu la misère, installer à Nancy une manufacture de tabacs. Lunéville a été aussi, il y a une cinquantaine d'années, le centre d'une très importante spécialité de broderie, la broderie au crochet, ayant pour objet la fabrication des articles d'église, aubes, nappes d'autels, etc., rideaux, bonnets. La Belgique a accaparé les articles d'église; les rideaux se font au métier, et les bonnets ne se portent plus. Après la guerre de 1870-1871, une certaine renaissance de l'industrie se manifesta; et, aujourd'hui, on me déclare unanimement que jamais peut-être il ne s'est fait en Lorraine et dans les Vosges autant de broderies, mais dans les genres ordinaires et à bon marché, quoique le travail à la machine suisse ait remplacé le travail à la main pour tous les métrages, laizes, galons, bandes, etc.

Les conditions artistiques et industrielles, sociales même, de la production de la broderie au métier et à la main en Lorraine, se sont également transformées. Il n'y a presque plus de fabricants indigènes; ils ont été remplacés, là aussi, par des façonniers et des entrepreneurs qui ou reçoivent directement des maisons de Paris et de province les tissus tout préparés avec les modèles de dessins et en font la distribution aux brodeuses, ou encore obtiennent, sur la présentation d'échantillons personnels, des commandes de broderies sur des tissus également envoyés par la clientèle. Quelques rares fabricants font confectionner eux-mêmes les chemises, pantalons, camisoles, draps, taies d'oreillers, mouchoirs, etc., les donnent ensuite à broder et les vendent aux marchands pour augmenter un peu leurs bénéfices par ces opérations simultanées. Dans la broderie, la saison est encore plus courte que dans la dentelle; elle dure à peine trois mois : de décembre à fin février. D'après les informations multiples que j'ai recueillies dans l'Est et à Paris, la broderie fine, de luxe, tendrait à décroître; le nombre des ouvrières habiles diminuerait de jour en jour, et déjà il serait devenu très difficile de pouvoir faire exécuter régulièrement des travaux exigeant du temps, des bonnes mains, des soins délicats et minutieux. Les causes de cette situation sont celles de l'évolution analogue qui s'est produite dans la dentelle : la dépression constante des prix provoquée par une concurrence acharnée des entrepreneurs et des façonniers entre eux; l'insécurité du lendemain dans l'agriculture, par suite de la diminution des rendements; tout ce qui oblige les ouvrières à une production hâtive, défectueuse, guère favorable au développement de l'habileté et du goût.

L'étude de l'histoire de l'industrie dans le passé révèle que c'est toujours à la suite de la dépression générale de la main-d'œuvre provoquée par l'abandon de la belle production pour s'adonner exclusivement à la médiocre, sous l'illusion de salaires et de bénéfices plus élevés, de moins de peines et de travail chez l'ouvrier et chez le fabricant, que sont survenues les crises qui ont ruiné la province et ont eu une répercussion terrible sur la prospérité nationale, les pays étrangers concurrents s'emparant aussitôt de ce qu'on abandonnait. Ainsi, vers 1830, les maisons lorraines ne pouvant suffire aux commandes, tant était grande la vogue des broderies au métier, firent adopter partout le procédé de broder sur l'index de la main gauche, procédé plus expéditif, mais peu favorable au beau travail; le métier en fut presque entièrement délaissé, et l'on ne forma plus de brodeuses en ce genre. Alors, les Suisses s'empressèrent de reprendre les broderies au métier, de se procurer des dessins originaux. Cela leur réussit à ce point que, de 1839 à 1848, tous les négociants de Paris s'adressèrent exclusivement aux fabricants de Saint-Gall, d'Herisau et d'Appenzell pour les articles fins. Les Lorrains ne reçurent plus aucune commande. Ce fut une catastrophe pour toute la région.

Par contre, la grande période de prospérité de Mirecourt, dans la première partie du siècle, a été celle où les fabricants s'ingénièrent à faire de l'application à la façon de Bruxelles et de Binche, et appelèrent de Paris, des Flandres et de Suisse, des dessinateurs habiles qui renouvelèrent tous les modèles par des compositions dont l'exécution nécessitait des mains habiles qu'on forma immédiatement. Les fabriques de Genève et du Val-de-Travers, concurrentes, en furent touchées au point d'en mourir.

Il semble que la situation actuelle de la broderie dans l'Est, rien moins que rassurante pour l'avenir, pourrait s'expliquer par l'analogie complète entre la période de 1830 et le temps présent; et que les mêmes réformes, qui ont donné plus tard de si rapides et excellents résultats, ne resteraient pas à cette heure inutiles. Il m'est fait partout, à Paris, dans les Vosges, la déclaration très nette qu'il se manifeste un indiscutable mouvement de réaction du public en faveur de l'art et du bon goût; que la clientèle, non seulement n'est pas réfractaire aux belles broderies, qu'elle les aime, les désire et les paye fort bien, quand on sait lui en proposer; que les dessins originaux, pittoresques, gracieux pour chiffres, armoiries, guirlandes et festons, sont toujours instinctivement préférés aux modèles poncifs, surannés des façonniers ignorants; et même m'a-t-il été ajouté dans les grands magasins, qu'il était devenu impossible, à cette heure, de satisfaire à toutes les commandes de pièces exceptionnelles par suite des difficultés de livraison qu'entraîne l'impossibilité de trouver en assez grand nombre les ouvrières pour les exécuter dans les délais voulus. Le problème à résoudre immédiatement serait donc de reconstituer le personnel des brodeuses habiles et celui des fabricants indigènes connaissant bien le métier, capables, par leur instruction technique et artistique, de créer du nouveau, de reconquérir par là le marché parisien et d'opposer une barrière infranchissable à l'envahissement des étrangers, dont l'ignorance et la cupidité provoquent ces baisses de salaires et ces avilissements de main-d'œuvre qui ruinent infailliblement les industries. Or, ce n'est que dans l'association corporative, solidarisant étroitement les intérêts matériels et sociaux des fabricants et des ouvrières, qu'on pourra trouver la solution du problème, dont les Suisses, dans l'industrie de la broderie mécanique, ont réalisé depuis longtemps l'application par l'organisation du Directoire commercial de Saint-Gall, sur laquelle il a été donné des renseignements détaillés au chapitre de Calais et dans le 2ᵉ volume de mes Rapports de missions, pages 38-43.

L'instruction artistique et l'apprentissage dans les industries d'art.

Des déclarations unanimes qui m'ont été faites par les chefs des industries artistiques de Nancy, l'ébénisterie, la menuiserie et la verrerie, il résulte qu'elles manquent d'ouvriers d'art. Le plus grand nombre des spécialistes les plus élevés dans la hiérarchie industrielle sont étrangers : Suisses, Autrichiens ou Allemands. Devant la Commission d'enquête de 1883, M. Gallé disait déjà : « Les maîtres graveurs sur le verre se font rares par suite des chômages; il ne s'en forme plus. Il faut chercher en Bohême des intailleurs figuristes. » La situation se serait même aggravée encore, en raison de l'extension prise depuis quinze ans par la verrerie de luxe, à laquelle s'adonnent deux maisons, qui n'occupent pas moins de 100 ouvriers d'art. Dans l'ébénisterie, on pourrait, à l'heure présente, donner du travail au double d'ouvriers habiles, s'il y en avait. Les néfastes théories sociales sur l'apprentissage ont pénétré profondément dans le monde ouvrier, qui s'y montre de plus en plus hostile, sous le prétexte bien illusoire d'empêcher la concurrence et la dépression des prix de main-d'œuvre; il n'y a guère que dans la verrerie, par suite de la nécessité absolue de la collaboration du « gamin »[1] aux fours, qu'il se fait encore des apprentis, suivant l'ancienne méthode.

L'imprimerie seule a échappé un peu jusqu'ici aux conséquences désastreuses de ces théories, grâce à l'initiative énergique de quelques patrons. Ainsi, la plus importante maison a organisé chez elle une véritable école d'apprentissage, qui, avec ses 40 élèves réguliers, recrutés dans les familles ouvrières de ses ateliers, suffit largement à alimenter le personnel; et, par une instruction professionnelle très sérieuse, — à laquelle s'ajoute une éducation intellectuelle et morale, qu'une sollicitude toute paternelle entoure des soins les plus délicats, — le maintient au niveau de tous les progrès techniques. Mais la Chambre syndicale typographique (XVIIᵉ section de la Fédération française des Travailleurs du Livre) me déclare que dans beaucoup d'ateliers encore les apprentis sont employés à des corvées variées, qui leur laissent peu de temps pour apprendre sérieusement le métier. Dans ce but, la chambre prépare un projet de règlement général interdisant dans l'apprentissage, fixé à 4 ans, toute autre occupation que celle du travail professionnel.

Cette même association vient de créer un cours de perfectionnement pour les apprentis et les ouvriers, annexé à sa bibliothèque professionnelle qui ne compte pas moins de 800 volumes, et dans laquelle se tiennent hebdomadairement des réunions et des conférences très suivies.

A analyser la statistique relative aux professions des élèves de l'École municipale et régionale des beaux-arts, on constate que les apprentis et les ouvriers des industries du bois et du verre ne la fréquentent pas beaucoup. Il n'y figure que 12 menuisiers, 1 charpentier, 2 ébénistes, 1 tourneur, 1 marqueteur; seuls, les sculpteurs doivent être assez nombreux, cette rubrique générale, qui contient également les sculpteurs sur pierre, sur bois, les statuaires, ne comprend pas moins de 32 élèves. On n'y trouve point de verriers; il est vrai que le chef du principal atelier de verrerie d'art, en présence des médiocres résultats donnés par l'enseignement de l'école au point de vue de l'instruction artistique des ouvriers — opinion partagée par tous les autres industriels des divers métiers, — a pris la résolution de créer chez lui une école d'apprentissage et de dessin. Dans les industries de la broderie et de la dentelle, l'apprentissage des ouvrières continue à se faire par les anciennes méthodes familiales, empiriques. Nulle part, en Meurthe-et-Moselle, dans les Vosges, dans la Haute-Saône, il n'y a d'institution publique ou privée pour l'enseignement professionnel et artistique. A l'opinion des chefs d'industries, que j'ai interrogés sur ce point, tant dans la région qu'à Paris, cette lacune est une des principales causes de la dépression à peu près générale de la valeur de la main-d'œuvre, de la diminution du nombre des ouvrières habiles, qui empêchent le développement de la fabrication de luxe, et, en conséquence, favorisent celui de la production inférieure.

A l'encontre de préjugés qui ont encore trop cours, l'histoire de ces industries prouve l'influence absolue de l'école sur leur prospérité. Si, dans le même temps que Nancy se voyait douloureusement supplanté par Saint-Gall, Herisau et Appenzell, pour leur avoir abandonné la fabrication des broderies au métier, Mirecourt et les Vosges purent se maintenir et arrivèrent même à conquérir la riche clientèle des États-Unis, de la Russie et de l'Angleterre, n'est-ce pas exclusivement parce que l'initiative intelligente et courageuse d'une femme, Mme Chancerel, se hâta de créer à Lallaumont, à Chamberg, à Fontenoy-le-Château, des ateliers-écoles où cette broderie fut enseignée et se propagea rapidement dans le pays? Le berceau de l'industrie dentellière de la Franche-Comté n'a-t-il pas été la modeste école du petit village de Fontaine, où Mme Gandillot forma elle-même les futures contremaîtresses des ateliers florissants de Luxeuil, de Bains, de Saint-Loup, etc.? Et les petites-filles de ces mêmes ouvrières n'ont-elles pas été amenées des modestes broderies sur filets de 1875 aux chefs-d'œuvre admirés aux Expositions de 1889, de Chicago, des Arts de la femme? Ne se maintient-il pas une moyenne de production de haut goût, parce que l'initiateur de cette véritable renaissance artistique n'a pas hésité à former lui-même sur place d'excellentes ouvrières, à les initier à toutes les délicatesses des procédés divers, anciens, modernes et nouveaux, qui leur permettent de traduire habilement les compositions originales de dessinateurs de talent, et qu'il persiste, avec intransigeance, à faire, pour son compte personnel, par des modèles irréprochables, par des commandes exclusives de belles œuvres, une continuelle obstruction à l'envahissement de la fabrication médiocre, à bon marché?

A cette pénurie de la main-d'œuvre artistique, il y aurait une autre cause. L'application de la loi sur les exemptions du service militaire de trois ans en faveur des ouvriers d'art, — par suite du recrutement du jury en dehors des personnes compétentes pour juger de l'instruction artistique et professionnelle de ces ouvriers, et de la proportion inéquitable du chiffre des exemptions accordées à un département qui compte tant d'industries d'art, ébénisterie, verrerie, céramique, etc., comparativement à d'autres départements exclusivement agricoles ou manufacturiers, — aurait ici des conséquences désastreuses pour ces industries d'art, en dépeuplant les ateliers des meilleurs collaborateurs. Les industriels en expliquent et justifient la nécessité où ils se trouvent de faire appel à des étrangers. Aussi, la Société d'art décoratif lorrain a-t-elle voté avec empressement le vœu suivant, en sollicitant avec insistance l'intervention de l'administration des beaux-arts pour provoquer une modification des règlements d'application de cette loi : « Remédier à la pénurie des ouvriers d'art, en conservant aux industries d'art un certain nombre de leurs ouvriers actuellement pris par le service militaire. Le comité souhaiterait sur ce point voir préciser la définition de l'ouvrier d'art, changer le coefficient d'admission qui n'est pas en rapport avec le nombre d'ouvriers d'art dans notre département, et enfin augmenter la compétence artistique du jury. »

La Société d'art décoratif lorrain.

Un mouvement régional d'art et d'industrie de cette importance devait provoquer la création d'institutions groupant tous ceux qui y prennent part, comme artistes, industriels, amateurs et administrateurs publics, en vue de lui continuer une impulsion vigoureuse, par tous les moyens d'action, de propagande, d'encouragements que peut fournir l'application sérieuse du principe de l'association. En 1894, se fondait la Société des arts décoratifs lorrains, qui changea plus tard ce titre en celui de Société d'art décoratif lorrain, pour ne pas créer de confusion dans le public avec un autre groupement d'artistes, dont il sera question plus loin. Ses statuts lui donnent pour but : le développement des arts décoratifs, l'organisation d'expositions, l'organisation de concours, le développement de l'enseignement spécial, la création d'un musée d'art décoratif. La Société débuta brillamment par une Exposition d'art décoratif et industriel, qui eut lieu en juin-juillet de la même année. Cette exposition ne réunit pas moins de 76 exposants de Nancy et de la région de l'Est, dont les envois dépassèrent le chiffre de 700 pièces d'art de tous genres : décoration, mobilier, céramique, verrerie, orfèvrerie, bijouterie, ferronnerie, etc. Les bénéfices permirent l'acquisition d'œuvres pour une somme d'environ 6,000 fr., en vue du futur Musée d'art décoratif. Le succès complet de cette entreprise faisait bien augurer de l'avenir de l'association qui groupait en effet tous les chefs des industries artistiques de la Lorraine. Mais des dissentiments nombreux ne tardèrent pas à se produire à propos de questions personnelles, de concurrence industrielle et commerciale, de froissements d'amour-propre d'artistes : *Genus irritabile*. La Société, en outre, paraît s'être vite éloignée de la réalisation pratique de son programme pour se transformer en une sorte d'académie et de cercle, où les discours, les conférences et les discussions théoriques, platoniques, quoique vigoureuses, remplacèrent l'action, seule féconde et durable. Au moment de mon voyage, une dissolution était imminente. J'ai pu néanmoins causer avec les membres du comité d'administration réunis, et obtenir d'eux des renseignements collectifs qui m'étaient précieux, en raison de la situation prépondérante occupée par les uns et les autres dans les industries artistiques de Nancy.

La Société des Amis des arts, dont la fondation remonte à un demi-siècle, a suivi l'exemple donné par les Salons. Dans ses expositions périodiques de peintures et sculptures, elle réserve une place aux œuvres d'art industriel ; cette année, cette section ne comptait pas moins de 14 exposants, ayant envoyé 37 œuvres inédites, exposants qui sont d'ailleurs tous membres de la Société d'art décoratif lorrain : apparente justification d'en proposer la dissolution, pour cause de concurrence victorieuse.

Ce centre d'action et de propagande pour le développement des industries artistiques de Nancy et de l'Est, indispensable, urgent, que la Société d'art décoratif lorrain n'a pas réussi à créer, se trouvera-t-il à l'École des beaux-arts, qui, à sa qualification de municipale, adjoint officiellement celle de régionale ?

L'École municipale et régionale des beaux-arts.

L'École municipale et régionale des beaux-arts a été organisée en 1882. Dès la première année, on constatait, par suite des réformes administratives opérées, une augmentation de plus d'un tiers du nombre des élèves. En novembre 1896, l'école en compte 201, dont 24 jeunes filles. Professionnellement, cette population scolaire se répartit ainsi : 18 commis d'architectes ou d'entrepreneurs, 16 mécaniciens, 6 serruriers, 1 électricien, 12 menuisiers, 1 charpentier, 2 ébénistes, 1 tourneur, 1 tailleur de pierre, 1 mosaïste, 1 marqueteur, 1 plâtrier, 11 peintres décorateurs, 2 peintres céramistes, 3 peintres verriers, 12 graveurs, 2 dessinateurs, 1 photographe, 4 bijoutiers, 1 doreur, 3 typographes, 4 tapissiers, 32 sculpteurs, 1 modeleur, 1 bonnetier, 1 malletier, 1 tailleur, 1 boulanger, 1 clerc, 3 employés de commerce, 32 étudiants. Dans le cours de jeunes filles, il y a 1 dessinateur en broderies ; les autres sont des candidates à la fonction de professeur de dessin. En dépit du recrutement, qui se fait presque exclusivement dans la classe ouvrière parmi des jeunes gens en apprentissage ou qui travaillent déjà dans les ateliers, l'enseignement, ici aussi, a un caractère spécial de préparation à l'École des beaux-arts de Paris. La ville et le département n'ont pas institué moins de six bourses, d'un chiffre total de 4,800 fr., pour donner aux principaux lauréats, peintres, sculpteurs et architectes les moyens d'en suivre les classes et de concourir pour les prix de Rome. Dans les programmes, on ne trouve quoi que ce soit qui ait trait à un enseignement artistique spécial pour le meuble, pour la verrerie, pour l'imprimerie, pour les arts du métal, constituant les principales industries nancéiennes; pour la céramique, la dentelle et la broderie, d'une si grande importance comme chiffres d'affaires et nombre d'ouvriers et d'ouvrières, dans la région de l'Est.

Les chefs de la première imprimerie de Nancy me déclarent que leurs ateliers et ceux de leurs collègues fourniraient aisément, en artistes, ouvriers et apprentis, plus de 50 auditeurs assidus à un cours d'art appliqué aux branches artistiques de l'industrie; aujourd'hui, l'école n'en reçoit que 15 qui n'y apprennent pas grand'chose pour le métier. Aussi, les protestations des industriels contre cet enseignement sont-elles générales. Dans sa séance extraordinaire du 17 novembre, la Société d'art décoratif lorrain, à l'unanimité des membres de son comité, représentant les industries du meuble, de la verrerie, de la reliure et de la décoration, émettait le vœu suivant : « Remédier à la pénurie des ouvriers d'art en modifiant l'enseignement de l'École régionale des beaux-arts dans le sens de l'enseignement professionnel. » Il n'est pas contestable que, pour être vraiment utile aux ouvriers, l'enseignement artistique de l'école doit, à un moment, être nettement spécialisé en vue de l'application pratique des connaissances artistiques acquises au métier qu'ils exercent. Par exemple, pour la verrerie, M. Gallé, dans sa déposition devant la Commission d'enquête, signalait nettement les avantages obtenus de cette spécialisation dans les écoles d'art de Bohême : « J'ai constaté, disait-il, que les graveurs bohémiens dessinent bien et qu'ils sont aussi aptes à camper une figure au blanc d'Espagne sur une coupe qu'à la modeler ensuite grassement dans les profondeurs argentines du verre. C'est que depuis longtemps l'enseignement du dessin est pratiqué dans toutes les écoles en Bohême; il y est appliqué à l'art verrier dans des écoles et des cours professionnels spéciaux, qui favorisent singulièrement l'apprentissage ardu de la gravure sur verre. » Aussi, désespéré de ne pouvoir faire adopter ces idées par le Conseil de perfectionnement de l'école, dont il était secrétaire, et qui, sur 14 membres, en compte 8 étrangers professionnellement aux industries : 2 fonctionnaires, 2 négociants, 2 avocats, 1 brasseur et 1 rentier, M. Gallé donna sa démission et prit le parti d'organiser dans ses ateliers cet enseignement spécial par des cours de dessin et d'application de l'art à l'industrie de la verrerie et à celle du meuble qu'il pratique simultanément.

On a fait maintes fois, en ma présence, au cours de cette étude, le procès à la Direction de l'école de se désintéresser des industries artistiques et de ne favoriser que le grand art — ce qui n'est pas exact, — parce qu'elle se déclare toujours et très nettement d'une intransigeance irréductible sur le principe de la nécessité absolue d'un enseignement sévère, méthodique et long, comme base d'une forte éducation artistique. On ne doit point incriminer un principe aussi juste, une opinion aussi élevée. L'unique objection à faire serait que la mise en pratique de ce principe et de cette opinion implique l'objectif exclusif de faire produire à l'école des dessinateurs. Or, ce ne sont point des dessinateurs, mais des ouvriers d'art que réclament avec insistance les protestataires, parce qu'ils font défaut actuellement aux industries de Nancy. Le conflit, assez aigu et qui continue à cette heure, ne proviendrait-il pas surtout de ce qu'on n'a pas eu soin préalablement de définir avec précision les termes du débat, de formuler nettement les desiderata ? Du haut en bas de l'enseignement de l'école, à tous les degrés des cours, l'application parallèle des connaissances artistiques au métier individuel, au fur et à mesure de leur acquisition, paraît absente. On m'a montré avec fierté des compositions pittoresques, originales même, de meubles, de poteries, d'orfèvreries, de décorations textiles, etc. ; le cours de compositions décoratives ne compte pas moins de 30 élèves : c'est le plus séduisant de tous. Est-ce bien là ce qui est nécessaire aux 150 apprentis et ouvriers de l'école, qui, le lendemain, auront prosaïquement à sculpter un dossier de fauteuil, à assembler les parties d'une table, à graver au touret une buire de cristal, à fileter un panneau de porte de magasin ? Malgré le programme officiel, qui comporte cours de construction, avant-projets, métrés, devis, etc., la classe d'architecture n'aurait guère eu elle-même, pendant plusieurs années, à travers les intermittences de professeurs successivement démissionnaires, que le caractère d'une simple division de l'enseignement du dessin linéaire et du lavis. N'est-on donc pas autorisé à attribuer à cette lacune de l'application industrielle la sensation instinctive d'inutilité de tant d'études, longues et sévères, pour leur instruction professionnelle qu'éprouvent la majorité des jeunes ouvriers lorrains, et qui leur fait abandonner les cours ou ne les suivre que par simple distraction ? L'analyse du dernier rapport sur la situation de l'école démontre que des 29 élèves du cours élémentaire de modelage et de sculpture, il n'en reste plus que 4 dans le cours supérieur, que plus de la moitié des élèves du cours élémentaire de dessin lâchent pied après la première année. On ne s'est même pas avisé, à défaut de mieux, d'importer dans l'enseignement artistique le système de pédagogie employé dans l'enseignement littéraire général, avec qui les défenseurs du premier établissent constamment l'analogie pour le justifier. Les professeurs de grec, de latin, de français, ne se préoccupent-ils point de démontrer à leurs élèves, comme leçons pratiques, la beauté des œuvres des grands classiques dans le drame, la comédie, la poésie lyrique, la satire, l'éloquence oratoire, etc., qui sont, pour ainsi dire, autant de formes professionnelles de la pensée ? N'est-ce point à cet enseignement d'application, tout au moins théorique, que devraient servir spécialement les collections artistiques et industrielles, que la direction a entrepris de constituer par l'acquisition d'une série précieuse de dessins à la vente Galland, de spécimens de tissus, de broderies, etc., les collections de céramique, de verreries, etc., achetées à l'Exposition nancéienne de 1894 et qui dorment actuellement dans des placards, collections qu'elle rêve, il est vrai, de transformer un jour en un véritable musée public, en les développant au moyen des crédits exceptionnels dont elle a l'espérance ?

Les industriels ne seraient point non plus sans irresponsabilité dans la situation actuelle. L'obligation de la fréquentation de l'École des beaux-arts par les apprentis et les jeunes ouvriers n'est point devenue générale dans leurs ateliers, comme dans ceux de Reims, pour ne citer qu'une ville voisine. Ceux qui font partie du conseil de perfectionnement de l'École n'assistent pas aux séances pourtant simplement mensuelles. Ils prétextent qu'ils sont toujours en minorité. La combativité n'est point leur qualité primordiale.

Aussi, la Société d'art décoratif lorrain a-t-elle cru devoir, à propos de ce conseil, émettre le vœu suivant : « Faire entrer un plus grand nombre de directeurs d'industries d'art et d'artistes décorateurs dans le conseil de l'École régionale des beaux-arts. »

L'école est fort mal installée dans un local provisoire, nullement disposé pour un établissement d'enseignement artistique, qui présente des conditions défectueuses multiples : lumière insuffisante, mauvais éclairage, salles exiguës, ateliers de sculpture et de modelage humides, obscurs, en dehors du bâtiment spécial ; aucune salle d'exposition, point de bibliothèque, point de cabinet pour le directeur. Depuis plusieurs années, il est question d'un projet de constructions nouvelles, soit au Jardin botanique, soit dans la Pépinière, dont le voisinage permettrait, ici et là, des études de fleurs et de plantes, en plein air, pour les élèves des cours du jour ; mais ce projet a toujours été ajourné par les municipalités qui se sont succédé à l'hôtel de ville. Pourtant, il semble aujourd'hui qu'on ait l'intention de le reprendre un jour prochain : c'est le vœu unanime de la direction, des professeurs, des élèves et des industriels.

Une particularité intéressante d'opinion publique, révélée par l'étude sur l'École régionale des beaux-arts, est l'unanimité de tous ceux que j'ai vus parmi les industriels, les artistes, les membres du conseil de perfectionnement et les administrateurs publics, pour réclamer la suppression de la gratuité, considérée comme un mauvais système à tous les points de vue. Elle provoque l'indifférence des parents, l'inertie des élèves, l'encombrement des classes par des jeunes gens, dépourvus de toute aptitude pour les arts et de toute ambition d'instruction, qui ne viennent là que faute de ne pouvoir sans frais passer ailleurs leur soirée. Une contribution attirerait les fils d'industriels, de commerçants, de fonctionnaires, etc., que la gratuité en écarte. La création de bourses viendrait en aide aux familles sans fortune ou peu aisées. On pourrait ainsi organiser une véritable école du jour, nécessaire pour des études d'art sérieuses ; alors qu'aujourd'hui de simples cours du soir, insuffisants pour un enseignement complet, sont seuls possibles, en raison du recrutement exclusivement ouvrier.

Quelque autre institution publique, un musée d'art et d'industrie, par exemple, réserverait-elle ce centre d'action et de propagande qui ne se trouve point encore non plus à l'École municipale et régionale des beaux-arts, à la fois parce que sa constitution actuelle ne l'a pas créé, et que la municipalité, qui l'administre, se déclare, par son délégué officiel à l'instruction publique et aux beaux-arts, peu favorable à une organisation spéciale ayant pour but d'établir entre les professeurs de l'école et les chefs d'ateliers des relations constantes et intimes, qui tiendraient les uns et les autres au courant de leurs besoins, de leurs désirs et de leurs efforts mutuels en vue du développement des industries ; qui assureraient aux élèves intelligents aide et protection à leur entrée dans la vie industrielle : *organisation jugée utopique*, alors qu'elle est partout à l'étranger considérée comme la base fondamentale du programme de toute école d'art et d'industrie ?

Le Musée historique lorrain.

Le Musée historique lorrain, installé dans le Palais Ducal, pourrait dans quelques-unes de ses parties, passer pour un musée régional d'art et d'industrie. A côté des curiosités historiques, fort nombreuses, des portraits de la famille ducale et des personnages illustres de la Lorraine, des vues des monuments anciens, des séries de numismatique, etc., des reliques de l'antiquité et des temps préhistoriques, sont des collections importantes de faïences, de porcelaines, d'orfèvreries, de bijoux, de ferronneries, de mobiliers, etc. On y peut étudier toute la céramique lorraine — fabriques de Niederviller, Lunéville, Saint-Clément, Toul-Bellevue — sur plus de 500 pièces, dont quelques-unes constituent des séries uniques, telles, par exemple, que les 269 vases de pharmacie, aux armes et chiffres de Stanislas, donnés à l'hôpital des Frères de Saint-Jean-de-Dieu, fondé à Nancy en 1750 ; l'œuvre de Cyfflé et de son école, en reproductions faites sur les moules originaux. La série des meubles et bois sculptés compte 87 numéros, parmi lesquels sont 12 bois de Bagard, le célèbre sculpteur lorrain ; la ferronnerie, une centaine environ, dont deux fragments d'œuvres de Jean Lamour : l'ancienne rampe de l'escalier de l'Intendance et le trophée d'une des fontaines de la place Stanislas. La collection des taques de cheminée, aux armes de Lorraine, de Nancy, aux armoiries de familles de la province, à sujets religieux, mythologiques et allégoriques, ne se compose pas moins de 105 numéros. On y admire la fameuse tenture de haute lisse, dite « la Tente de Charles le Téméraire », composée de 5 pièces ayant un développement en largeur de 21m,60 sur 3m,60 de hauteur. Il y a là des reliures anciennes fort intéressantes, quelques étoffes et broderies, qui ont une certaine valeur d'art. Mais les collections s'arrêtent généralement à la fin du siècle dernier. De l'ébénisterie contemporaine, d'une physionomie si nettement lorraine par les éléments de décoration, en sculpture et mosaïques, tirés exclusivement de la flore du pays, on ne trouve aucun spécimen. Des belles verreries d'art, qui font la gloire de l'industrie de Nancy, une coupe seule peut donner aux visiteurs l'idée très sommaire, encore qu'elle ait été acceptée exclusivement à cause du souvenir historique qu'elle commémore : la manifestation franco-russe de Nancy, en 1892. N'y cherchez point en orfèvrerie ou en bijouterie quoi que ce soit qui rappelle le mouvement de renaissance de cette industrie locale signalé plus haut ; un type quelconque des reliures contemporaines, qui sont également une expression très particulière de l'art nancéien. Quelles peuvent bien être les raisons de cet ostracisme ? La présence dans les collections de céramique de plusieurs pièces de Lunéville et de Toul, datées de 1875, 1880 et même 1893, infirme l'objection du caractère spécialement historique du Musée, la seule apparemment plausible. C'est qu'ici, encore, dans l'organisation de l'institution, dans son programme, dans l'objectif poursuivi, dans le recrutement des collections, dans l'hospitalité, dans le concours et la collaboration des administrations publiques, j'ai le regret de constater les incertitudes, les contradictions, l'illogisme et la parcimonie, qui font de presque tous les musées de ce genre, dans les départements, en dépit souvent de la science et du dévouement de ceux qui les dirigent, des créations hybrides, bizarres, indécises et inconsistantes, sans aucune influence pour la diffusion du goût, pour les progrès de l'art et des industries.

Il semble que dans ces musées l'on ne soit pas sorti de la période primaire d'organisation, alors qu'ils servaient de dépôts pour les œuvres d'art laissées à l'abandon, après la destruction ou l'évacuation des édifices religieux, des couvents et des châteaux ; pour les objets recueillis dans les fouilles archéologiques et les travaux d'édilité. Aucun autre but que celui de conserver — la dénomination logique et expressive de conservateur pour le fonctionnaire qui les dirige en est dérivée — n'apparaît dans la façon dont tout ce qui les compose est classé, étiqueté et exposé ; aucun souffle de vie n'anime de nouveau ce passé, définitivement immobilisé dans la mort des choses, comme les ossements des catacombes. Or, « les morts empoisonnent les vivants ». On ne s'est pas fait à cette conception qu'un musée puisse, dans l'organisme social et administratif de la cité, être un service public, absolument utilitaire, comme les services des eaux, du gaz, de la voirie ; et qu'en conséquence, il soit doté de ce qui lui est nécessaire pour fonctionner : direction et personnel de spécialistes expérimentés, outillage, budget, etc. On tient le musée pour une création de pur luxe, qui, dans les cadres de l'administration, est à peu près au même plan que les sociétés musicales, mais bien au-dessous de l'opéra et de la comédie. « Quand l'art n'est que le luxe d'une nation, a écrit de Laborde, il se ressent du caractère superficiel et conventionnel de tous les luxes. Quand il satisfait des besoins religieux ou civils, domestiques ou militaires, il acquiert une physionomie, il prend une consistance, un aplomb, une fermeté qui n'est pas le moindre caractère de sa beauté. »

À l'étranger, qu'il s'agisse de l'Angleterre, de l'Allemagne, de la Russie, etc., on a compris et réalisé les musées provinciaux avec des idées et des programmes différents de ceux que montrent les nôtres. À côté de collections historiques, d'acquisitions et de dons, inspirés par des sentiments d'amour-propre patriotique, fonctionne toujours le vrai Musée d'art et d'industrie, pratique et fécond : conservatoire de modèles de bon goût, d'élégance et d'originalité, constamment renouvelé par des échanges entre établissements du même genre, par des prêts de particuliers, par les envois obligatoires des grands musées nationaux. Ce musée rayonne sur tout le pays, par les œuvres d'art et les documents qu'il fait circuler dans les écoles, dans les usines, dans les ateliers ; par les expositions qu'il organise jusque dans les villages, au moyen de sociétés affiliées. Ses directeur et conservateurs sont de véritables missionnaires, qui vont et viennent, partout où ils peuvent être utiles, qui mettent à contribution les procédés les plus actifs de propagande pour faire connaître à tout le monde le but et les résultats de l'entreprise, pour grouper toutes les forces vives de l'art, du commerce et des industries de la ville et de la région. De ces musées provinciaux, l'Angleterre en a 34, qui, en 1889, avaient compté près de 4 millions de visiteurs. En France, une seule institution est de ce type, et même n'en a-t-elle plus le programme entier, par suite de l'abandon de quelques-uns de ses services primitifs : le Musée municipal de Saint-Étienne. Le Musée historique des Tissus, fondé par la Chambre de commerce de Lyon, présente une organisation spéciale en vue du développement des industries artistiques locales qui l'en rapproche beaucoup ; mais ils n'a pas de vie extérieure. A Roubaix, à Saint-Quentin, à Lille, à Troyes, à Amiens, au Puy et à Calais, on n'a créé que des embryons de musée d'art et d'industrie, qui ne paraissent guère en voie de devenir rapidement de puissants organismes. La plupart de nos grandes villes possèdent des musées d'archéologie, d'objets d'art et de curiosités, dont quelques-uns sont fort riches ; à l'exception de Nantes, Angers, Toulouse, Lille, Rennes et Quimper, où se manifestent, dans les municipalités et dans les associations qui les possèdent, des tendances à les transformer pour les faire servir à l'enseignement artistique et industriel, des campagnes, longues et vigoureuses par la parole, par la presse, seront, sans doute, nécessaires, car on n'en est pas encore à ces idées de musées-services publics, organisés et outillés scientifiquement pour un but essentiellement utilitaire, ou tout au moins, quand il en est question, sont-elles tenues pour des utopies.

L'organisme actuel d'enseignement artistique pour les industries d'art, locales et régionales, est donc, à Nancy, de toute évidence, insuffisant, tout au moins incomplet. Il ne peut assurer leur développement progressif, et leur défense contre la concurrence étrangère. L'École municipale et régionale des beaux-arts n'offre actuellement aux apprentis et aux ouvriers de ces industries qui la fréquentent que des éléments d'instruction artistique générale, sans application immédiate et décisive à leur métier ; elle aurait bien plutôt pour résultats de les en détourner par la perspective de pouvoir conquérir un jour des bourses pour l'École des beaux-arts de Paris. Cette école n'est régionale que de titre. Ne serait-il pas possible d'en ambitionner pour elle la réalité — dont toute la région tirerait le plus grand profit — au moyen d'une constitution de l'établissement, analogue, comme installation, fonctionnement, direction, etc., à celle de l'École professionnelle de l'Est, fondée par une simple association, qui reçoit des élèves de partout — plus de 300 —

et leur donne, pendant trois années consécutives, dans ses classes scientifiques et ses ateliers d'application, une éducation et une instruction industrielles, grâce auxquelles ils entreront dans la vie solidement armés pour la lutte et pour le succès? Dans une région où la broderie et la dentelle occupent plus de 70,000 ouvrières, la céramique environ 2,000 ouvriers, la verrerie et la cristallerie près de 4,000, l'ébénisterie et la menuiserie de 1,500 à 2,000, la décoration, la peinture en bâtiment un millier sans doute, etc., il n'est pas contestable qu'une école qui serait en mesure, par ses programmes et par son organisation, de former pour elles des ouvriers d'art, des dessinateurs, de futurs contremaîtres et chefs d'atelier, possédant à la fois des connaissances techniques sérieuses et une instruction artistique supérieure, réussirait aussi bien, et compterait un nombre d'élèves permanents non moins considérable.

Aucun musée d'art et d'industrie ne complète l'enseignement de l'École des beaux-arts par des collections de modèles de bon goût et d'exécution technique; ne fournit aux patrons, aux artistes et aux ouvriers de Nancy et de toute la région, des œuvres anciennes et modernes comme éléments d'études et de recherches; les types, les échantillons et les spécimens des produits nationaux et étrangers, etc., de nature à les tenir au courant des créations nouvelles, des tentatives techniques et artistiques, du mouvement des idées en matière de décoration, etc., dans chaque branche des industries d'art locales et régionales. La Société d'art décoratif lorrain se dissout avant d'avoir même abordé cette partie de son programme. La superbe manifestation artistique et industrielle de 1894 ne s'est pas renouvelée, n'a pas été suivie non plus de quelque entreprise du même genre, dans le domaine rétrospectif ou extérieur à la région, qui aurait maintenu en éveil l'attention et l'intérêt du public sur ces questions d'art et d'industrie. Et, au moment même de mon étude, je lis dans un journal cette note douloureuse :

Dans la Lorraine annexée, l'industrie de la broderie à la main, dont le centre de production est à Lorquin, occupe de nombreux fabricants et des centaines d'ouvrières. C'est pourquoi on vient d'organiser à l'hôtel de ville de Lorquin une exposition de divers genres de broderies fabriquées dans divers pays de l'Europe, ainsi que la riche collection de dessins que possède le musée Hohenlohe, de Strasbourg.

Les fabricants de Lorquin, dont la marque était avant 1870 si connue et si recherchée à Paris, feront, en même temps et dans la même salle, une exposition des produits qu'ils fabriquent, depuis les plus modestes jusqu'aux broderies les plus riches, qui s'exportent dans le monde entier, car on a déjà vu des mouchoirs de poche avec broderies tellement fines qu'on en a offert 100 marcks de la pièce, des draps de lit à 250 marcks l'un, etc. Cette exposition complètement gratuite est ouverte au public, à l'hôtel de ville de Lorquin.

Et, pourtant, jamais peut-être les circonstances ne furent plus favorables pour entreprendre d'organiser ces institutions diverses d'enseignement artistique et industriel. Nancy a l'ambition de devenir la grande métropole de l'Est. L'Université lorraine est créée. La société qui a doté la ville et la région de l'École professionnelle fonde en ce moment une École supérieure de commerce. Une École régionale de chimie est en projet, dans des conditions de fonctionnement imminent. Un mouvement d'art intense se manifeste partout. Le Conservatoire de musique organise des concerts publics où une population enthousiaste acclame les œuvres les plus élevées et les plus sévères des maîtres français et étrangers. La Société des Amis des arts et l'Association des artistes lorrains font périodiquement, la première à Nancy, la seconde dans toutes les villes de la province, des expositions périodiques qui obtiennent un succès populaire. Reprenant résolument les grandes traditions artistiques du passé, la municipalité restaure les monuments anciens qu'hier on songeait à démolir; elle décore d'œuvres d'art ses palais, ses jardins, ses promenades et ses places publiques; elle agrandit ses musées. Dans la cité de Jacques Callot, de Claude Lorrain, des Adam, de Bagard, de Héré, de Jean Lamour, de Mique, de Grandville et d'Isabey, une grande école, où toutes les industries artistiques de la Lorraine, — celles dont la floraison superbe actuelle l'enorgueillit, et celles qui, dans leur prospérité, assurent sa richesse, — viendraient recruter abondamment des maîtres, des artistes et des ouvriers, doit former le couronnement des institutions, réalisées ou rêvées, pour justifier la haute et noble ambition de ressusciter la gloire et la puissance de la capitale de Charles III et de Stanislas.

FIN

TABLE DES MATIÈRES

NANCY, IMPRIMERIE BERGER-LEVRAULT ET Cie

OUVRAGES DE M. MARIUS VACHON

L'Ancien Hôtel de Ville de Paris. Grand in-4°, 200 gravures dans et hors texte. A. Quantin, éditeur. Ouvrage publié avec le concours du Conseil municipal de Paris.

L'Art Français pendant la Guerre de 1870-1871 et la Commune. Ouvrage auquel le prix Bordin a été décerné, en 1880, par l'Académie des Beaux-Arts. 4 vol. in-12, avec gravures. A. Quantin, éditeur.

Les Peintres Étrangers à l'Exposition de 1878. In-18. L. Baschet, éditeur.

Pierre Vanneau et le Monument de Jean Sobieski. Grand in-4°, avec gravures, 1879. Charavay frères, éditeurs.

Les Ruines Archéologiques de Sanxay. In-4°, avec photog. L. Baschet, éditeur, 1882.

Nos industries d'Art en péril. In-8°. L. Baschet, éditeur, 1882.

La Question du Mont-Saint-Michel. In-4° de 50 pages avec gravures, 1883.

Delacroix, sa vie et son œuvre. In-folio, 40 photogravures et nombreux dessins dans le texte. Dumas, éditeur, 1885.

Jacques Callot. In-8° avec gravures. Librairie de l'Art, Rouam, 1886.

Philibert de l'Orme. In-8°, avec gravures. Librairie de l'Art, Rouam, 1887.

La Russie au Soleil. In-16. V. Havard, éditeur, 1887.

La Crise Industrielle et Artistique en France et en Europe. In-16. Librairie Illustrée, 1886.

Rapports de Missions officielles (Ministère de l'Instruction publique et des Beaux-Arts) sur les Musées, Écoles et Institutions d'Art industriel en Allemagne, Angleterre, Autriche-Hongrie, Belgique, Hollande, Italie, Russie, Danemark, Suède et Norvège. 5 volumes grand in-4°. A. Quantin et Imprimerie Nationale, 1885-1889.

Résumé de Rapports de Missions officielles (Ministère de l'Instruction publique et des Beaux-Arts). In-8°. Librairies-Imprimeries Réunies (Ancienne Maison Quantin), 1894.

Les Manufactures nationales : Les Gobelins, Sèvres et Beauvais (En collaboration avec Henry Havard). Grand in-8° avec gravures. Librairie Illustrée, 1889.

L'Exposition d'Art et d'Industrie de Saint-Étienne. In-4°, avec phototypies et dessins. Théolier, éditeur, 1892. (Médaille d'or de la Société d'encouragement à l'Industrie nationale. 1894.)

La Femme dans l'Art. Grand in-4° de 600 pages, avec 400 gravures. Rouam, éditeur, 1893.

Les Marins Russes en France. In-4°, avec photogr. et dessins. Librairies-Imprimeries Réunies (Ancienne Maison Quantin), 1894.

Les Chats : Esquisse artistique, naturelle et sociale. Tableaux et dessins d'Henriette Ronner. In-folio. Boussod et Valadon, 1895.

Les Arts et les Industries du Papier. In-4°, avec 200 photogravures, dans et hors texte, en couleurs. Librairies-Imprimeries Réunies (Ancienne Maison Quantin), 1895.

Enquête sur les Industries d'art de Bordeaux. In-8° de 132 pages. G. Gounouilhou, éditeur, Bordeaux, 1895.

Puvis de Chavannes. Grand in-4° jésus, avec 100 photogravures dans le texte ; 27 planches en phototypie et 15 héliogravures hors texte. A. Lahure, Braun et Clément, éditeurs, 1896.

Nancy, imp. Berger-Levrault & Cie.

www.ingramcontent.com/pod-product-compliance
Ingram Content Group UK Ltd.
Pitfield, Milton Keynes, MK11 3LW, UK
UKHW020608230726
13926UKWH00005B/2279